波导非线性光学器件

〔日〕栖原敏明　〔日〕藤村昌寿 著

梁万国　陈怀熹　许艺斌 译

科学出版社

北 京

图字：01-2018-7982

内 容 简 介

本书是作者多年关于波导非线性光学器件研究成果的总结，主要对波导非线性光学器件进行了综合性和系统性的描述，包括相关基本概念、理论分析及器件设计、制作技术、专用器件的实现和应用，先进性、学术性和实用性兼备。本书内容包括综合的背景介绍和现有的光波导、光学非线性、非线性光学相互作用、非线性光学器件设计及量子讨论等基本概念和理论分析；另外，本书还重点阐述了关于波导非线性光学器件所需的制作技术，包括铁电非线性光学晶体的波导制作技术和用于准相位匹配结构制作技术，最后讨论了一些专用波导非线性光学器件的实现和应用。

本书适合光学工程、光电子材料及器件等领域的科研工作者、工程技术人员及高校师生参阅。

First published in English under the title
Waveguide Nonlinear-Optic Devices
by Toshiaki Suhara and Masatoshi Fujinura
Copyright © Springer-Verlag Berlin Heidelberg, 2003
This edition has been translated and published under licence from
Springer-Verlag GmbH, part of Springer Nature.

图书在版编目（CIP）数据

波导非线性光学器件/(日)栖原敏明，(日)藤村昌寿著；梁万国，陈怀熹，许艺斌译. 一北京：科学出版社，2020.3
书名原文：Waveguide Nonlinear-Optic Devices
ISBN 978-7-03-064522-7

I. ①波⋯ II. ①栖⋯ ②藤⋯ ③梁⋯ ④陈⋯ ⑤许⋯ III. ①光波导一非线性器件一光学元件 IV. ①TN25

中国版本图书馆 CIP 数据核字(2020)第 032997 号

责任编辑：郭勇斌 彭婧煜 黎婉雯/责任校对：彭珍珍
责任印制：赵 博/封面设计：众轩企划

科学出版社 出版
北京东黄城根北街 16 号
邮政编码：100717
http://www.sciencep.com

三河市春园印刷有限公司印刷
科学出版社发行 各地新华书店经销

*

2020 年 3 月第 一 版 开本：720×1000 1/16
2025 年 1 月第四次印刷 印张：18 3/4
字数：368 000
定价：138.00 元
（如有印装质量问题，我社负责调换）

作者简介

栖原敏明：分别于 1973 年、1975 年和 1978 年获得大阪大学电子工程专业学士、硕士和博士学位。1978 年加入大阪大学工程学院电子工程系，2002 年起任大阪大学工程研究院电子与信息工程系教授。自 2016 年起担任大阪大学名誉教授。出版著作《光学集成电路》、《半导体激光器基础》、《量子电子学》和《光波工程》等。

藤村昌寿：分别于 1988 年、1990 年和 1993 年获得大阪大学电子工程专业学士、硕士和博士学位。1993 年加入大阪大学工程学院电子工程系，2006 年起任大阪大学工程研究院电子与信息工程系副教授。

译 者 序

非线性光学研究光与物质相互作用的规律，是现代光学发展的一门重要分支，能实现许多线性光学无法实现的功能。数十年来，基于非线性效应设计制作的光学波导器件得到了蓬勃的发展，取得了丰硕的成果，广泛地应用于光谱学与精密测量、高速光通信网络、经典与量子光信息处理、光学传感和光学生物成像等诸多领域。

《波导非线性光学器件》作者栖原敏明教授一直在日本大阪大学从事集成光学、非线性光学、量子光学、集成半导体激光器、全息存储器、光学存储器和电子束的应用等领域前瞻性的研究与教学工作，具有相当高的知名度和丰富的实践经验。

本书是一本具有广泛参考意义的专著，结合基础理论和波导非线性光学器件设计制造关键工艺技术，讲述了波导非线性光学器件所涉及的基本理论模型和常用的器件结构，适合从事波导非线性光学器件设计及制作研究的技术人员阅读参考，也可以作为高等学校非线性光学、光波导理论、光量子理论和材料科学等专业研究生及高年级本科生的相关教学用书。

本书由中国科学院福建物质结构研究所的梁万国研究员组织翻译并负责全书的统稿工作，陈怀熹负责全书的主要翻译工作，许艺斌对全书进行校对与整理。在本书的翻译过程中得到了北京理工大学的赵达尊教授及多位审稿者的热心指导和帮助指正，在此深表谢意。

我们真诚感谢栖原敏明教授对本书的翻译、出版给予的支持和帮助。栖原敏明教授提供了英文原版资料，给我们的翻译工作带来了不少便利。感谢中国科学院福建物质结构研究所、福建中科晶创光电科技有限公司和福州吉力鑫光电科技有限公司对本书出版的支持！

由于译者水平有限，书中不妥及疏漏之处在所难免，望读者给予批评指正。

译 者

2019 年 8 月

前　言

  非线性效应可以实现线性光电器件难以实现的一些重要并且独特的光电效应。目前在科技领域中非线性效应已经有了许多应用，利用块状晶体的非线性光学器件也早已广泛地应用于实验室。光波导是将光波限制在特定区域内的结构，使得光器件可以紧凑且高效，从而更广泛、更实际地为光信息处理领域的一些部门或消费者所使用。波导非线性光学器件经过近 30 年的发展已经成为光学行业热门的研究课题和发展方向，特别是在最近 10 年取得了丰硕的成果。

  目前的波导非线性光学技术已处于相当成熟的阶段，其标志性成果是倍频波导晶体器件的蓝光激光模块商业化地应用于光盘存储器。而且现在越来越多的波导非线性光学器件被设计出来并应用于光通信，如应用于波分复用光通信系统的差频型波长转换器和应用于超速光数据处理的光开关器件。因此，波导非线性光学器件已经成为光子学研究中的一个重要领域，目前正在进行广泛研究和开发工作，期待着有性能的改进和新功能的实现，并且能够开发更多新的应用，不仅应用在现有的领域中，而且还能应用于全新的研究领域中，如量子信息处理。

  目前，市面上已经有了许多关于非线性光学、波导及集成光学方面颇有权威性的参考书，如在第 1 章和第 2 章所引用的文献，但是它们并没有提供关于波导非线性光学器件的详细信息。事实上，市面上存在涉及波导非线性光学器件的专著、评论文章和会议论文集，最近也出版了一些关于光纤中的非线性光学现象及其应用的书籍，但是关于波导非线性光学器件的系统性的专业书籍仍未可见。专题著作和进程的范围较窄且缺乏连续性，关于波导非线性光学器件的大部分综述性文章又因为这个子领域目前的高速发展而有着明显的时效性。

  本书对波导非线性光学器件进行了综合性和系统性的描述，包括相关基本概念、理论分析和器件设计、制作技术、专用器件的实现和应用。本书适合即将在光学工程领域进行研究和发展的毕业生们使用，也适合具有电磁场理论、量子理论和材料科学等专业背景的学生使用，同时能为这方面的专业人员提供非常实用的参考。

  本书包括 3 个部分。第 1 部分综合地介绍基本概念和理论分析。第 2 部分是关于制作波导非线性光学器件所需的技术。第 3 部分提出了专用波导非线性光学器件的实现和应用。第 1 章给出了综合的介绍。第 2 章描述了基本概念，如光波导、非线性光学、非线性光学极化率、非线性光学相互作用和相位匹配等。第 3 章基于非线性模式耦合理论的讨论有助于更深入地理解器件特征和器件设计所需的多种波导中的非线性光学相互作用。第 4 章是关于波导谐振腔中的非线性光学相互作用理论的讨论。第 5 章详细描述了非线性光学器件的量子理论，因为量子理论被认为对非线性光学器件未来的研究和发展工作实现新型功能具有重要作用。第 6 章和第 7 章描述器件制作的两个重要部分，即铁电非线性光学晶体的波导制作技术和用于准相位匹配结构制作的技术。第 8 章讨论了作为一些波导非线性光学器件原型的波导二次谐波产生器件，包括关于材料和器件实现等方面的相关问题。同时也提出了一些应用，如光学磁盘记忆读出头。第 9 章讨论了用于光学通信信号波的波长转换和用于长波长辐射产生的波导差频产生器件。第 10 章讨论了波导光参量放大和光参量振荡。第 11 章提出了用于超快光信号处理的波导非线性光学器件，包括光学取样和门开关。重点介绍二阶非线性器件，同时也有提出一些三阶非线性器件。附录中提供了一些常用非线性光学材料的数据，以及一些数学表达式、图片和数值数据，对读者用于器件设计非常有用。

本书由栖原敏明（T.Suhara）组织编写。前言、第 1 章、第 2 章、3.1～3.4 节、4.2 节、第 5 章、第 7 章、第 8 章、第 9 章和第 11 章由栖原敏明编写。3.5 节、4.1 节、第 6 章和第 10 章由藤村昌寿（M.Fujimura）编写，且最终由栖原敏明校正。对原稿的认真修改使其更加具有连贯性和综合性。数据、图片和照片是基于大阪大学实验室中的一些研究。在此感谢一些作者及一些先前和目前的毕业生所给的建议，特别是高金健二（K.Kintaka）博士和石月秀贵（H.Ishizuki）博士对实验和计算工作所做的贡献。最后还要感谢施普林格（Springer）出版社的艾斯克隆（C.Ascheron）博士在本书写作过程中所给予的帮助。

栖原敏明于大阪

2003 年 3 月

目　录

第1章 导　言

1.1　非线性光学和非线性光学器件

自 1960 年发明激光以来，关于非线性光学（nonlinear optic，NLO）的研究就已经开始。材料对光场的响应（如介电极化和吸收）与光场的振幅成近似线性关系。但是在较大振幅下，它们之间的关系却偏离了线性。这种偏离被统称为非线性光学效应（nonlinear optics effects）。通常情况下，非线性光学效应分为二阶非线性效应和三阶非线性效应。二阶非线性效应是响应部分正比于振幅的二次方，而三阶非线性效应就是响应部分正比于振幅的三次方。二阶非线性效应只出现在非中心对称晶体中，而三阶非线性效应在所有材料中或多或少都能观察到。由激光产生的相干辐射可以被集中在一个空间、时间和频谱等均非常狭窄的范围内，而振幅变化非常大，因此对非线性效应的观察就变得尤为重要。非线性光学现象的结果本身也是一个重要的学术研究课题。更为重要的是，非线性效应作为一种特性描述手段不仅在对材料性能的理解上提供了各种可能性，而且也可以实现很多线性效应所无法实现的功能，如光学波长转换，包括倍频、混频和光参量处理所产生的相干辐射等。相干辐射可以产生一些商用激光器还不能产生的波长。除此之外，非线性效应能实现的功能还包括光波之间的超快时间、空间控制和用自相关测量超短光学脉冲等。在一些科技领域中，人们也已经发现了一些重要的应用。关于非线性光学的相关内容可以参考文献[1-8]。

为了使非线性光学更容易得到应用，人们发展了多种使用块状非线性晶体的非线性光学器件和系统。拥有大的非线性特性的材料和大的光场强度是充分利用非线性效应的重要条件。许多非线性晶体得到了发展，并且其中的一些已经实现商业化。为了用一般的输入功率得到大的光场强度，常使用光学谐振腔结构来累积泵浦能量。开拓二阶非线性效应用于谐波产生和波长转换的另一个重要需求是使用相位匹配来有效地累积非线性光学响应。人们已经开发了多种方案，应用最广泛的方法是使用非线性光学晶体中的双折射效应来进行相位匹配，这里所使用的非线性光学晶体以合适的方向切割，并且根据泵浦光的传播自动旋光（角度调谐）。

一些使用块状晶体的非线性光学系统[如谐波发生器、光参量振荡（optical parametric oscillators，OPO）和光学自相关器]已经商业化，并且结合了全固态激光器或高功率气体激光器广泛地应用于实验设备中。但是它们比较笨重且相对昂贵，还需要严格的光路对准，因此仍然限于实验室内使用。

1.2　波导与集成光学

我们已经知道，光波可以被限制在一个折射率高于周围介质的狭窄区域中，并且传导的光在边界上存在有效的全反射。集成光学或者光集成回路的概念，就是使用光波导作为基本结构来制作紧凑、高效的器件，也可以通过集成多个部件来实现一些应用于特定区域的复杂功能，这项技术是在 20 世纪 60 年代末期提出来的。从那时开始，人们在波导理论、波导的材料和制作、有源/无源和多功能的光器件实现等方面做了深入的研发工作。迄今为止，发展的光波导器件包括光耦合器、光滤波器、光调制器、基于电光（electroopic，EO）效应和声光（acoustoopic，AO）效应的光开关、半导体激光振荡器和放大器。一些复杂器件同样也可以通过波导元件的集成来制作，并被应用于光通信、光存储、光并行信号处理和光传感等方面。虽然投入实际应用还需要相当长的一段时间，但是最近的进展已经逐步引导它们进入商业化应用，并取得了显著的成效，特别是在光通信领域中。关于集成光学的相关内容可以参考文献[7,9-13]。

在非线性光学中使用波导技术可以带来许多期望得到的优势。非线性光学通道型波导可以将光波限制在一个很小的截面区域里，且在通过一段长距离无衍射发散的传输后，光强仍可以维持高强度。这就意味着其在通过一段较长的作用长度后仍然能够完成较强的非线性光学相互作用，因此即使输入功率的强度一般甚至很低，非线性光学器件仍然有很高的效率。紧凑的半导体激光器可以用来作为泵浦源，因而非线性光学仪器将逐渐转变为小型化的波导非线性光学器件，从而引起了尺寸、质量和功率消耗上的显著减小。

还有一个重要的优势是使用波导可以提供新的相位匹配可能性：不仅有双折射相位匹配和在块状非线性光学晶体中使用周期性结构所实现的准相位匹配（quasi-phase matching，QPM），而且还有模式色散相位匹配和切连科夫辐射型（Cerencov-radiation-type）相位匹配，它们也可以应用在波导非线性光学器件中。这些都可能使波长范围得以拓展或效率得以提高。

显然，我们通过集成波导非线性光学器件和/或元件及外围的波导元件，可以制作出一些精巧的器件，并且这些器件包含着一些已知的和未知的功能。这类集成技术对于非线性光学器件脱离实验室进行实际应用是非常有必要的。

1.3　波导非线性光学器件的发展背景

从集成光学研究的最早阶段开始，波导非线性光学就吸引了大量研究者的研究兴趣。第一次实验验证是在 1970 年。用放在 ZnO 衬底上的 ZnS 薄膜波导产生切连科夫辐射相位匹配的倍频脉冲 Nd:YAG 激光光束。从那时起便开始研究各种非线性波导材料和相位匹配型的二次谐波产生（second-harmonic generation，SHG）。所考虑的材料包括置于晶体衬底上的非晶薄膜、$LiNbO_3$ 等铁电晶体、Ⅲ-Ⅴ族的半导体、有机晶体和极化聚合物。因为传导光波处在一种离散模的形式，且角度调谐的灵活性缺失（在通道波导中）或降低（在平坦波导中），在波导中完成相位匹配要比块状晶体更加困难。为了避免这个困难，在早期的实验中，通常采用自动相位匹配较好的切连科夫辐射型来构造。因而证明了双折射相位匹配和模式色散相位匹配的波导 SHG 实验，这与温度调谐或者一个波长可调谐泵浦激光器的使用相关，但是这里的 SHG 转换效率非常低。

在波导 SHG 的实验后，研究工作开始朝着实现基于三阶非线性用于超快光信号处理的波导非线性光学器件的方向发展。虽然无论二阶还是三阶非线性都可以用来制作这类的器件，但是后者并不需要相位匹配结构，因此器件可以采用更加简单的结构。人们也提出了多种用于全光开关和非线性光强传送[如光限幅器（optical limiter）、光双稳性（optical bistability）和光学相位共轭]的方案和结构，并且拥有大量的理论和实验研究。对材料的研究包括了铁电晶体、半导体掺杂晶片、有机聚合物、液晶、Ⅲ-Ⅴ族的半导体和量子阱结构。但是除了慢响应热非线性以外，介电和铁电质材料的三阶非线性都非常小。因此难以得到在衬底长度为毫米和厘米级别的波导上用的合适光源来实现符合实际工作需求的器件。

关于波导非线性光学的早期工作内容的综述可以参考文献[14-16]。

在 20 世纪 80 年代末和 90 年代，光电子学的两个重要领域产生了对实际的波导非线性光学器件实现的强烈需求。需要紧凑型短波长相干光源，用于高密度光盘存储器。因为蓝色半导体激光器还无法得到，而波导 SHG 器件与近红外半导体激光器的结合是获得蓝光的最佳手段。所以它成为波导非线性光学器件的拓展研究和发展的主要推力。虽然高效率的 $LiNbO_3$ 波导切连科夫辐射型 SHG 器件已经得到发展，但是它存在输出谐波难以聚焦成一个衍射限制斑的缺点。因此，使用周期性结构进行相位匹配的波导型 SHG 器件（即 QPM）得到了更深入的研究。QPM 所具有的优势包括任意波长下的相位匹配、非线性光学张量最大系数的使用、高转换效率、导模谐波输出等；在多种相位匹配方法中，QPM 是大部分应用的最佳选择。

　　人们通过在非线性光学晶体中的铁电畴周期性反转来制作 QPM 结构，由实验研究逐步发展了这项技术。早期使用高温处理的方法，后来又使用了离子交换、电子束（electron-beam，EB）扫描和施加脉冲电压等方法。特别是施加脉冲电压，可以制作出理想的 QPM 结构。在接下来的几年里，波导 SHG 器件性能获得了显著的提升，这标志着在标准化转换效率上完成了数量级的提升。因此建立了各种波导 QPM-非线性光学最常用的基本制造技术。畴反转和 QPM 技术在块状非线性光学中也有许多重要的应用。

　　大量的研究精力集中在发展非线性光学材料用于波导器件的实现和波导制作技术上。波导非线性光学的研究大部分投入在有机铁电晶体（如 LiNbO$_3$ 和 LiTaO$_3$）上，这些材料在块状和波导电光与磁光器件开发中积累了大量的研究资源。其他的铁电晶体在用于 EO 和 AO 器件时相对不同，例如，对 KTiOPO$_4$ 和 KNbO$_3$ 的研究是从实现非线性光学器件的观点上出发的，包括了光学损伤问题、场限的提高和与相位匹配结构结合的模式重叠等。

　　同样需要提及的是，拓展研究发现有机分子晶体和聚合物也具有较大的光学非线性。一些基于分子设计的有机非线性光学晶体被开发，且采用块状和波导结构的应用也在研究中。尽管已经有了一些重大成果，但是高性能的波导非线性光学器件迄今为止并没有制作出来，主要原因包括在短波长范围内具有相当大的光吸收、制作高质量波导的难度大及有着与标准光刻处理不兼容的相位匹配结构。

　　与实验研究并行的是，理论研究已经积极应用在器件设计和性能预测的技术方向上。虽然扰动和正常模式等方法与数值分析方法也在使用着，但是大部分的理论分析还是基于耦合模理论（coupled-mode theory）。理论分析也有采用量子光学的观点来解释量子噪声对器件最终性能的影响及开发和阐明新的量子光学函数，如压缩态光的产生。

　　在发展高效率的铁电晶体波导 QPM-SHG 器件之后，研发工作的目的是通过将 SHG 器件和半导体激光器结合，实现一种紧凑和高效的短波长相干光源。研发工作包括波长和温度带宽展宽、泵浦激光二极管波长的稳定化和调制技术。实际应用所需的性能已经成功实现，并且模块已经商业化。通过波导蓝色 SHG 器件来读出和写入光盘数据也已经被证明可行。这类的波导 SHG 器件还存在许多可能的应用，不仅仅在光盘系统中，也可能在一些光信号处理中，如激光打印、激光扫描、激光显示。

　　波导非线性光学器件研发工作的另一个强大推力是全光波长转换器用于密集波分复用（dense wavelength division multiplexing，DWDM）光学通信系统发展的需要。波导 QPM-差频产生（difference frequency generation，DFG）器件被认为是最佳的候选者，因为它们具有一些优势，包括单一材料具有较广的波长覆盖率、任意的波长转换、低噪声、对多种数据格式的高透明度。虽然基本波导 QPM-DFG

器件可以通过 SHG 器件发展的技术制作出来，但是在光通信应用中仍然存在一些要求。它们包括有效的光纤耦合、偏振无关操作和多通道波长同时转换。多型号波导 QPM-DFG 波长转换器已经被证明和制作出来，并已经实现非常高的标准化转化效率，证明了器件的有效性。

波导 DFG 器件也已经被用于长波长相干辐射产生的研究中，范围从近红外、中远红外到太赫兹波。所产生的相干光波的潜在应用包括用于环境和生物研究，以及工业过程控制中的多种传感、测试和在特定光谱范围内的成像。

波导中的光参量放大（optical parametric amplifiers，OPA）在 QPM 技术的发展前就已经被广泛研究。而 QPM 技术促进了 OPA 和 OPO 的研究。波导 OPA 和 OPO 的实现需要一些更高的技术，因为它们需要高泵浦功率来确保增益、低传播损耗、波导的高损伤阈值和高 Q 波导振荡腔。随着近期 LiNbO$_3$ QPM 波导的发展，合适的参量增益可以实现，并且振荡已经得到证明，这些不仅适用于脉冲操作，也适用于连续光操作。

如上所述，基于三阶非线性实现全光信号处理器件的早期尝试并不是非常成功。此外，在硅光纤中的三阶非线性的应用获得了显著的提升，这里的非线性相互作用可以积累到一个较长的传播长度。基于自相位调制的光学脉冲压缩作为超短光学脉冲产生的一项重要技术被广泛地使用。一种新型的光纤光学器件——非线性光学环路镜（nonlinear optical loop mirror，NOLM）被提出，并发展用于多种应用，如被广泛用来作为实验室中的光学通信信号超快处理通用器件。在光纤中的非线性光学现象及其应用的相关描述参考文献[17-19]。

级联 $\chi^{(2)}$ 效应和 QPM 技术的研究推动了波导非线性光学器件用于基于二阶非线性的超快信号处理的研究工作。级联 $\chi^{(2)}$ 效应是一种 SHG 过程中的反应，并引起了非线性相位漂移，近似等价于三阶非线性时的情况，用于基本光波时的波长接近相位匹配的波长。有效非线性折射率可以比晶体的固有三阶非线性的折射率大几个数量级。比较有意义的地方在于任意波长下的一个较大的有效三阶非线性可以通过基于级联 $\chi^{(2)}$ 效应观点和 QPM 技术的器件设计来人为地创造。

同样也需要提及的有使用Ⅲ-Ⅴ族半导体波导的全光开关器件。虽然谐振腔诱导载体（三阶）非线性的缓和并不是超快的，但是超快光开关操作可以通过器件结构的设计来避免载体寿命所导致的速度限制。

相关的拓展研究也包括多种超快信号处理器件，如基于简单 QPM-非线性光学相互作用的 QPM-非线性光学相互作用和无源部分相结合的多种 QPM 级联非线性光学相互作用等。迄今为止用于超快全光信号处理的波导 QPM-非线性光学器件包括脉冲压缩器件、光学采样器件和多种型号的光学门开关。

1.4　未　来　设　想

综上所述，我们可以看出，波导非线性光学器件已经达到一定成熟的阶段。波导的实现改变了目前的技术能力范围内的大多数块状非线性光学器件和系统。波导 SHG 激光器模块已经得到商业化，并在下一代高密度光盘记忆存储系统的发展中扮演着重要的角色。一些应用于光学通信系统的波导非线性光学器件也正在发展中，如 DFG 波长转换器和全光开关。另外，我们对于未来的设想还有很多，包括更进一步地提高性能、多种波导元件的更高集成和与半导体激光器集成的紧凑系统的实现。拓展研发工作正在进行中。

对于未来的发展，我们可以非常清晰地知道波导非线性光学器件将朝着新功能的实现和寻求新的应用的方向发展，不仅在现有的领域上，也能出现在其他研究领域，如量子信息处理，包括量子密码、量子计算和量子隐形传态[20]。关于光子压缩态、孪生光子和由线性光学产生的量子纠缠态光子也已经被提出，并用块状非线性光学系统完成初步的实验。基于波导非线性光学器件的集成量子光学器件的发展将有效地提升和推动这个富有吸引力的新领域的实验研究。

参　考　文　献

[1]　N.Bloembergen: *Nonlinear Optics* (Benjamin, New York 1965)

[2]　A.Yariv: *Quantum Electronics* (John Wiley & Sons, New York 1967)

[3]　H.Rabin, C.L.Tang, ed.: *Quantum Electronics: A Treatise, vol.I Nonlinear Optics,* Part A & B (Academic Press, New York 1975)

[4]　Y.R.Shen: *The Principles of Nonlinear Optics* (John Wiley & Sons, New York 1984)

[5]　P.N.Butcher, D.Cotter: *The Elements of Nonlinear Optics* (Cambridge University Press, Cambridge 1990)

[6]　N.Bloembergen: Nonlinear Optics (Addison-Weis1ey, 1991)

[7]　B.E.A.Sa1eh, M.C.Teich: *Fundamentals of Photonics*, chapter 19 (John Wiley & Sons, New York 1991)

[8]　D.L.Mills:Nonlinear Optics; *Basic Concepts* (Springer-Verlag, Berlin 1998)

[9]　T.Tamir, ed.: *Integrated Optics* (Springer-Verlag, Berlin 1975)

[10]　R.G.Hunsperger: *Integrated Optics: Theory and Technology* (Springer-Verlag, Berlin1982)

[11]　H.Nishihara, M.Haruna, T.Suhara: *Integrated Optical Circuits* (McGraw-Hill, New York 1989) (Japanese versions: Ohmsha, Tokyo 1985, 1993)

[12]　T.Tamir, G.Griffel, H.L.Bertoni, ed.: *Guided-Wave Optoelectronics* (Plenum Press, New York 1995)

[13]　E.J.Murphy, ed: *Integrated Optical Circuits and Components* (Marcel Dekker, New York 1999)

[14] G.I.Stegeman and C.T.Seaton: J. Appl. Phys., 58, pp. R57-R78 (1985)

[15] D.B.Ostrowsky, R.Reinisch, ed.: *Guided Wave Nonlinear Optics* (Kluwer Academic Publishers, Dordrecht 1991)

[16] G.I.Stegeman, G.Assanto: Nonlinear Integrated Optical Devices, Chapter 11 in E.J.Murphy, ed.: *Integrated Optical Circuits and Components* (Marcel Dekker, New York 1999)

[17] G.P .Agrawal: *Nonlinear Fiber Optics* (Academic Press, Boston 1989)

[18] A.Hasegawa: *Optical Solitons in Fibers* (Springer-Verlag, Berlin 1989)

[19] Y.Guo, C.K.Kao, E.H.Li, K.S.Chiang: *Nonlinear Photonics* (Springer, Berlin 2002)

[20] D.Bouwmeester, A.Ekert, A.Zeilinger, ed.: *The Physics of Quantum Information* (Springer, Berlin 2000)

第 2 章 理 论 背 景

本章主要介绍波导非线性光学器件所需的基本概念。光波导是通过限制光波来增强非线性光学效应的基本器件结构。用光场与物质非线性极化关系的数学表达式来描述非线性光学材料的性质，推导非线性光学相互作用的理论分析的模式耦合方程，并介绍相位匹配的概念和基本方法。

2.1 光 波 导

在非线性光学晶体中，光波导提供实现有效的和紧凑的非线性光学器件基本结构的方式。本节通过简单的模型描述了波导的概念和基本特征。虽然应用于非线性光学器件的波导制备需要用到各向异性晶体，但在本节中为了简化，假设均是基于各向同性材料。在理论上可以很容易地扩展到各向异性波导。更多关于光波导的详细描述参考文献[1-6]。

2.1.1 波导结构和电磁波

光波导是限制和引导光波在介质界面全反射的结构，可以分为平面波导（planar waveguides；又称平板波导，slab waveguides）和通道波导（channel waveguides）。如图 2.1a 所示，平面波导在传导层中提供二维光场限制，它可以较为容易地制作并作为一个简单的模型来分析非线性光学相互作用。通道波导则是在芯层区域中提供一个三维限制，如图 2.1b 所示，更加适合在一个较小的横截面区域得到较强的场限来实现高效率的非线性器件。在任何一个模型中，都需要芯层的折射率高于包层的折射率。在射线光学中，导波可以简单地解释为：光线可以被芯/包层界面完美地全反射，从而蜿蜒地通过芯层，这些光线的入射角大于临界角，如图 2.2 所示。但是在这里，需要用到波动光学分析来解释重要的波导特征。

设光波的角频率为 ω，无损介质层的相对介电常数为 ε，光波的麦克斯韦（Maxwell）方程如下：

$$\nabla \times \boldsymbol{E} = -\mathrm{j}\omega\mu_0 \boldsymbol{H} \tag{2.1a}$$

$$\nabla \cdot \varepsilon \boldsymbol{E} = 0 \tag{2.1b}$$

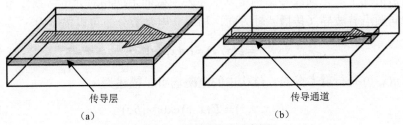

传导层 传导通道
（a） （b）

图 2.1 光波导结构示意图

（a）平面波导；（b）通道波导

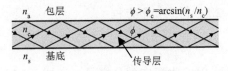

图 2.2 波导的射线光学模型

$$\nabla \times \boldsymbol{H} = +\mathrm{j}\omega\varepsilon_0\varepsilon\boldsymbol{E} \tag{2.1c}$$

$$\nabla \cdot \boldsymbol{H} = 0 \tag{2.1d}$$

式中，ε_0 和 μ_0 分别表示真空介电常数和磁导率；$\boldsymbol{E}$ 和 $\boldsymbol{H}$ 分别表示复数电场和磁场，省略了时间相关因子 $\exp(\mathrm{j}\omega t)$。在突变的 ε 的边界条件为

$$\boldsymbol{e}_n \times (\boldsymbol{E}_1 - \boldsymbol{E}_2) = 0 \tag{2.2a}$$

$$\boldsymbol{e}_n \cdot (\varepsilon_1\boldsymbol{E}_1 - \varepsilon_2\boldsymbol{E}_2) = 0 \tag{2.2b}$$

$$\boldsymbol{e}_n \times (\boldsymbol{H}_1 - \boldsymbol{H}_2) = 0 \tag{2.2c}$$

$$\boldsymbol{e}_n \cdot (\boldsymbol{H}_1 - \boldsymbol{H}_2) = 0 \tag{2.2d}$$

式中，$\boldsymbol{e}_n$ 为界面的单位矢量；下标 1 和 2 为介质 1 和 2 的边界值。

从式（2.1a）和式（2.1c）中消除 $\boldsymbol{H}$，得到光波波动方程：

$$\nabla^2 \times \boldsymbol{E} + \nabla\{(\nabla\varepsilon / \varepsilon) \cdot \boldsymbol{E}\} + k^2\varepsilon\boldsymbol{E} = 0 \tag{2.3}$$

式中，k 为波数，有

$$k = \omega\sqrt{\varepsilon_0\mu_0} = \omega / c = 2\pi / \lambda \tag{2.4}$$

式中，c 为真空光速；λ 为波长。在均匀介质中，介质介电常数可以通过 $\nabla\varepsilon = 0$ 的近似，将式（2.3）简化为

$$\nabla^2\boldsymbol{E} + k^2\varepsilon\boldsymbol{E} = 0 \tag{2.5}$$

　　通常情况下，无损波导结构可以描述为横截面上的相对介电常数分布。使 z 轴的方向顺沿着波导（传播）轴方向，相对介电常数分布可以描述为

$$\varepsilon = \varepsilon(x, y) = [n(x, y)]^2 \qquad (2.6)$$

式中，$n(x, y)$ 是折射率分布。结构中的电磁场可以描述为

$$\boldsymbol{E}(x, y, z) = \boldsymbol{E}(x, y)\exp(-\mathrm{j}\beta z) \qquad (2.7a)$$

$$\boldsymbol{H}(x, y, z) = \boldsymbol{H}(x, y)\exp(-\mathrm{j}\beta z) \qquad (2.7b)$$

式中，β 为传播常数，且 β 常被定义为沿着传播方向（z 轴）上的波矢。将式（2.7a）和式（2.7b）代入式（2.5）得到如下方程：

$$[\nabla_t^2 + \{k^2 n^2(x, y) - \beta^2\}]\boldsymbol{E}(x, y) = 0 \qquad (2.8)$$

式中，$\nabla_t = (\partial/\partial x, \partial/\partial y, 0)$，为横向微分算子。在式（2.6）条件下式（2.1a）～式（2.1d）有许多形式为式（2.7a）和式（2.7b）的解，其中那些在接近于波导轴处的 $\boldsymbol{E}(x, y)$ 比较大，而在远离的地方接近 0 的解我们称之为导模（guided modes），因为那些解出的光波被限制在波导内并沿着轴向传播，导模的数目是有限的，它们以具有离散传播常数的离散模式分布 $\boldsymbol{E}(x, y)$ 和 $\boldsymbol{H}(x, y)$ 为特征。对于随着离轴距离增大而不衰减的解 $\boldsymbol{E}(x, y)$，我们称之为泄漏模（或辐射模）。存在无限个辐射模，它们以连续模式分布和传播常数为特征。传播常数可以写为

$$\beta = Nk \qquad (2.9)$$

式中，N 为有效折射率或者模式指数。

　　光波的另一个重要特征是在无损波导中的模式正交性。设一个波导中存在两个模式，分别是 $\{\boldsymbol{E}_m, \boldsymbol{H}_m\}$ 和 $\{\boldsymbol{E}_{m'}, \boldsymbol{H}_{m'}\}$，由式（2.1a）～式（2.1d）得

$$\nabla(\boldsymbol{E}_m \times \boldsymbol{H}_{m'}^* + \boldsymbol{E}_{m'}^* \times \boldsymbol{H}_m) = 0 \qquad (2.10)$$

　　将式（2.7a）和式（2.7b）代入式（2.10），并对结果在 xy 平面进行积分，得到

$$\begin{aligned} \mathrm{j}(\beta_m - \beta_{m'}) &\iint [\boldsymbol{E}_{tm} \times \boldsymbol{H}_{tm'}^* + \boldsymbol{E}_{tm'}^* \times \boldsymbol{H}_{tm}]_z \mathrm{d}x\mathrm{d}y \\ &= \iint \nabla_t [\boldsymbol{E}_m \times \boldsymbol{H}_{m'}^* + \boldsymbol{E}_{m'}^* \times \boldsymbol{H}_m]_t \mathrm{d}x\mathrm{d}y \end{aligned} \qquad (2.11)$$

式（2.11）的右边被转换成沿着 xy 平面的无穷大的边缘的线积分，因此等于 0。这意味着对于不同的模式（$m \neq m'$，$\beta_m \neq \beta_{m'}$）左边的积分为零。这叫作模式的正交性。模式的功率流是对复数坡印亭矢量 $\boldsymbol{S} = (1/2)\,\boldsymbol{E} \times \boldsymbol{H}^*$ 的 z 分量实部在横截面上的积分，并且当 $m = m'$ 时与式（2.11）的左边积分的 1/4 倍相等。方便的做法是将电磁场标准化（或归一化）使得功率流为 1。因此导模的正交关系可以表述为

$$\frac{1}{4}\iint[\boldsymbol{E}_{tm}\times\boldsymbol{H}_{tm'}{}^{*}+\boldsymbol{E}_{tm'}{}^{*}\times\boldsymbol{H}_{tm}]_{z}\mathrm{d}x\mathrm{d}y=\pm\delta_{mm'} \tag{2.12a}$$

当 $m\neq m'$ 时，$\delta_{mm'}$ 值为 0；当 $m\neq m'$ 时，$\delta_{mm'}$ 值为 1。等式的右边需要考虑正负号，正号和负号分别代表向前（$\beta_{m}>0$）和向后（$\beta_{m}<0$）传播模式。对于向后传播的模式 m'，采用 $\{\boldsymbol{E}_{m'},-\boldsymbol{H}_{m'}\}$ 代替 $\{\boldsymbol{E}_{m'},\boldsymbol{H}_{m'}\}$，从式（2.12a）中可知，对于 $m\neq m'$ 时 $-$ 替代 $+$ 同样是有效的，因此正交关系可以简单地写为

$$\iint\mathrm{Re}\{[(1/2)(\boldsymbol{E}_{tm}\times\boldsymbol{H}_{tm'}{}^{*})]_{z}\mathrm{d}x\mathrm{d}y=\pm\delta_{mm'} \tag{2.12b}$$

对于辐射模，式（2.12a）和式（2.12b）右边的克罗内克（Kronecker）δ 函数需被狄拉克（Dirac）δ 函数所代替。除正交性之外，模式场具有完整性。这意味着任何场都可以按模式场的级数展开形式表示。

2.1.2 平面波导

如图 2.3a 所示，设平面波导这一简单的波导模型厚度为 T，折射率分布形式为阶跃型。折射率分布如下：

$$n(x,y)=n(x)=\begin{cases}n_{\mathrm{a}},(0<x)\\n_{\mathrm{c}},(-T<x<0)\quad(n_{\mathrm{c}}>n_{\mathrm{s}}>n_{\mathrm{a}})\\n_{\mathrm{s}},(x<-T)\end{cases} \tag{2.13}$$

分解式（2.1a）和式（2.1c）代入式（2.13），分析该结构中的两种偏振模式。

（1）横电模

对于横电（transverse electric，TE）模，令 $H_{y}=0$，我们得到 $E_{x}=E_{z}=0$。因此主要存在纵向电场 $E_{y}(x)$，满足波动方程：

$$\left[\frac{\mathrm{d}^{2}}{\mathrm{d}x^{2}}+\{k^{2}n^{2}(x)-\beta^{2}\}\right]E_{y}(x)=0 \tag{2.14}$$

磁场 $H_{x}=(-\beta/\omega\mu_{0})E_{y}$，$H_{z}=(\mathrm{j}/\omega\mu_{0})(\mathrm{d}E_{y}/\mathrm{d}x)$。式（2.14）的导模解可以写成

$$E_{y}(x)=\begin{cases}E_{\mathrm{a}}\exp\{-\gamma_{\mathrm{a}}x\}&(0<x)\\E_{\mathrm{c}}\cos\{\kappa_{\mathrm{c}}x+\varPhi_{\mathrm{a}}\}&(-T<x<0)\\E_{\mathrm{s}}\exp\{+\gamma_{\mathrm{s}}(x+T)\}&(x<-T)\end{cases} \tag{2.15}$$

式中，E_{a}、E_{c}、E_{s} 是常数，且

$$\gamma_{\mathrm{a}}=k\sqrt{N^{2}-n_{\mathrm{a}}^{2}},\ \gamma_{\mathrm{s}}=k\sqrt{N^{2}-n_{\mathrm{s}}^{2}},\ k_{\mathrm{c}}=k\sqrt{n_{\mathrm{c}}^{2}-N^{2}} \tag{2.16}$$

式中，导模的模式指数 N 的范围为 $n_s < N < n_c$。将式（2.2a）～式（2.2d）代入边界 $x = 0, T$，得到如下特征方程：

$$\kappa_c T - \Phi_a - \Phi_s = m\pi \qquad (m = 0, 1, 2)$$
$$\Phi_a = \arctan(\gamma_a / \kappa_c), \ \Phi_s = \arctan(\gamma_s / \kappa_c) \tag{2.17}$$

这些决定了模式指数 N。式中，整数 m 为模式序数，Φ_a 和 Φ_s 为与全内反射相关联的相位跃变。常数 E_a、E_c、E_s 通过 $E_a = E_c \cos\Phi_a$ 和 $E_s = E_c (-1)^m \cos\Phi_s$ 来互相关联。

（2）横磁模

对于横磁（transverse magnetic，TM）模，令 $E_y = 0$，我们得到 $H_x = E_z = 0$。因此主要存在纵向磁场 $H_y(x)$，同样满足波动方程（2.14），且 $E_x = (\beta l \omega \varepsilon_0 n^2) H_y$。纵向部分是 $H_z = (-jl\omega\varepsilon_0 n^2)(\mathrm{d}H_y / \mathrm{d}x)$。$H_y(x)$ 的导模解可以写成

$$H_y(x) = \begin{cases} H_a \exp\{-\gamma_a x\} & (0 < x) \\ H_c \cos\{\kappa_c x + \Phi_a\} & (-T < x < 0) \\ H_s \exp\{+\gamma_s(x + T)\} & (x < -T) \end{cases} \tag{2.18}$$

γ_a、γ_s、κ_c 由式（2.16）得到。通过式（2.2a）～式（2.2d）和边界条件 $x = 0, T$，得到如下特征方程：

$$\kappa_c T - \Phi_a - \Phi_s = m\pi \qquad (m = 0, 1, 2, \cdots)$$
$$\Phi_a = \arctan\{(n_c / n_a)^2 (\gamma_a / \kappa_c)\}, \ \Phi_s = \arctan\{(n_c / n_s)^2 (\gamma_s / \kappa_c)\} \tag{2.19}$$

常数 H_a、H_c、H_s 是由 $H_a = H_c \cos\Phi_a$ 和 $H_s = H_c (-1)^m \cos\Phi_s$ 来确定的。

正如我们所见的式（2.15）和式（2.18），描述主要电磁场 TE 模和 TM 模采用同样形式的公式。基模的场分布和一些低阶模的分布如图 2.3b 和图 2.3c 所示。其特征是在芯层内呈正弦变化，并在包层内呈指数衰减形式。

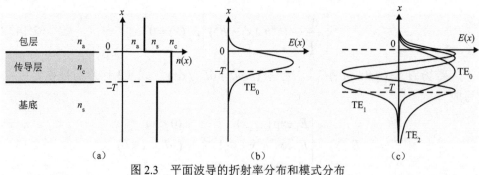

图 2.3　平面波导的折射率分布和模式分布
（a）折射率分布；（b）单模波导；（c）多模波导

传播常数和模式指数取决于折射率分布、波长、偏振和模式序号。虽然不能导出 N 的显式，但可以从一个采用标准化参量的简便图形得到模式指数 N。定义

标准化引导厚度为

$$V = kT\sqrt{n_c^2 - n_s^2} = (\omega / c)T\sqrt{n_c^2 - n_s^2} \tag{2.20}$$

式中，V 通常被称为标准化频率。非对称参量定义为

$$a_{\text{TE}} = (n_s^2 - n_a^2) / (n_c^2 - n_s^2) \tag{2.21}$$

模式指数 N 可以用标准化参数表示：

$$b = (N^2 - n_s^2) / (n_c^2 - n_s^2) \tag{2.22}$$

  TE 导模的特征方程（2.17）可以描述为 V、a_{TE} 和 b 的函数。求解特征方程，我们得到图 2.4 的模式色散曲线。一方面，模式指数随着 V 的增大而单调递增，并且趋近于 n_f；另一方面，随着 V 的减小，N 减小至截点。波导只存在基模的是单模波导，存在多模的是多模波导。TM 模的情况是一样的。虽然在同样的模式下 TM 模的模式指数要略小于 TE 模，但是在如此小的情况下，上述的表达式可以近似适用于 TM 模。

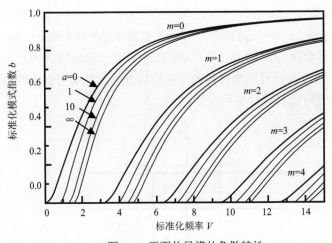

图 2.4 平面传导模的色散特性

  泄漏模同样可以用式（2.7a）和式（2.7b）的形式来表达，沿着 z 轴的传播常数可以用式（2.9）来表达。平面波导可以分为基底辐射模和基底空气辐射模。前者是出现在芯层中两个平面波叠加时和基底区域接近空气区域所存在的消逝场，且有效折射率的绝对值处在 n_a 和 n_s 之间。后者位于平面波导传播中的整个部分：芯层、基底和空气区域，且有效折射率的绝对值小于 n_a。它们是连续的谱。图 2.5 是对光谱的导模传播常数和辐射模的描述。

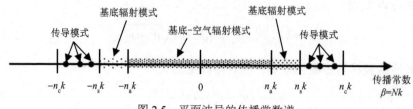

基底辐射模式　　　基底辐射模式

传导模式　　基底-空气辐射模式　　传导模式

传播常数
$\beta = Nk$

$-n_c k$　　$-n_s k$　　$-n_a k$　　0　　$n_a k$　　$n_s k$　　$n_c k$

图 2.5　平面波导的传播常数谱

　　用于实现非线性光学器件的许多波导的折射率分布形式是渐变型分布而不是阶跃型分布。例如，金属内扩散 LiNbO$_3$ 波导和退火/质子交换（annealed/proton-exchange，APE）LiNbO$_3$ 波导的折射率分布形式可以近似为一个高斯函数或互补误差函数。对这类波导的精确分析常需要用到数值计算，如 Wentzel-Kramers-Brillouin（WKB）分析法和多层分解法（multi-layer decomposition method）。然而，我们可以通过以上方法很好地描述波导的特征，如果能用适当的折射率和厚度值来表示渐变型折射率分布，阶跃型折射率模型也可以用来以合理的精度进行分析和设计。

2.1.3　通道波导

　　让我们来考虑图 2.6 中所示的阶跃型矩形横截面通道波导（channel waveguide）。芯层的厚度和宽度分别为 T 和 W，各区域的折射率定义如图 2.6 所示。波传播方程见式（2.8）。通道波导虽然难以得到精确的场方程，但是可以通过近似的分析方法来解释波导的特征及进行结构设计。

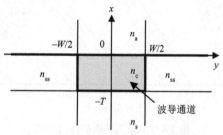

图 2.6　一个矩形通道波导的横截面

　　一种方法是采用有效折射率法。场的限制可以在深度和宽度方向上进行分解，结构可以转化为两个等价的平面波导。在波导 $W > T$ 时可以获得较高的精度，见图 2.7a。图 2.7b 为一个宽度 $W \to \infty$ 的假想通道波导，它的 TE 场由式（2.15）给出，$E_y(x)$ 满足式（2.14），其中 $n(x)$ 替换为 $n(x, 0)$。这个平面波导的模式指数由式（2.17）决定，定义为 N_1。通道波导中场分布可以近似写成

$$E_y(x, y) = E_y(x)E_y(y) \tag{2.23}$$

将式（2.23）代入式（2.8），并使用式（2.14）和一些近似法，得

$$\left[\frac{\mathrm{d}^2}{\mathrm{d}y^2}+\{k^2N^2(y)-\beta^2\}\right]E_y(y)=0 \qquad (2.24)$$

$$N(y)=\begin{cases} N_{\mathrm{I}} & (|y|<W/2) \\ N_{\mathrm{II}}=\sqrt{n_{ss}^2-n_c^2+N_{\mathrm{I}}^2} & (W/2<|y|) \end{cases} \qquad (2.25)$$

式（2.24）仅仅是用有效折射率 N_{I} 和 N_{II} 来描述折射率分布 $N(y)$ 的另一个虚构的平面波导（图 2.7c）的波动方程。因为优势的电场垂直于第二个波导平面，所以用式（2.19）形式的 TM 模式特征方程来确定传播常数 β。因此，我们可以用重复求解平面波导的方法来获得场分布 $E_y(x,y)$ 和模式指数 N。图 2.4 的标准化图形数据可以使用于每个步骤。类似的方法也可以用来求解 TM 模。

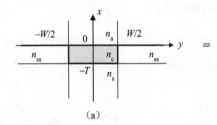

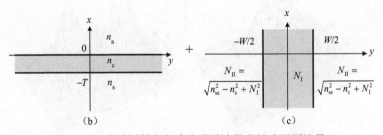

图 2.7　用有效折射率方法将通道波导分解成平面波导

另一个近似法是 Marcatili 法[7]，它可以在包括狭窄通道在内的一些例子中得到更高的精度。从式（2.1a）和式（2.1c）可以看到，对于图 2.5 所示的波导，$E_x=0$ 和满足式（2.8）波动方程的 $E_y(x,y)$ 可以满足麦克斯韦方程，并且其他的场分量可由 $E_y(x,y)$ 给出。导模的场分布可以写成

$$E_y(x,y)=\begin{cases} E_c\cos(\kappa_{cx}x+\varPhi_a)\cos(\kappa_{cy}y+q\pi/2) \\ E_a\exp(-\gamma_a x)\cos(\kappa_{cy}y+q\pi/2) \\ E_s\exp[\gamma_s(x+T)]\cos(\kappa_{cy}y+q\pi/2) \\ E_{ss}\cos(\kappa_{cx}x+\varPhi_a)(-1)^q\exp[\gamma_{ss}(y+W/2)] \\ E_{ss}\cos(\kappa_{cx}x+\varPhi_a)\exp[-\gamma_{ss}(y-W/2)] \end{cases} \qquad (2.26)$$

第一个公式是芯层区域的，接下来的四个公式分别是顶包层、底包层和左右包层的。对于这四个边缘区域，没有满足方程（2.26）的边界条件的解析解可以找到。因为场幅度在这些区域很小，这个问题可以忽略。这五个区域的波动方程要求如下：

$$\kappa_{cx}^2 + \kappa_{cy}^2 + \beta^2 = k^2 n_c^2, \quad \kappa_{cx}^2 - \gamma_{ss}^2 + \beta^2 = k^2 n_{ss}^2$$
$$-\gamma_a^2 + \kappa_{cy}^2 + \beta^2 = k^2 n_a^2, \quad -\gamma_s^2 + \kappa_{cy}^2 + \beta^2 = k^2 n_s^2 \tag{2.27}$$

从四个壁的边界条件，我们可以得到如下特征方程：

$$\kappa_{cx} T - \Phi_a - \Phi_s = p\pi \quad (p = 0, 1, 2, \cdots)$$
$$\Phi_a = \arctan(\gamma_a / \kappa_{cx}), \quad \Phi_s = \arctan(\gamma_s / \kappa_{cx})$$
$$\kappa_{cy} W - 2\Phi_{ss} = q\pi \quad (q = 0, 1, 2, \cdots) \tag{2.28}$$
$$\Phi_{ss} = \arctan\{(n_c / n_{ss})^2 (\gamma_{ss} / \kappa_{cy})\}$$

式中，整数 p 和 q 分别为深度方向和宽度方向的模式数；传播常数 β 可以通过联立方程（2.27）和方程（2.28）得到。图 2.8 描述的是 $E_y(x, y)$ 的强度场 $|E_y(x, y)|^2$。

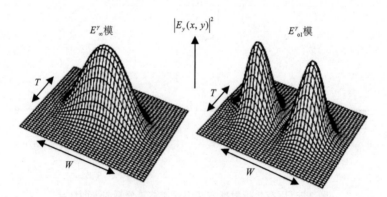

图 2.8　矩形横截面通道波导中的导模强度分布的典型例子

上面所描述的导模的一个重要特征是，虽然主要的电场分量是 E_y，但是同时也存在非零的 E_z 和 H_z。这就说明这些模式不是确切的 TE 模，而是混合模式。我们把它标示为 E_{pq}^y 模。可以证明，同样也存在 $E_y = 0$ 和主电场分量 $E_x(x, y)$ 的导模，标示为 E_{pq}^x 模。E_{pq}^y 模和 E_{pq}^x 模分别也被称为类 TE 模和类 TM 模，通常被简称为 TE 模和 TM 模。然而，在芯层和包层存在着微弱的折射率差的波导中，场的非横向分量很小，因此，我们常常简单地称它们为 TE$_{pq}$ 模和 TM$_{pq}$ 模。

对任意折射率分布的通道波导的分析可以使用基于有限元方法（finite element method，FEM）[8] 和有限差分法（finite difference method，FDM）[9] 的数值方法。

实现非线性光学器件需要各向异性晶体里的波导。各向异性的波导的一般特征需要全矢量分析[3,6,10]。波导的轴向与光轴的方向如果有所倾斜，可能会因偏振模转换而产生泄漏传播损耗。因此，大部分器件都是通过其轴向和一个光轴平行来实现的。在本节中，对于这些波导的讨论，只通过使用折射率达到主电场极化来得到高精度。例如，在 z-切的 $LiNbO_3$ 波导中，e 光折射率 n_e 可以当作是晶体中 $E_{pq}^x(TM_{pq})$ 模的 n，o 光折射率 n_o 则可以当作 $E_{pq}^y(TE_{pq})$ 模中的折射率 n。

2.2 非线性光学极化

本节总结和概述光学非线性的基本概念和数学表达，来作为非线性器件理论分析的准备。关于光学非线性的详细表述参考文献[11-14]。波导非线性光学的早期研究工作综述见文献[15,16]。

2.2.1 介电响应函数和极化率

在光学媒介中，介电极化是通过光电场来诱导的。对于电场振幅较小的情况，介质中某一点的极化 $P(t)$ 近似正比于同一点处的 $E(t)$。一般来说，$P(t)$ 可以表示为 $E(t)$ 的幂函数序列，写为

$$P(t) = P_L(t) + P_{NL}(t) = P^{(1)}(t) + P^{(2)}(t) + P^{(3)}(t) + \cdots \qquad (2.29)$$

式中，$P_L(t)$ 和 $P_{NL}(t)$ 分别为线性和非线性极化；$P^{(q)}(t)(q \geqslant 2)$ 表示第 q 阶非线性极化。

从局域性和因果方面来看，在 t 时刻，第 q 阶非线性极化可以表述为观察 t 时刻之前及 t 时刻的电场所产生的效应的积分，即

$$P^{(q)}(t) = \varepsilon_0 \int \cdots \int R^{(q)}(t; t_1, \cdots, t_q) E(t_1) \cdots E(t_q) \mathrm{d}t_1 \cdots \mathrm{d}t_q \qquad (2.30)$$

式中，$R^{(q)}$ 为第 q 阶响应函数。因为介质是时间不变的，我们可以写成

$$R^{(q)}(t; t_1, \cdots, t_q) = R^{(q)}(\tau_1, \cdots, \tau_q), \quad \tau_i = t - t_i \qquad (2.31)$$

其因果关系可以描述为

$$R^{(q)}(\tau_1, \cdots, \tau_q) = 0 \quad (\tau_i < 0) \qquad (2.32)$$

利用式（2.31）和式（2.32），式（2.30）可以写成

$$P^{(q)}(t)=\varepsilon_0\int\cdots\int R^{(q)}(\tau_1,\cdots,\tau_q)E(t-\tau_1)\cdots E(t-\tau_q)\mathrm{d}\tau_1\cdots\mathrm{d}\tau_q \qquad (2.33)$$

通过傅里叶转换表示 $E(t)$ 和 $P^{(q)}(t)$ ，得

$$E(t)=\int E(\omega)\exp(\mathrm{j}\omega t)\mathrm{d}\omega, \quad P^{(q)}(t)=\int P^{(q)}(\omega)\exp(\mathrm{j}\omega t)\mathrm{d}\omega \qquad (2.34)$$

式中，$E(t)$ 和 $P^{(q)}(t)$ 为实矢量，因此有 $E(-\omega)=E(\omega)^*$ 和 $P(-\omega)=P(\omega)^*$。将式（2.34）代入式（2.33）得

$$P^{(q)}(\omega)=$$
$$\varepsilon_0\int\cdots\int\chi^{(q)}(-\omega;\omega_1,\cdots,\omega_q)\delta(\omega-\omega_1\cdots-\omega_q)E(\omega_1)\cdots E(\omega_q)\mathrm{d}\omega_1\cdots\mathrm{d}\omega_q \qquad (2.35)$$

$$\chi^{(q)}(-\omega;\omega_1,\cdots,\omega_q)=\int\cdots\int R^{(q)}(\tau_1,\cdots,\tau_q)\exp(-\mathrm{j}(\omega_1\tau_1+\omega_q\tau_q)\mathrm{d}\tau_1\cdots\mathrm{d}\tau_q \qquad (2.36)$$

式中，δ 是狄拉克函数，且角频率 $\omega=\omega_1+\cdots+\omega_q$ 的极化是由频率为 $\omega_1,\cdots,\omega_q$ 的电场所产生的。式（2.36）中所确定的张量，称为第 q 阶电介质极化率（介电常数）张量，由响应函数的傅里叶变换给出。需要注意的是，$\chi^{(q)}$ 中的 ω 不是一个独立变量，而是 $\omega=\omega_1+\cdots+\omega_q$。负号在这里只为了式（2.39）中的对称表达式的方便而插入的。

对于 $q=1$ 时，式（2.35）可以简化为线性极化表达式。

$$P^{(1)}(\omega)=P_\mathrm{L}(\omega)=\varepsilon_0\chi^{(1)}(-\omega;\omega)E(\omega) \qquad (2.37)$$

式中，$\chi^{(1)}(-\omega;\omega)$ 与相对介电常数张量 ε 有关，即 $[\varepsilon]=[1]+[\chi^{(1)}]$，[1] 是单位张量。当所用到的坐标系与介质的光轴相一致时，ε 是对角张量，对于单轴晶体（uniaxitial crystals）来说，有 $\varepsilon_{11}=\varepsilon_{22}=n_\mathrm{o}$ 和 $\varepsilon_{33}=n_\mathrm{e}$。

2.2.2　二阶非线性极化

二阶非线性极化公式由式（2.35）推导得

$$P^{(2)}(\omega)=\varepsilon_0\int\chi^{(2)}(-\omega;\omega',\omega-\omega')E(\omega')E(\omega-\omega')\mathrm{d}\omega' \qquad (2.38)$$

非线性极化率张量 $\chi^{(2)}$ 具有几个对称性类型。最基本的一个是本征置换对称性，这来源于式（2.30）中 t_i 的置换对称性。完全置换对称性包含了本征置换对称性，可以表示如下：

$$\chi_{ijk}{}^{(2)}(-\omega;\omega_1,\omega_2)=\chi_{jki}{}^{(2)}(\omega_1;\omega_2,-\omega)=\chi_{kij}{}^{(2)}(\omega_2;-\omega,\omega_1)$$
$$=\chi_{ikj}{}^{(2)}(-\omega;\omega_2,\omega_1)=\chi_{jik}{}^{(2)}(\omega_1;-\omega,\omega_2)=\chi_{kji}{}^{(2)}(\omega_2;\omega_1,-\omega) \qquad (2.39)$$

式（2.39）的有效条件是介质对极化率表达式中所出现的各种光学频率都是透

明的。当所有的有关频率都处于同一个透明带内时，散射可以被忽略，式（2.39）
可以简化为

$$\chi_{ijk}^{(2)} = \chi_{jki}^{(2)} = \chi_{kij}^{(2)} = \chi_{ikj}^{(2)} = \chi_{jik}^{(2)} = \chi_{kji}^{(2)} \qquad (2.40)$$

式（2.40）称为克莱因曼（Kleinman）对称。

考虑一种简单的情况，即 $E(t)$ 是单一频率 ω 的正弦波。通过式（2.34）和
式（2.38）可知，$P^2(t)$ 有频率为 2ω 和 0 这两部分。二阶非线性介质的极化情
况如图 2.9 所示。频率为 2ω 的部分[$\chi^{(2)}(-2\omega;\omega,\omega)$ 项]可以产生倍频光即 SHG，
我们将在之后的内容中详细阐述。频率为 0 的部分[$\chi^{(2)}(0;\omega,-\omega)$ 项]可以引起
光整流，也就是光波引起的直流场。光整流可以通过电光效应引起折射率的
改变。

当基本波长，即频率为 ω 的光场，入射到非线性介质中，将会存在频率为 ω
与 2ω 的电场和极化，因此可以表示为

$$\boldsymbol{E}(t) = \mathrm{Re}\{\boldsymbol{E}^{\omega}\exp(\mathrm{j}\omega t)+\boldsymbol{E}^{2\omega}\exp(\mathrm{j}2\omega t)\}$$
$$\boldsymbol{P}(t) = \mathrm{Re}\{\boldsymbol{P}^{\omega}\exp(\mathrm{j}\omega t)+\boldsymbol{P}^{2\omega}\exp(\mathrm{j}2\omega t)\} \qquad (2.41)$$

式中，$\boldsymbol{E}^{\omega}$、$\boldsymbol{E}^{2\omega}$、$\boldsymbol{P}^{\omega}$、$\boldsymbol{P}^{2\omega}$ 分别为场强的复数表达式及每个频率的极化。由
式（2.34）和式（2.38）可得

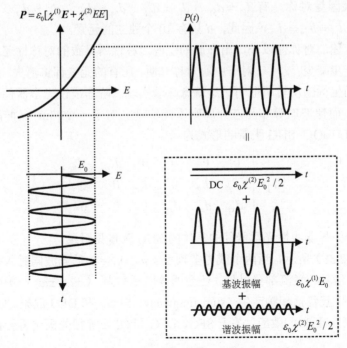

图 2.9　二阶非线性的示意图

$$\begin{cases} \boldsymbol{P}^{2\omega} = \varepsilon_0 \chi^{(2)}(-2\omega;\omega,\omega)\boldsymbol{E}^{\omega}\boldsymbol{E}^{\omega}/2 \\ \boldsymbol{P}^{\omega} = \varepsilon_0 \chi^{(2)}(-2\omega;\omega,\omega)\boldsymbol{E}^{2\omega}\boldsymbol{E}^{\omega^*} \end{cases} \tag{2.42}$$

使 $\chi^{(2)}(-2\omega;\omega,\omega)/2 = d$，则式（2.42）可以写成

$$\boldsymbol{P}^{2\omega} = \varepsilon_0 d\boldsymbol{E}^{\omega}\boldsymbol{E}^{\omega}/2, \quad \boldsymbol{P}^{\omega} = 2\varepsilon_0 d\boldsymbol{E}^{2\omega}\boldsymbol{E}^{\omega^*} \tag{2.43}$$

张量 d 叫作 SHG 张量。

由以上的 $\chi^{(2)}$ 本征置换对称得到的 d 具有 $d_{ijk} = d_{ikj}$ 的对称性。这个特点可以用来以一个 3×6 矩阵的简约形式去表示一个三阶张量 d，其中规定分别用下标 1、2、3、4、5、6 来表示 $jk = 11, 22, 33, 23, 31, 12$。这样我们可以将式（2.43）的第一个公式改写成

$$\begin{bmatrix} p^{2\omega}_x \\ p^{2\omega}_y \\ p^{2\omega}_z \end{bmatrix} = \varepsilon_0 \begin{bmatrix} d_{11} & d_{12} & d_{13} & d_{14} & d_{15} & d_{16} \\ d_{21} & d_{22} & d_{23} & d_{24} & d_{25} & d_{26} \\ d_{31} & d_{32} & d_{33} & d_{34} & d_{35} & d_{36} \end{bmatrix} \begin{bmatrix} (E^{\omega}_x)^2 \\ (E^{\omega}_y)^2 \\ (E^{\omega}_z)^2 \\ 2E^{\omega}_y E^{\omega}_z \\ 2E^{\omega}_z E^{\omega}_x \\ 2E^{\omega}_x E^{\omega}_y \end{bmatrix} \tag{2.44}$$

由克莱因曼对称，有 $d_{15} = d_{31}$、$d_{16} = d_{21}$、$d_{24} = d_{32}$、$d_{26} = d_{12}$、$d_{34} = d_{23}$、$d_{35} = d_{13}$、$d_{14} = d_{25} = d_{36}$，因此，d 只有 10 个独立的元素。

除了上述的对称性以外，由介质的空间对称性所导致的对称性还导致了独立元素的进一步减少[11-14,17]。对于中心对称介质，所有的元素都将消失，这可以很简单地由空间坐标的反转所证明。这就意味着实现二阶非线性光学器件需要各向异性的晶体，而像玻璃等非晶态介质则不能实现。对于一个 3m 点群晶体，包括 LiNbO₃ 和 LiTaO₃，SHG 张量的形式为

$$[d] = \begin{bmatrix} 0 & 0 & 0 & 0 & d_{31} & -d_{22} \\ -d_{22} & d_{22} & 0 & d_{31} & 0 & 0 \\ d_{31} & d_{31} & d_{33} & 0 & 0 & 0 \end{bmatrix} \tag{2.45}$$

常用于波导非线性光学器件的晶体的 SHG 张量见附录。

如式（2.38）所示，当两个或更多频率（$\omega_1, \omega_2, \cdots$）的光波同时入射到同一介质中，除了倍频和直流部分以外，还会诱导出频率为（$\pm\omega_1, \pm\omega_2, \cdots$）的非线性极化。它们将引起包括和频产生（sum-frequency，SFG）和 DFG 混频、OPA 及电光 [泡克尔斯（Pockels）] 效应。关于 SFG、DFG 和 OPA 等相关极化将会在下一章作详细介绍。

2.2.3　三阶非线性极化

三阶非线性极化公式由式（2.35）推导得

$$P^{(3)}(\omega)=\varepsilon_0\int\chi^{(3)}(-\omega;\omega',\omega'',\omega-\omega'-\omega'')E(\omega')E(\omega'')E(\omega-\omega'-\omega'')\mathrm{d}\omega'\mathrm{d}\omega'' \quad (2.46)$$

非线性极化率张量 $\chi^{(3)}$ 所具有的置换对称与 $\chi^{(2)}$ 相似。不同于通常只存在于非中心对称晶体中的二阶非线性，所有的晶体或非晶体光学介质或多或少地存在一些三阶非线性。

考虑一种简单的情况，即 $E(t)$ 是单一频率为 ω 的正弦波。通过式（2.34）和式（2.46）可知，$P^{(3)}(t)$ 有频率分别为 3ω 和 ω 的两个部分。三阶非线性介质中的极化情况如图 2.10 所示。频率为 3ω 的部分[$\chi^{(3)}(-3\omega;\omega,\omega,\omega)$ 项]可以产生三次谐波（third-harmonic generation，THG）。频率为 ω 的部分[$\chi^{(3)}(-\omega;\omega,-\omega,\omega)$ 项]被叠加在线性极化上，引起折射率的改变。为了了解这个效应，我们简单地使

$$E(t)=\mathrm{Re}\{E\exp(\mathrm{j}\omega t)\} \quad (2.47)$$

由式（2.34）和式（2.46），并取 $P^{(3)}(t)$ 的 ω 部分，可以得到

$$P_{\mathrm{NL}}(t)=\mathrm{Re}\{P_{\mathrm{NL}}\exp(\mathrm{j}\omega t)\}$$
$$P_{\mathrm{NL}}=(3\varepsilon_0/4)\chi^{(3)}(-\omega;\omega,-\omega,\omega)EE^*E \quad (2.48)$$

这里利用了 $\chi^{(3)}$ 的置换对称性。当 E 平行于坐标系的一个坐标轴，且采用标量复振幅 E 表示时，我们有带有合适张量元素 $\chi^{(3)}$ 的 $P_{\mathrm{NL}}=(3\varepsilon_0/4)\chi^{(3)}(-\omega;\omega,-\omega,\omega)EE^*E$，因此电通量密度（electric flux density）可以写成

$$D=\varepsilon_0E+P_{\mathrm{L}}+P_{\mathrm{NL}}=\varepsilon_0\{n_0^2+(3\chi^{(3)}/4)|E|^2\}E\cong\varepsilon_0\{n_0+(3\chi^{(3)}/8n_0)|E|^2\}^2E \quad (2.49)$$

式中，n_0 为线性折射率。式（2.49）所示的是介质表现为拥有一个有效折射率。

$$n=n_0+(3\chi^{(3)}/8n_0)|E|^2$$
$$=n_0+(n_2/2)|E|^2$$
$$=n_0+(3\chi^{(3)}/4n_0^2c\varepsilon_0)I \quad (2.50)$$
$$=n_0+N_2I$$

$$n_2=3\chi^{(3)}/4n_0,\ N_2=3\chi^{(3)}/4n_0c\varepsilon_0 \quad (2.51)$$

式中，$I=n_0c\varepsilon_0|E|^2$，为光学功率强度；c 为真空中的光速；系数 n_2 和 N_2 为非线性折射率。

与三阶非线性相关的与强度有关的折射率变化称为克尔效应（Kerr effect），

它提供了一些器件实现的可能性，包括自相位和互相位调制、光孤子传播、各种全光开关如光学双振态。这类器件的实现并不需要相位匹配结构，因为非线性光学折射率并不涉及不同频率光波的相互作用。

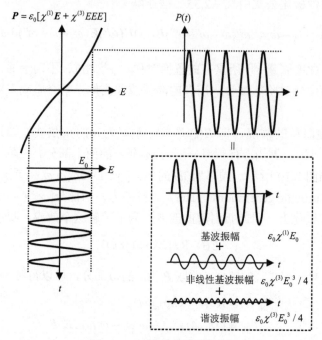

图 2.10　三阶非线性示意图

2.3　模式耦合方程

模式耦合理论为光波之间的分布式耦合等理论分析难题提供了一个强有力的工具，见文献[1-6,10-12,18-20]。Armstrong 等[21]在其重要论文中提出了类似的理论，用来分析非线性光学相互作用。在本节中，我们推导其形式以方便分析波导中的非线性光学相互作用的模式耦合方程。

考虑一个可用相对介电常数分布 $\varepsilon(x, y)$ 描述的波导。首先假设波导材料不存在非线性。频率 ω 的导模 m 在波导中的传播可以写为

$$\boldsymbol{E}^{(0)}(x, y, z) = \boldsymbol{E}_m(x, y)\exp(-\mathrm{j}\beta_m z) \tag{2.52a}$$

$$\boldsymbol{H}^{(0)}(x, y, z) = \boldsymbol{H}_m(x, y)\exp(-\mathrm{j}\beta_m z) \tag{2.52b}$$

式中，$\{\boldsymbol{E}_m; \boldsymbol{H}_m\}$ 为归一化模式分布；β_m 为传播常数。$\{\boldsymbol{E}^{(0)}; \boldsymbol{H}^{(0)}\}$ 满足麦克斯韦方程。

$$\nabla \times \boldsymbol{E}^{(0)} = -\mathrm{j}\omega\mu_0 \boldsymbol{H}^{(0)}, \nabla \times \boldsymbol{H}^{(0)} = +\mathrm{j}\omega\varepsilon_0\varepsilon \boldsymbol{E}^{(0)} \tag{2.53}$$

如果波导有光学非线性，则非线性极化被诱导。我们把与非线性极化有相同频率 ω 的成分用 P 表示。也可以在 P 中再包括频率为 ω 的线性极化，这可能是为达到相位匹配等目的而改变了波导结构所导致的。因而线性波导中的 ω 场和 $\{E;H\}$ 满足麦克斯韦方程

$$\nabla \times E = -\mathrm{j}\omega\mu_0 H, \nabla \times H = +\mathrm{j}\omega(\varepsilon_0\varepsilon E + P) \qquad (2.54)$$

从式（2.53）、式（2.54）和矢量公式可以得到

$$\nabla(E \times H^{(0)^*} + E^{(0)^*} \times H) = -\mathrm{j}\omega E^{(0)^*} P \qquad (2.55)$$

以平行 xy 平面的无限小厚度和无限小面积的体积元对式（2.55）进行积分，得

$$\iint \frac{\partial}{\partial z}[E_t \times H_t^{(0)^*} + E_t^{(0)^*} \times H_t]_z \mathrm{d}x\mathrm{d}y = -\mathrm{j}\omega\iint E^{(0)^*} P\mathrm{d}x\mathrm{d}y \qquad (2.56)$$

式中，下标 t 表示横向分量。我们用初始规范波导中的简正模式 $\{E_m;H_m\}$ 展开 $\{E;H\}$。

$$E_t(x,y,z) = \sum_m A_m(z)E_{tm}(x,y)\exp(-\mathrm{j}\beta_m z) \qquad (2.57a)$$

$$H_t(x,y,z) = \sum_m A_m(z)H_{tm}(x,y)\exp(-\mathrm{j}\beta_m z) \qquad (2.57b)$$

将式（2.52a）、式（2.52b）、式（2.57a）和式（2.57b）代入式（2.56）中。利用正交关系式（2.12a），可以得到

$$\frac{\mathrm{d}}{\mathrm{d}z}A_m(z) = -\mathrm{j}\left(\frac{\omega}{4}\right)\iint E_m^*(x,y)\exp(+\mathrm{j}\beta_m z)P(x,y,z)\mathrm{d}x\mathrm{d}y \qquad (2.58)$$

这是模式耦合理论的基本公式。

在波导中的非线性光学相互作用是用各波导模式之间的分布式耦合来解释的。在许多场合中，常常涉及不同频率的波。虽然没有明确标出，对于每个频率，式（2.58）都代表一组微分方程。以下内容中，上标表示频率。另外，式（2.58）对于每个模式 m 均是成立的。式（2.58）等号的右侧包括模式振幅的非线性项，并且还可能包括其他频率下的模式振幅，因为极化是总电场的非线性函数。因而式（2.58）解释了包括那些不同频率之间的非线性相互作用。如果在耦合中每一个频率只涉及一个模式，则式（2.57a）和式（2.57b）中的模式下标 m 和 Σ 可以被省略。

为了描述模式耦合方程的具体形式，我们举一个 SHG 导模的例子。详细的分析见下一章。将式（2.57a）代入式（2.43），再将结果代入式（2.58）得到

$$\frac{\mathrm{d}}{\mathrm{d}z}A^{\omega}(z) = -\mathrm{j}\kappa^{*}[A^{\omega}(z)]^{*}A^{2\omega}(z)\exp\{-\mathrm{j}(2\varDelta)z\} \qquad (2.59\mathrm{a})$$

$$\frac{\mathrm{d}}{\mathrm{d}z}A^{2\omega}(z) = -\mathrm{j}\kappa[A^{\omega}(z)]^{2}\exp\{+\mathrm{j}(2\varDelta)z\} \qquad (2.59\mathrm{b})$$

$$2\varDelta = \beta^{2\omega} - 2\beta^{\omega} \qquad (2.60)$$

$$\kappa = \frac{2\omega}{4}\iint[E^{2\omega}(x,y)]^{*}d(x,y)[E^{\omega}(x,y)]^{2}\mathrm{d}x\mathrm{d}y \qquad (2.61)$$

式中，模式标记 m 已经被忽略。式（2.59a）和式（2.59b）是非线性模式耦合方程，描述了基本波振幅 A^{ω} 及其倍频波振幅 $A^{2\omega}$ 的空间演变。式（2.61）定义的参数 κ 叫作非线性耦合系数，它正比于光模式分布和非线性分布的重叠积分。

例如，一个频率为 ω 的泵浦光在非线性波导的 $z=0$ 处入射，且传播到 $z=L$ 处。我们假定相互作用是微弱的，因而泵浦振幅近似是一个常数，所以可设 $A^{\omega}(z) = A_0$。这个近似，我们称之为无泵浦损耗近似（no pump depletion approximation，NPDA）。因此式（2.59b）可以容易地由边界条件 $A^{2\omega}(0) = 0$ 的积分得到。

$$A^{2\omega}(z) = -\mathrm{j}kA_0^2 z\,\exp(\mathrm{j}\varDelta z)\{\sin(\varDelta z)\,/\,\varDelta z\} \qquad (2.62)$$

因为模场被归一化，所以倍频转换效率可以写成

$$\eta = \left|A^{2\omega}(L)\right|^2 /\left|A_0\right|^2 = \left|\kappa\right|^2 P_0 L^2 \{\sin(\varDelta z)\,/\,\varDelta z\}^2 \qquad (2.63)$$

式中，$P_0 = \left|A_0\right|^2$ 为入射泵浦光功率。

2.4　相　位　匹　配

2.4.1　相干长度和相位匹配

图 2.11 为式（2.59a）～式（2.63）描述的一维行波 SHG。介质中每一点处的非线性光学极化的二次谐（second-harmonic，SH）波部分 $P^{2\omega}$ 会产生在介质中传播的频率为 2ω 的子波。积累来自泵浦传播经过的所有点的谐波子波便得到了总 SHG。

$P^{2\omega}$ 沿 z 轴的相位分布由相位常数 $2\beta^{2\omega}$ 描述，因为 $P^{2\omega}$ 正比于以相位常数 β^{ω} 传播的电场 E^{ω} 的平方。另外，那些子波以相位常数 $\beta^{2\omega}$ 传播。式（2.60）中所定义的参数 $2\varDelta$ 可以写成

$$2\varDelta = \beta^{2\omega} - 2\beta^{\omega} = \frac{4\pi}{\lambda}(N^{2\omega} - N^{\omega}) = \frac{\pi}{L_c} \qquad (2.64)$$

$$L_c = \frac{\lambda}{4(N^{2\omega} - N^\omega)} \qquad (2.65)$$

式中，$N^{2\omega}$ 和 N^ω 分别为泵浦和谐波的模式指数；λ 为真空中泵浦的波长。由式（2.65）定义的长度 L_c 叫作相干长度。如果 $\beta^{2\omega} = \beta^\omega$（$N^{2\omega} = N^\omega$），则 $\Delta = 0$，$L_c \to \infty$，所有的谐波子波都是同相的，而且是相长叠加的。这样的条件叫作相位匹配。在相位匹配下，谐波振幅正比于 z 增长，如图 2.11a 所示，因此产生有效的倍频。式（2.63）显示的是 NPDA 中 SHG 效率在相位匹配下正比于泵浦功率、耦合系数的平方及相互作用长度的平方。

如果 $\beta^{2\omega} \neq \beta^\omega$（$N^{2\omega} \neq N^\omega$），则 $\Delta \neq 0$，谐波子波互相之间有相位差，因此发生相消性的叠加。谐波振幅以对应于两倍相干长度的周期波动，但是并不会因传播而变大，如图 2.11b 所示。仅限于产生在同一个相干长度内的子波会发生相长性的叠加，而在下一个相干长度中产生的子波会抵消前面的子波。因此如果相位失配 Δ 很大，倍频在本质上是无法实现的。

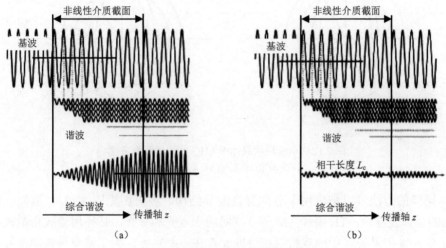

图 2.11 SHG 在有/无相位匹配下的对比
(a) 有相位匹配；(b) 无相位匹配

因此，相位匹配、较大的非线性耦合系数和较长的相互作用长度都是有效 SHG 所必需的。相似的相位匹配在其他不同波长之间的其他非线性光学相互作用中也是必需的，如 SFG、DFG、OPA 和 THG。在 o 光传播条件中的相位匹配条件无法维持，因为在基波和谐波之间的波长存在较大的差异，且介质中有波长色散（$N^{2\omega} \neq N^\omega$）。但是它可用多种方法来实现，我们可以在接下来的一些章节中见到。所有的相位匹配方案都可用波矢图描述，其中显示了非线性极化相位常数 $2\beta^\omega$ 和所产生的谐波传播常数 $\beta^{2\omega}$ 之间的关系，以表明矢量形式下的匹配结构。

2.4.2　双折射相位匹配

与偏振有关的折射率（即双折射）常在块状各向异性非线性光学晶体中被用来实现相位匹配，见文献[17,21,22]。该方法概述见图 2.12。在单轴晶体中，e 光的折射率与光波传播方向有关，而 o 光则不存在这个关系。基波和谐波的折射率用两套椭圆和圆来表示。例如，其传播角度能使关系式 $n_o^\omega = n_e^{2\omega}$ 成立的，称为 I 型（o+o→e）相位匹配。夹角能使关系式 $(n_o^\omega + n_e^\omega)/2 = n_e^{2\omega}$ 成立且由 o 和 e 泵浦光产生的 e 谐波，称为 II 型（o+e→e）相位匹配。非共线相位匹配由两个沿不同方向传播的 o 泵浦光束产生一个 e 光谐波光束。在任何情况下，相位匹配角度 θ_{pm} 均与波长有关，相位匹配是通过合适的晶体切割和角度调整来实现的。

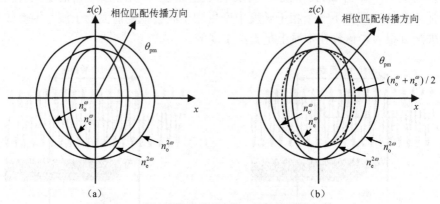

图 2.12　单轴块状晶体中 SHG 的相位匹配方案
（a）I 型相位匹配；（b）II 型相位匹配

同样的方法可以被应用于各向异性波导结构。波矢图见图 2.13a。例如，在 z-切的晶体波导中，TE 模和 TM 模分别对应于 o 光和 e 光。必须用模式指数来代替 n_o 和 n_e。但是波导中的双折射相位匹配存在一些缺点。为了避免导模的泄漏，波导应该通过晶体切割和波导轴平行于光轴来制备。通道波导高效率的实现需要很强的光场限制。这些需求造成了一些限制。显然，非共线相位匹配和角度调整可能被应用于平面波导而不是通道波导。实际上，对于一个给定的波导材料，相位匹配只能在某一特定波长附近很窄的范围内被实现。这意味着必须选择一个源波长，所以该方法只能应用于有限数目的激光器。虽然可以通过温度调控[23]或者电光调控[24]来实现精细的调节，但是其范围通常非常狭窄。

2.4.3　模式色散相位匹配

波导的使用可以用模式色散来实现相位匹配。模式指数与波导的尺寸和模式的序级有关，并在每个波长的芯层与包层的折射率之间取值。泵浦和谐波的模式色散曲线见图2.14，其中两波长曲线的交点表示相位匹配（$N^{2\omega} = N^{\omega}$）。如图2.14所示，对于一个给定的泵浦波长，其相位匹配可以通过对芯层尺寸的合适设计来实现。一个泵浦光的基模匹配一个高阶谐波模式。匹配可能在相同偏振态下和不同偏振态之间实现。波矢图见图2.13b。

模式色散的一个缺点是其耦合系数小，因此很难获得高效率。因为当高阶谐波模 $E^{2\omega}$ 是一个振荡曲线分布，同时泵浦模的平方 $(E^{\omega})^2$ 有一个单峰分布时，则式（2.61）所给出的耦合效率 κ 一般很小，如果倍频系数在整个波导横截面上都（近似）是常数。可以通过适当设计包含了线性或非线性材料的多层组合波导来提高效率避免耦合系数的减小[25]。

2.4.4　准相位匹配

对于一个非线性系数 d 的正负号在沿着光波传播方向（z 轴方向）上存在周期为 Λ 的周期性反转的周期性（光栅）结构，d 可以用傅里叶级数来表达。

$$d(x, y, z) = \sum_q d_q(x, y) \exp(-\mathrm{j}qKz), \quad K = 2\pi / \Lambda \qquad (2.66)$$

因此，耦合模式方程的右边为空间谐波项的求和。其中只有一项对非线性光学相互作用有贡献，其他各项因为沿着 z 轴快速振荡而基本无贡献，因此可以省略。于是模式耦合方程为式（2.59a）和式（2.59b），而式（2.60）则在这种情况下替换为

$$2\Delta = \beta^{2\omega} - (2\beta^{\omega} + qK) \qquad (2.67)$$

这个结果显示，当式（2.67）中的 $\Delta = 0$ 时，谐波传播相位将匹配于谐波波长下的非线性极化空间谐波中的一个谐波，发生有效的 SHG。我们称这个为 QPM 或者光栅相位匹配。波矢图如图2.13c所示。QPM 可以看成是非线性极化和谐波之间的波矢差被光栅矢量 K 所补偿。器件的结构将在下一章介绍。

一阶 QPM 的周期等于由式（2.65）所给出相干长度的两倍。这个关系可以用来从另一条途径解释 QPM。在一个相干长度内的相长性非线性光学相互作用之后，d 在下一个相干长度中被反转是为了将本来是相消性的贡献转变为相长性的贡献，同样的过程周期性地不断重复，结果非线性光学相互作用基本上被积累起来[21]。在相互作用长度远大于相干长度时，以上的空间谐波解释对于高效率情况更具普遍性和实用性。QPM 的实现不仅可以通过非线性介电常数周期性的反转，而且可以更一般地通过周期性的非线性或者线性介电常数的调制。

QPM 第一次被提出来是用于块状结构[21]，但是如今已经广泛应用在块状和波

导两种情况中。虽然 QPM 需要周期性结构，但是它具有一系列的优势。其中之一是只要适当设计 QPM 的周期，便可对介质透射区域中的任意波长实现匹配。这对器件的实现是非常重要的一个优点。任何组合的模式和偏振均可以实现匹配。这就意味着可以使用最大的 SHG 张量元。许多非线性光学晶体的最大 SHG 张量元是一个对角线元，而这种张量元是双折射相位匹配无法利用的。使用最大张量元，同时使用泵浦基本模式与谐波的大模式重叠，允许较高的耦合系数，因此得到高效率。使用啁啾或者空间调制光栅结构可能提供了额外的设计灵活性。因此，只有找到实现周期性结构的技术，QPM 才能成为实现实际器件中最通用的相位匹配技术。

2.4.5　切连科夫辐射型相位匹配

如图 2.5 所示，导模的模式指数是一个离散值，而辐射模则有一个连续谱，并且对于一个单一波长它们也是互相分离的。在一个芯层和衬底存在很小折射率差的波导中，泵浦光的模式指数 N^ω 可能小于谐波波长下的衬底折射率 $n_s^{2\omega}$，则存在满足式（2.68）的一个角度。

$$n_s^{2\omega}(4\pi/\lambda)\cos\theta = \beta_z^{2\omega} = 2\beta^\omega = 2N^\omega(2\pi/\lambda) \qquad (2.68)$$

这就意味着由泵浦导模产生的非线性极化的波矢与由角度 θ 规定的谐波辐射模的波矢的 z 分量匹配[26]。因此产生有效的谐波辐射模。波矢图如图 2.13d 所示。

切连科夫辐射型相位匹配，其构形类似介质中高速带电粒子出射的切连科夫光辐射构形。器件的构形将在下一章介绍。这种方法可以用于许多波导材料和结构，而且具有一些优势，如简单的器件结构和最大 SHG 张量元的利用。此外，匹配由辐射模的连续性自动完成，它呈现了非常宽的匹配带宽，以及对制作误差和工作条件变动的大容忍度。然而最终的效率可能不是非常高，而且对于通道波导来说，输出波有一个难以被准直并聚焦成一个衍射限制小斑的复杂波前。

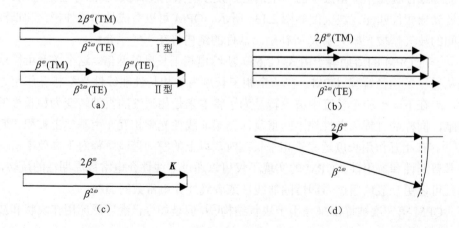

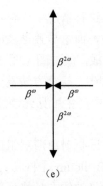

（e）

图 2.13   多种相位匹配方案的波矢图

（a）双折射相位匹配；（b）模式色散相位匹配；（c）准相位匹配；（d）切连科夫辐射型相位匹配；

（e）垂直发射型相位匹配

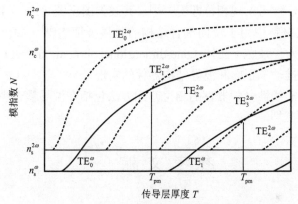

图 2.14   显示模式色散相位匹配的波导色散曲线

2.4.6   其他相位匹配方法

一些改进的双折射相位匹配方法也已经被提出。双折射相位匹配波长范围可以通过适当选择掺杂形成波导芯层和设计波导尺寸来调制模式指数得到一定程度的扩展。例如，在 LiNbO₃ 波导中同时进行 Ti-内扩散和质子交换（proton exchange，PE）导致了相位匹配范围的扩展[27]。另一个例子是周期性的分段波导中，在 1.064 μm 泵浦波长下，对于在 KTP 晶体中的 II 型匹配的相位失配为 $\Delta_b < 0$，而在 Rb 离子交换 KTP 波导中相位失配为 $\Delta_g > 0$。任意选择小于相干长度的一个长度 L，并且将其分成 L_b 和 L_g，使它们满足 $L = L_b + L_g$ 和 $\Delta L = \Delta_b L_b + \Delta_g L_g = 0$。因此失配可以通过将波导分割成长度为 L_g 的段，并以周期 L 周期性地校准这些分段来相互抵消[28]。这个方法也叫作平衡相位匹配（balanced phase matching，BPM）。

一种独特的类似切连科夫辐射型的相位匹配方法，采用两个泵浦光在一个波导中同时朝相反的方向传播。在这种情况下，将在整个相互作用长度上诱导出一个具有常数相位的谐波偏振成分，而这导致谐波的发射方向既垂直于波导轴又垂直于偏振方向，相位匹配自动完成。波矢图见图 2.13e。对于一个平面波导，可以得到朝向空气和衬底的谐波发射[29]。这个方法甚至可以用于波导材料对谐波波长非透明的情况，如在半导体波导中产生可见光谐波[30,31]，以及通过 DFG 得到太赫兹波[32,33]。

　　另一种方法是使用由两个不同折射率薄层组成的周期性分层结构。在这种结构中的光学色散可以由布里渊（Brillouin）图（ω - β 图）确定[4]，它呈现了禁带（光子带隙）结构，在禁带中将发生光波的布拉格反射。在禁带的紧外侧，色散曲线偏离周期远离布拉格条件情况时的色散曲线。合适地设计折射率和周期，使得泵浦波长或接近布拉格波长的谐波波长两者中的一个的有效折射率与另一个波的有效折射率相互一致，便可实现相位匹配[34,35]。其波矢图见图 2.13a。到目前为止，这个方法只在块状材料中用于反向耦合结构的时候被证实[36]。如果折射率差很大，则该结构可称为一维光子晶体（one-dimensional photonic crystal）[37]。这类结构制作技术的发展推动了正向和波导结构器件的实现。

　　其他用于波导非线性光学器件的相位匹配方法包括在波导耦合中使用对称和反对称模式的色散[38-40]。

参 考 文 献

[1]　D.Marcuse: *Theory of Dielectric Optical Waveguides* (Academic Press, New York 1974)

[2]　T.Tamir, ed.: *Integrated Optics* (Springer, Berlin 1975)

[3]　A.W.Snyder, J.D.Love: *Optical Waveguide Theory* (Chapman and Hall, London 1983)

[4]　H.Nishihara, M.Haruna, T.Suhara: *Optical Integrated Circuits* (McGraw-Hill, New York 1989)

[5]　T.Tamir, ed.: *Guided-Wave Optoelectronics* (Springer-Verlag, Berlin 1988)

[6]　C.Vassallo: Optical Waveguide Concepts (Elsevier, Amsterdam 1991)

[7]　E.A.J.Marcattili: Bell Syst. Tech. J., 48, pp.2071-2102 (1969)

[8]　M.Koshiba, H.Saitoh, M.Eguchi, K.Hirayama: IEE Proc., J, 139, pp.166-171 (1992)

[9]　M.Stern: IEE Proc. J, 135, pp.5-63 (1988)

[10]　D.Marcuse: Bell Syst. Tech. J., 54, pp.985-995 (1975)

[11]　C.Flytzanis: *Theory of Nonlinear Optical Susceptibilities*, in H.Rabin, C.L.Tang ed.: Quantum Electronics: *A Treatise vol.1 Nonlinear Optics*, I, *Nonlinear Optics*, Pt.A (Academic Press, New York 1975)

[12]　Y.R.Shen: *The Principles of Nonlinear Optics* (Jhon Wiley & Sons, New York 1984)

[13]　P.N.Butcher, D.Cotter: *The Elements of Nonlinear Optics* (Cambridge University Press, Cambridge 1990)

[14]　D.L.Mills: *Nonlinear Optics: Basic Concepts*, 2nd ed. (Springer, Berlin 1998)

[15] G.I.Stegeman and C.T.Seaton: Nonlinear integrated optics, J. Appl. Phys., 58, pp. R57-R78 (1985)

[16] D.B.Ostrowsky, R.Reinisch, ed.: *Guided Wave Nonlinear Optics* (Kluwer Academic Publishers, Dordrecht 1991)

[17] V.G.Dmitriv, G.G.Gurzadyan, D.N.Nikogosyan: *Handbook of Nonlinear Optical Crystals,* 2nd edn. (Springer, Berlin 1995)

[18] A.Yariv: IEEE J. Quantum ELectron., QE-9, pp. 919-933 (1973)

[19] Yariv: *Quantum Electronics,* 2nd ed. (Jhon Wiley & Sons, New York 1975)

[20] T.Suhara, H.Nishihara: IEEE J. Quantum ELectron. QE-22, pp. 845-867 (1986)

[21] I.A.Armstrong, N.Bloembergen, I.Ducuing, P.S.Pershan: Phys. Rev., 127, pp. 1918-l939 (l962)

[22] H.Rabin, C.L.Tang ed.: Quantum Electronics: *A Treatise vol.1 Nonlinear Optics*, I, *Nonlinear Optics*, Pt.B (Academic Press, New York 1975)

[23] N.Uesugi, T. Kimura: Appl. Phys. Lett., 29, pp.572-574 (1976)

[24] N.Uesugi, K.Daikoku, K.Kubota: Appl. Phys. Lett., 34, pp.60-62 (1979)

[25] H.Ito, H.Inaba: Opt. Lett., 2, pp. 139-l41 (1978)

[26] P.K.Tien, R.Ulrich, R.J.Martin, Appl. Phys. Lett., 17, pp.447-450 (1970)

[27] M.DeMicheli, J.Borineau, S.Neveu, P.Sibillot, D.B.Ostrowsky, M.Papuchen: Opt. Lett., 8, pp.116-118 (1983).

[28] J.D.Bierlein, D.B.Laubacher, J.B.Brown, C.J.van der Poel: Appl. Phys Lett., 56, pp.1725-1727 (1990)

[29] R.Normandin, G.I.Stegeman: Opt. Lett., 4, pp.58 (1979).

[30] N.D.Whitbread, J.S.Roberts, P.N.Rpbson, M.A.Pate: Electron. Lett., 29, pp.2106-2107 (1993)

[31] R.Lodenkamper, M.L.Bortz, M.M.Fejer, K.Baccher, J.S.Harris,Jr.: Opt. Lett., 18, pp1798-1800 (1993)

[32] Y.Avetisyan, Y.Sasaki, H.Ito: Appl. Phys. B. 73, pp.511-514 (2001)

[33] T.Suhara, Y.Avetisyan, H.Ito: IEEE J. Quantum Electron., 39, pp.166-171 (2003)

[34] N.Bloembergen, A.J.Sievers: Appl. Phys. Lett., 17, pp.483-485 (1970)

[35] C.L.Tang P.P.Bey: IEEE J. Quantum Electron., QE-9, pp.9-17 (1973)

[36] J.P.van der Ziel, M.Ilegems: Appl. Phys. Lett., 28, pp.437-439 (1976)

[37] J.D.Joannopoulos, P.R.Villeneuve, S.Fan: Nature, 386, pp.143-149 (1997)

[38] A.A,Maier: Sov. J. Quantum Electron., 10, p.925 (1980)

[39] S.I.Bozhevol'nyi, K.S.Buritskii, E.M.Zolotov, V.A.Chernykh: Sov. Tech. Phys. Lett, 7, p.278 (1981)

[40] M.A.Duguay, J.S.Weiner: Appl. Phys. Lett., 47, pp.547-549 (1985)

第 3 章 非线性相互作用理论分析

多种非线性光学相互作用使一些设计得以实现。本章对行波的二阶非线性光学相互作用作了理论分析,基本概念、理论分析技术和各相互作用的特征作了详细的描述。从器件设计的角度对分析结果进行讨论。一些结果以有助于设计的标准化参数的方式被总结成图表数据,并且给出了最优化设计的指导方针和评判标准。光学腔内的非线性光学相互作用将会在下一章作详细的讨论。

3.1 导模的非线性光学相互作用

本节对各导模行波之间的基本非线性光学相互作用进行理论分析。为了推导出一般数学公式,我们假设是 QPM 结构。但是,进程和结果可适用于所有导模之间模式匹配的情况,包括双折射相位匹配和模式色散相位匹配。

3.1.1 二次谐波产生

众多科学家已经对光波导中的 SHG 作了理论分析。早期的工作是针对平面波导作了简单的扰动分析[1,2]。然而,其结果无法应用于目前高效率通道波导器件的性能预测上。Jaskorzynska 等给出非线性和线性介电常数的周期性调制的波导 SHG 相位匹配的更多总结分析[3],但是这些分析在平面波导中无法得到精确的 SHG 相位匹配数学表达式。Suhara 等对通道波导中均匀和啁啾光栅的 SHG 相位匹配作了分析,包括高效率和残余相位失配,并给出了对器件设计非常有用的数值和图片数据[4]。

(1) 光栅波导的表达式

现有一个通道波导,有均匀的横截面,将其当成一种典型结构。假设通道平行于波导材料的一个光学主轴,且该轴作为坐标系统的 z 轴。波导由相对介电常数分布 $\varepsilon(x, y)$ 表示。我们假定波导对于基频泵浦和 SH 波均至少有一个导模。

图 3.1 显示的是一个通道波导,其带有一个用于 QPM 的周期为 Λ 的光栅。可以通过在波导中给一个光学常数[介电常数和/或倍频系数(SHG 系数)]作周期性调制来制作器件:该结构可以由介电常数分布和倍频系数来描述。令 $\Delta\varepsilon(x, y, z)$ 为相对介电常数的周期性调制,则 $\Delta\varepsilon$ 可以用傅里叶级数表示为

$$\Delta\varepsilon(x,y,z) = \sum_q \Delta\varepsilon_q(x,y)\exp(-jqKz), \quad K = 2\pi/\Lambda \quad\quad (3.1)$$

式中，$\Delta\varepsilon_q$ 为第 q 阶傅里叶分量的振幅；K 为光栅的空间频率，即光栅矢量的大小。周期性调制倍频系数的分布为

$$d(x,y,z) = \sum_q d_q(x,y)\exp(-jqKz), \quad K = 2\pi/\Lambda \quad\quad (3.2)$$

需要注意的是，对一个没有光栅的波导，是通过将所有的 $\Delta\varepsilon_q$ 和除了 d_0 之外的 d_q 都设置为 0 来描述。因此，以下表述包括了不用光栅的相位匹配（双折射相位匹配等）这一个特殊的情况。如果 $\Delta\varepsilon$ 和 d 用标量来表示，则光栅是二值调制的，如图 3.2 所示，傅里叶系数可以写成

$$\Delta\varepsilon_q = (\varepsilon_a - \varepsilon_b)\left(\frac{\sin qa\pi}{q\pi}\right) = (n_a^2 - n_b^2)\left(\frac{\sin qa\pi}{q\pi}\right) \quad (q \neq 0) \quad\quad (3.3)$$

$$d_q = \begin{cases} (d_a - d_b)\left(\dfrac{\sin qa\pi}{q\pi}\right) & (q \neq 0) \\ ad_a + (1-a)d_b & (q = 0) \end{cases} \quad\quad (3.4)$$

式中，ε_a、ε_b，n_a、n_b，d_a、d_b 分别为一个周期内两个区域的介电常数、折射率及倍频系数。a 表示的是一个区域宽度对周期的占空比。为了简化公式，张量元的下标被省略；应该根据所考虑的偏振来采用适当的张量元。上述的傅里叶系数可以是 (x,y) 的函数，虽然它们没有被明显表示出来。

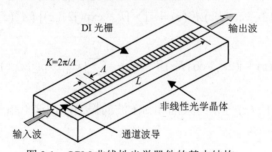

图 3.1 QPM 非线性光学器件的基本结构

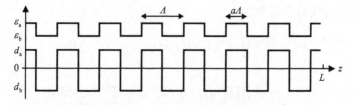

图 3.2 用于 QPM 的光学常数的周期性调制

（2）非线性模式耦合方程

我们推导非线性模式耦合方程来描述具有光栅的波导中的 SHG。用 ω 和 λ 分别表示基频泵浦光的频率和真空波长，2ω 和 $\lambda/2$ 则对应着 SH 波。

推导模式耦合方程的基本公式是式（2.58）。虽然式（2.57a）、式（2.57b）和式（2.58）是针对频率 ω 的泵浦光写出的，但是还有针对 SH 波的另一组方程，是用 2ω 代替式（2.57a）、式（2.57b）和式（2.58）中的 ω 而得到的。在目前的倍频器件中，极化 $P(x, y, z)$ 可以写成

$$P^{\omega} = P_{\mathrm{L}}^{\omega} + P_{\mathrm{NL}}^{\omega} = \varepsilon_0 \Delta\varepsilon^{\omega} E^{\omega} + 2\varepsilon_0 d E^{\omega *} E^{2\omega} \tag{3.5a}$$

$$P^{2\omega} = P_{\mathrm{L}}^{2\omega} + P_{\mathrm{NL}}^{2\omega} = \varepsilon_0 \Delta\varepsilon^{2\omega} E^{\omega} + \varepsilon_0 d E^{\omega} E^{\omega} \tag{3.5b}$$

式中，P_{L} 为光栅介电常数导致的线性极化；P_{NL} 为倍频系数导致的非线性极化；它们在式（2.43）中已被用到。

假定在同一频率的模式下，不存在实质上的耦合，但是一个泵浦频率模式可以通过基本的衍射级（$q=1$）的 QPM 来耦合谐波频率的模式。QPM（包括轻微相位失配）的条件是

$$2\beta^{\omega} + K \cong \beta^{2\omega} \text{ 或 } \Lambda \cong (\lambda/2)/(N^{2\omega} - N^{\omega}) \tag{3.6}$$

式中，N^{ω} 和 $N^{2\omega}$ 分别为泵浦和 SH 波的振幅。我们对辐射模耦合的讨论忽略了导模的影响。接着我们只考虑基波和 SH 波各自的一个模式。从式（2.57a）、式（2.57b）、式（2.58a）、式（3.5a）和式（3.5b）得到模式耦合方程：

$$\frac{\mathrm{d}}{\mathrm{d}z} A^{\omega}(z) + \mathrm{j}(2\kappa_{\mathrm{L}}^{\omega} \cos Kz) A^{\omega}(z) = -\mathrm{j} \sum_q [\kappa_{\mathrm{NL}}^{(q)} \exp(\mathrm{j}2\varDelta_q z)]^* [A^{\omega}(z)]^* A^{2\omega}(z) \tag{3.7a}$$

$$\frac{\mathrm{d}}{\mathrm{d}z} A^{2\omega}(z) + \mathrm{j}(2\kappa_{\mathrm{L}}^{2\omega} \cos Kz) A^{2\omega}(z) = -\mathrm{j} \sum_q [\kappa_{\mathrm{NL}}^{(q)} \exp(\mathrm{j}2\varDelta_q z)][A^{\omega}(z)]^2 \tag{3.7b}$$

式中，$A^{\omega}(z)$ 和 $A^{2\omega}(z)$ 分别为泵浦和 SH 波的振幅，在这里指明模式的下标 m 已经被忽略。

$$2\varDelta_q = \beta^{2\omega} - (2\beta^{\omega} + qK) \tag{3.8}$$

线性和非线性耦合系数为

$$\kappa_{\mathrm{L}}^{\omega} = \frac{\omega\varepsilon_0}{4} \iint [E^{\omega}(x, y)]^* \Delta\varepsilon_1^{\omega}(x, y) E^{\omega}(x, y) \mathrm{d}x\mathrm{d}y \tag{3.9a}$$

$$\kappa_{\mathrm{L}}^{2\omega} = \frac{2\omega\varepsilon_0}{4} \iint [E^{2\omega}(x, y)]^* \Delta\varepsilon_1^{2\omega}(x, y) E^{2\omega}(x, y) \mathrm{d}x\mathrm{d}y \tag{3.9b}$$

$$\kappa_{\text{NL}}^{(q)} = \frac{2\omega\varepsilon_0}{4} \iint [E^{2\omega}(x,y)]^* d_q(x,y)[E^{\omega}(x,y)]^2 \,\mathrm{d}x\mathrm{d}y \tag{3.10}$$

在推导式（3.7a）和式（3.7b）的过程中，只保留了基本（$q=\pm1$）傅里叶元，其他不重要的部分均被省略，一般地假设 $\Delta\varepsilon_q$ 和 d_q 是实数。

在这里，我们令

$$A^{\omega}(z) = A(z)\exp[-\mathrm{j}(2\kappa_{\text{L}}^{\omega}/K)\sin Kz] \tag{3.11a}$$

$$A^{2\omega}(z) = B(z)\exp[-\mathrm{j}(2\kappa_{\text{L}}^{2\omega}/K)\sin Kz] \tag{3.11b}$$

将其代入式（3.7a）和式（3.7b），在联立得到的方程中，我们使用如下数学表达式：

$$\exp(\mathrm{j}\phi\sin Kz) = \sum_p J_p(\phi)\exp(\mathrm{j}pKz) \tag{3.12}$$

采用的主要项是慢空间变化的。在式（3.12）中，J_p 代表 p 阶贝塞尔函数，最后得到简化的模式耦合方程：

$$\frac{\mathrm{d}}{\mathrm{d}z}A(z) = -\mathrm{j}\kappa^* A^*(z)\exp[-\mathrm{j}(2\Delta)z] \tag{3.13a}$$

$$\frac{\mathrm{d}}{\mathrm{d}z}B(z) = -\mathrm{j}\kappa [A(z)]^2 \exp[+\mathrm{j}(2\Delta)z] \tag{3.13b}$$

式中，$A(z)$ 和 $B(z)$ 分别为泵浦和 SH 波的振幅。

$$2\Delta = 2\Delta_1 = \beta^{2\omega} - (2\beta^{\omega} + K) \tag{3.14}$$

式中，2Δ 为相位失配参量。

$$\kappa = \kappa_{\text{NL}}^{(1)}[J_0(\phi_{\text{L}}) + J_2(\phi_{\text{L}})] - \kappa_{\text{NL}}^{(0)}J_1(\phi_{\text{L}}), \quad \phi_{\text{L}} = 2(\kappa_{\text{L}}^{2\omega} - 2\kappa_{\text{L}}^{\omega})/K \tag{3.15}$$

式中，κ 是 SHG 的耦合系数。式（3.9a）、式（3.9b）、式（3.10）和式（3.15）表明，SH 波是由式（3.15）中 $\kappa_{\text{NL}}^{(1)}[J_0 + J_2]$ 项表示的非线性光栅的直接 SHG 相互作用和光栅介电常数（$-\kappa_{\text{NL}}^{(0)}J_1$ 项）的 SHG 间接相互作用所产生的，这两种效应相互作用得到总效应。虽然一般得到的矢量是复数，但我们接下来均假定 κ 为正实数，因为常数相位因子并不重要。在 κ 是复数的情况下，应该用 $|\kappa|$ 代替 κ。从式（3.11a）、式（3.11b）、模式耦合方程（3.13a）、方程（3.13b），我们得到

$$\frac{\mathrm{d}}{\mathrm{d}z}\left(\left|A^{\omega}(z)\right|^2 + \left|A^{2\omega}(z)\right|^2\right) = \frac{\mathrm{d}}{\mathrm{d}z}\left(\left|A(z)\right|^2 + \left|B(z)\right|^2\right) = 0 \tag{3.16}$$

式中，$\left|A^{\omega}(z)\right|^2$ 和 $\left|A^{2\omega}(z)\right|^2$ 分别为泵浦和谐波的功率，所以式（3.16）表示的是总功率守恒。

对于不用光栅相位匹配的 SHG 器件，有 $\kappa_L^\omega = \kappa_L^{2\omega} = 0$ 和 $\phi_L = 0$。对于这类器件，如果用 Δ_0 替换 Δ，且式（3.10）等号右侧中的 d_q 被替换成 d，则下面对 κ 的讨论成立。

（3）模式耦合方程的解

考虑图 3.1 的波导光栅结构中的 SHG，其中相互作用（光栅）区为 $0 \leqslant z \leqslant L$。求解模式耦合方程（3.13a）和方程（3.13b）的边界条件是

$$A(0) = A_0, \quad B(0) = 0 \tag{3.17}$$

1）无泵浦消耗的近似解：如果倍频效率很低，具有很小泵浦光功率的消耗，我们近似将 $A(z)$ 看成 $A(z) = A_0$。在 NPDA 情况下，很容易地对式（3.13b）积分并利用式（3.17）得到

$$B(z) = -\mathrm{j}\kappa A_0^2 z \exp(\mathrm{j}\Delta z)\left(\frac{\sin \Delta z}{\Delta z}\right) \tag{3.18}$$

关于 SHG 效率的著名表达式[2]为

$$\eta = \left|B(L)\right|^2 / \left|A(0)\right|^2 = \kappa^2 P_0 L^2 \left(\frac{\sin \Delta L}{\Delta L}\right)^2 \tag{3.19}$$

式中，$P_0 = A_0^2$ 为入射泵浦功率。$\Delta = 0$，$\eta = \kappa^2 P_0 L^2$；$\eta / P_0 = \kappa^2 L^2$ 叫作标准化效率，并且常作为一个便捷的数值来表示器件的性能。

2）有泵浦消耗的解：如果效率不是很低，则泵浦振幅 $A(z)$ 无法近似为一个常数，且非线性差分方程（3.13a）和方程（3.13b）必须由边界条件式（3.17）来求解。这些方程由 Armstrong 等求解，具体参考文献[5]。使用总功率守恒关系式（3.16）和边界条件式（3.17），式（3.13b）中的 $A(z)$ 可以被消除，然后对式（3.13b）进行积分得到 $B(z)$。一般地，κ 可以被假定为实数。SHG 的效率可以写成

$$\eta = \left|B(L)\right|^2 / \left|A(0)\right|^2 = \gamma \, \mathrm{sn}^2[\kappa \sqrt{P_0} L / \sqrt{\gamma}; \gamma] \tag{3.20a}$$

$$\gamma = \left[\sqrt{1 + \left(\left|\Delta\right| / 2\kappa\sqrt{P_0}\right)^2} + \left(\left|\Delta\right| / 2\kappa\sqrt{P_0}\right)\right]^{-2} \tag{3.20b}$$

式中，$\mathrm{sn}[\zeta; \gamma]$ 为雅可比椭圆函数（Jacobian elliptic function），其定义为

$$\varsigma = \int_0^\xi \frac{\mathrm{d}\xi}{\sqrt{(1 - \xi^2)(1 - \gamma^2 \xi^2)}}, \quad \xi = \mathrm{sn}[\zeta; \gamma] \tag{3.21}$$

对于精确的相位匹配 $2\Delta = 0$，式（3.13a）和式（3.13b）的解为

$$A(z) = A_0 \, \mathrm{sech}(\kappa\sqrt{P_0} z), \quad B(z) = -\mathrm{j}(A_0^2 / \sqrt{P_0}) \tanh(\kappa\sqrt{P_0} z) \tag{3.22}$$

对于 $2\Delta = 0$，有 $\gamma = 1$，则效率公式（3.20a）简化为

$$\eta_{pm} = sn^2[\kappa\sqrt{P_0}L;1] = \tanh^2(\kappa\sqrt{P_0}L) \qquad (3.23)$$

η_{pm} 随 $\kappa\sqrt{P_0}$ 的增长而逐渐接近 $\eta = 1$。

如果存在一个相位失配（$2\Delta \neq 0$），$\gamma < 1$，则效率是 $\kappa\sqrt{P_0}L$ 的周期性函数，周期为

$$\Pi = 2\sqrt{\gamma}\int_0^1 \frac{d\xi}{\sqrt{(1-\xi^2)(1-\gamma^2\xi^2)}} = 2\sqrt{\gamma}F(\gamma,1) \qquad (3.24a)$$

$$\cong 2\sqrt{\gamma}F(0,1) = \pi\sqrt{\gamma} \qquad (\gamma \ll 1) \qquad (3.24b)$$

$$\cong \pi\kappa\sqrt{P_0}/|\Delta| \qquad (\gamma \ll 1, |\Delta|/2\kappa\sqrt{P_0} \gg 1) \qquad (3.24c)$$

式中，$F(\gamma,1)$ 为完全椭圆积分。因为 $sn[\zeta;\gamma] \leq 1$，所以最大的效率是 $\eta_{max} = \gamma(<1)$。

虽然在上述的讨论中，我们假定泵浦光是单一频率，但是 SHG 效率还是会被泵浦光光谱所影响。Helmfrid 等的研究显示，当使用一多模激光泵浦，NPDA 效率会比单模情况增大一倍[6]。反向传播相互作用的 QPM-SHG（其中的谐波发生在反射光中）的理论分析由 Matsumoto 等和 Ding 等[7]给出。研究发现，在一定的相位失配范围内，在输出谐波功率和透射的泵浦功率中出现了双稳态现象。

（4）耦合系数和有效 SHG 系数

我们已经推导了关于 SHG 的耦合系数的表达式，并改进其以得到一些可以更方便地应用于器件设计的公式。虽然在通道波导中的导波是矢量混合模，但是我们可以对主要成分采用近似的标量表达式，标准化模式分布可以利用非标准化分布 $E^{2\omega}(x,y)$ 和 $E^{\omega}(x,y)$ 写为

$$\overline{E^{\omega}(x,y)} = C^{\omega}E^{\omega}(x,y), \overline{E^{2\omega}(x,y)} = C^{2\omega}E^{2\omega}(x,y) \qquad (3.25)$$

标准化因子 C^{ω} 和 $C^{2\omega}$ 由式（2.12a）和式（2.12b）得

$$C^{\omega} = \left[\frac{\beta^{\omega}}{2\omega\mu_0}\iint|E^{\omega}|^2 dxdy\right]^{-1/2}, \quad C^{\omega} = \left[\frac{\beta^{2\omega}}{2(2\omega)\mu_0}\iint|E^{2\omega}|^2 dxdy\right]^{-1/2} \qquad (3.26)$$

改写式（3.9a）、式（3.9b）和式（3.10），联立式（3.15）得到

$$\kappa = \varepsilon_0\sqrt{\frac{(2\omega)^2}{2(N^{\omega})^2 N^{2\omega}}}[\frac{\mu_0}{\varepsilon_0}]^{3/2}\frac{d_{eff}^2}{S_{eff}} \qquad (3.27)$$

其中

$$d_{\mathrm{eff}} = \frac{\sqrt{S_{\mathrm{eff}}}\iint\left[E^{2\omega}\right]^*\left[\{J_0(\phi_L)+J_2(\phi_L)\}d_1 - J_1(\phi_L)d_0\right]\left[E^{\omega}\right]^2 \mathrm{d}x\mathrm{d}y}{\sqrt{\iint\left|E^{2\omega}\right|^2 \mathrm{d}x\mathrm{d}y \iint\left|E^{\omega}\right|^2 \mathrm{d}x\mathrm{d}y}} \tag{3.28}$$

$$\phi_L = \frac{1}{N^{2\omega}-N^{\omega}}\left[\frac{\iint\Delta\varepsilon_1^{2\omega}\left|E^{2\omega}\right|^2 \mathrm{d}x\mathrm{d}y}{N^{2\omega}\iint\left|E^{2\omega}\right|^2 \mathrm{d}x\mathrm{d}y} - \frac{\iint\Delta\varepsilon_1^{\omega}\left|E^{\omega}\right|^2 \mathrm{d}x\mathrm{d}y}{N^{\omega}\iint\left|E^{\omega}\right|^2 \mathrm{d}x\mathrm{d}y}\right] \tag{3.29}$$

利用式（3.6）得到式（3.29）。

因为用 d_{eff} 和 S_{eff} 的组合来表示器件不是唯一的。因此，还可以较任意地定义一个有效横截面 S_{eff}。在许多情况下，用 S_{eff} 是方便的，且它接近于导模分布的面积；例子见式（3.32）和式（3.34）。

这里我们考虑 SHG，其光束在 SHG 系数为 d 的均匀块状介质（无光栅）中具有相同的横截面。使 $\Delta\varepsilon=0$，$d(x,y,z)=d=$ 常数，在整个 S_{eff} 面积上场分布为一常数，且进行如上述类似的分析，我们容易得到在该块状 SHG 中的耦合模表达式与式（3.13a）和式（3.13b）相同，耦合系数由式（3.27）给出，同时其中的 d_{eff} 用合适的 d 元素替换。这表明波导 SHG 与具有 SHG 系数 d_{eff} 的块状介质中的 SHG 是等价的，所以 d_{eff} 是波导 SHG 的有效 SHG 系数。

在一些特定情况下可以简化 d_{eff} 的表达式。如果在整个波导通道中，光栅调制是一致的，也就是 $\Delta\varepsilon_q(x,y)=\Delta\varepsilon_q=$ 常数，$d_q(x,y)=d_q=$ 常数，可以将它们移到式（3.28）和式（3.29）中积分号的外部，得到

$$d_{\mathrm{eff}} = [J_0(\phi_L)+J_2(\phi_L)]d_1 - J_1(\phi_L)d_0 \tag{3.30}$$

$$\phi_L = \left[\left(\Delta\varepsilon_1^{2\omega}/N^{2\omega}\right)-\left(\Delta\varepsilon_1^{\omega}/N^{\omega}\right)\right]/\left(N^{2\omega}-N^{\omega}\right) \tag{3.31}$$

在这里，我们使

$$S_{\mathrm{eff}} = \frac{\iint\left|E^{2\omega}\right|^2 \mathrm{d}x\mathrm{d}y\left[\iint\left|E^{\omega}\right|^2 \mathrm{d}x\mathrm{d}y\right]^2}{\left[\iint\left[E^{2\omega}\right]^*\left[E^{\omega}\right]^2 \mathrm{d}x\mathrm{d}y\right]^2} \tag{3.32}$$

对于基本横模的导波，模式分布可以近似为一个高斯函数。

$$E(x,y) = \exp[-(2x/W_x)^2]\exp[-(2y/W_y)^2] \tag{3.33}$$

式中，ω_x 和 ω_y 分别为 x 和 y 方向的 $1/e^2$ 模式带宽。泵浦与谐波分布的峰值之间沿 x 方向的距离 d_x 可以被包含在内。将式（3.33）代入式（3.32）得

$$S_{\text{eff}} = \frac{\pi}{32} \left[\frac{(\omega_x^\omega)^2 + 2(\omega_x^{2\omega})^2}{\omega_x^{2\omega}} \right] \left[\frac{(\omega_y^\omega)^2 + 2(\omega_y^{2\omega})^2}{\omega_y^{2\omega}} \right] \exp \left[\frac{16 d_x^2}{(\omega_x^\omega)^2 + 2(\omega_x^{2\omega})^2} \right] \quad (3.34)$$

这是有效波导横截面的一个近似表达式。$1/e^2$ 宽度是半高宽（full width at half maximum，FWHM）的 $(2/\ln 2)^{1/2} = 1.70$ 倍。

接下来考虑更简单的情况——横向均匀的光栅。一方面，如果仅有介电常数的调制（线性光栅），则 $d_0 = d$，$d_1 = 0$，因此 $d_{\text{eff}} = -J_1(\phi_L)d$；另一方面，如果仅有 SHG 系数的调制（非线性光栅），则 $\Delta\varepsilon_1 = 0$，$\phi_L = 0$，因此 $d_{\text{eff}} = d_1$。举一个特殊的例子：SHG 系数周期性反转时，可以将 $d_a = -d_b = d$ 代入式（3.4），若 $a = 1/2$，则有 $d_{\text{eff}} = (2/\pi)d$。

在用蚀刻、涂覆、浅层扩散等方法制作的光栅中，周期性的调制是横向不均匀的。对于这些光栅，虽然由式（3.32）或式（3.34）所定义的 S_{eff} 可以被使用，但 d_{eff} 必须由式（3.28）、式（3.29）来计算。

上述定义的有效倍频系数 d_{eff} 可以作为一个简单的度量，在器件设计中比较各种形式的波导光栅结构；d_{eff} 越大，器件所达到的效率就会越高。例如，对于使用 $d_{33}[d_{\text{eff}} = (2/\pi)d_{33}]$ 张量元、有效横截面 $S_{\text{eff}} = 5\ \mu\text{m}^2$ 的 LiNbO$_3$ 波导中的 QPM-SHG，耦合系数 κ 在 $0.7\ \text{W}^{-1/2} \cdot \text{mm}^{-1}$ 左右。

（5）SHG 特征和设计指导

1）效率对相互作用长度的依赖关系：式（3.20a）和式（3.20b）显示，SHG 效率 η 是 $\kappa\sqrt{P_0}L$ 和 $|\Delta|/\kappa\sqrt{P_0}$ 的函数，这些都是无量纲的变量，对于恒定输入功率 P_0，$\kappa\sqrt{P_0}L$ 和 $|\Delta|/\kappa\sqrt{P_0}$ 分别被当作标准化相互作用长度和标准化相位失配。图 3.3 显示的是计算的 SHG 效率对相互作用长度的依赖关系。如式（3.23）所示，虽然精确相位匹配下的效率随相互作用长度单调递增，但相位失配下的效率呈现周期性振荡。

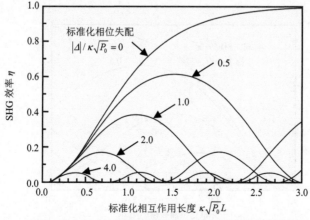

图 3.3　SHG 效率对标准化相互作用长度的依赖关系[4]

NPDA 结果式（3.19）显示，在 L 中的周期是式（3.14）所示残余失配下 QPM 相干长度 $L_c = \pi/2|\Delta|$ 的两倍。在 $\kappa\sqrt{P_0}L$ 中的相应的 NPDA 周期是 $\pi/(|\Delta|/\kappa\sqrt{P_0})$，这和式（3.24c）一致。从图 3.3 可以确定，对于较大的 $|\Delta|/\kappa\sqrt{P_0}$（弱相位匹配或小泵浦功率），NPDA 结果式（3.19）是精确结果的一个很好的近似计算；精确周期 Π [式（3.24a）]接近于 NPDA 周期。但是对于较小的 $|\Delta|/\kappa\sqrt{P_0}$，$\Pi$ 要比 NPDA 周期小得多，式（3.20b）和式（3.24b）对 $|\Delta|/\kappa\sqrt{P_0} > 0.5$ 是一个较好的近似计算。

当 $\Delta \neq 0$，效率 η 在半周期 $\Pi/2$ 相应的 L 处取得最大值 $\eta_{max} = \gamma$，随后减小。这就意味着，相互作用长度 L 不能过大，一个设计要点是在上述上限之内 L 的取值应尽量大。

2）效率对泵浦功率的依赖关系：式（3.20）给出了 SHG 效率是 $\kappa\sqrt{P_0}L$ 和 $\Delta/\kappa\sqrt{P_0} = \Delta L/(\kappa\sqrt{P_0}L)$ 的函数。对于常数 L，$\kappa\sqrt{P_0}L$ 和 ΔL 可以分别被当作标准化泵浦振幅和标准化相位失配。图 3.4 显示 SHG 效率与泵浦振幅的依赖关系。式（3.23）显示，精确相位匹配的 SHG 效率随着泵浦功率的增加单调递增；由式（3.19）可知，对于小泵浦功率存在同样的依赖关系。需要注意的是，虽然式（3.19）给出 NPDA 结果在低泵浦功率区域中是单调递增的，但是对于存在相位失配的 SHG，精确效率先增加再减少。对于 $0.5 < |\Delta|L < 2$，效率的第一个峰是在 $1 < \kappa\sqrt{P_0}L < 2$。这种振荡行为与泵浦功率在 L 内的周期依赖相关，对于它们的讨论见第 1）点。

3）相位匹配带宽：图 3.5 显示的是由式（3.20）计算得到的效率与标准化相位失配 Δ 的依赖关系。效率由式（3.23）所给出的相位匹配效率 η_{pm} 进行标准化。较小泵浦功率的结果很好地符合 sinc 函数平方的 NPDA 响应；用 3 dB 全宽带表示的失配参量为 $|\Delta| < 1.39/L$。当一个较宽的带宽可以由一个较小的 L 获得时，对于较小 L，效率更低。NPDA 结果显示，存在 $|\Delta|\sqrt{\eta_{pm}} < 1.39\kappa\sqrt{P_0}$ 的关系，这表示效率和带宽必须有所权衡。

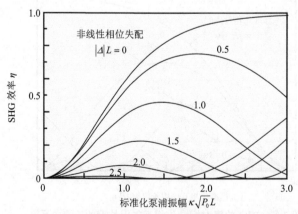

图 3.4　SHG 效率与标准化泵浦振幅的依赖关系[4]

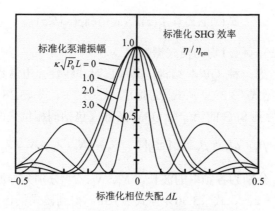

图 3.5　SHG 效率与相位失配的依赖关系[4]

图 3.5 同样显示带宽随着泵浦功率的增加而减少。在相位失配的非线性相互作用时，泵浦相位将偏离自由传播的值，作为谐波产生的一个反应（这个是 $\chi^{(2)}$ 级联效应，将在 3.5 节中讨论），且这个偏离将造成附加的失配，使带宽变窄。这意味着相位匹配对大泵浦功率的要求比 NPDA 估计的更严格，因此在设计高效率 SHG 器件时必须重视带宽变窄的问题。

3.1.2　和频产生

当不同频率的两个光波同时入射到一个二阶非线性介质中，所产生的非线性极化包括对应于两入射频率的和频或差频成分。如果在有关相位常数之间满足相位匹配或 QPM，则可有效地产生和频光波，这称为 SFG 或参量上转换。

（1）模式耦合方程

令入射光的角频率为 ω_1 和 ω_2（$\omega_1 \neq \omega_2$），和频频率为 ω_3，则 $\omega_3 = \omega_1 + \omega_2$。假设存在这三种频率的光波，我们可以写成

$$E(t) = \mathrm{Re}\{E_1 \exp(\mathrm{j}\omega_1 t) + E_2 \exp(\mathrm{j}\omega_2 t) + E_3 \exp(\mathrm{j}\omega_3 t)\} \tag{3.35a}$$

$$P(t) = \mathrm{Re}\{P_1 \exp(\mathrm{j}\omega_1 t) + P_2 \exp(\mathrm{j}\omega_2 t) + P_3 \exp(\mathrm{j}\omega_3 t)\} \tag{3.35b}$$

式中，E_1、E_2、E_3、P_1、P_2、P_3 分别为频率 ω_1、ω_2、ω_3 的场和极化的复数表达式。由式（2.38）得非线性光学极化成分的表达式。

$$P_1 = 2\varepsilon_0 d E_3 E_2^*, \quad P_2 = 2\varepsilon_0 d E_3 E_1^*, \quad P_3 = 2\varepsilon_0 d E_1 E_2 \tag{3.36}$$

使 $\chi^{(2)}(-\omega_3, \omega_1, \omega_2)/2 = d$。用标准化模式和传播常数表示电场如下：

$$E_1(x, y, z) = A_1(z) E_1(x, y) \exp(-\mathrm{j}\beta_1 z) \tag{3.37a}$$

$$E_2(x, y, z) = A_2(z) E_2(x, y) \exp(-\mathrm{j}\beta_2 z) \tag{3.37b}$$

$$E_3(x, y, z) = A_3(z)E_3(x, y)\exp(-\mathrm{j}\beta_3 z) \tag{3.37c}$$

式中，$A_1(z)$、$A_2(z)$、$A_3(z)$ 均为模式振幅。

在这里我们考虑一种 QPM 结构，其中仅对非线性介电常数作周期性调制。QPM 光栅的描述见式（3.2）。从式（2.58）、式（3.2）、式（3.36）和式（3.37a）～式（3.37c）我们得到 SFG 的第 q 阶 QPM 条件（包括弱相位失配）。

$$\beta_1 + \beta_2 + qK \cong \beta_3 \ \text{或} \ \Lambda \cong q[N_3 / \lambda_3 - (N_1 / \lambda_1 + N_2 / \lambda_2)]^{-1} \tag{3.38}$$

式中，λ_1、λ_2、λ_3 分别为各频率的波长，N_1、N_2、N_3 分别为导波的模式指数。由式（2.58）、式（3.2）、式（3.36）～式（3.38）得到模式耦合方程：

$$\frac{\mathrm{d}}{\mathrm{d}z}A_1(z) = -\mathrm{j}k_1 A_3(z)A_2(z)^* \exp(-\mathrm{j}2\Delta z) \tag{3.39a}$$

$$\frac{\mathrm{d}}{\mathrm{d}z}A_2(z) = -\mathrm{j}k_2 A_3(z)A_1(z)^* \exp(-\mathrm{j}2\Delta z) \tag{3.39b}$$

$$\frac{\mathrm{d}}{\mathrm{d}z}A_3(z) = -\mathrm{j}k_3 A_1(z)A_2(z) \exp(+\mathrm{j}2\Delta z) \tag{3.39c}$$

其中

$$2\Delta = \beta_3 - (\beta_1 + \beta_2 + qK) \tag{3.40}$$

是相对于精确相位匹配的偏差。耦合系数定义为

$$\kappa_1 = \frac{\omega_1 \varepsilon_0}{2}\iint \big[E_1(x, y)\big]^* d_q(x, y)E_3(x, y)\big[E_2(x, y)\big]^* \mathrm{d}x\mathrm{d}y \tag{3.41a}$$

$$\kappa_2 = \frac{\omega_2 \varepsilon_0}{2}\iint \big[E_2(x, y)\big]^* d_q(x, y)E_3(x, y)\big[E_1(x, y)\big]^* \mathrm{d}x\mathrm{d}y \tag{3.41b}$$

$$\kappa_3 = \frac{\omega_3 \varepsilon_0}{2}\iint \big[E_3(x, y)\big]^* d_q(x, y)E_2(x, y)E_1(x, y)\mathrm{d}x\mathrm{d}y \tag{3.41c}$$

利用 d_q 的置换对称性，我们可以得到各耦合系数的相互关系：

$$\kappa_1 / \omega_1 = \kappa_2 / \omega_2 = \kappa_3^* / \omega_3 \tag{3.42}$$

虽然上述都是对 q 阶 QPM 给出的表达式，但是只要令 $q = 0$，这些表达式也可以用于其他的导模相位匹配方案。

根据模式耦合方程（3.39a）～方程（3.39c），同时联立 $\omega_3 = \omega_1 + \omega_2$ 和式（3.42），得

$$\frac{\mathrm{d}}{\mathrm{d}z}\big(|A_1(z)|^2 + |A_2(z)|^2 + |A_3(z)|^2\big) = 0 \tag{3.43}$$

这个关系显示的是总功率守恒。我们也可以从式（3.39a）～式（3.39c）和式（3.42）得

$$\frac{\mathrm{d}}{\mathrm{d}z}(|A_1(z)|^2 / \omega_1 + |A_3(z)|^2 / \omega_3) = 0 \qquad (3.44\mathrm{a})$$

$$\frac{\mathrm{d}}{\mathrm{d}z}(|A_2(z)|^2 / \omega_2 + |A_3(z)|^2 / \omega_3) = 0 \qquad (3.44\mathrm{b})$$

由于 $|A_i(z)|^2 / \omega_i$ 表示的是频率 ω_i 光波的光子流量（每单位时间内的光子数量），式（3.44a）和式（3.44b）表示的是创造一定数量的 ω_3 光子需要失去相同数目的 ω_1 光子和 ω_2 光子。换句话说，一个 ω_1 光子和 ω_2 光子合并产生一个 ω_3 光子。这是一个重要的基本关系，是非线性光学相互作用中的一般特征，叫作曼利-罗（Manley-Rowe）关系。值得注意的是，通过上述的经典讨论导出了光波的量子特性。

（2）相互作用特征

考虑一个相互作用区域为 $0 \leqslant z \leqslant L$ 的波导 SFG。除了光栅周期满足 SFG 下的 QPM 条件，器件结构与图 3.1 一样。模式耦合方程（3.37a）～方程（3.37c）需通过下列边界条件来求解：

$$A_1(0) = A_{10}, \quad A_2(0) = A_{20}, \quad A_3(0) = 0 \qquad (3.45)$$

式中，A_{10} 和 A_{20} 为入射光波的振幅。

首先考虑一种情况，其入射光波 ω_2 的振幅远大于 ω_1 的振幅，即 $|A_{10}| \ll |A_{20}|$。然后从曼利-罗关系可知，我们有 $|A_2(z)| \gg |A_1(z)|$、$|A_3(z)|$，且根据功率守恒，$A_2(z)$ 随 z 的变化不大，因此我们可以将 $A_2(z)$ 近似写成 $A_2(z) \cong A_{20}$。如果强 ω_2 光波被当作一个泵浦，这种处理方式叫作 NPDA。模式耦合方程（3.39a）～方程（3.39b）被简化为

$$\frac{\mathrm{d}}{\mathrm{d}z}A_1(z) = -\mathrm{j}k_1 A_{20}{}^* A_3(z)\exp(-\mathrm{j}2\Delta z) \qquad (3.46\mathrm{a})$$

$$\frac{\mathrm{d}}{\mathrm{d}z}A_3(z) = -\mathrm{j}k_3 A_{20} A_1(z)\exp(+\mathrm{j}2\Delta z) \qquad (3.46\mathrm{b})$$

这些方程是线性微分方程，由边界条件式（3.45）容易解得

$$A_1(z) = A_{10}\exp(-\mathrm{j}\Delta z)$$
$$\times \left[\cos\sqrt{(\omega_1/\omega_3)\kappa^2 P_{20} + \Delta^2}\, z + \frac{\mathrm{j}\Delta}{\sqrt{(\omega_1/\omega_3)\kappa^2 P_{20} + \Delta^2}}\sin\sqrt{(\omega_1/\omega_3)\kappa^2 P_{20} + \Delta^2}\, z \right] \qquad (3.47\mathrm{a})$$

$$A_3(z) = A_{10}\exp(+\mathrm{j}\Delta z) \times \frac{-\mathrm{j}\kappa A_{20}}{\sqrt{(\omega_1/\omega_3)\kappa^2 P_{20} + \Delta^2}}\sin\sqrt{(\omega_1/\omega_3)\kappa^2 P_{20} + \Delta^2}\, z \qquad (3.47\mathrm{b})$$

式中，$P_{20} = |A_{20}|^2$，为输入泵浦功率。利用式（3.42）推导式（3.47a）和式（3.47b），其中用 κ 代替 κ_3，一般地，κ 被假定为实数。需要注意，SFG 的 κ 与 SHG 的 κ 不同；当 $\omega_1 \cong \omega_2 \cong \omega$、$\omega_3 \cong 2\omega$ 时，由式（3.10）、式（3.15）和式（3.41c），得 $\kappa_{\text{SFG}} = \kappa_3 \cong 2\kappa_{\text{SHG}}$。从式（3.47a）和式（3.47b），我们得到三个光波输出功率的 NPDA 表达式：

$$P_1(L) = |A_1(L)|^2 = P_{10} - (\omega_1 / \omega_3)P_3(L) \tag{3.48a}$$

$$P_2(L) = |A_2(L)|^2 = P_{20} - (\omega_2 / \omega_3)P_3(L) \tag{3.48b}$$

$$P_3(L) = |A_3(L)|^2 = P_{10}P_{20}\kappa^2 L^2 \left\{ \frac{\sin\sqrt{(\omega_1/\omega_3)\kappa^2 P_{20} + \Delta^2} L}{\sqrt{(\omega_1/\omega_3)\kappa^2 P_{20} + \Delta^2} L} \right\}^2 \tag{3.48c}$$

式中，$P_{10} = |A_{10}|^2$ 为输入 ω_1 的功率（信号功率）。式（3.48b）是由曼利-罗关系式（3.44b）得到的。

由式（3.48a）～式（3.48c）所描述的 $P_1(L)$、$P_2(L)$、$P_3(L)$ 对标准化相互作用长度 $\kappa\sqrt{(\omega_1/\omega_3)P_{20}}L$ 的依赖关系如图 3.6 所示，其中标准化相位失配 $\Delta / \kappa\sqrt{(\omega_1/\omega_3)P_{20}}$ 作为参量。在精确（准）相位匹配（$\Delta = 0$）下，式（3.48c）简化为

$$P_3(L) = (\omega_3/\omega_1)P_{10}\sin^2\kappa\sqrt{(\omega_1/\omega_3)P_{20}}L \tag{3.49}$$

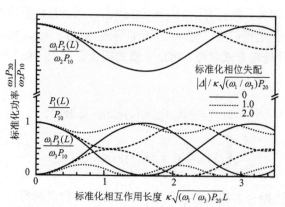

图 3.6 信号、泵浦及和频功率与相互作用长度的依赖关系

这个结果表明和频功率 $P_3(L)$ 是相互作用长度 L 的一个周期性函数，先随着 L 的增大而增大，在到达 $(\omega_3/\omega_1)P_{10}$ 处后，开始下降。这是因为 ω_1 光波和 ω_2 光波的 SFG 会消耗 ω_1 和 ω_2 的功率。当 ω_1 的功率完全被消耗，便不再存在 ω_1 光子可以用来实现 SFG，而接下来会发生 ω_2 和 ω_3 光子造成的 DFG（$\omega_1 = \omega_3 - \omega_2$）。此过程不断重复。

对于较小的 $\kappa\sqrt{(\omega_1/\omega_3)P_{20}}L$，式（3.49）简化为

$$P_3(L) = P_{10}P_{20}\kappa^2 L^2 \tag{3.50}$$

即输出和频功率与两个输入功率的乘积成正比。

标准化波长转换效率为 $P_3(L)/P_{10}P_{20} = \kappa^2 L^2$，对于较小的 $\kappa\sqrt{P_{20}}L$，式（3.48c）中的 $\{\ \}^2$ 元素可以近似为 $\mathrm{sinc}^2(\Delta L)$。因此相位匹配的 3 dB 全带宽为 $|\Delta| < 1.39/L$。同样对于大的 $\kappa\sqrt{P_{20}}L$ 的 SHG 情况，带宽与 $\kappa\sqrt{P_{20}}L$ 有关。

非线性模式耦合方程（3.39a）～方程（3.39c）可以通过任意边界条件来求解，见参考文献[5]。使用曼利-罗关系式（3.44a）和式（3.44b）来消掉 $A_1(z)$ 和 $A_2(z)$，式（3.39c）可以积分得到 $A_3(z)$。边界条件为式（3.45），且在 $|A_{10}| \leqslant |A_{20}|$ 的（准）相位匹配情况（$\Delta = 0$）下，输出和频功率为

$$P_3(L) = (\omega_3/\omega_1)P_{10}\mathrm{sn}^2[\kappa\sqrt{(\omega_1/\omega_3)P_{20}}L; \gamma], \gamma = \sqrt{(P_{10}/\omega_1)/(P_{20}/\omega_2)} \tag{3.51}$$

式中，$\mathrm{sn}[\zeta; \gamma]$ 是雅可比椭圆函数，见式（3.21）。对于其他输出功率，$P_1(L)$ 和 $P_2(L)$ 由式（3.48a）、式（3.48b）和式（3.51）得到。对于 $P_{10} \ll P_{20}(\gamma \ll 1)$，式（3.51）可以简化成式（3.49）。

一种特殊情况是 $P_{10}/\omega_1 = P_{20}/\omega_2$，则 $\gamma = 1$。因而式（3.48a）、式（3.48b）和式（3.51）可以简化为

$$P_1(L) = P_{10}\,\mathrm{sech}^2(\kappa\sqrt{(\omega_1/\omega_3)P_{20}}L) \tag{3.52a}$$

$$P_2(L) = P_{20}\,\mathrm{sech}^2(\kappa\sqrt{(\omega_1/\omega_3)P_{20}}L) \tag{3.52b}$$

$$P_3(L) = (P_{10}+P_{20})\tanh^2(\kappa\sqrt{(\omega_1/\omega_3)P_{20}}L) \tag{3.52c}$$

式（3.52a）～式（3.52c）意味着假定两输入光波具有相同的光子流通量，则对于大输入功率或大相互作用长度，全部功率渐近性地转化为和频光波是可能的。

3.1.3　差频产生

当频率为 ω_1 和 ω_3（$\omega_3 > \omega_1$）的两光波同时入射到与 3.1.2 节讨论相同的器件中时，便可能会产生一个频率 $\omega_2 = \omega_3 - \omega_1$ 的光波。这个叫作 DFG 或参量下转换。DFG 与 ω_1 光波功率的放大有关。这个叫作 OPA，我们将在 3.1.4 节中提及。

（1）模式耦合方程

DFG 是三个不同频率的光波之间的相互作用，可以从式（3.35a）～式（3.42）的模式耦合方程出发来进行分析。令 ω_1 和 ω_3（$\omega_3 > \omega_1$）为入射光波的角频率，$\omega_2 = \omega_3 - \omega_1$ 为差分频率，假设 $\omega_2 \neq \omega_1$，则模式耦合方程和（准）相位匹配条件具

有与 SFG 一样的公式。ω_1 光波和 ω_3 光波分别称为信号波和泵浦。总功率守恒式（3.43）和曼利-罗关系式（3.44a）和式（3.44b）同样也适用于 DFG。曼利-罗关系式指出产生一定数量的 ω_2 光子需要相同数量 ω_3 光子的湮灭和与之相关的相同数量 ω_1 光子的出现。换句话说，即一个 ω_3 光子破裂成一个 ω_2 光子和一个 ω_1 光子。

（2）相互作用特点

考虑一个波导 DFG，其相互作用区域为 $0 \leqslant z \leqslant L$，模式耦合方程（3.39a）～方程（3.39c）应由下述边界条件来求解：

$$A_1(0) = A_{10}, \quad A_2(0) = 0, \quad A_3(0) = A_{30} \qquad (3.53)$$

式中，A_{10} 和 A_{30} 分别为输入信号和泵浦的振幅。首先考虑一种情况，其输入泵浦功率比信号功率大得多，也就是 $|A_{10}| \ll |A_{30}|$，且 DFG 转换效率低。则可假定 $|A_3(z)| \gg |A_1(z)|$、$|A_2(z)|$，以及 $A_3(z)$ 可近似为 $A_3(z) \cong A_{30}$。这个处理方式可以称为 NPDA。

因此，模式耦合方程（3.39a）～方程（3.39c）可以简化为

$$\frac{\mathrm{d}}{\mathrm{d}z} A_1(z) = -\mathrm{j}k_1 A_{30} A_2(z)^* \exp(-\mathrm{j}2\Delta z) \qquad (3.54a)$$

$$\frac{\mathrm{d}}{\mathrm{d}z} A_2(z) = -\mathrm{j}k_2 A_{30} A_1(z)^* \exp(-\mathrm{j}2\Delta z) \qquad (3.54b)$$

这些方程是线性微分方程，可以由边界条件式（3.53）求解得到。

$$
\begin{aligned}
A_1(z) = {} & A_{10} \exp(-\mathrm{j}\Delta z) \\
& \times \left[\cosh \sqrt{(\omega_1/\omega_2)\kappa^2 P_{30} - \Delta^2}\, z \right. \\
& \left. + \frac{\mathrm{j}\Delta}{\sqrt{(\omega_1/\omega_2)\kappa^2 P_{30} - \Delta^2}} \sinh \sqrt{(\omega_1/\omega_2)\kappa^2 P_{30} - \Delta^2}\, z \right]
\end{aligned} \qquad (3.55a)
$$

$$A_2(z) = A_{10}^* \exp(-\mathrm{j}\Delta z) \times \frac{-\mathrm{j}\kappa A_{30}}{\sqrt{(\omega_1/\omega_2)\kappa^2 P_{30} - \Delta^2}} \sinh \sqrt{(\omega_1/\omega_2)\kappa^2 P_{30} - \Delta^2}\, z \qquad (3.55b)$$

式中，$P_{30} = |A_{30}|^2$，为输入泵浦功率。式（3.55a）和式（3.55b）由式（3.42）推导得到，且用 κ 来代替 κ_2，一般地，κ 被认为是实数。需要注意的是，DFG 的 κ 与 SFG 的 κ 不同。当 $\omega_1 \cong \omega_2 \cong \omega$ 和 $\omega_3 \cong 2\omega$，从式（3.10）、式（3.15）和式（3.41b），得 $\kappa_{\mathrm{DFG}} = \kappa_2 \cong \kappa_{\mathrm{SHG}} \cong \kappa_{\mathrm{SFG}}/2$。特别重要的是差频光波振幅 $A_2(z)$ 与入射信号波振幅的复数共轭成正比。从式（3.55a）和式（3.55b）我们得到三个输出光波的 NDPA 表达式：

$$P_1(L) = |A_1(L)|^2 = P_{10} + (\omega_1/\omega_2)P_2(L) \qquad (3.56a)$$

$$P_2(L) = \left|A_2(L)\right|^2 = P_{10}P_{30}\kappa^2 L^2 \left|\frac{\sinh\sqrt{(\omega_1/\omega_2)\kappa^2 P_{30} - \Delta^2}\,L}{\sqrt{(\omega_1/\omega_2)\kappa^2 P_{30} - \Delta^2}\,L}\right|^2 \qquad (3.56b)$$

$$P_3(L) = \left|A_3(L)\right|^2 = P_{30} - (\omega_3/\omega_2)P_2(L) \qquad (3.56c)$$

式中，$P_{10} = \left|A_{10}\right|^2$，为入射 ω_1 的功率（信号功率）。由曼利-罗关系式（3.44b）得到式（3.56c）。

在精确（准）相位匹配（$\Delta = 0$）下，式（3.56b）简化为

$$P_2(L) = (\omega_2/\omega_1)P_{10}\sinh^2 \Gamma L \qquad (3.57)$$

其中

$$\Gamma = \kappa\sqrt{(\omega_1/\omega_2)P_{30}} \qquad (3.58)$$

这个结果表示差频功率 $P_2(L)$ 随着 ΓL 的增加单调递增。DFG 转换效率 $\eta = P_2(L)/P_{10}$ 可以大于 100%；甚至在大 ΓL 下可以获得很大的增益。这与 SFG 中效率 $\eta = P_3(L)/P_{10}$ 的上限最大值 ω_3/ω_1 形成对比。对于小的 ΓL，式（3.57）可以简化为

$$P_2(L) = (\omega_2/\omega_1)P_{10}\Gamma^2 L^2 = P_{10}P_{30}\kappa^2 L^2 \qquad (3.59)$$

输出差频（diffierence-frequency，DF）功率正比于两输入功率的乘积。标准化波长转换效率为 $P_2(L)/P_{10}P_{30} = \kappa^2 L^2$。$P_1(L)$、$P_2(L)$ 与标准化相互作用长度 ΓL 的依赖关系由式（3.56a）～式（3.56c）描述，如图 3.7 所示，其中将标准化相位失配 $|\Delta|/\Gamma$ 作为参量。

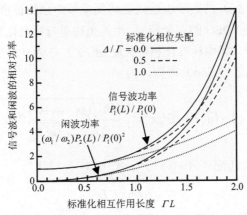

图 3.7　信号波功率和闲波功率与标准化相互作用长度的依赖关系

相位匹配带宽可用式（3.56b）来估计。对于小的 ΓL（小效率限制），式（3.56b）

中的$||^2$因子可以近似为$\mathrm{sinc}^2(\Delta L)$，则全带宽为

$$|\Delta| < 1.39 / L \tag{3.60}$$

对于大的ΓL，式（3.60）可以展开为

$$|\Delta| < \sqrt{(1.39 / L)^2 + (\omega_1 / \omega_2)\kappa^2 P_{30}} \tag{3.61}$$

这就意味着带宽对于高增益情况有本质的拓宽。

非线性模式耦合方程（3.39a）～方程（3.39c）可以用与 SFG 情况相似的 DFG 边界条件式（3.53）来求解。使用曼利-罗关系式（3.44a）和式（3.44b）来消除$A_1(z)$ 和$A_3(z)$，式（3.39b）可以积分得到$A_2(z)$。相位匹配情况（$\Delta = 0$）下的输出差频功率为

$$P_2(L) = -(\omega_2 / \omega_1)P_{10}\,\mathrm{sn}^2[\mathrm{j}\kappa\sqrt{(\omega_1 / \omega_2)P_{30}}\,L;\gamma], \quad \gamma = \mathrm{j}\sqrt{(P_{10} / \omega_1)/(P_{30} / \omega_3)} \tag{3.62}$$

式中，$\mathrm{sn}[\zeta;\gamma]$为雅可比椭圆函数，其定义见式（3.21）。其他的输出功率$P_1(L)$和 $P_3(L)$，可以由式（3.56a）、式（3.56c）和式（3.62）来得到。对于$P_{10} \ll P_{30}$（$|\gamma| \ll 1$），式（3.62）可以简化为式（3.57）。

3.1.4　光参量放大

在 3.1.3 节的讨论中说到，当频率为ω_1和ω_3（$\omega_3 > \omega_1$）的两光波入射，ω_1光波被放大。这个过程叫作 OPA。OPA 与 DFG 常同时发生。当讨论 OPA 时，ω_1光波和ω_3光波分别叫作信号波和泵浦，ω_2光波称为闲波（idler wave）。

（1）非简并光参量放大

描述 OPA（$\omega_2 \neq \omega_1$）的数学表达式在前面章节中已经被推导出来。OPA 的相位匹配条件与 SFG 和 DFG 的完全相同。相关光功率与标准化相互作用长度ΓL的关系显示在图 3.7 中，其中标准化相位失配$|\Delta| / \Gamma L$作为一个参量。NPDA 功率增益由式（3.56a）和式（3.56b）得到，为

$$G = \frac{P_1(L)}{P_{10}} = 1 + (\omega_1 / \omega_2)P_{30}\kappa^2 L^2 \left|\frac{\sinh\sqrt{(\omega_1 / \omega_2)\kappa^2 P_{30} - \Delta^2}\,L}{\sqrt{(\omega_1 / \omega_2)\kappa^2 P_{30} - \Delta^2}\,L}\right|^2 \tag{3.63}$$

在精确（准）相位匹配（$\Delta = 0$）下，式（3.63）简化为

$$G = \cosh^2 \Gamma L \tag{3.64}$$

这里的$\Gamma = \kappa\sqrt{(\omega_1 / \omega_2)P_{30}} = \kappa_2\sqrt{(\omega_1 / \omega_2)P_{30}} = \kappa_1\sqrt{(\omega_2 / \omega_1)P_{30}} = \sqrt{\kappa_1\kappa_2 P_{30}}$是一个增益因子。对于较大的$\Gamma L$（高增益限制），式（3.64）可以近似为

$$G = (1/4)\exp 2\varGamma L \tag{3.65}$$

相位匹配带宽通过使用式（3.63）来估算，由式（3.60）或式（3.61）给出其结果。需要注意的是，带宽在高增益情况下展宽。

考虑泵浦损耗的（准）相位匹配情况（$\varDelta = 0$），OPA 增益由式（3.56a）和式（3.62）得到，其结果为

$$G = 1 - \mathrm{sn}^2[\mathrm{i}\varGamma L;\gamma], \quad \gamma = \mathrm{i}\sqrt{(P_{10}/\omega_1)/(P_{30}/\omega_3)} \tag{3.66}$$

当 $P_{10} \ll P_{30}(|r| \ll 1)$ 时，其简化为式（3.64）。

OPA 具有广泛使用的激光放大器所不具备的多种优势。最突出的特点是对于给定的非线性光学材料，通过合适的设计和/或相位匹配调节，OPA 可以覆盖很广的波长范围，而激光器只覆盖了由材料所决定的特定波长周围的一段狭窄的范围。OPA 的一个独特特征是其放大是单向的；向后传播的信号波不被放大。这与双向的激光放大形成对照。与激光放大涉及的自发辐射放大（amplification of spontaneous emission，ASE）噪声不同，OPA 没有这种噪声，因此是低噪声的。噪声分析将在第 5 章涉及。

（2）简并光参量放大

在 $\omega_2 = \omega_1$ 时产生 OPA 的情况，我们称它为简并光参量放大（degenerate optical parametric amplification，DOPA）。在这种情况下，信号波频率 $\omega = \omega_1(= \omega_2)$ 通过频率 $2\omega(= \omega_3)$ 的泵浦激励放大。这是 SHG 的逆过程，从而 DOPA 可以用和 SHG 相同的模式耦合公式来进行分析。模式耦合方程和（准）相位匹配条件分别为式（3.13a）、式（3.13b）和式（3.14）。模式耦合方程需要通过下列的边界条件来求解。

$$A(0) = A_0, \quad B(0) = B_0 \tag{3.67}$$

式中，A_0 和 B_0 分别为入射信号波和泵浦的振幅。

在式（3.13a）中使 $B(z) \cong B_0$，得到一个关于信号波振幅的 NPDA 模式耦合方程：

$$\frac{\mathrm{d}}{\mathrm{d}z}A(z) = -\mathrm{j}\kappa^* A^*(z)B_0 \exp(-\mathrm{j}2\varDelta z) \tag{3.68}$$

然后将

$$A(z) = \exp(-\mathrm{j}\varDelta z)[X(z) - \mathrm{j}Y(z)], \quad A(z)^* = \exp(+\mathrm{j}\varDelta z)[X(z) + \mathrm{j}Y(z)] \tag{3.69}$$

代入式（3.68）和它的复数共轭式，得到

$$\frac{\mathrm{d}}{\mathrm{d}z}X(z) = \varGamma X(z) + \varDelta Y(z), \quad \frac{\mathrm{d}}{\mathrm{d}z}Y(z) = -\varGamma Y(z) - \varDelta X(z) \tag{3.70}$$

其中 $\varGamma = \mathrm{j}\kappa B_0^*$，一般地，$\varGamma$ 可被假定为正数。式（3.70）用式（3.67）来求解，将

得到的结果代入式（3.69），得到 $A(z)$。当 $\Delta = 0$ 时的结果可以写为

$$A(z) = X_0 \exp(+\Gamma z) - \mathrm{j}Y_0 \exp(-\Gamma z) \tag{3.71}$$

式中，$A_0 = X_0 - \mathrm{j}Y_0$，$X_0$、$Y_0$ 均为实数。结果显示输入信号的正交分量之一 X_0 被放大，同时 Y_0 被衰减。换句话说，依赖于泵浦相对于输入信号的相位，输入信号被放大（当 A_0 是实数）或衰减（当 A_0 是虚数）。衰减是由输入信号波和输入泵浦的 SH 波的相长干涉引起的，其产生信号功率的损耗导致 SHG。因此 DOPA 是相位敏感型放大器。这些特征值得特别注意，因为它存在一些特定的应用，如低噪声放大和压缩，这些将在第 5 章中讨论。

对于考虑泵浦消耗的相位匹配（$\Delta = 0$）DOPA，模式耦合方程（3.13a）和方程（3.13b）的解可以通过展开式（3.22）[8]得到，对于实数 A_0 和 B_0，该解为

$$A(z) = A_0 \cosh \zeta_0 \operatorname{sech}(\zeta + \zeta_0), \quad B(z) = A_0 \cosh \zeta_0 \tanh(\zeta + \zeta_0)$$
$$\zeta = (|\kappa|\sqrt{A_0^2 + B_0^2})z, \quad \zeta_0 = \operatorname{arsinh}(B_0 / A_0) \tag{3.72}$$

（3）对向传播光参量放大

OPA 也会由对向传播的 ω_1 光波和 ω_2 光波产生。虽然在 2.3 节模式耦合方程的推导中假定了正向（传播沿着 $+z$ 方向）光波，但是可以容易从式（2.12a）、式（2.12b）和式（2.52a）～式（2.58）看出，对于反向（传播沿着 $-z$ 方向）光波的这几个公式可通过使式（2.58）的左侧和 β_m 正负号反转得到。假设泵浦（ω_2）光波和 ω_1 光波是正向光波，ω_2 光波是反向光波，则 NPDA 的模式耦合方程可以写为

$$+\frac{\mathrm{d}}{\mathrm{d}z} A_1(z) = -\mathrm{j}\kappa_1 A_{30} A_2(z)^* \exp(-\mathrm{j}2\Delta z) \tag{3.73a}$$

$$-\frac{\mathrm{d}}{\mathrm{d}z} A_2(z) = -\mathrm{j}\kappa_2 A_{30} A_1(z)^* \exp(-\mathrm{j}2\Delta z) \tag{3.73b}$$

$$2\Delta = \beta_3 - (\beta_1 - \beta_2) - K \tag{3.73c}$$

QPM 条件为 $\Delta = 0$ 下的式（3.73c）。

模式耦合方程（3.73a）～方程（3.73c）可以由边界条件 $A_1(0) = A_{10}$ 和 $A_2(L) = A_{20}$ 来求解，这里的 L 为相互作用长度。$\Delta = 0$ 时输出的振幅为

$$A_1(L) = A_{10} / \cos \Gamma L - \mathrm{j}\sqrt{\omega_1 / \omega_2}\,(A_{30} / |A_{30}|)A_{20}^* \tan \Gamma L \tag{3.74a}$$

$$A_2(0) = A_{20} / \cos \Gamma L - \mathrm{j}\sqrt{\omega_2 / \omega_1}\,(A_{30} / |A_{30}|)A_{10}^* \tan \Gamma L \tag{3.74b}$$

$$\Gamma = \sqrt{\kappa_1 \kappa_2 P_{30}} = \kappa_1 \sqrt{(\omega_2 / \omega_1)P_{30}} = \kappa_2 \sqrt{(\omega_1 / \omega_2)P_{30}} \tag{3.74c}$$

结果显示，正向光波和反向光波均被放大。相同的 Γ 和 L 下对向传播 OPA 增

益可大于同向传播的 OPA。更值得注意的是，当 $\varGamma L=\pi/2$ 时，$A_1(L)$ 和 $A_2(0)$ 均可能在零输入（$A_{10}\to 0$, $A_{20}\to 0$）时为非零。这是因为两光波在两相反方向被放大，且通过非线性光学相互作用彼此均给出正反馈。这意味着利用对向传播的 OPA，无镜光振荡是可行的[9]。光振荡的极限是 $\varGamma L=\pi/2$。因此对向传播的 OPA 具有很多引人注目的特点，因为即使 QPM 只需要很小的周期，器件的实现也可能很困难。

3.2　啁啾光栅下的准相位匹配

在 QPM 非线性光学相互作用下，精确相位匹配可以实现，一般而言，周期性光栅能补偿传播常数间的差别。但是，在实际情况中，一些因素会引起残余失配，如由于材料常数的精度有限和制作误差带来的周期不确定性，以及光栅制作带来的传播常数的改变。工作条件同样会影响相位匹配；周围温度的改变、激光二极管波长的误差和波动，以及光致折变损伤都会导致匹配误差，因此对残余失配和误差的高容忍度对于器件设计是非常重要的。

在线性光学中，光栅元件的光学带宽可由啁啾光栅周期来展宽[10-12]，同样的技术也适用于非线性光学。带有啁啾光栅的 QPM-SHG 的理论分析参考 Suhara 等[4]的文献。其结果对于评估非均匀光栅的效果也是有用的。对于光栅周期的随机性和非均匀有效折射率的影响分析参考 Helmflid 等[13]的文献。采用 NPDA 的相似计算可参考 Fejer 等[14]的文献。虽然下面的讨论是针对 SHG 的，但是这些分析可以拓展到其他非线性光学相互作用上。

3.2.1　模式耦合公式

（1）啁啾光栅表达式

图 3.8 表示的是在啁啾光栅中的光学常数的调制。对于线性频率啁啾光栅，当对用于描述均匀光栅的 (x,y,z) 作坐标转换时即可得到啁啾光栅结构：

$$x=x',\quad y=y',\quad z=z'+(r/2)z'^2\quad (r\neq 0)\tag{3.75}$$

然后将 (x',y',z') 当作一个新坐标系统。从式（3.1）、式（3.2）和式（3.75）得

$$\Delta\varepsilon(x,y,z)=\sum_q\Delta\varepsilon_q(x,y)\exp[-jq\varPhi(z)]\tag{3.76a}$$

$$d(x,y,z)=\sum_q d_q(x,y)\exp[-jq\varPhi(z)]\tag{3.76b}$$

$$\varPhi(z)=K_0[z+(r/2)z^2]\tag{3.76c}$$

　　对于二值调制，傅里叶振幅为式（3.3）和式（3.4）。从式（3.76a）～式（3.76c）得到局部频率和光栅周期的表达式为

$$K(z) = \mathrm{d}[\varPhi(z)] / \mathrm{d}z = K_0(1 + rz) \tag{3.77a}$$

$$\varLambda(z) = 2\pi / K(z) = \varLambda_0 / (1 + rz), \quad \varLambda_0 = 2\pi / K_0 \tag{3.77b}$$

式中，$\varLambda_0$ 为 $z = 0$ 处的周期；r 为啁啾率（chirp rate）。

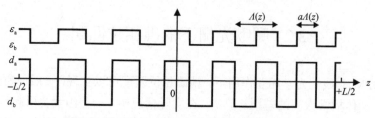

图 3.8　用于 QPM 的啁啾光栅中的光学常数调制

（2）非线性模式耦合方程

　　非线性光学极化表达式（3.5a）和式（3.5b）同样适用于啁啾光栅结构。这里我们再次考虑一个泵浦模式和一个 SH 波模式之间的耦合，该耦合是在下述条件下通过基本衍射级（$q = 1$）的 QPM 发生的。

$$2\beta^{\omega} + K_0 = \beta^{2\omega} \text{ 或 } \varLambda_0 \cong (\lambda / 2)(N^{2\omega} - N^{\omega}) \tag{3.78}$$

　　然后用式（2.57a）、式（2.57b）、式（2.58）、式（3.5a）、式（3.5b）、式（3.76a）、式（3.76b），以及推导式（3.13a）、式（3.13b）的相似步骤来得到简化的模式耦合方程：

$$\frac{\mathrm{d}}{\mathrm{d}z} A(z) = -\mathrm{j}\kappa^* A^*(z) B(z) \exp[-\mathrm{j}2\varDelta_1 z] \tag{3.79a}$$

$$\frac{\mathrm{d}}{\mathrm{d}z} B(z) = -\mathrm{j}\kappa [A(z)]^2 \exp[+\mathrm{j}2\varDelta_1 z] \tag{3.79b}$$

式中，$A(z)$ 和 $B(z)$ 分别为泵浦和 SH 波的振幅，且

$$2\varDelta_q(z) = \beta^{2\omega} z - [2\beta^{\omega} z + q\varPhi(z)] \tag{3.80}$$

　　耦合系数 κ 由式（3.9a）、式（3.9b）、式（3.10）和式（3.15）来得到，且其中的 K 由 K_0 来替换。

　　啁啾光栅的空间频率随着 z 的位置连续不断地变化，如式（3.77a）和式（3.77b）所示。我们假设在相互作用区域中（光栅长度）存在一个精确相位匹配点 $z = z_{\mathrm{pm}}$，则

$$2\beta^{\omega} + K(z_{\mathrm{pm}}) = \beta^{2\omega}, \quad z_{\mathrm{pm}} = 2\varDelta / rK_0, \quad 2\varDelta = 2\varDelta_1(0) \tag{3.81}$$

式中，$2\varDelta$ 为 $z = 0$ 下的相位失配。现在我们用原点为 $z = z_{pm}$ 的新坐标 u：

$$u = z - z_{pm} \tag{3.82}$$

接着利用式（3.76c）、式（3.80）、式（3.81）和式（3.82），式（3.79）可以转化为

$$\frac{\mathrm{d}}{\mathrm{d}z}A(u) = -\mathrm{j}\kappa^{*}A^{*}(u)B(u)\exp[+\mathrm{j}Ru^{2}/2] \tag{3.83a}$$

$$\frac{\mathrm{d}}{\mathrm{d}z}B(u) = -\mathrm{j}\kappa\big[A(u)\big]^{2}\exp[-\mathrm{j}Ru^{2}/2] \tag{3.83b}$$

其中

$$R = K_0 r \tag{3.84}$$

式中，R 为该空间频率下每单位长度的啁啾率（调频率）。

（3）模式耦合方程的解

求解式（3.83a）和式（3.83b），相互作用（光栅）区域假定为 $-L/2 \leqslant z \leqslant +L/2$，则由式（3.84）得

$$u_{\mathrm{i}} < u < u_{\mathrm{e}}; u_{\mathrm{i}} = -L/2 - z_{pm},\ u_{\mathrm{e}} = +L/2 - z_{pm} \tag{3.85}$$

式中，i 和 e 分别为光栅区域的输入和输出端。边界条件为

$$A(u_{\mathrm{i}}) = A_0,\quad B(u_{\mathrm{i}}) = 0 \tag{3.86}$$

式中，A_0 为入射泵浦的振幅。

1）无泵浦损耗下的近似解：在 NPDA 下，使 $A(u) = A_0$，并且用式（3.86）对式（3.83b）积分得

$$B(u) = -\mathrm{j}\kappa A_0^2 \int_{u_{\mathrm{i}}}^{u} \exp(-\mathrm{j}Ru^2/2)\mathrm{d}u \tag{3.87}$$

SH 波在相互作用区域输出端的振幅为

$$
\begin{aligned}
B(u_{\mathrm{e}}) &= -\mathrm{j}\kappa A_0^2 \sqrt{\pi/|R|}\int_{\tau_{\mathrm{i}}}^{\tau_{\mathrm{e}}} \exp(+\mathrm{j}\pi\tau^2/2)\mathrm{d}\tau \\
&= -\mathrm{j}\kappa A_0^2 \sqrt{\pi/|R|}\big[\{C(\tau_{\mathrm{e}}) - C(\tau_{\mathrm{i}})\} \mp \mathrm{j}\{S(\tau_{\mathrm{e}}) - S(\tau_{\mathrm{i}})\}\big]
\end{aligned} \tag{3.88}
$$

其中

$$\tau_{\mathrm{i}} = \sqrt{|R|/\pi}u_{\mathrm{i}} = \sqrt{|R|/\pi}(-L/2 - z_{pm}) = -\sqrt{|R|/\pi}L/2 \mp 2\varDelta/\sqrt{\pi|R|} \tag{3.89a}$$

$$\tau_{\mathrm{e}} = \sqrt{|R|/\pi}u_{\mathrm{e}} = \sqrt{|R|/\pi}(+L/2 - z_{pm}) = +\sqrt{|R|/\pi}L/2 \mp 2\varDelta/\sqrt{\pi|R|} \tag{3.89b}$$

$$C(\tau) = \int_0^\tau \cos(\frac{\pi}{2}\tau^2)\mathrm{d}\tau, \quad S(\tau) = \int_0^\tau \sin(\frac{\pi}{2}\tau^2)\mathrm{d}\tau \tag{3.90}$$

式（3.90）为菲涅耳（Fresnel）积分。从式（3.88）得到 SHG 效率的一个表达式：

$$\eta = \frac{|B(u_e)|^2}{|A(u_i)|^2} = \Gamma^2 \left[\{C(\tau_e) - C(\tau_i)\}^2 + \{S(\tau_e) - S(\tau_i)\}^2 \right] \tag{3.91}$$

式中，Γ 为用泵浦功率 $P_0 = |A_0|^2$ 定义的一耦合参量。

$$\Gamma = \kappa\sqrt{P_0 \pi / |R|} \tag{3.92}$$

如果 z_{pm} 在光栅区域内，且 L 足够大，我们得到 $\sqrt{|R|/\pi}(L/2 - z_{pm}) \gg 1$，因此 $\tau_i \ll -1$，$1 \ll \tau_e$。因为菲涅耳积分渐近于 $C(\infty) = -C(-\infty) = S(\infty) = -S(-\infty) = 1/2$，对于较大的宗量 τ 值，从式（3.91）和式（3.92）得到 SHG 效率的一个渐近表达式：

$$\eta = \eta_a = 2\Gamma^2 = 2\pi\kappa^2 P_0 / |R| \tag{3.93}$$

若精确相位匹配发生在 $z = 0(z_{pm} = 0)$ 处，式（3.91）可以写为

$$\eta = 2\eta_a \left[\left\{ C(\sqrt{|R|/\pi}L/2) \right\}^2 + \left\{ S(\sqrt{|R|/\pi}L/2) \right\}^2 \right] \tag{3.94}$$

$\{C(\tau)\}^2 + \{S(\tau)\}^2$ 的值先是随着 τ 的增大而增大，在 $\tau \approx 1.2$ 时取得最大值约 0.9，接着振荡趋近于 $1/2$。这意味着 SHG 基本发生在一个有效的耦合长度区域中，有效耦合长度为

$$L_{eff} \cong 2.4\sqrt{\pi/|R|} = 2.4\sqrt{\Lambda_0 / 2|r|} \tag{3.95}$$

从式（3.89a）、式（3.89b）和式（3.95）推导得到可用于估计相位匹配带宽的表达式。有效耦合区域很好地处在光栅长度中，z_{pm} 的范围和以 2Δ 项表示的相应带宽可由 $\sqrt{|R|/\pi}(L/2 - |z_{pm}|) > 1.2$、式（3.81）和式（3.84）得到

$$|z_{pm}| \leqslant L/2 - 1.2\sqrt{\pi/|R|} = (L - L_{eff})/2, |2\Delta| < |z_{pm}||R| = |R|L/2 - 1.2\sqrt{\pi|R|} \tag{3.96}$$

2）有泵浦损耗时的解：为了用边界条件式（3.86）求解式（3.83a）和式（3.83b），我们使

$$A(u) = A\exp(-\mathrm{j}\varphi_a), \quad B(u) = B\exp(-\mathrm{j}\varphi_b), \quad \varphi = \varphi_b - 2\varphi_a \tag{3.97}$$

式中，A 和 B 为实变量，将式（3.97）代入式（3.83a）和式（3.83b），得

$$A' = -BA\sin(-Ru^2/2), \quad \varphi_a' A = BA\cos(-Ru^2/2) \tag{3.98a}$$

$$B' = +A^2\sin(-Ru^2/2), \quad \varphi_b' B = A^2\cos(-Ru^2/2) \tag{3.98b}$$

式中，$'$ 代表的是对 u 的导数。从式（3.98a）和式（3.98b）我们得到总功率守恒关系，因此可以写为

$$A^2 + B^2 = A_0^2 = 常数 \qquad (3.99)$$

在这里我们使

$$\tau = \sqrt{|R|/\pi u}, \quad X = B/A_0 (\leqslant 1), \quad Z = jX(1-X^2)\exp(-j\varphi) \qquad (3.100)$$

利用式（3.97）～式（3.100），我们得到模式耦合方程的改进表达式：

$$\frac{dZ}{d\tau} = \Gamma(1-3X^2)(1-X^2)\exp\left(\mp j\frac{\pi}{2}\tau^2\right) \qquad (3.101a)$$

$$X^2(1-X^2) = |Z|^2 \qquad (3.101b)$$

式中，Γ 由式（3.92）给出。

现在 SHG 效率可以写为

$$\eta = |B(u_e)|^2 / |A(u_i)|^2 = |X(\tau_e)|^2 \qquad (3.102)$$

其边界条件为 $Z(\tau_i) = X(\tau_i) = 0$。在 NPDA 中，可以利用 $X^2 \ll 1$，并对式（3.101a）积分得到与式（3.91）相同的效率表达式。但是有泵浦损耗时，式（3.101a）无法以解析形式积分。因此我们通过从 τ_i 到 τ_e 的小步长来积分。需要指出的是，虽然式（3.101a）中的因子 $(1-3X^2)(1-X^2)$ 随 τ 的变化很慢，但其后的指数因子可能振荡很快。令 $\Delta\tau$ 为步长宽度，$\tau_m = \tau_i + m\Delta\tau$（$\tau_0 = \tau_i, \tau_M = \tau_e$），则对于 $\tau_m < \tau < \tau_{m+1}$，我们可将式（3.101a）右侧的 X 近似为 $\tau = \tau_m$ 时的值，这时对式（3.101a）积分得

$$Z_{m+1} = Z_m + \Gamma(1-3X_m^2)(1-X_m^2)\int_{\tau_m}^{\tau_{m+1}} \exp(\mp j\pi\tau^2/2)d\tau \qquad (3.103a)$$

$$= Zm + \Gamma(1-3X_m^2)(1-X_m^2)\left[\{C(\tau_{m+1}) - C(\tau_m)\} + j\{S(\tau_{m+1}) - S(\tau_m)\}\right]$$

$$X_m = X(\tau_m), \quad Z_m = Z(\tau_m), \quad X_0 = Z_0 = 0, \quad X_m^2(1-X_m^2)^2 = |Z_m|^2 \qquad (3.103b)$$

式中，$m = 0,1,\cdots,M$，且 SHG 效率 $\eta = |X_M|^2$。

3.2.2　SHG 特性和设计指导

（1）效率与相互作用长度的依赖关系

图 3.9 显示的是 SH 波强度沿光栅长度的变化，由式（3.85）、式（3.103a）和式（3.103b）计算而得。在这里假设光栅长度 L 足够长，则 $\tau_i \ll -1$ 且 $1 \ll \tau_e$。SHG 基本发生在有效耦合区域 $|\tau| < 1.2$ 内，对应于式（3.95）给出的长度为 L_{eff} 的

光栅区域，该区域中心处于 z_{pm} ，且 SH 波强度在这个区域外变化很小。这个结果与 Γ 值较小下的 NPDA 表达式（3.91）符合得很好。

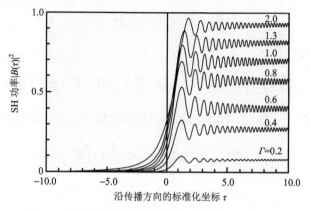

图 3.9　SH 波功率与沿传播方向的标准化坐标的关系[12]

图 3.10 显示 $z_{pm}=0$ 时效率与标准化光栅长度 $\sqrt{|R|/\pi L}$ 之间的关系。效率先是随 L 单调递增，然后经振荡之后，它逐渐接近于一个由 Γ 所决定的常数值。虽然存在与 Γ 的轻微依赖关系，但是我们再次得到有效耦合长度 $L_{eff}=2.4\sqrt{\pi/|R|}$ 。 $z\neq z_{pm}$ 的非相位匹配啁啾光栅的渐近行为，与相位失配下的均匀光栅 L 的周期性依赖形成对照，因此我们可以以各种大于 L_{eff} 的光栅长度来获得高的效率。

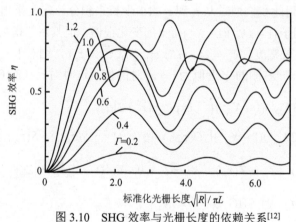

图 3.10　SHG 效率与光栅长度的依赖关系[12]

（2）效率对泵浦功率和啁啾率的依赖关系

由式（3.92）定义的耦合参量 Γ 可以被当作是标准化泵浦振幅。图 3.11 显示的是 $L>L_{eff}$ 时的渐近 SHG 效率与 Γ 的依赖关系。由式（3.103a）和式（3.103b）计算所得到精确的结果和 NPDA 结果式（3.93）分别表示为实线和点线；这两个结果在 Γ 值较小的情况符合得很好。虽然精确的相位匹配仅在点 $z=z_{pm}$ 上成立，但是效率随着泵浦功率的增加基本上是单调递增，且在 Γ 值较大的情况下可以得

到接近 100% 的高效率。对比式（3.19）和式（3.93）可以发现，在 NPDA 中，啁啾光栅的渐近效率和等效长度 $L_{\text{eqv}} = \sqrt{2\pi / |R|}$ 的相位匹配均匀光栅的渐近效率一样。将 $L = L_{\text{eqv}}$ 代入式（3.23）得到一个扩展的表达式

$$\eta = \tanh^2(\sqrt{2}\Gamma) = \tanh^2(\kappa\sqrt{P_0 2\pi / |R|}) \tag{3.104}$$

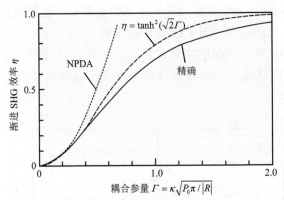

图 3.11　渐近 SHG 效率与耦合参量之间的依赖关系[12]

如图 3.11 的虚线所示，我们可以看到中等泵浦功率下，式（3.104）所给出的效率预测值要比 NPDA 得到的效率高一些。

对于均匀光栅长度 L，式（3.89a）和式（3.89b）中的 $\sqrt{|R|\pi L}$ 可被当作一个表示啁啾率的参量，耦合参量记为 $\Gamma = (\kappa\sqrt{P_0}L)/(\sqrt{|R|/\pi L})$。图 3.12 显示的是以标准化泵浦振幅为参量的 $z_{\text{pm}} = 0$ 时的效率和啁啾率之间的依赖关系。在 $\sqrt{|R|/\pi L} = 0$ 处的效率与相位匹配均匀光栅下式（3.23）所给出的值一样。在从均匀光栅到啁啾光栅的过渡区域，增加啁啾率，效率将逐渐减少，因为相位失配从光栅边缘逐渐增大。在啁啾率足够大的渐近区域，$L_{\text{eff}} < L$，则 $\sqrt{|R|/\pi L} > 2.4$，效率基本上不依赖于 L，只依赖于 Γ。因此，图 3.11 比图 3.12 更方便地看出啁啾率的依赖关系。

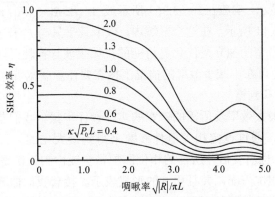

图 3.12　SHG 效率与啁啾率之间的依赖关系[12]

（3）相位匹配带宽

我们先讨论均匀/啁啾过渡区域（$L_{\text{eff}} > L$）中的带宽。式（3.89a）、式（3.89b）、式（3.103a）和式（3.103b）中参量元可以写为 $\sqrt{R/\pi L}$、$\Delta/\sqrt{\pi|R|} = (\Delta L)/\left(\pi\sqrt{|R|/\pi L}\right)$、$\Gamma = (\kappa\sqrt{P_0}L)/\left(\sqrt{|R|/\pi L}\right)$。$\sqrt{R/\pi L}$、$\Delta L$、$\kappa\sqrt{P_0}L$ 可以分别记为啁啾率、$z = 0$ 处的标准化相位失配和标准化泵浦振幅。需要注意的是，这里的 Δ 与均匀光栅中的 Δ 不同。在啁啾光栅中，相位失配不是一个常数而是一个位置函数，Δ 表示的是从 $z = 0$ 到相位匹配点的距离。图 3.13 显示的是被 $\Delta = 0$ 时的值标准化的 SHG 效率与 $z = 0$ 时的标准化相位失配的依赖关系。对比图 3.13 和图 3.5，我们可以发现相位匹配要求能通过给予一个轻微啁啾来放宽，虽然这会引起峰值效率的减弱，如图 3.12 所示。

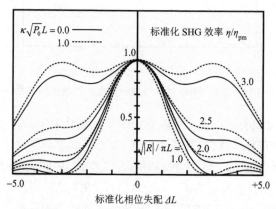

图 3.13　标准化 SHG 效率与轻微啁啾光栅下的标准化相位失配之间的依赖关系[12]

我们接下来讨论在渐近区域（$L > L_{\text{eff}}$）中的带宽。参量元 $\sqrt{|R|/\pi L}$、$\Delta/\sqrt{\pi|R|}$、$\Gamma = \kappa\sqrt{P_0\pi/|R|}$ 可以分别被看作是标准化光栅长度、$z = 0$ 处的标准化相位失配和标准化泵浦振幅。图 3.14 所显示的是计算得到的 $z = 0$ 时标准化效率与相位失配的依赖关系。结果显示，响应在式（3.96）所示或 $\Delta/\sqrt{\pi|R|} < \sqrt{|R|/\pi L}/4 - 0.6$ 内是近似平坦的。如图 3.11 所示，在这个区域内，效率几乎只与 Γ 有关。因此在均匀光栅范围内效率和带宽的独立最优化是可能的，如果波导损耗可以忽略，则通过增加光栅长度 L，便可在不减少效率的情况下按需要任意展宽带宽。

（4）设计步骤和判据

考虑一个获得最大效率及所需的带宽的实际设计步骤。我们首先计算横截面结构的耦合系数 κ，通过设定相关器件参数来得到最大化的 κ。我们必须设定 QPM 的光栅周期，也需要估计所需的相位匹配带宽或由制作误差和/或工作条件波动所产生的残余相位失配，并且用 Δ 的形式表示。接着我们估算在制作、可得材料的尺寸和波导损耗的限制下可能达到的最大相互作用长度 $L_{\max}$。然后可作如下的考虑。

1）失配的均匀光栅下的效率随着处于 $|L| < \pi / 2|\Delta|$ 的 L 的增大而增大。因此如果 $L_{\max} < \pi / 2|\Delta|$，期望的最好结果是 $L = L_{\max}$ 的均匀光栅，不需要考虑啁啾光栅。

2）对于均匀光栅，效率在 $L = \pi / 2|\Delta|$ 处取得最大值后逐渐降低。因此，如果 $L_{\max} > \pi / 2|\Delta|$ 时，L 应该选择 $\pi / 2|\Delta|$，因为均匀光栅无法在更大的 L 下得到更好的结果。

3）如果 $L_{\max} > \pi / 2|\Delta|$，我们应当考虑用全长 $L_{\max}$ 的啁啾光栅来提高效率。从式（3.19）、式（3.93）和式（3.96）可知，我们应将 $\Delta / \sqrt{\pi|R|} = \sqrt{|R| / \pi} L_{\max} / 4 - 0.6$ 和 $|R| < 2\pi|\Delta|^2$ 作为条件，来得到与 2）中所设计的均匀光栅有相同带宽且渐近效率更高的光栅。如果 $L_{\max} > 2.3 / |\Delta|$，我们可以找到一个能满足上述条件的啁啾率 R，而且啁啾光栅是更好的设计。

4）如果 $1.6 / |\Delta| < L_{\max} < 2.3 / |\Delta|$，仍然存在用长度为 $L_{\max}$ 的啁啾光栅来提高效率的可能性，为此需在均匀/啁啾过渡区域仔细地选择 R。我们可以用图 3.12 和图 3.13 来决定最优啁啾率。

我们可以用 $|\Delta| L_{\max} < 1.6$、$1.6 < |\Delta| L_{\max} < 2.3$、$2.3 < |\Delta| L_{\max}$ 作为均匀光栅、轻微啁啾光栅、广域啁啾光栅中谁是最优化设计的一个简单判据。虽然在这里针对的是 NPDA，但只要利用图 3.3～图 3.5 和图 3.10～图 3.14 所给出的结果进行微小的数值校正，高效率器件同样可以通过相似的步骤进行设计。

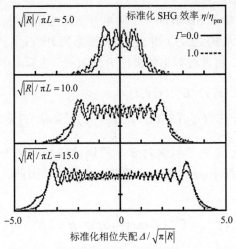

图 3.14　SHG 效率与宽广啁啾光栅下的相位失配之间的依赖关系[12]

3.3　切连科夫辐射型相互作用

切连科夫辐射型 SHG（C-SHG）利用了导模的泵浦和辐射模的谐波之间的相

位匹配。虽然前者是离散的，而后者有一个连续光谱。因此只有当导模泵浦的相位速率比介质传导区周边中的谐波快时，自动满足且保持匹配。虽然这个方法效率一般，且输出光波有一个复杂的波前，使其很难被准直和聚焦成一个衍射受限小斑，但具有很多的优势：简单的器件结构、使用了最大的 SHG 张量元、大范围的相位匹配波长、对制作误差和工作条件波动的大容忍。

平面波导中的 C-SHG 在文献[15]中用一个天线模型来分析，在文献[16,17]中直接求解波动方程，而在文献[18]中用有限元法进行数值计算。但是，为了实现高效率，大泵浦功率密度需要通道波导。虽然采用平面波导模型做半定量的讨论是可能的，但是简单的外推常常导致估计错误。光纤和通道波导中的 C-SHG 在文献[19]中通过扰动法来进行分析，在文献[20]中是求解波动方程，而在文献[21]中用有效折射率法分析。模式耦合方程可以用于多种结构中，并且适用于解释一般特征。该方法给出近似的解析表达式。光纤波导中的 C-SHG 常用解决线性问题的模式耦合理论所得的结果来分析[22]。对在 LiNbO$_3$ 通道波导中的 C-SHG 进行了 NPDA 模式耦合分析[23]。Suhara 等对通道和光纤波导中的 C-SHG 作了更普适的模式耦合分析，包括效率较高、涉及波导损耗及包含非线性光栅等情况[24]。这个步骤可以推广至其他非线性光学相互作用，而不仅是 SHG。

3.3.1　格林函数方法

近似计算 C-SHG 中的 SH 波的一个简单方法是应用格林函数。考虑传导泵浦 $\boldsymbol{E}^{\omega}(x,y)\exp(-j\beta^{\omega}z)$，从式（2.43）得 SH 波偏振态为 $\boldsymbol{P}^{2\omega}(x,y,z)=\varepsilon_0\boldsymbol{d}(x,y)\boldsymbol{E}^{\omega}(x,y)$ $\boldsymbol{E}^{\omega}(x,y)\exp(-j2\beta^{\omega}z)$。将谐波频率的极化 P 代入式（2.54）中且消除 $\boldsymbol{H}$ 得

$$\left[\nabla^2+k^2n^2(x,y)\right]\boldsymbol{E}^{2\omega}(x,y,z)=$$
$$-k^2\boldsymbol{d}_q(x,y)\boldsymbol{E}^{\omega}(x,y)\boldsymbol{E}^{\omega}(x,y)\exp[-j(2\beta^{\omega}-qK)z],k=2\omega/c \qquad (3.105)$$

其中，加入了 q 和 qK 是为了包含对 $\boldsymbol{d}$ 有周期性调制的情形。为了简化，我们假定面的平面波导平行于 yz 平面，且 $\boldsymbol{P}^{2\omega}$ 沿着 y 轴。因此，我们可以用标量表达式，使

$$E^{2\omega}(x,z)=E^{2\omega}(x)\exp(-j\beta z),\quad \beta=2\beta^{\omega}-qK \qquad (3.106)$$

则式（3.105）简化为

$$\left[\mathrm{d}^2/\mathrm{d}x^2+k^2n^2(x)-\beta^2\right]E^{2\omega}(x)=-k^2d_q(x)\left[E^{\omega}(x)\right]^2 \qquad (3.107)$$

式（3.107）表明 SH 波是由等式右侧所描述一个光源产生的。

在这里我们考虑一个奇异微分方程：

$$\left[\mathrm{d}^2 / \mathrm{d}x^2 + k^2 n^2(x) - \beta^2 \right] G(x;\xi) = \delta(x - \xi) \qquad (3.108)$$

满足边界条件的式（3.108）的解 $G(x;\xi)$ 称为格林函数。

则式（3.107）的解为

$$E^{2\omega}(x) = -k^2 \int d_q(\xi)[E^{\omega}(\xi)]^2 G(x;\xi)\mathrm{d}\xi \qquad (3.109)$$

我们考虑如图 2.3 形式的波导，假定 $kn_{\mathrm{a}} < \beta < kn_{\mathrm{s}}$。则对于 $-T < \xi < 0$，$G(x;\xi)$ 可以写为

$$G(x;\xi) = \begin{cases} 2G_1(\xi)\cos\varPhi_{\mathrm{a}}\exp(-\gamma_{\mathrm{a}}x) & (0 < x) \\ G_1(\xi)[\exp\{-\mathrm{j}(\kappa_{\mathrm{c}}x + \varPhi_{\mathrm{a}})\} + \exp\{+\mathrm{j}(\kappa_{\mathrm{c}}x + \varPhi_{\mathrm{a}})\}] & (\xi < x < 0) \\ G_2(\xi)[\exp\{+\mathrm{j}\kappa_{\mathrm{c}}(x + T)\} + r\exp\{-\mathrm{j}\kappa_{\mathrm{c}}(x + T)\}] & (-T < x < \xi) \\ G_2(\xi)t\exp\{+\mathrm{j}\kappa_{\mathrm{s}}(x + T)\} & (x < -T) \end{cases}$$

$$\gamma_{\mathrm{a}} = \sqrt{\beta^2 - n_{\mathrm{a}}^2 k^2}, \kappa_{\mathrm{c}} = \sqrt{n_{\mathrm{c}}^2 k^2 - \beta^2}, \kappa_{\mathrm{s}} = \sqrt{n_{\mathrm{s}}^2 k^2 - \beta^2} \qquad (3.110)$$

$$\varPhi_{\mathrm{a}} = \arctan(\gamma_{\mathrm{a}} / \kappa_{\mathrm{c}}), r = (\kappa_{\mathrm{c}} - \kappa_{\mathrm{s}}) / (\kappa_{\mathrm{c}} + \kappa_{\mathrm{s}}), t = r + 1$$

利用 $G(x;\xi)$ 在 $x = \xi$ 上的连续性，对式（3.108）在 $\xi - 0 \leqslant x \leqslant \xi + 0$ 上进行积分，可得到 $G_1(\xi)$ 和 $G_2(\xi)$。$G_2(\xi)$ 为

$$G_2(\xi) = (\mathrm{j} / \kappa_{\mathrm{c}})[(1 - r)\cos(\kappa_{\mathrm{c}}T - \varPhi_{\mathrm{a}}) + \mathrm{j}(1 + r)\sin(\kappa_{\mathrm{c}}T - \varPhi_{\mathrm{a}})]^{-1}\cos(\kappa_{\mathrm{c}}\xi + \varPhi_{\mathrm{a}}) \quad (3.111)$$

衬底（$x < -T$）的谐波辐射场 $E^{2\omega}(x)$ 可以通过联立式（3.110）和式（3.111），并对式（3.109）进行简单的积分得到。它是一个传播辐射角 $\theta = \arccos(\beta / n_{\mathrm{s}}k)$ 的平面波。相互作用长度 L 在单位宽度（沿 y 方向）所产生的 SH 波功率为

$$P^{2\omega} = \frac{k^4 t^2 \left| \int d_q(\xi)[E^{\omega}(\xi)]^2 \cos(\kappa_{\mathrm{c}}\xi + \varPhi_{\mathrm{a}})\mathrm{d}\xi \right|^2 L\sin\theta}{2(\sqrt{\mu_0 / \varepsilon_0} / n_{\mathrm{s}})\kappa_{\mathrm{c}}^2[(1 - r)^2 \cos^2(\kappa_{\mathrm{c}}T - \varPhi_{\mathrm{a}}) + (1 + r)^2 \sin^2(\kappa_{\mathrm{c}}T - \varPhi_{\mathrm{a}})]} \qquad (3.112)$$

相似的步骤可以用于分析垂直发射相位匹配的非线性光学相互作用。

3.3.2　模式耦合公式

（1）C-SHG 器件的一般模型

图 3.15 是一种典型的 C-SHG 结构，作为使用各种通道波导包括光纤波导的器件代表。当泵浦的一个导模在通道中传播，产生 SH 波的辐射模。图 3.16a 为相位匹配的波矢图。我们将式（2.66）中给出的具有 SHG 系数周期性调制的器件作为可选情况包括在内。这种 C-SHG 的波矢图见图 3.16b。

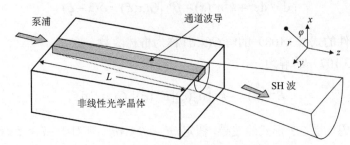

图 3.15　切连科夫辐射型 SHG 结构

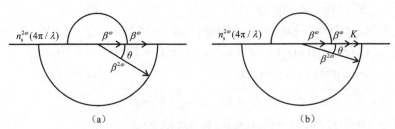

图 3.16　C-SHG 的波矢图

（a）无光栅；（b）有光栅

辐射角度 θ 是由相位匹配关系式（3.113）所决定的：

$$n_s^{2\omega}(4\pi/\lambda)\cos\theta = \beta_z^{2\omega} = 2\beta^{\omega} + qK = N_e(4\pi/\lambda) + qK \qquad (3.113)$$

式中，λ 和 N_e 分别为泵浦的波长和模式指数；$n_s^{2\omega}$ 为通道周围介质对 SH 波的折射率。当 $q=0$，式（3.113）简化为用于无光栅 C-SHG 情况的式（2.68）。通道周围可有数个不同折射率的区域，如图 3.15 中器件的空气和基底，这时我们有数个分别对应各个区域的公式（3.113）。我们假设它们中至少有一个满足切连科夫相位匹配条件 $n_s^{2\omega} > N_e$ 或 $n_s^{2\omega} > N_e + q(\lambda/2\varLambda)$ 来得到实数的 θ。因而对于每个 SH 波可以辐射的区域，都可在 SH 波方向和通道方向（z 轴）之间确定一个角度，但是，SH 波矢量在辐射区域的轴周围始终存在方位角自由度。所以 SH 波始终在一个锥形区域或其一部分之内辐射。

（2）非线性模式耦合方程的推导

我们假设发生了式（3.113）所给出的耦合，但是各导模之间基本不存在耦合。因而结构中的泵浦和 SH 波的电场可以通过模式展开形式写为

$$E^{\omega}(x,y,z) = A(z)E^{\omega}(x,y)\exp(-j\beta^{\omega}z) \qquad (3.114a)$$

$$E^{2\omega}(x,y,z) = \iint B_{\beta,\varphi}(z)E_{\beta,\varphi}^{2\omega}(x,y)\exp(-j\beta z)\mathrm{d}\beta\mathrm{d}\varphi \qquad (3.114b)$$

式中，$A(z)$ 和 $B_{\beta,\varphi}(z)$ 分别为泵浦和 SH 波模式的振幅；$E(x,y)$ 为标准化模式分布；

β 为 SH 波波矢的 z 分量。因为辐射模式具有传播矢量的连续谱，所以用 z 传播因子变量 β 和方位角 φ 来规定式（3.114b）中的一个模式。标准化关系可以写为

$$\iint \mathrm{Re}\{(1/2)(E_t^\omega \times E_t^{\omega^*})\}\mathrm{d}x\mathrm{d}y = 1 \tag{3.115a}$$

$$\iint \mathrm{Re}\{(1/2)(E_{\beta,\varphi t}^{2\omega} \times E_{\beta',\varphi' t}^{2\omega^*})\}\mathrm{d}x\mathrm{d}y = \delta(\beta - \beta')\delta(\varphi - \varphi') \tag{3.115b}$$

在这里非线性极化是由式（2.43）、式（3.114a）和式（3.114b）联立给出。我们采用 3.1 节中所描述的相似步骤，使用式（3.114a）～式（3.115b）得到模式耦合方程：

$$\frac{\mathrm{d}}{\mathrm{d}z}A(z) = -\mathrm{j}\left[\iint \kappa_{\beta,\varphi}^* B_{\beta,\varphi}(z)\exp(-\mathrm{j}2\Delta z)\mathrm{d}\beta\mathrm{d}\varphi\right]A(z)^* \tag{3.116a}$$

$$\frac{\mathrm{d}}{\mathrm{d}z}B_{\beta,\varphi}(z) = -\mathrm{j}\kappa_{\beta,\varphi}\left[A(z)\right]^2 \exp(+\mathrm{j}2\Delta z) \tag{3.116b}$$

其中

$$\Delta = \beta - (2\beta^\omega + qK) \tag{3.117}$$

是一个相位匹配参量，耦合系数定义为

$$\kappa_{\beta,\varphi} = (2\omega\varepsilon_0/4)\iint \left[E_{\beta,\varphi}^{2\omega}(x,y)\right]^* d_q(x,y)E^\omega(x,y)E^\omega(x,y)\mathrm{d}x\mathrm{d}y \tag{3.118}$$

无光栅的 C-SHG 表达式由 $q = 0$ 代入式（3.117）和式（3.118）得到。一般地，我们可以假定，传导通道在 $(x,y) = (0,0)$ 附近，且所有的辐射模 $E_{\beta,\varphi}^{2\omega}(x,y)$ 在 $(0,0)$ 处有相同的相位。因而 $\kappa_{\beta,\varphi}$ 并不会随着 β 快速变化，且在接下来的计算中，缓慢的依赖关系确保了近似的有效性。

（3）非线性模式耦合方程的解

如果我们假设泵浦振幅的变化很慢，即 $A(z)$ 约为常数，用于辐射模振幅的式（3.116b）可以很容易地被积分。使用 $B_{\beta,\varphi}(0) = 0$ 作为边界条件，我们得到一个近似表达式：

$$B_{\beta,\varphi}(z) = -\mathrm{j}\kappa_{\beta,\varphi}\exp(+\mathrm{j}\Delta z)(\sin \Delta z / \Delta)\left[A(z)\right]^2 \tag{3.119}$$

但是随着 $A(z)$ 的变化，无法精确满足式（3.116b）。为了考虑变化的性质，我们使用 $\left[A(z)\right]^2$ 和 $B_{\beta,\varphi}(z)$ 的拉普拉斯变换。因而式（3.116b）被转换为一个简单的算术关系，可以由 $B_{\beta,\varphi}(0) = 0$ 来求解。做一个逆变换，我们可以得到一个精确解。

$$B_{\beta,\varphi}(z) = -\frac{1}{2\pi}\kappa_{\beta,\varphi}\int_{+0-\mathrm{j}\infty}^{+0+\mathrm{j}\infty} \frac{C(s)}{s+\mathrm{j}2\Delta}\exp(sz)\mathrm{d}s \cdot \exp(+\mathrm{j}2\Delta z) \tag{3.120}$$

其中

$$C(s) = \int_0^\infty [A(z)]^2 \exp(-sz)\mathrm{d}z \tag{3.121}$$

是 $[A(z)]^2$ 的拉普拉斯变换。式（3.119）和式（3.120）显示，对于 $z \gg \lambda$，辐射产生在 β 满足（近似）关系式（3.113）或 $\Delta = 0$ 的一段狭窄范围内。将式（3.120）代入式（3.116a）有

$$\frac{\mathrm{d}}{\mathrm{d}z} A(z) = \frac{\mathrm{j}}{2\pi} \iint |\kappa_{\beta,\varphi}|^2 \cdot \left[\int_{+0-\mathrm{j}\infty}^{+0+\mathrm{j}\infty} \frac{C(s)}{s + \mathrm{j}2\Delta} \exp(sz)\mathrm{d}s \right] \mathrm{d}\beta\mathrm{d}\varphi A(z)^* \tag{3.122}$$

因为上式的 [ ] 部分只在或接近 $\Delta = 0$ 处有不接近于 0 的值，我们可以用在 $\beta = \beta^{2\omega}$（$\Delta = 0$）时的 $|\kappa_{\beta,\varphi}|^2$ 值代替 $|\kappa_{\beta,\varphi}|^2$，且将其从积分号中提取出来。针对 β 的积分可以通过式（3.117）转换成对 2Δ 的无限范围积分。从而该积分可以当作一个复数函数的主值积分，且使用式（3.121）的逆变换得

$$\frac{\mathrm{d}}{\mathrm{d}z} A(z) = -\alpha_\mathrm{r} |A(z)|^2 A(z), \quad \alpha_\mathrm{r} = \pi \int |\kappa_\varphi|^2 \mathrm{d}\varphi, \kappa_\varphi = \kappa_{2\beta^\omega,\varphi} \tag{3.123}$$

式中，α_r 为一个 SH 波辐射衰减因子。该结果与用维格纳-韦斯科普夫（Wigner-Weisskopf）近似所做的计算[25]相符，除了后者表明 α_r 有一个小的虚部：

$$\mathrm{Im}\{\alpha_\mathrm{r}\} = -\int \left[P \int \frac{|\kappa_{\beta,\varphi}|^2}{\beta - 2\beta^\omega} \mathrm{d}\beta \right] \mathrm{d}\varphi \tag{3.124}$$

这说明了有一个泵浦传播常数，因此辐射角有轻微的偏差。在式（3.124）中，P 表示取主值。这个虚部表示的是因级联 $\chi^{(2)}$ 效应所引起的相位偏移，但其在以下讨论中被忽略，因为这个偏差非常小。

式（3.123）说明了泵浦功率以速率 $\mathrm{d}|A(z)|^2 / \mathrm{d}z = -2\alpha_\mathrm{r} |A(z)|^4$ 被消耗，这个速率与局部泵浦功率的平方成正比。另外，从式（3.116b）与式（3.119）的共轭的乘积得

$$\frac{\mathrm{d}}{\mathrm{d}z} \iint |B_{\beta,\varphi}|^2 \mathrm{d}\beta\mathrm{d}\varphi = 2\alpha_\mathrm{r} |A(z)|^4 = -\frac{\mathrm{d}}{\mathrm{d}z} |A(z)|^2 \tag{3.125}$$

这表明了功率守恒。

我们现象性地给式（3.123）导入一个描述泵浦波导损耗的项，该式可以改写为

$$\frac{\mathrm{d}}{\mathrm{d}z} A(z) = -\alpha_\mathrm{r} |A(z)|^2 A(z) - \alpha_\mathrm{L} A(z) \tag{3.126}$$

式中，α_L 为衰减常数。令 $a(z) = [\exp(\alpha_\mathrm{L}z)A(z)]^{-2}$，上述非线性方程可以转化为一个线性方程，它可以方便地求解。得到边界条件 $A(0) = A_0$ 时的结果为

$$A(z) = A_0 \exp(-\alpha_\mathrm{L}z) / \sqrt{1 + A_0^2 \alpha_\mathrm{r}[1 - \exp(-2\alpha_\mathrm{L}z)] / \alpha_\mathrm{L}} \tag{3.127}$$

$B_{\beta,\varphi}(z)$ 的表达式可以通过将式（3.127）代入式（3.120）和式（3.121）来得到。

3.3.3　SHG 特性

（1）转换效率

在一个通道长度为 L 的器件中所产生的 SH 波功率可以通过从输入泵浦功率 $|A_0|^2 = P_0$ 中减去透射泵浦功率 $|A(L)|^2$ 及损耗 $2\alpha_L|A(z)|^2$ 在 $0 < z < L$ 范围内的积分值来得到。最终我们所得到的转换效率表达式为

$$\eta = 1 - \frac{\exp(-2\alpha_L)}{1 + \alpha_r P_0\{1 - \exp(-2\alpha_L L)\}/\alpha_L} - \frac{\alpha_L}{\alpha_r P_0}\ln\left[1 + \frac{\alpha_r P_0}{\alpha_L}\{1 - \exp(-2\alpha_L L)\}\right] \quad (3.128)$$

对于无损耗波导，式（3.128）简化为

$$\eta = \left[1 + 1/2\alpha_r P_0 L\right]^{-1} \quad (3.129)$$

且如果是低效率情况，式（3.129）简化为

$$\eta = 2\alpha_r P_0 L = 2\pi\int|\kappa_\varphi|^2 \mathrm{d}\varphi P_0 L \quad (3.130)$$

这与直接从 NPDA 结论式（3.119）得到的结果一致。

从式（3.130）可以看出，NPDA 效率正比于耦合系数的平方、泵浦功率及通道长度。对 L 的线性依赖起因于所产生的 SH 波辐射，和被限制的泵浦之间不存在耦合关系。一般性结论式（3.128）显示，效率 η 为 $\alpha_r P_0 L$（标准化泵浦功率）和 $\alpha_L L$（标准化传导损耗）的函数。在一个器件中，如图 3.17a 所示，η 随着 P_0 的增加而增加，且趋近于一个由 $\alpha_L L$ 所决定的饱和值。效率也可以写成 L（标准化器件长度）和 $\alpha_L/\alpha_r P_0$（损耗/泵浦比率）的函数，且对于一个给定的泵浦功率，η 随着 L 增大到一个依赖于 $\alpha_L/\alpha_r P_0$ 的值，如图 3.17b 所示。

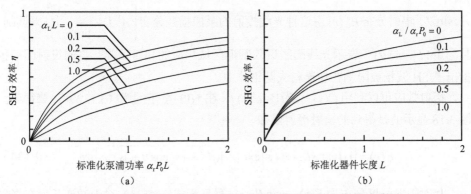

图 3.17　SHG 效率与标准化泵浦功率和标准化器件长度的关系[24]

（2）近场图样

把式（3.120）代入式（3.114b）得到的 SH 波输出近场为

$$E(x,y,L) = -\int_\varphi \kappa_\varphi \int C(s) \exp(sL) \left[\frac{1}{2\mathrm{j}\pi} \int \frac{E_{\beta,\varphi}(x,y)}{\beta - (2\beta^\omega + \mathrm{j}s)} \right] \mathrm{d}s\mathrm{d}\varphi \qquad (3.131)$$

其中，不重要的相位因子和上标 2ω 均被省略。在折射率为 n_s 的介质中，辐射模分布 $E_{\beta,\varphi}$ 由横向传播相位因子的项组成，横向相位因子是 $\exp[-\mathrm{j}\sqrt{k_s^2 - \beta^2}\xi]$ 的形式，其中 $\xi = x\cos\varphi + y\sin\varphi$，$k_s = 4\pi n_s^{2\omega} / \lambda$。在 $E_{\beta,\varphi}$ 中采用这个指数因子，可以计算式（3.131）中的 β 积分[24]。我们需要认真对待这个指数，它是 β 的二值函数，对于 $\xi < 0$ 时，积分值趋近于 0，而当 $\xi > 0$ 时，它退化为一个留数。接下来，我们将 $(x,y) = (r\cos\phi, r\sin\phi)$ 作为观察点，且计算式（3.131）中的 φ 积分。可以看到只有 $\varphi \approx \phi$ 的模式在观察点处对场有重要贡献，因而将 $\varphi = \phi$ 代入式（3.131）中的 κ_φ，并将其提取至积分号外。利用 $\cos(\varphi - \phi) \approx 1 - (\varphi - \phi)^2 / 2$，$\varphi$ 积分可以菲涅耳积分的形式估算。最终我们得到近场的一般表达式：

$$E(r,\phi) = -\kappa_\varphi (1+\mathrm{j}) \sqrt{\frac{\pi}{\kappa_s r\sin\theta}} \int C(s) \exp(sL) \cdot E^+_{2\beta^\omega + \mathrm{j}s, \varphi}(r) \mathrm{d}s \qquad (3.132)$$

式中，θ 为介质中的辐射角；$E^+(r)$ 表示 E 的外元（$\xi > 0$），其中 ξ 用 r 来代替，$C(s)$ 可由式（3.121）和式（3.127）得到。

虽然式（3.132）一般无法简化成一个解析表达式，但是我们可以通过使用一些近似和式（3.121）的逆变换来计算[24]。

$$E(r,\phi) = -\kappa_\varphi (1+\mathrm{j}) \sqrt{\frac{\pi}{\kappa_s r\sin\theta}} 2\pi\mathrm{j} \left[A\left(L - \frac{r}{\tan\theta}\right) \right]^2 E^+_{2\beta^\omega, \varphi}(r) \qquad (3.133)$$

这个近似结果与基于光线光学的预测相符。在 $z = L - r / \tan\theta$ 处的波导长度为 Δz 的光线以辐射角 θ 行进射入 $z = L$ 处一个半径为 r 的圆形区域，射线宽度为 $\Delta z \sin\theta$。辐射分布 $E^+(r)$ 由这种光线投射的泵浦损耗分布 $\left[A\left(L - \frac{r}{\tan\theta}\right) \right]^2$ 来调制，且因子 $1 / (r\sin\theta)^{1/2}$ 表示光线膨胀进入圆形区域相应的相对振幅。泵浦投射因子也指出了 SH 波场被限制在切连科夫圆锥体中。

衍射效应可以利用 $C(s) = A_0^2 (1 - e^{-sL}) / s$ 在 NPDA 下的式（3.132）计算得到。图 3.18 显示的是得到的辐射衍射函数。

$$F(r) = \left| \int [(\exp sL - 1) / s] \exp\left[-\mathrm{j}\sqrt{k_s^2 - (k_s\cos\theta + \mathrm{j}s)^2} \, r \right] \mathrm{d}s \right|^2 \qquad (3.134)$$

相对辐射强度分布为 $F(r) / r\sin\theta$。结果显示式（3.133）对于通道长度在毫米范围或更长的器件是一个合理的近似。

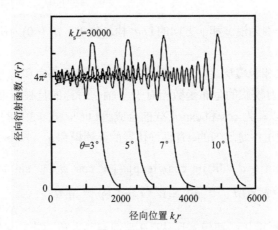

图 3.18　径向衍射函数的近场模式

（3）远场图样

输出 SH 波的远场分布可以通过近场的傅里叶变换得到

$$E(R,\Phi)=-\frac{\mathrm{j}\kappa_{\Phi}}{z\sqrt{R\sin\theta}}\int C(s)\exp(sL)\cdot\int E^{+}_{2\beta^{\omega}+\mathrm{j}s,\varphi}(r)\exp(\mathrm{j}k_{s}Rr)\mathrm{d}r\mathrm{d}s \quad (3.135)$$

式中，$(R\cos\Phi,R\sin\Phi)=(x/z,y/z)$ 表示远场下的观察点，为了简单假设介质折射率 η_{x} 从 $z=L$ 扩展至远场区域，我们也采用与近场相似的步骤来积分 r，且利用 NPDA 结果 $C(s)=A_{0}^{2}(1-e^{-sL})/s$ 的一些近似来积分 s。得到的 NPDA 远场表达式如下[24]：

$$E(R,\Phi)=\frac{2\pi L\kappa_{\Phi}e_{\phi}^{+}}{z\sqrt{R\sin\theta}}\exp[-\mathrm{j}k_{s}D(R)L/2]\frac{R}{\sqrt{1-R^{2}}}\cdot\frac{\sin[k_{s}D(R)L/2]}{k_{s}D(R)L/2}$$

$$D(R)=\sqrt{1-R^{2}}-\cos\theta\cong-\tan\theta(R-\sin\theta) \quad (3.136)$$

式中，e_{ϕ}^{+} 为未带相位因子的模式函数。结果显示，远场的方位角分布是由 κ_{Φ} 决定的。径向分布在 $R=\sin\theta$ 处为峰值，且其强度的 3 dB 全宽为 $2\delta R=5.6/Lk_{s}\tan\theta$。

（4）耦合系数

上述表明，我们可以将式（3.118）计算得到的耦合系数 κ_{ϕ} 代入一般特征表达式来得到一个特定器件的 SHG 性能。各种波导结构，即光纤波导、掩埋通道波导、脊型波导和通道-平面波导等，κ_{ϕ} 的近似解析表达式已由参考文献[24]给出。这里我们以掩埋通道波导为例来解释结果。

矩形横截面的掩埋波导的横截面如图 2.6 所示。为了简单使用，对于基模泵浦，我们采用一个标准化高斯函数来当作一个近似表达式：

$$E^{\omega}(x,y) = \sqrt{16\omega\mu_0 / \beta^{\omega}\pi W_x W_y} \exp\left[-\{2(x-d_x)/W_x\}^2\right]\exp\left[-(2y/W_y)^2\right] \quad (3.137)$$

式中，W_x 和 W_y 分别为沿 x 和 y 方向的 $1/e^2$ 模场宽度；d_x (<0) 为从基底表面起算的模场中心的 x 坐标。

我们假定基底和包覆层之间的折射率差很大，但是基底和传导通道之间的折射率差很小。SH 辐射模式的分布函数相对于 y 轴是对称的且被标准化，这使其满足式（3.115b），可以写为 cos 和 exp 形式的合成函数[24]。式（3.138）的计算假定光学非线性在基底和通道中是均匀的、有良好传导的泵浦模和 $n_c - n_a \gg n_c - n_s = n_c - n_{ss}$。

$$\kappa_{\varphi} = \sqrt{2(2/\pi)}C_c \sin\left[(-d_x/W_x)w_x\cos\varphi\right]\exp\left[-\left(w_x^2\cos^2\varphi + w_y^2\sin^2\varphi\right)/32\right] \quad (3.138)$$

$$C_c = (4\pi/n_c^{\omega})(\mu_0/\varepsilon_0)^{1/4}d\lambda^{-3/2}, w_{x,y} = W_{x,y}(4\pi/\lambda)n_s^{2\omega}\sin\theta$$

式中，w_x 和 w_y 为标准化泵浦模式尺寸；θ 为切连科夫角。图 3.19 显示的是相对 SH 强度 $|\kappa_{\varphi}/C_c|^2/(4/\pi)$ 与方位角的依赖关系，其中计算了多个 w_x 和纵横比 w_y/w_x 的值，且 $(-d_x/w_x) = 0.5$。我们可以将方位角 φ 定义为从正 x 轴算起，而其绝对值是从负 x 轴算起的角度。结果显示，对于垂直于泵浦模式分布长轴的方位角，其 SH 波辐射强度比较大。

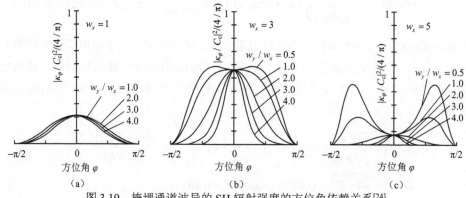

图 3.19　掩埋通道波导的 SH 辐射强度的方位角依赖关系[24]

图 3.20 显示的是标准化辐射衰减因子 $\alpha_r/\alpha_{rc}(\alpha_{rc} = \pi C_c^2)$，也就是 $|\kappa_{\varphi}/C_c|^2$ 在 $0 < \varphi < \pi/2$ 的积分值。因为由波导参量所决定的 w_x 和 w_y 值存在较低的下限，在 w_x 比接近基模截止处的传导宽度的极限更小的左侧区域，这个结果是无效的。式（3.138）显示，重叠因子是正弦和高斯因子的乘积；前者表示泵浦模式中心处 SH 辐射模的相对振幅，而后者表示由泵浦模式内的 SH 模式的震荡所造成的重叠减少。因此，图 3.20 中的曲线表明，对于较小的 w_x，辐射衰减因子随着 w_x 的减小而减小，因为泵浦模式在包层/传导界面附近缩小成一个面积，且那里的 SH 模式振幅很小。同时，对于较大的 w_x，因为泵浦模式尺寸中的 SH 波模振荡增加，α_r 随着 w_x 的增大而减小。

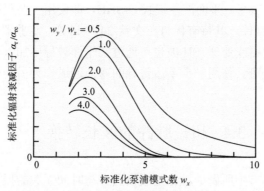

图 3.20　掩埋式通道波导标准化辐射衰减因子[24]

（5）设计指导

我们已经看到，C-SHG 性能表达式是由一个非线性光学材料决定的因子及一个或几个主要依赖波导结构线性性质的函数（或因子）的结合所给出的。C-SHG 器件的设计是为了实现高效率和所需的输出波前。这就要使标准化衰减因子 α_r / α_{rc} 最大化，同时得到一个合理的辐射分布场 $|\kappa_\varphi|^2$。器件长度选择应该尽可能长，以获得高效率和狭窄的远场角宽。可以用图形结果来进行性能的预测和优化，以及用简单的积分运算得到精确的计算。在一些情况下，需要校正块状材料的 d 值。举一个重要的例子，在 LiNbO₃ 波导制作中，用 PE 来减小 d[26]。实际上，式（3.118）、式（3.123）和式（3.130）所做的计算和实验结果的比较显示，d 的减小引起效率的大大提高。

对于掩埋波导，耦合系数主要由重叠因子控制，即 SH 波振幅分布乘以 $d(x, y)$ 及泵浦强度分布的积分，如式（3.118）所示。SH 振幅分布在泵浦强度分布内振荡，同时对于均匀的 $d(x, y)$，这个振荡会减小重叠因子。如式（3.138）所示，大重叠在小模场尺寸和小辐射角度下获得；波导应该被设计成小横截面、强泵浦限制和小色散。但是，其最优化受限于材料常数和波导结构。在许多情况下，辐射角无法达到非常小，SH 的振幅正负号在泵浦分布范围内改变了数次。这种情况可以通过改变 $d(x, y)$ 来改善。如上述 PE LiNbO₃ 器件的效率可以通过通道中 d 的减少来增加。

脊形波导可以更加有效地限制泵浦。但是效率的提高需要最优化地设计脊形波导的参量，从而达到在脊形中的大重叠及 SH 脊形模式和衬底光波之间的较强谐振。

使用非线性光栅，有可能通过辐射角的减小来实现效率的提高。这种可能性在 LiNbO₃ 器件中的实现见文献[23]，并且在文献[24]中有所讨论。

在导模 SHG 中，通过增强一个狭窄通道对泵浦强度的限制，可以直接提高效率。另外，在 C-SHG 中，由于受限的泵浦和扩展的 SH 模式之间的相互作用所导致的相对横截面减小，泵浦的增强效应被抵消；波导横截面的减小有助于通过增大重叠因子来提高效率。平面波导模式 C-SHG，即使用一个平面波导薄片的普通辐射模式 C-SHG 器件，其特有优势在文献[24]中讨论。这些器件产生的 SH 波可以在平面波导中使用或处理。SH 波也可通过在平面波导中加入一个波导透镜聚焦成一个衍射受限光斑。使用一个单边传导的弯曲通道作为另一个聚焦方法也被提及过。

3.4　超短脉冲的波长转换

在先前的几个小节中所做的讨论是假设具有与时间无关的振幅的连续光波。如果调制频率并不是非常高，这些结果也近似适用于调制光波或脉冲光波。如果脉冲宽度足够短，使得频率带宽可以比拟或大于相位匹配带宽，则波长转换效率减少，且波形可能偏离准-连续光的预测结果。本节的讨论涉及超短光学脉冲的非线性光学相互作用分析。许多作者对超短脉冲 SHG 作了深入的分析。Akhmanov 等提出了忽略色散脉冲展宽时对脉冲 SHG 的解析处理[27,28]。Eckardt 等给出了脉冲 SHG 的解析分析和数值分析[29]。Ishizuki 等采用了光束传播法对脉冲 SHG、SFG、DFG 及级联 SHG/DFG 进行了数值分析[30]。

3.4.1　模式耦合方程

对于一个中心角频率为 ω_0 的脉冲导波，场分布可写为

$$E(x,y,z,t) = E(x,y)A(z,t)\exp[j(\omega_0 t - \beta_0 z)] \tag{3.139}$$

式中，$E(x,y)$ 为模式函数；$A(z,t)$ 为一个包络函数，调制传播常数为 $\beta_0 = \beta(\omega_0)$ 的指数函数描述的载波。我们首先忽略非线性和模式耦合。脉冲导波以频率 $\omega = \omega_0 + \Omega$ 和相位常数 $\beta = \beta(\omega_0 + \Omega)$ 的傅里叶分量的叠加来描述，因此，忽略 $E(x,y)$ 与 Ω 的关系，场分布可以写为

$$\begin{aligned}E(x,y,z,t) &= E(x,y)\int A(\Omega)\exp[j\{(\omega_0 + \Omega)t - \beta(\omega_0 + \Omega)\}z)]\mathrm{d}\Omega\\ &= E(x,y)\int A(\Omega)\exp[-j(\beta - \beta_0)z]\exp(j\Omega t)\mathrm{d}\Omega\exp[j(\omega_0 t - \beta_0 z)]\end{aligned} \tag{3.140}$$

对比式（3.139）和式（3.140）可知，$A(\Omega)$ 是 $A(0,t)$ 的傅里叶变换，$A(z,t)$ 是 $A(\Omega)\exp[-j(\beta - \beta_0)z]$ 的逆傅里叶变换。传播常数可以近似表述为

$$\beta = \beta(\omega_0 + \Omega) = \beta_0 + \beta'\Omega + \frac{1}{2}\beta''\Omega^2, \quad \beta' = \left[\frac{\partial \beta}{\partial \omega}\right]_0, \quad \beta'' = \left[\frac{\partial^2 \beta}{\partial \omega^2}\right]_0 \tag{3.141}$$

接着我们计算 $A(z,t)$ 关于 z 的导数。把式（3.141）代入式（3.140），注意

$j\Omega A(\Omega)\exp[-j(\beta-\beta_0)z]$ 和 $(j\Omega)^2 A(\Omega)\exp[-j(\beta-\beta_0)z]$ 的逆变换分别是 $\partial A(z,t)/\partial t$ 和 $\partial^2 A(z,t)/\partial t^2$，得

$$\frac{\partial}{\partial z}A(z,t)+\beta'\frac{\partial}{\partial t}A(z,t)-j\frac{1}{2}\beta''\frac{\partial^2}{\partial t^2}A(z,t)=0 \qquad (3.142)$$

结合该结果和推导式（2.58）的步骤，我们得到时间相关包络函数的模式耦合方程为

$$\frac{\partial}{\partial z}A(z,t)+\beta'\frac{\partial}{\partial t}A(z,t)-j\frac{1}{2}\beta''\frac{\partial^2}{\partial t^2}A(z,t)$$
$$=-j\frac{\omega_0}{4}\iint E(x,y)^*P(x,y,t)\mathrm{d}x\mathrm{d}y\exp(\pm j2\Delta_c z) \qquad (3.143)$$

式中，$P(x,y,t)$ 为载波频率 ω_0 的包络非线性光学极化；$2\Delta_c$ 为载波频率的相位失配参量。

脉冲在无非线性波导中的传播可由式（3.142）分析。众所周知，脉冲以群速 $v_g=1/\beta'$ 传播，且由于群速色散 β''，脉冲宽度随着传播展宽。对于 $1/e^2$ 全宽为 τ_0 的高斯脉冲，脉冲宽度在传播距离 L 后为

$$\tau(L)=\tau_0\sqrt{1+(L/L_0)^2},\ L_0=\tau_0^2/8\beta'' \qquad (3.144)$$

在许多非线性光学器件的波导中，10 ps 宽度脉冲的 L_0 大于几厘米，因此厘米长度波导中的相对展宽可以省略。这意味着对这种情况，式（3.143）中的 β'' 项可以删去。但是，对于包括飞秒脉冲的一般情况，色散展宽应该计算在内。

3.4.2 脉冲分离和相位匹配带宽

我们用一个载波频率为 ω_0 的脉冲泵浦的 SHG 描述超短脉冲波长转换。忽略了色散展宽的模式耦合方程写为

$$\frac{\partial}{\partial z}A_1(z,t)+\beta_1'\frac{\partial}{\partial t}A_1(z,t)=-j\kappa^*[A_1(z,t)]^*A_2(z,t)\exp(-j2\Delta_c z) \qquad (3.145a)$$

$$\frac{\partial}{\partial z}A_2(z,t)+\beta_2'\frac{\partial}{\partial t}A_2(z,t)=-j\kappa[A_1(z,t)]^2\exp(+j2\Delta_c z) \qquad (3.145b)$$

式中，下标 1 和 2 分别表示泵浦（ω）和 SH 波（2ω），且 $2\Delta_c=\beta(2\omega_0)-2\beta(\omega_0)-qK$。在输入端 $z=0$ 的泵浦包络写为 $A_1(0,t)=A_{10}(t)$。在这里，我们将用泵浦脉冲的当地时间 $\tau_1=t-\beta_1'z=t-z/v_{g1}$ 把 (z,t) 坐标系统转换成 (z,τ_1) 系统，则式（3.145a）和式（3.145b）可以写为

$$\frac{\partial}{\partial z} A_1(z,\tau_1) = -\mathrm{j}\kappa^*[A_1(z,\tau_1)]^* A_2(z,\tau_1)\exp(-\mathrm{j}2\varDelta_{\mathrm{c}}z) \tag{3.146a}$$

$$\frac{\partial}{\partial z} A_2(z,\tau_1) + (\beta_2' - \beta_1')\frac{\partial}{\partial t} A_2(z,\tau_1) = -\mathrm{j}\kappa[A_1(z,\tau_1)]^2\exp(+\mathrm{j}2\varDelta_{\mathrm{c}}z) \tag{3.146b}$$

式（3.146a）表示在 NPDA 中，$A_1(z,\tau_1)$ 与 z 无关，所以 $A_1(z,\tau_1) = A_1(0,\tau_1) = A_{10}(\tau_1)$。利用 $\tau_2 = \tau_1 - (\beta_2' - \beta_1')z = \tau_1 - z(1/v_{\mathrm{g2}} - 1/v_{\mathrm{g1}})$，式（3.146b）可以改写为 (z,τ_2) 系统中的一个表达式，且可以被积分，得

$$A_2(z,\tau_2) = -\mathrm{j}\kappa\int_0^z [A_{10}(\tau_2 + (1/v_{\mathrm{g2}} - 1/v_{\mathrm{g1}})z)]^2\exp(+\mathrm{j}2\varDelta_{\mathrm{c}}z)\mathrm{d}z \tag{3.147}$$

由式（3.147）可得，在 $z = L$ 处输出的 SH 包络函数为

$$A_2(L,t) = -\mathrm{j}\kappa\int_0^z [A_{10}(t - L/v_{\mathrm{g2}} + (1/v_{\mathrm{g2}} - 1/v_{\mathrm{g1}})z)]^2\exp(+2\varDelta_{\mathrm{c}}z)\mathrm{d}z \tag{3.148}$$

如果 $|1/v_{\mathrm{g2}} - 1/v_{\mathrm{g1}}|$ 远小于脉冲宽度，则式（3.148）可以简化为准连续 NPDA 下的结果。式（3.148）在 $\varDelta_{\mathrm{c}} = 0$ 下表明，如果存在群速失配（$v_{\mathrm{g1}} \neq v_{\mathrm{g2}}$），在泵浦和 SH 脉冲之间最终的分离将引起转换效率的减少及 SH 脉冲的展宽，如图 3.21 所示。

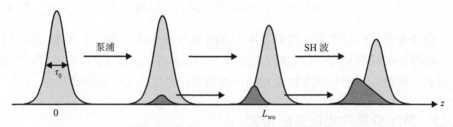

图 3.21　群速失配和 SH 脉冲展宽引起的泵浦和 SH 脉冲之间的分离

以上结果可以与采用时间无关的模式耦合方程（3.13a）和方程（3.13b）的讨论作比较。式（3.13a）和式（3.13b）的相位失配参量 $2\varDelta$ 由式（3.14）给出，且利用式（3.141），其可近似写为

$$2\varDelta = 2\varDelta_{\mathrm{c}} + 2(1/v_{\mathrm{g2}} - 1/v_{\mathrm{g1}})\varOmega, \quad \varOmega = \omega - \omega_0 \tag{3.149}$$

一个宽度为 τ_0 的泵浦脉冲的频谱宽度为 $|\varOmega| \sim 1/\tau_0$。因此，若载波频率能维持精确的相位匹配（$\varDelta_{\mathrm{c}} = 0$），则为 $|\varDelta| \sim |1/v_{\mathrm{g2}} - 1/v_{\mathrm{g1}}|$。因为相位匹配带宽是 $|\varDelta| < 1.39/L$，频谱基本位在带宽内的条件是 $|L/v_{\mathrm{g2}} - L/v_{\mathrm{g1}}| \ll \tau_0$，与可略去分离的要求相同。这意味着，由分离引起的效率减少与由傅里叶分量偏离载波频率的相位失配所引起的减少是等效的。

3.4.3　光束传播法公式

包括色散展宽和泵浦消耗的超短脉冲非线性光学相互作用的一般分析需要用到数值计算。应用范围最广的一项技术是采用光束传播法来求解模式耦合方程(3.143)。光束传播法是一种分步算法，其独立影响脉冲包络演化的两个因子被分别处理。这个名字来源于该方法第一次应用于解决在允许横向场分布演化的结构内的光束传播问题[31, 32]。

考虑脉冲 SHG，从式（3.143）得到模式耦合方程：

$$\left[\frac{\partial}{\partial z}+\beta_1'\frac{\partial}{\partial t}-\mathrm{j}\frac{\beta_1''}{2}\frac{\partial^2}{\partial t^2}\right]A_1(z,t)=-\mathrm{j}\kappa^*[A_1(z,t)]^*A_2(z,t)\exp(-\mathrm{j}2\Delta_c z) \quad (3.150\mathrm{a})$$

$$\left[\frac{\partial}{\partial z}+\beta_2'\frac{\partial}{\partial t}-\mathrm{j}\frac{\beta_2''}{2}\frac{\partial^2}{\partial t^2}\right]A_2(z,t)=-\mathrm{j}\kappa[A_1(z,t)]^2\exp(+\mathrm{j}2\Delta_c z) \quad (3.150\mathrm{b})$$

为了对称，采用一个时间坐标 $\tau=t-(\beta_1'+\beta_2')z/2=t-\left[(1/v_{g1}+1/v_{g2})/2\right]z$。于是式（3.150a）和式（3.150b）写为

$$\frac{\partial}{\partial z}\tilde{A}_1=\left[+\frac{\beta_2'-\beta_1'}{2}\frac{\partial}{\partial\tau}+\mathrm{j}\frac{\beta_1''}{2}\frac{\partial^2}{\partial\tau^2}\right]\tilde{A}_1-\mathrm{j}\kappa^*\tilde{A}_1^*\tilde{A}_2 e^{-\mathrm{j}2\Delta_c z} \quad (3.151\mathrm{a})$$

$$\frac{\partial}{\partial z}\tilde{A}_2=\left[-\frac{\beta_2'-\beta_1'}{2}\frac{\partial}{\partial\tau}+\mathrm{j}\frac{\beta_2''}{2}\frac{\partial^2}{\partial\tau^2}\right]\tilde{A}_2-\mathrm{j}\kappa\tilde{A}_1^2 e^{+\mathrm{j}2\Delta_c z} \quad (3.151\mathrm{b})$$

其中

$$\tilde{A}_i=\tilde{A}_i(z,t)=A_i(z,t)，\text{且}\,i=1,2。$$

在光束传播法中，相互作用区域 $0\leqslant z\leqslant L$ 被划分为 M 个不同的小阶，$z_0,z_1,z_2,\cdots,z_n,\cdots,z_M$（$z_n=nh,h=L/M$）。假设 $\tilde{A}_i(z_n,t)$ 已给定，则 $\tilde{A}_i(z_{n+1},t)$ 可以通过下列步骤来计算。首先省略式（3.151a）和式（3.151b）右侧中的非线性光学项（包括 κ 的项），则最终的公式是关于 τ 的傅里叶变换。接着用 $\mathrm{j}\Omega$ 代替 $\partial/\partial\tau$，得到有多个指数解的两独立的 z 微分方程。中心点 $z_n+h/2$ 处的包络函数可以写为

$$\tilde{A}_1(z_n+h/2,\tau)=FT^{-1}\left[\exp\left\{\frac{\mathrm{j}h}{2}\left(\frac{\beta_2'-\beta_1'}{2}\Omega-\frac{\beta_1''}{2}\Omega^2\right)\right\}FT[A_1(z_n,\tau)]\right] \quad (3.152\mathrm{a})$$

$$\tilde{A}_2(z_n + h/2, \tau) = FT^{-1}\left[\exp\left\{\frac{jh}{2}\left(\frac{\beta_1' - \beta_2'}{2}\varOmega - \frac{\beta_2''}{2}\varOmega^2\right)\right\}FT\left[A_2(z_n, \tau)\right]\right] \quad (3.152b)$$

式中，FT 和 FT^{-1} 分别表示傅里叶变换和逆傅里叶变换。这些公式描述的是在色散波导中的传播所产生的演化。这些变换可用快速傅里叶变换（fast Fourier transform，FFT）算法计算。接着计算 $z_n < z < z_{n+1}$ 区域内非线性光学影响产生的演化。这可以通过求解耦合非线性微分方程来获得，且在式（3.151a）和式（3.151b）的右侧略去了传播项（含有 $\partial/\partial\tau$ 的项）。使用式（3.152a）和式（3.152b）的结果作为初始值，非线性微分方程采用龙格-库塔（Runge-Kutta）法在 $z_n < z < z_{n+1}$ 上进行数值积分。从 $z_n + h/2$ 到 z_{n+1} 的传播所带来的演化可以用式（3.152a）和式（3.152b）计算得到，其中 z_n 和 $z_n + h/2$ 用 $z_n + h/2$ 和 z_{n+1} 替换。其结果给出了 $\tilde{A}_i(z_{n+1}, \tau)$。将传播计算分离为两部分（中心点前和中心点后），将误差限制在 $O(h^3)$ 量级，确保较好的计算精度[31, 32]。

从输入包络 $\tilde{A}_i(z_0, \tau) = A_i(0, t)$ 开始，重复上述的步骤，可以算出各步的包络 $\tilde{A}_i(z_n, \tau)$，最终得到输出包络函数 $\tilde{A}_i(z_M, \tau) = \tilde{A}_i(L, \tau) = \tilde{A}_i[L, t - L(1/\nu_{g1} - 1/\nu_{g1})/2] = A_i(L, t)$。

3.4.4　相互作用特性

在本小节中，利用 LiNbO₃ 波导中的光束传播法分析结果说明了典型脉冲波长转换的特征[30]。

（1）SH 波产生

对于一个泵浦脉冲形状为 sech² 函数形式的 QPM-SHG，其包络函数可写为

$$A_1(0, t) = \tilde{A}_1(0, \tau) = \sqrt{P_{10}}\,\mathrm{sech}(1.76\tau/\tau_0) \quad (3.153)$$

式中，P_{10} 和 τ_0 分别为峰值功率和 FWHM 脉冲宽度。在此，所提出的光束传播法结果假定了泵浦载波波长 $\lambda_1 = 1.55\ \mu\mathrm{m}$ 和耦合系数 $\kappa = 0.63\ \mathrm{W}^{-1/2}\cdot\mathrm{cm}^{-1}$。用 LiNbO₃ 晶体的异常折射率 n_e 近似传导模式指数，我们有 QPM 周期 $\varLambda \approx 18\ \mu\mathrm{m}$、$\beta_1' = 7.28\times10^{-9}\ \mathrm{s/m}$、$\beta_2' = 7.58\times10^{-9}\ \mathrm{s/m}$、$\beta_1'' = 9.89\times10^{-26}\ \mathrm{s^2/m}$、$\beta_2'' = 3.88\times10^{-25}\ \mathrm{s^2/m}$。假设载波频率（$\varDelta_c = 0$）满足了精确的 QPM。我们采用一个分离长度，其定义为在泵浦和 SH 脉冲之间的时间分离 τ_0 的传播长度。

$$L_{\mathrm{wo}} = \tau_0/(\beta_2' - \beta_1') \quad (3.154)$$

对于 $\lambda_1 = 1.55\ \mu\mathrm{m}$，离散长度 L_{wo} 为 3.3 mm 和 33 mm 分别对应 τ_0 为 1 ps 和 10 ps。

图 3.22 显示的是泵浦和 SH 脉冲波形的空间演化计算例子。假定输入泵浦脉冲为 $\tau_0 = 10\ \mathrm{ps}$，当传播长度大于 $L_{\mathrm{wo}} = 33\ \mathrm{mm}$ 时，泵浦和 SH 脉冲之间的分离及 SH

脉冲的波形变形都很明显。

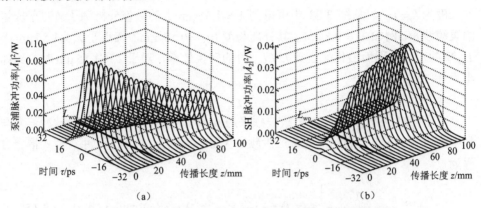

图 3.22　泵浦脉冲和 SH 脉冲波形的空间演化计算例子[30]

图 3.23a 显示的是 SH 脉冲宽度与标准化器件长度之间的依赖关系,其中以 t_0 和 P_{10} 作为参量。虽然当 $L/L_{wo} < 1$ 时,也可以从式(3.148)和式(3.153)看出 $\tau_{SH}(L) \approx \tau_{SH0} = \tau_0 / \sqrt{2}$,但因为 $L/L_{wo} > 1$ 时的分离导致了 SH 脉冲宽度展宽。当泵浦消耗非常小时,SH 脉冲宽度可以近似表达为

$$\tau_{SH}(L)/\tau_0 = (L/L_{wo} - 1) + \tau_{SH0}/\tau_0 \qquad (3.155)$$

当泵浦消耗变大时,展宽量约在 $L/L_{wo} \approx 1/(\tau_0 \kappa / \sqrt{P_{10}})$ 处饱和。

图 3.23b 显示的是输出 SH 峰值功率与标准化器件长度之间的依赖关系。对于 $L/L_{wo} < 1$ 及较小或适中的泵浦消耗,SH 峰值功率随 L 增大而增大。能量转换效率与器件长度 L 的依赖关系和 SH 峰值功率的方式相似。对于较大泵浦消耗或 $L/L_{wo} > 1$,峰值功率增大到饱和值,并且峰值功率和饱和值随 $\tau_0 \kappa / \sqrt{P_{10}}$ 增大而增大。其效率随着 L 增大且逐渐接近于 1。效率近似取决于 L/L_{wo} 和 $\tau_0 \kappa / \sqrt{P_{10}}$,且对于较大的 $\tau_0 \kappa / \sqrt{P_{10}}$,其值更大,对于小 τ_0 ,其值减小。

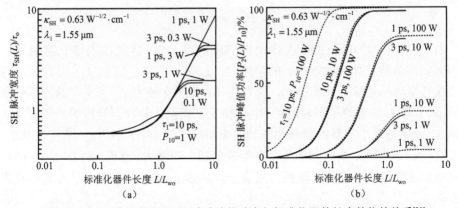

图 3.23　SH 脉冲宽度和 SH 脉冲峰值功率与标准化器件长度的依赖关系[30]

以上的结论及 3.4.2 节中的讨论说明了高效率器件设计的指导准则是选择器件长度为 $L \approx L_{wo}$。从图 3.23 中可得到 $\lambda_1 = 1.55\,\mu m$ 下的数值分析例子。对于较短的泵浦波长，例如 $\lambda_1 = 0.8\,\mu m$，其分离长度 $L_{wo} = 0.52\,mm$，接近于 $\lambda_1 = 1.55\,\mu m$ 下 L_{wo} 值的 $1/6$。因而最优化设计 $L \approx L_{wo}$ 时的转换效率，对于 $\lambda_1 = 1.55\,\mu m$ 时大约缩小为 $(1/6)^2$。

（2）和频产生

对于 QPM-SFG，其中一个载波频率为 ω_1 和脉冲宽度为 τ_0 的 sech^2 脉冲信号与频率为 $\omega_2(\approx \omega_1)$ 的泵浦相混合，产生频率为 $\omega_3 = \omega_1 + \omega_2$ 的 SF 脉冲。模式耦合方程为

$$\left[\frac{\partial}{\partial z} + \beta_1'\frac{\partial}{\partial t} - j\frac{\beta_1''}{2}\frac{\partial^2}{\partial t^2}\right]A_1(z,t) = -j\frac{\omega_1}{\omega_3}\kappa^* A_3(z,t)A_2^*(z,t)\exp(-j2\Delta_c z) \quad (3.156a)$$

$$\left[\frac{\partial}{\partial z} + \beta_2'\frac{\partial}{\partial t} - j\frac{\beta_2''}{2}\frac{\partial^2}{\partial t^2}\right]A_2(z,t) = -j\frac{\omega_2}{\omega_3}\kappa A_3(z,t)A_1^*(z,t)\exp(-j2\Delta_c z) \quad (3.156b)$$

$$\left[\frac{\partial}{\partial z} + \beta_3'\frac{\partial}{\partial t} - j\frac{\beta_3''}{2}\frac{\partial^2}{\partial t^2}\right]A_3(z,t) = -j\kappa A_1(z,t)A_2(z,t)\exp(+j2\Delta_c z) \quad (3.156c)$$

式中，$2\Delta_c = \beta_3 - (\beta_1 + \beta_2 + qK)$ 为载波相位失配参量，且有 $\omega_1 \cong \omega_2 \cong \omega$、$\omega_3 \cong 2\omega$、$\kappa = \kappa_3 = \kappa_{SFG} = 2\kappa_{SHG}$。同样可使用与 SHG 相似的光束传播法分析，并且结果也与 SHG 的结果相似。当 $\omega_1 \cong \omega_2$ 时，最主要的分离是输入脉冲和 SF 脉冲之间的分离。因此，我们可以使用如下定义的分离长度：

$$L_{wo} = \tau_0 / (\beta_3' - \beta_i')$$
$$i = 1(\omega_1 < \omega_2) \qquad\qquad (3.157)$$
$$i = 2(\omega_1 > \omega_2)$$

当 $L/L_{wo} < 1$ 时，产生近似 sech^2 的 SF 脉冲。SF 脉宽在连续光泵浦下，$\tau_{SF} \approx \tau_0$，在信号及脉冲脉宽为 τ_0 的泵浦时，$\tau_{SF} \approx \tau_0/\sqrt{2}$。当 $L/L_{wo} > 1$ 时，不论是连续光泵浦还是脉冲泵浦情况，都发生 SF 脉冲形变和 τ_{SF} 展宽。脉冲信号和泵浦下 τ_{SF} 与 L 的依赖关系和脉冲 SHG 情况下相似。脉冲泵浦时的能量转换效率和 SF 峰值功率小于脉冲信号和连续光泵浦时的值。对于小的 τ_0，其值均减小。在 $L/L_{wo} < 1$ 区域内，效率和峰值功率随 L 的增大而增大，然而，当 $L/L_{wo} > 1$ 时，效率增加而峰值功率饱和。这些结果显示，高效率 SFG 器件的设计准则同样也是 $L \approx L_{wo}$。

（3）差频产生

对于 QPM-DFG，其中一个载波频率为 ω_1、脉冲宽度为 τ_0、峰值功率为 P_{10} 的 sech^2 脉冲信号与频率为 $\omega_3(\approx 2\omega_1)$ 的泵浦相混合，产生 $\omega_2 = \omega_3 - \omega_1$ 的 DF 脉冲。模式耦合方程由式（3.156a）～式（3.156c）给出，其中 κ 用 $(\omega_3 / \omega_2)\kappa$ 代替。对于 $\omega_3 \cong 2\omega$ 的 DFG，$\omega_1 \cong \omega_2 \cong \omega$、$\kappa = \kappa_2 = \kappa_{\mathrm{DFG}} \cong \kappa_{\mathrm{SHG}}$。分离长度由式（3.157）决定。

我们首先考虑采用连续光泵浦的 DFG。信号波和泵浦保持互相重叠，但信号波和 DF 光波可能分离，当 $\omega_1 \cong \omega_2$ 时，分离很小。因此，DF 光波在小泵浦消耗区域是近似 $\tau_{\mathrm{DF}} \approx \tau_0$ 的 sech^2 脉冲。DFG 转换效率和 L 的依赖关系如图 3.24 所示，其中 P_{30} 是输入泵浦功率。虽然对于连续光泵浦，式（3.157）的分离长度 L_{wo} 并不存在物理意义，用 L_{wo} 对 L 进行标准化是为了方便与脉冲泵浦情况作比较。DFG 转换效率随着 L 的增长而增长，对于较大的 $\tau_0 \kappa / \sqrt{P_{30}}$ 较高，对于较短的 τ_0 则有所降低。DF 峰值功率显示出与效率的相似的对 L 的依赖关系。这些结果表明，在 L 较大的器件中可以实现高效率。数值例子可以从图 3.24 得到。需要注意的是，对于 $L = 30$ mm 的器件中 $\tau_0 = 1$ ps 的信号脉冲，得到的效率也接近于连续光信号波时所获得的效率，且 DF 脉冲形状接近于输入信号脉冲形状。这意味着该器件可以被用来当作 Tb/s 级光子网络中的一个波长转换器。

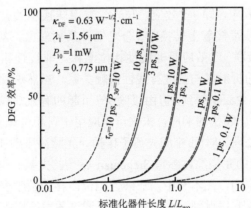

图 3.24　连续光泵浦脉冲 DFG 效率与标准化器件长度之间的依赖关系[30]

我们接下来考虑与信号同步的脉冲泵浦 DFG。假定信号和泵浦脉冲的宽度一致，均为 τ_0。DF 脉冲宽度与 L 的依赖关系如图 3.25a 所示。对于 $L / L_{\mathrm{wo}} \ll 1$，DF 脉冲宽度是 $\tau_{\mathrm{DF}} \approx \tau_0 / \sqrt{2}$。值得注意的是，当转换效率在 $L / L_{\mathrm{wo}} < 1$ 的区域中随着 L 和/或 P_{30} 的增加而增加时，在信号峰值处发生了 OPA，导致信号和 DF 的脉冲宽度减少。在 $L / L_{\mathrm{wo}} > 1$ 区域，τ_{DF} 因分离被展宽，且在 L 处展宽饱和，在那里信号脉冲和泵浦脉冲的重叠被破坏。DFG 转换效率和 L 的依赖关系如图 3.25b 所示。效率对于较大的 $\tau_0 \kappa / \sqrt{P_{30}}$ 较高，对于较短的 τ_0 则有所降低。效率低于连续光泵浦和相同 P_{30}、τ_0、k 的 DFG 时的情况，且因分离而在 $L / L_{\mathrm{wo}} > 1$ 中不随着 L

的增加而增大。这些结果显示了高效率脉冲泵浦 DFG 器件的设计准则是 $L \approx L_{wo}$。

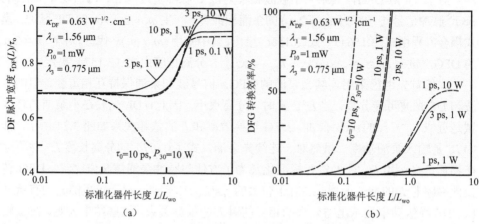

图 3.25　在脉冲泵浦 DFG 中 DF 脉冲宽度和 DFG 转换效率与标准化器件长度之间的依赖关系[30]

3.5　级联二阶非线性光学效应

二阶非线性光学效应，即 $\chi^{(2)}$ 效应，与光学频率转换相关。当频率上转换紧接着下转换或者下转换紧接着上转换时，会发生一系列现象。这些现象称为级联 $\chi^{(2)}$ 效应。一个基本级联 $\chi^{(2)}$ 效应是非线性相位漂移。非线性相位漂移近似正比于光功率强度。光波的折射率与强度有线性依赖关系。虽然这种依赖强度的非线性折射率也可通过 $\chi^{(3)}$ 效应来得到，但由级联 $\chi^{(2)}$ 引起的有效非线性折射率远大于它。级联 $\chi^{(2)}$ 效应呈现出超快的响应。未来可能应用于自相位调制和互相位调制、全光开关、全光信号处理、时间/空间光孤子传播、光脉冲压缩和激光锁模等。

有关级联 $\chi^{(2)}$ 效应的完整综述参考 Stegeman 等[33]的文献。非线性相位漂移的理论分析参考文献[34-37]。在本节中，非线性相位漂移的数学表达式和有效非线性折射率均由模式耦合方程得到。一些数值数据通过图表给出。

3.5.1　非线性相位移动

非线性相位漂移是由频率转换（$\omega_1 \rightarrow \omega_2$）和紧接着的反向转换（$\omega_2 \rightarrow \omega_1$）得到的，下面将对其作简略的阐述。当一束 ω_1 光波被 $\chi^{(2)}$ 介质吸收，发生频率从 ω_1 到 ω_2 的转化。所转化的 ω_2 光波以一个相位速度传播，这不同于初始的 ω_1 光波。因此，由反向转换再生的 ω_1 光波不再与原来的 ω_1 光波同相。于是净余的 ω_1 光波的相位相对原始光波发生了漂移。这种相位漂移称为非线性相位漂移。非线性相位漂移发生在大多数波长转换进程中，无种子 SH 波时的相位匹配 SHG 和有满足特定初始相位条件的 SH 波的相位匹配 SHG 除外。

（1）相位失配 SHG

SHG 效率与标准化相互作用长度在各种相位失配情况下的依赖关系如图 3.3 所示。由图 3.3 可知，对于相位失配情况，功率从泵浦[频率为 ω、复振幅为 $A(z)$] 转移到 SH 波[频率为 2ω、复振幅为 $B(z)$]（频率的上转换），与从 SH 波转移到泵浦（即频率的下转换），在传播过程中交替发生，从而导致非线性相位漂移。

非线性相位漂移的行为可以用模式耦合方程（3.13a）和方程（3.13b）来考察。在这里我们考虑无种子 SH 波[$B(0) = 0$]时的相位失配 SHG。将复振幅 $A(z)$ 和 $B(z)$ 写成极坐标形式：

$$A(z) = a(z)\exp[-\mathrm{j}\phi_a(z)] \tag{3.158a}$$

$$B(z) = b(z)\exp[-\mathrm{j}\phi_b(z)] \tag{3.158b}$$

式中，$a(z)(=|A(z)|)$ 和 $b(z)(=|B(z)|)$ 均为非负实数，$b(0) = 0$。一般地，我们可以设 $\phi_a(0) = 0$。定义新参量 $\theta(z)$ 和 Γ：

$$\theta(z) \equiv -2\phi_a(z) + \phi_b(z) + 2\Delta z \tag{3.159}$$

$$\Gamma \equiv \kappa\{a(z)\}^2 b(z)\cos\theta(z) + \Delta\{b(z)\}^2 \tag{3.160}$$

从式（3.13a）和式（3.13b）可以得到 $\mathrm{d}\Gamma/\mathrm{d}z = 0$，也就是说 Γ 是一个常数。因为 $b(0) = 0$，故 $\Gamma = 0$。因此，得到 $\theta(z)$ 的一个表达式：

$$\theta(z) = \arccos\left(\frac{-\Delta b(z)}{\kappa\{a(z)\}^2}\right) \tag{3.161}$$

$a(z)$ 和 $b(z)$ 可以通过式（3.16）和式（3.20）来计算得到。将 $a(z)$ 和 $b(z)$ 代入式（3.161），我们可以得到 $\theta(z)$ 的值。因为 $\phi_a(0) = 0$ 和 $b(0) = 0$，我们从式（3.161）和式（3.159）得到 $\theta(0) = \pi/2$ 和 $\phi_b(0) = \pi/2$。由式（3.13b）可推导出关于 $\phi_b(z)$ 的微分方程为

$$\left(\frac{\mathrm{d}\phi_b(z)}{\mathrm{d}z} + \Delta\right)\{b(z)\}^2 = \Gamma = 0 \tag{3.162}$$

在 $b(z) \neq 0$ 的区域内，式（3.162）被简化为 $\mathrm{d}\phi_b(z)/\mathrm{d}z = -\Delta$，以方便被积分。在 $b(z) = 0$ 的奇异点处，在复数平面上的 $B(z)$ 的轨迹穿过原点向上（$+\Delta$ 时）或向下（$-\Delta$ 时）。这意味着 $\phi_b(z)$ 经历了 π 相位跃变。即 $\phi_b(L)$ 可以表示为

$$\phi_b(L) = \frac{\pi}{2} - \Delta L + m\pi \tag{3.163}$$

式中，m 为 $0 < z < L$ 中奇异点的数目。因为 $\theta(L)$ 和 $\phi_b(L)$ 分别由式（3.161）和式（3.163）给出，非线性相位漂移 $\phi_a(L)$ 可以表示为

$$\phi_a(L) = \{-\theta(L) + \phi_b(L) + 2\Delta L\} / 2 \qquad (3.164)$$

注意，$\theta(z)$ 在奇异点同样存在 π 相位跃变，以此来确保在 z 增大的情况下，$\phi_a(z)$ 在 $a(z) > 0$ 时有连续变化。对于相位匹配情况，非线性相位漂移不会发生，此时有 $\theta(z) = \pi / 2$、$\phi_b(z) = \pi / 2$ 及 $\phi_a(z) = 0$。

NPDA 简化了非线性相位漂移的表达式。假设 κ 是实数，从式（3.13a）和 $\Gamma = 0$ 可得到 $\phi_a(z)$ 的一个微分方程：

$$\frac{\mathrm{d}\phi_a(z)}{\mathrm{d}z} = -\Delta \frac{\{b(z)\}^2}{\{a(z)\}^2} = -\Delta \frac{|B(z)|^2}{|A(z)|^2} \approx -\Delta \frac{|B(z)|^2}{|A(0)|^2} \qquad (3.165)$$

将 NPDA 结果式（3.19）代入式（3.165），对所得方程积分，得到

$$\phi_a(L) = -\frac{\kappa^2 P_0 L^2}{\Delta^2 L^2} \left\{ \frac{\Delta L}{2} - \frac{\sin(2\Delta L)}{4} \right\} \qquad (3.166)$$

当 $|\Delta L| \gg 1$ 时，"sin" 项可以被省略，这表明泵浦的相位漂移可以由其功率 P_0 控制。

图 3.26a 显示的是由模式耦合方程（3.13a）和方程（3.13b）和 NPDA 结论式（3.166）计算数值积分得到的非线性相位漂移与标准化泵浦功率在多种标准化相位失配下的关系。相位漂移随着泵浦功率的增加单调递增。在小泵浦功率区域，NPDA 是有效的，相位漂移近似正比于泵浦功率。但其在高泵浦功率区域产生显著的饱和值，相位漂移与相位失配的依赖关系如图 3.26b 所示。当 NPDA 是有效的，相位漂移在 $|\Delta L| = \pi / 2$ 处有一个峰值，为 $|\phi_a| = \kappa^2 P_0 L^2 / \pi$。

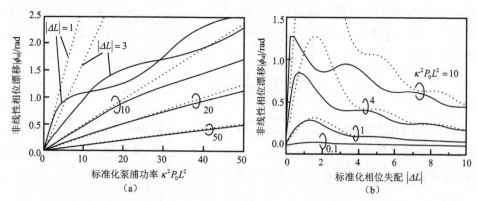

图 3.26　在相位失配 SHG 中的非线性相位漂移依赖于标准化泵浦功率和标准化相位失配
实线曲线和点曲线分别通过模式耦合方程的数值积分和使用 NPDA 计算得到

（2）种子 SHG

非线性相位漂移甚至可以在输入端包含一个谐波的相位匹配情况下被诱导。有种子 SH 波的 SHG 相互作用由模式耦合方程（3.13a）和方程（3.13b）描述，且边界条件为 $A(0) = a(0) = A_0$ 和 $B(0) = b(0)\exp\{-j\phi_b(0)\} \neq 0$。式（3.20a）和式（3.20b）是 $B(0) = 0$ 时的解，不适用于有种子 SHG。有种子 SHG 的求解参考 Armstrong 等[5] 的文献。在 $|\phi_b(0)| \neq \pi/2$ 和/或 $\Delta \neq 0$ 的情况下，在式（3.160）中定义的常数 Γ 不为 0。因此，$\theta(L)$ 和 $\phi_b(L)$ 分别由式（3.167）和式（3.168）给出：

$$\theta(L) = \arccos\left(\frac{\Gamma - \Delta\{b(L)\}^2}{\kappa\{a(L)\}^2 b(L)}\right) \tag{3.167}$$

$$\phi_b(L) = \int_0^L \left[\frac{\Gamma - \Delta\{b(z)\}^2}{\{b(z)\}^2}\right]dz + \phi_b(0) \tag{3.168}$$

通过这些方程计算得到 $\theta(L)$ 和 $\phi_b(L)$，同时也可从式（3.164）得到 $\phi_a(L)$。当 $|\phi_b(0)| = \pi/2$ 和 $\Delta = 0$ 同时满足时，非线性相位漂移才不会产生：$|\theta(z)| = \pi/2$、$|\phi_b(z)| = \pi/2$ 和 $\phi_a(z) = 0$。

种子 SH 波的功率和/或相位的轻微改变可能导致输出泵浦的相位和功率发生大的改变。种子功率无须很高。

（3）SFG 相互作用

考虑有两入射光波，即一束信号波[频率为 ω_1，复振幅为 $A_1(z)$]和一束泵浦[频率为 ω_2，复振幅为 $A_2(z)$]产生一束和频光波[频率为 ω_3，复振幅为 $A_3(z)$]的情况。如 3.1.2 节所述，信号波由于 SFG（频率的上转换）和轮换的 DFG（频率的下转换）的产生可以被完全消耗。在级联 $\chi^{(2)}$ 相互作用下，产生非线性相位漂移。

非线性相位漂移的行为可以用模式耦合公式（3.39a）～式（3.39c）来表述。复振幅 $A_i(z)(i = 1, 2, 3)$ 写成极坐标形式 $A_i(z) = a_i(z)\exp\{-j\phi_i(z)\}$。在这里，我们分别定义新变量 $\theta(z)$ 和 Γ，见式（3.169）和式（3.170）：

$$\theta(z) \equiv \phi_1(z) + \phi_2(z) - \phi_3(z) + 2\Delta z \tag{3.169}$$

$$\Gamma \equiv a_1(z)a_2(z)a_3(z)\cos\theta(z) - \frac{\Delta\{a_3(z)\}^2}{\kappa_3} \tag{3.170}$$

从式（3.160）可以得到 $d\Gamma/dz = 0$，即 Γ 是一个常数。用 Γ 来替换 $\theta(z)$，且将 $a_i(z)$ 的解代入式（3.39a）～式（3.39c），我们得到显式的积分方程来严格计算任意边界条件下的相位漂移。

接下来我们推导相位漂移的 NPDA 解。对于边界条件为 $a_2(0) \gg a_1(0) > a_3(0) = 0$（SFG 的通常条件），$A_1(z)$ 和 $A_3(z)$ 的 NPDA 解由式（3.47a）和式（3.47b）所

述。$\phi_1(L)$ 和 $\phi_3(L)$ 分别从式（3.39a）和式（3.39c）直接得出。因为 $a_3(0)=0$，常数 Γ 为 0。将 $\Gamma=0$ 下的式（3.170）代入式（3.39a）～式（3.39c），得到一个关于 ϕ_2 的微分方程：

$$\frac{\mathrm{d}\phi_2(z)}{\mathrm{d}z} = -\Delta \frac{\omega_2\{a_3(z)\}^2}{\omega_3\{a_2(z)\}^2} \approx -\Delta \frac{\omega_2|A_3(z)|^2}{\omega_3|A_2(0)|^2} \tag{3.171}$$

将 NPDA 的解析式（3.48c）代入式（3.171），我们可以对得到的公式进行积分，给出泵浦的相位漂移为

$$\phi_2(L) = -\frac{\kappa^2\dfrac{\omega_1}{\omega_3}P_{10}\dfrac{\Delta L}{2}}{\kappa^2\dfrac{\omega_1}{\omega_3}P_{20}+\Delta^2}\left\{1-\frac{\sin\left(2L\sqrt{\kappa^2\dfrac{\omega_1}{\omega_3}P_{20}+\Delta^2}\right)}{2L\sqrt{\kappa^2\dfrac{\omega_1}{\omega_3}P_{20}+\Delta^2}}\right\} \tag{3.172}$$

由模式耦合方程（3.39a）～方程（3.39c）的数值积分得到 $\phi_1(L)$，如图 3.27 所示，其中 $\omega_1\approx\omega_2\approx\omega_3/2$、$\kappa=1\,\mathrm{W}^{-1/2}\cdot\mathrm{cm}^{-1}$ 和 $P_{10}=1\,\mathrm{mW}$。相位漂移甚至发生在相位匹配相互作用中。对于大的相位失配，相位失配的增长正比于泵浦功率。NPDA 的解在 $P_{20}\gg P_{10}$ 区域得出的结论与上述一致。

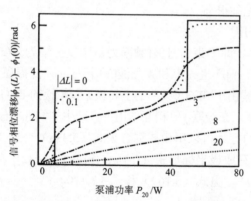

图 3.27　在 SFG 中的信号波的非线性相位漂移在各种相位失配情况下与泵浦功率的依赖关系 $\kappa=1\,\mathrm{W}^{-1/2}\cdot\mathrm{cm}^{-1}$，$P_{10}=1\,\mathrm{mW}$ 和 $L=1\,\mathrm{cm}$。假定 $\omega_1\approx\omega_2\approx\omega_3/2$

（4）DFG 相互作用

因为 DFG 的模式耦合公式与 SFG 的相同，故对于 DFG 相位漂移的严格计算的显式积分方程可以通过与 SFG 相同的步骤来推导。

信号波的 NPDA 解 $\phi_1(L)$ 和 DF 光波的 $\phi_2(L)$ 可以通过式（3.55a）和式（3.55b）直接得到。从模式耦合方程（3.39a）～方程（3.39c）得到 $\phi_3(L)$ 的一个微分方程。将 NPDA 的解代入方程并积分，得

$$\phi_3(L) = -\frac{\kappa^2 \dfrac{\omega_1}{\omega_2} P_{10} \dfrac{\Delta L}{2}}{\kappa^2 \dfrac{\omega_1}{\omega_2} P_{30} + \Delta^2} \left\{ 1 - \frac{\sin\left(2L\sqrt{\kappa^2 \dfrac{\omega_1}{\omega_2} P_{30} - \Delta^2}\right)}{2L\sqrt{\kappa^2 \dfrac{\omega_1}{\omega_2} P_{30} - \Delta^2}} \right\} \qquad (3.173)$$

注意，只要 NPDA 是有效的，就没有相位漂移发生在 $\Delta = 0$ 的 DFG。

3.5.2　有效非线性折射率

非线性相位漂移 ϕ_{NL} 近似正比于传播长度 L 和输入光波的初始功率 P_0。因此导波折射率 n 取决于平均光强 I，有

$$n = n_0 + N_2^{cas} I \qquad (3.174)$$

式中，n_0 为媒介的线性折射率；N_2^{cas} 为级联 $\chi^{(2)}$ 引起的有效非线性折射率。

在此，我们推导在相位失配 SHG 相互作用中的 N_2^{cas} 的表达式。假定 NPDA 成立且相位失配很大($|\Delta L| \gg 1$)，由式（3.166）所得的泵浦 ϕ_{NL} 近似为

$$\phi_{NL} = \phi_a(L) = -\frac{\kappa^2 L}{2\Delta} P_0 \qquad (3.175)$$

于是，N_2^{cas} 由下式推导出：

$$N_2^{cas} = \frac{\lambda}{2\pi} \frac{\phi_{NL}}{LI} = -\frac{2\pi}{\Delta (N^{\omega})^2 N^{2\omega} \lambda} \frac{d_{eff}^2}{c\varepsilon_0} \qquad (3.176)$$

式中，c 为真空光速；N^{ω} 为泵浦光模式指数；$N^{2\omega}$ 为 SH 波的模式指数；λ 为泵浦波长；d_{eff} 为式（3.28）定义的有效 SHG 系数。假定 I 可近似为 P_0 / S_{eff}，其中 S_{eff} 为式（3.27）所定义的有效横截面。对于一个使用 d_{33} 分量的 LiNbO$_3$ 波导 QPM-SHG 器件，例如，在 λ 约为 $1\,\mu m$ 处 $|\Delta| \approx 1\,mm^{-1}$，期望 $|N_2^{cas}|$ 约为 $2 \times 10^{-16} m^2 / W$。大的 N_2^{cas} 值对于较小的 Δ 是可行的，但需要较长的 L 来满足 $\Delta L \gg 1$。

可以通过三阶非线性光学效应（非线性折射率 $N_2 = 3\chi^{(3)} / 4n_0 c\varepsilon_0$）获得依赖于强度的折射率变化，如 2.2.3 节中所述。对比 N_2^{cas} 和 N_2 的特点：① N_2^{cas} 在透明 $\chi^{(2)}$ 材料中可以比 N_2 大得多。对于 LiNbO$_3$，上述估计的 N_2^{cas} 比 N_2（约 $10^{-19} m^2 / W$）大 3 个数量级左右。② N_2^{cas} 与 Δ 及 λ 有关，而 N_2 并不明显依赖它们。N_2^{cas} 的值可以通过设计一个适当的相位匹配结构来控制，如 QPM 光栅的周期。③式（3.174）所显示的 n 和 I 之间的线性关系，只有在大相位失配和小泵浦功率同时满足的条件下才成立。④因为 N_2^{cas} 与波长转换过程相关，入射光波的部分功率转移至不同波长的另一个波，导致功率传输减少。

有效非线性折射率同样可在 SFG 和 DFG 中被定义，他们可以分别通过式（3.47a）、式（3.47b）、式（3.55a）和式（3.55b）推导出来。

参 考 文 献

[1]　S. Somekh, A.Yariv: Appl. Phys. Left., 2l, pp.140-141 (1972)

[2]　A.Yariv: IEEEJ. Quantum Electron., QE-9, pp.919-933 (1973)

[3]　B.Jaskorzynska, G.Arvidsson, F.Laurell: Proc. SPIE, 651, pp.22l-228 (1986)

[4]　T.Suhara, H.Nishihara: IEEE J. Quantum Electron., 26, pp.1265-1276 (1990)

[5]　I.A.Armstrong, N.Bloembergen, I.Ducuing, P.S.Pershan: Phys. Rev., 127, pp.1918-1939 (l962)

[6]　S.Helmflid, G.Arvidsson: J. Opt. Soc. Amer., B, 8, pp.2326-2330 (1991)

[7]　M.Matsumoto, K.Tanaka: IEEE J. Quantum Electron., 31, pp.700-705 (1995); Y.J.Ding, J.U.Kang, J.B.Khurgin: IEEE J. Quantum Electron., 34, pp.966-974 (1998)

[8]　T.Suhara, H.Nishihara: Trans. IEICE, J82-C-I, pp.326-334 (1999) (in Japanese), T.Suhara, H.Nishihara: Electron. Comm. Japan Pt.2, 82, pp.48-56 (1999) (English translation)

[9]　S.E.Harris: Appl. Phys Let., 9, pp.114-116 (1966)

[10]　H.Kogelrlik: Bell Syst. Tech. J., 55, pp. 109-126 (l976)

[11]　C.S.Hong, I.B.Sheuan, A.C.Livanos, A.Yariv, A.Katzier: Appl. Phys. Lett., 31, pp. 276-278 (1977)

[12]　T.Suhara, H.Nishihara: IEEE J. Quantum Electron., QE-22, pp. 845-867 (1986)

[13]　S.Helmflid, G.Arvidsson: J. Opt. Soc. Amer., B, 8, pp.797-804 (1991)

[14]　M.M.Fejer, G.A.Magel, D.H.Jundt, R.L.Byer: IEEEJ. Quantum Electron., 28, pp.2631-2654 (1992)

[15]　P.K.Tien, R.Ulrich, R.J.Martin: Appl. Phys. Lett., l7, pp.447-450 (1970)

[16]　M.J.Li, M.DeMicheli, Q.He, D.B.Ostrowsky: IEEE J. Quantum Electron., 26, pp.1384-1393 (1990)

[17]　G.Hatakoshi, K.Terashima, Y.Uematsu: Trams. IEICE, E-73, pp.488-490 (1990)

[18]　K.Hayata, M.Koshiba: Electron. Lett., 25, pp.376-378 (1989)

[19]　K.Chikuma, S.Umegaki: J. Opt. Soc. Amer. B, 7, pp.768-775 (1990)

[20]　N.A.Sanford, I.M.Connors: J. Appl. Phys., 65, pp.1429-1437 (1989)

[21]　K.Hayata, T.Sugawara, M.Koshiba: IEEE J. Quantum Electron., 26, pp.123-134 (1990)

[22]　K.I.White, B.K.Nayar: J. Opt. Soc. Amer. B, 5, pp.317-324 (1988)

[23]　H.Tamada: IEEE J. Quantum Electron., 26, pp.182l-1826 (1990)

[24]　T.Suhara, T.Morimoto, H.Nishihara: IEEE J. Quantum Electron., 29, pp525-537 (1993)

[25]　W.Heitler: *Quantum Theory of Radiation*, 3rd ed. section 18 (Oxford Univ. Press, Oxford 1954)

[26]　T.Suhara, A.Tazaki, H.Nishihara: Electron. Lett., 25, pp.1326-1327 (1989)

[27]　S.A.Akhmanov, A.S.Chirkin, K.N.Drabovich, A.I.Kovrygin, R.V.Khokhlov, A.P. Sukhorunov: IEEE J. Quantum Electron., QE-4, pp.598-605 (1968)

[28]　S.A.Akhmanov, A.I.Kovrygin, A.P.Sukhorunov: *Optical Harmonic Generation and Optical Frequency Multipliers*, in H.Rabin, C.L.Tang ed.: Quantum Electronics: *A Treatise vol.1 Nonlinear Optics*, I, *Nonlinear Optics*, Pt.B (Academic Press, New York 1975)

[29]　R.C.Eckardt, J.Reintjes: IEEE J. Quantum Electron., QE-20, pp.1178-1187 (1984)

[30]　H.Ishizuki, T.Suhara, H.Nishihara: Trans. IEICE, J84-C, pp.462-470 (2001) (in Japanese)

[31]　M.D.Feit, J.A.Fleck: Appl. Opt., 17, pp.3990-3998 (1978)

[32]　L.Thylén: Opt. Quantum Electron., 15, pp.433-439 (1983)

[33]　G.I.Stegeman, D.J.Hagan, L.Torner: Opt. Quantum Electron., 28, pp.1691-1740 (1996)

[34]　G.I.Stegeman, M.S-Bahae, E.V.Stryland, G. Assanto, Opt. Lett., 18, pp.13-15 (1997)

[35]　C.N.Ironside, J.S.Aitchison, J.M.Arnold, IEEE J. Quantum Electron., 29, pp.2650-2654 (1993)

[36]　D.C.Hatching, J.S.Aitchison, C.N.Ironside, Opt. Lett., 18, pp.793-795 (1993)

[37]　A.Kobyakov, U.Peschel, F.Lederer, Opt. Comm., 124, pp.184-194 (1996)

第4章 谐振腔中的非线性光学相互作用

第3章中描述的是传播光波之间的非线性光学相互作用的理论分析。在本章中，我们将对光波导谐振腔中的非线性光学相互作用进行理论分析。非线性光学相互作用可以通过谐振腔来增强，因为谐振腔可以提供更高的光功率密度，这是由光波的增强引起的。在谐振波导非线性光学器件中，可期望得到高效的波长转换。谐振器件也具有一些独特之处，如对于一个有限泵浦功率有100%效率的SHG和OPO。

4.1 光学谐振腔中的二次谐波产生

法布里-珀罗腔由于其结构简单而被用来构建谐振波导SHG器件。器件的制作是在一个行波波导SHG器件的波导端面提供腔镜。谐振器件的设计，使泵浦、SH波或两者都可能谐振，他们分别叫作单泵浦谐振、单SH谐振和双谐振SHG器件。

各类块状谐振SHG器件的理论分析参考文献[1-4]。对于波导器件，Regener等用NPDA分析了相位匹配单和双泵浦谐振波导SHG器件[5]。Suhara等分析了泵浦消耗情况下的相位匹配单和双谐振波导SHG器件[6]。整体分析，即将相位失配、传播损耗和泵浦消耗都计算在内的分析参考Fujimura等的文献[7]。本节将采用NPDA分析和整体分析来理论描述单谐振和双谐振波导SHG器件。

4.1.1 谐振SHG器件描述

（1）器件结构

图4.1为法布里-珀罗波导SHG器件的结构。腔镜放置在行波波导SHG器件的前后端面上。一列泵浦从背侧进入，在波导中发生SHG相互作用。泵浦和/或SH波在波导腔中前后来回传播。虽然SH波一般是通过两个前后端面镜获得的，但是我们认为，只有通过前端面镜的SH波是有用输出。在谐振器件中，有效SHG必须同时满足相位匹配条件和谐振条件。使用泵浦波长调谐、器件温度调谐和/或电光移相器的导波相位调谐来满足上述条件。

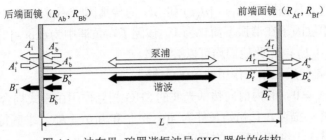

图 4.1　法布里-珀罗谐振波导 SHG 器件的结构

在此，我们定义下列分析所需的一些符号。腔长、泵浦功率的传播损耗因子和 SH 功率的传播损耗因子分别为 L、α_A 和 α_B。后端面镜处刚好在腔内侧的泵浦波复振幅为 A_b^+ 和 A_b^-；在前端面镜上的为 A_f^+ 和 A_f^-。上标"+"代表从后端面镜向前端面镜（前向）传播的光波。上标"–"代表从前向后端面（后向）传播的光波。类似地，SH 波的振幅定义为 B_b^+、B_b^-、B_f^+ 和 B_f^-。输入泵浦和输出 SH 分别表示为 A_i^+ 和 B_o^+。谐振器件的 SHG 效率定义为 $\left|B_o^+\right|^2 / \left|A_i^+\right|^2$。

泵浦和 SH 的功率反射率在后端面镜为 R_{Ab} 和 R_{Bb}，前端面镜为 R_{Af} 和 R_{Bf}。单泵浦谐振器件的特征为 $R_{Ab} R_{Af} \neq 0$ 和 $R_{Bb} R_{Bf} = 0$。单 SH 谐振器件的特征为 $R_{Ab} R_{Af} = 0$ 和 $R_{Bb} R_{Bf} \neq 0$，双谐振器件的特征则为 $R_{Ab} R_{Af} R_{Bb} R_{Bf} \neq 0$。泵浦和 SH 的谐振条件分别为 $2\beta_A L = 2m\pi$ 和 $2\beta_B L = 2m'\pi$，β_A 和 β_B 分别是泵浦和 SH 的传播常数，m 和 m' 是整数。在以下分析中，我们假定谐振条件是满足的。

（2）边界条件

当满足谐振条件时，谐振 SHG 器件的边界条件为

$$A_b^+ = \sqrt{1 - R_{Ab}}\, A_i^+ + \sqrt{R_{Ab}}\, A_b^- \tag{4.1a}$$

$$A_i^- = \sqrt{1 - R_{Ab}}\, A_b^- - \sqrt{R_{Ab}}\, A_i^+ \tag{4.1b}$$

$$B_b^+ = \sqrt{R_{Bb}}\, B_b^- \tag{4.1c}$$

$$B_i^- = \sqrt{1 - R_{Bb}}\, B_b^- \tag{4.1d}$$

$$A_f^- = \sqrt{R_{Af}}\, A_f^+ \tag{4.1e}$$

$$A_o^+ = \sqrt{1 - R_{Af}}\, A_f^+ \tag{4.1f}$$

$$B_o^+ = \sqrt{1 - R_{Bf}}\, B_f^+ \tag{4.1g}$$

$$B_f^- = \sqrt{R_{Bf}}\, B_f^+ \tag{4.1h}$$

式（4.1a）～式（4.1d）是后端面镜的条件，式（4.1e）～式（4.1h）是前端面镜的条件。面镜假定为无损失。假设输入泵浦的场分布与泵浦的导模分布相匹配，即 $R_{Ab} = 0$ 时，泵浦的输入耦合效率等于 1。在这里所用的循环结构中的数学表达

式忽略了泵浦的传播因子 $\exp(-j\beta_A z)$ 和 SH 的传播因子 $\exp(-j\beta_B z)$。每一个往返行程的往返相位因子在谐振下简化为 1，该因子在泵浦中为 $\exp(-j2\beta_A L)$，在 SH 中为 $\exp(-j2\beta_B L)$，因此他们均可以被省略。

（3）前向和后向相互作用的 NPDA 解

当 $\alpha_A = \alpha_B = 0$，腔内前向传播光波的 SHG 相互作用由模式耦合方程（3.13a）和方程（3.13b）描述，且初始条件为 $A(0) = A_b^+$ 和 $B(0) = B_b^+$。求解得到 A_f^+ 和 B_f^+。考虑传播的损耗，将模式耦合方程改写为

$$\frac{\mathrm{d}A(z)}{\mathrm{d}z} = -j\kappa^* A(z)^* B(z) \exp(-j2\Delta z) - \frac{\alpha_A}{2} A(z) \tag{4.2a}$$

$$\frac{\mathrm{d}B(z)}{\mathrm{d}z} = -j\kappa \left\{ A(z) \right\}^2 \exp(j2\Delta z) - \frac{\alpha_B}{2} B(z) \tag{4.2b}$$

假设不存在相位失配，并且 NPDA 有效，A_f^+ 和 B_f^+ 写为

$$A_f^+ = A_b^+ \exp(-\alpha_A L / 2) \tag{4.3a}$$

$$B_f^+ = -j\kappa (A_b^+)^2 \frac{\exp(-\alpha_B L / 2) - \exp(-\alpha_A L)}{\alpha_A - \alpha_B / 2} + B_b^+ \exp(-\alpha_B L / 2) \tag{4.3b}$$

当同时满足 $\alpha_A = \alpha_B = \alpha$ 和 $\Delta = 0$ 时，式（4.2a）和式（4.2b）可以不使用 NPDA 进行分析求解[7,8]。后向传播光波相互作用可通过式（3.13a）和式（3.13b）或 $A(0) = A_f^-$ 和 $B(0) = B_f^-$ 时的式（4.2a）和式（4.2b）进行类似的描述，解得 A_b^- 和 B_b^-。当 NPDA 有效，$\Delta = 0$ 时它们可以写为

$$A_b^- = A_f^- \exp(-\alpha_A L / 2) \tag{4.4a}$$

$$B_f^- = -j\kappa (A_b^-)^2 \frac{\exp(-\alpha_B L / 2) - \exp(-\alpha_A L)}{\alpha_A - \alpha_B / 2} + B_b^- \exp(-\alpha_B L / 2) \tag{4.4b}$$

为了得到一个自洽解，我们确定 A_b^+、B_b^+、A_f^- 和 B_f^- 以满足边界条件。

在上述和下述的讨论中，我们假定前向 SHG 的耦合系数等于后向 SHG 的耦合系数。因为产生的 SH 波的相位依赖于系数的相位，系数间的相位差异破坏了 SH 功率的积累，导致了器件性能的退化。但是，在谐振波导 QPM-SHG 器件中，相位系数可以不同，因为对于循环光波，QPM 光栅在腔端面可能存在相位不连续。为了实现有效的谐振波导 QPM-SHG 器件，需要精确控制光栅相对于腔端面的位置和腔长。只有 $R_{Bb} = R_{Bf} = 0$ 的单泵浦谐振 QPM-SHG 器件无须达到这些要求，因为在这类器件中不需要累积 SH 功率。

（4）谐振器件的匹配条件和完全转换

由式（4.1a）和式（4.1b），得

$$A_i^- = (\frac{A_b^-}{A_b^+} - \sqrt{R_{Ab}}) \frac{A_b^+}{\sqrt{1 - R_{Ab}}} \tag{4.5}$$

当满足 $A_b^- / A_b^+ = \sqrt{R_{Ab}}$ 的条件时，不存在从谐振器件反射的泵浦功率，这是一种匹配情况。A_b^- / A_b^+ 表示在谐振器件内的一个往返行程所导致的振幅改变。它与传播光波 SHG 引起的泵浦消耗、传播损失和前端面镜的反射率有关。因为消耗依赖于泵浦振幅 A_b^+，所以 A_b^- / A_b^+ 也依赖于 A_b^+。考虑一个低传播损失和高 R_{Af} 的腔。对于非常小的 A_b^+，行波 SHG 的效率非常低，泵浦消耗小得可以忽略。这时 A_b^- / A_b^+ 接近于 1。对于非常大的 A_b^+，泵浦消耗显著地发生，A_b^- / A_b^+ 接近 0。因此，对于一个中等大小的 A_b^+，匹配条件 $A_b^- / A_b^+ = \sqrt{R_{Ab}}$ 可以被满足，从而使谐振器件匹配。其匹配可在单泵浦谐振器件和双谐振器件中实现。

对于一个谐振 SHG 器件，$R_{Af} = R_{Bb} = 1$ 且无传播损耗。因为 $R_{Af} = 1$，无泵浦功率从前端面镜泄漏。因为 $R_{Bb} = 1$，无 SH 功率从后端面镜泄漏。因为不存在传播损耗，SH 输出功率等于输入功率减去从后端面镜反射的泵浦功率。当谐振器件处在匹配情况中，反射泵浦功率变为 0。这意味着整个输入泵浦功率在谐振器件中被吸收，功率完全从泵浦向 SH 转移。

4.1.2 单谐振 SHG 器件

（1）单泵浦谐振 SHG 器件

在 $R_{Bf} \neq 0$ 及 $R_{Bb} = 0$ 的单泵浦谐振 SHG 器件中，前端面镜的 SH 波反射率只减少了 SH 输出功率。因此，我们只考虑 $R_{Bb} = 0$（也就是 $B_f = 0$）的器件。

对器件的分析使用 $\Delta = 0$ 下的 NPDA。在 NPDA 下，从式（4.3a）、式（4.4a）、边界条件式（4.1a）和式（4.1e），我们有

$$A_b^+ = \frac{\sqrt{1 - R_{Ab}}}{1 - \sqrt{R_{Af} R_{Ab}} \exp(-\alpha_A L)} A_i^+ \tag{4.6a}$$

$$A_f^- = \frac{\sqrt{R_{Af}(1 - R_{Ab})} \exp(-\alpha_A L / 2)}{1 - \sqrt{R_{Af} R_{Ab}} \exp(-\alpha_A L)} A_i^+ \tag{4.6b}$$

将式（4.6a）和式（4.6b）分别代入式（4.3b）和式（4.4b），且 $B_f = 0$，利用边界条件式（4.1c），可以得到

$$B_f^+ = -j\kappa(A_i^+)^2 \left[1 + R_{Af}\sqrt{R_{Bb}} \exp\{-(\alpha_A + \alpha_B / 2)L\} \right]$$

$$\times \frac{\exp(-\alpha_B L / 2) - \exp(-\alpha_A L)}{\alpha_A - \alpha_B / 2} \left\{ \frac{\sqrt{1 - R_{Ab}}}{1 - \sqrt{R_{Af} R_{Ab}} \exp(-\alpha L)} \right\}^2 \tag{4.7}$$

单泵浦谐振 SHG 器件的效率 η_{SPR} 为 $\left|B_{\mathrm{o}}^{+}\right|^{2}/\left|A_{\mathrm{i}}^{+}\right|^{2}=\left|B_{\mathrm{f}}^{+}\right|^{2}/\left|A_{\mathrm{i}}^{+}\right|^{2}$。$R_{\mathrm{Ab}}=R_{\mathrm{Af}}=R_{\mathrm{Bb}}=R_{\mathrm{Bf}}=0$ 时，行波 SHG 器件的效率为 $\eta_{\mathrm{TW}}=\kappa^{2}\left|A_{\mathrm{i}}^{+}\right|^{2}\left\{\exp(-\alpha_{\mathrm{B}}L/2)-\exp(-\alpha_{\mathrm{A}}L)\right\}^{2}/(\alpha_{\mathrm{A}}-\alpha_{\mathrm{B}})^{2}$。因此，由泵浦谐振造成的效率增强为

$$\frac{\eta_{\mathrm{SPR}}}{\eta_{\mathrm{TW}}}=\frac{(1-R_{\mathrm{Ab}})^{2}\left[1+R_{\mathrm{Af}}\sqrt{R_{\mathrm{Bb}}}\exp\left\{-(\alpha_{\mathrm{A}}+\alpha_{\mathrm{B}}/2)L\right\}\right]^{2}}{\left\{1-\sqrt{R_{\mathrm{Af}}R_{\mathrm{Ab}}}\exp(-\alpha_{\mathrm{A}}L)\right\}^{4}} \tag{4.8}$$

对于较大增强的 R_{Af}，其最优化值为 $R_{\mathrm{Af}}=1$。假定泵浦的损耗因子等于 SH 波的损耗因子，即 $\alpha_{\mathrm{A}}=\alpha_{\mathrm{B}}=\alpha$，$R_{\mathrm{Af}}=0$ 和 $R_{\mathrm{Bb}}=0$ 时的效率增强 $\eta_{\mathrm{SPR}}/\eta_{\mathrm{TW}}$ 情况如图 4.2 所示。在谐振器件中，小的 αL 可以实现显著的效率增强。点线显示了在满足匹配条件 $R_{\mathrm{Ab}}\exp(2\alpha L)=R_{\mathrm{Af}}$ 的谐振器件中的增强。当满足匹配条件时，谐振器件对于一个给定的 αL 可以提供最大的效率增强。

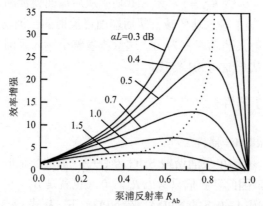

图 4.2　多种 αL 值情况下使用 NPDA 计算得到在 $R_{\mathrm{Af}}=1$ 的单泵浦谐振 SHG 器件中的效率增强与 R_{Ab} 的依赖关系

点线表示在满足匹配条件的谐振腔中得到的增强因子

当 SHG 的泵浦消耗不可忽略时，式（4.6a）和式（4.6b）也不再适用，泵浦消耗依赖于自身的功率，因此，不论 A_{b}^{+} 或 A_{f}^{-} 都无法表示为 A_{i}^{+} 的一个显函数。用 A_{b}^{+} 作为一个独立参量，仍有可能得到 $B_{\mathrm{b}}^{+}=0$ 的器件的一个自洽的解析解。当 A_{b}^{+} 和 $B_{\mathrm{b}}^{+}(=0)$ 被给出时，A_{f}^{+} 和 B_{f}^{+} 可以从无损波导的模式耦合方程（3.13a）和方程（3.13b）或有损波导的模式耦合方程（4.2a）和方程（4.2b）求解得到。式（4.1e）和式（4.1h）分别给出 A_{f}^{-} 和 B_{f}^{-}，且 SH 的输出 B_{o}^{+} 从式（4.1g）获得。A_{b}^{-} 和 B_{b}^{-} 从式（3.13a）和式（3.13b）或式（4.1a）～式（4.1h）得出，其中 $A(0)=A_{\mathrm{f}}^{-}$，$B(0)=B_{\mathrm{f}}^{-}$。这个步骤给出了一个满足式（4.1a）的输入泵浦振幅 A_{i}^{+} 的自洽解。计算 $R_{\mathrm{Af}}=1$ 及 $R_{\mathrm{Bb}}=R_{\mathrm{Bf}}=0$ 的器件的 SHG 效率，如图 4.3 所示[7]。图 4.3a 显示的是对于多种 R_{Ab}，SHG 效率同标准化泵浦振幅 $\kappa\left|A_{\mathrm{i}}^{+}\right|L$ 的依赖关系。随着 $\kappa\left|A_{\mathrm{i}}^{+}\right|L$ 的增加，效率在低

泵浦区域快速增加，但是在高泵浦区域减小。这是因为强烈的行波 SHG 相互作用，导致泵浦消耗，使泵浦功率无法在谐振器件中累积。图 4.3b 显示的是多种 ΔL 下的依赖关系。虽然相位失配导致效率降低，但是效率在低泵浦区域中仍然可以得到显著的增强。传播损耗的效果如图 4.3c 所示。效率增强只能在低损耗波导中获得。

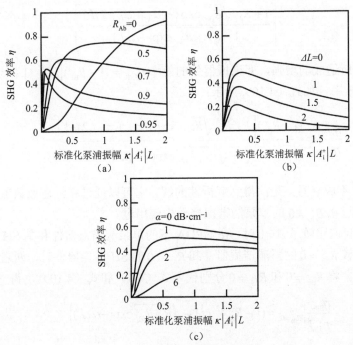

图 4.3　在 $R_{Bb} = R_{Bf} = 0$ 和 $R_{Af} = 1$ 的单泵浦谐振 SHG 器件中 SHG 效率与标准化泵浦振幅之间的依赖关系

（a）无相位失配和无损情况下对于多种 R_{Ab} 的上述依赖关系，$R_{Ab} = 0$ 时的器件是一个行波器件；（b）在 $R_{Ab} = 0.7$ 时、无损情况下对于多种相位失配的上述依赖关系；（c）在 $R_{Ab} = 0.7$、$L = 3$ mm 和无相位失配下对于多种传播损耗的上述依赖关系。假定泵浦的损耗因子等于 SH 损耗因子，即 $\alpha_A = \alpha_B = \alpha$

　　对于 $B_b^+ \neq 0$ 的情况，无法解析性地建立解，但是可以通过相继的近似数值计算得到。我们可以设定 B_b^+ 的初始值为 0，即 $(B_b^+)_0 = 0$，接着按照建立 $B_b^+ = 0$ 器件的解析解的步骤进行计算，得出一个新的 B_b^+ 值，即 $(B_b^+)_1$。当误差 $(B_b^+)_1 - (B_b^+)_0$ 为 0 时，所得到的场是自洽的。我们可以通过加上误差的一半来得到新的 B_b^+ 值，以进行迭代计算求解。这个步骤不仅仅适用于单泵浦谐振器件，同样也适用于单 SH 和双谐振器件。

　　（2）单 SH 谐振 SHG 器件

　　在一个 $R_{Af} = 0$ 及 $R_{Ab} \neq 0$ 的单 SH 谐振波导 SHG 器件中，后端面镜的泵浦反射只减少了耦合进腔的泵浦功率和 SHG 效率。因此，我们只分析 $R_{Ab} = 0$（即 $A_i^+ = A_b^+$）

的器件。$\Delta = 0$ 时，我们用 NPDA 的方法分析器件。在 NPDA 下，从式（4.3a）和式（4.1e）得到一个公式：$A_f^- = \sqrt{R_{Af}} A_b^+ \exp(-\alpha_A L / 2)$。将这个公式和 $A_i^+ = A_b^+$ 代入式（4.3b）和式（4.4b），同时采用边界条件式（4.1c）和式（4.1h），我们得到

$$
\begin{aligned}
B_f^+ = &-j\kappa (A_i^+)^2 \frac{\exp(-\alpha_B L / 2) - \exp(-\alpha_A L)}{\alpha_A - \alpha_B / 2} \\
&\times \left[\frac{1 + R_{Af}\sqrt{R_{Bb}}\exp\{-(\alpha_A + \alpha_B / 2)L\}}{1 - \sqrt{R_{Bf}R_{Bb}}\exp(-\alpha_B L)} \right]
\end{aligned}
\tag{4.9}
$$

谐振效应所造成的增强，即谐振器件的效率 $\eta_{SSR} = (1 - R_{Bf})\left|B_f^+\right|^2 / \left|A_i^+\right|^2$ 除以行波器件 η_{TW} 的效率，如式（4.10）所示：

$$
\frac{\eta_{SSR}}{\eta_{TW}} = \frac{(1 - R_{Bf})\left[1 + R_{Af}\sqrt{R_{Bb}}\exp\{-(\alpha_A + \alpha_B / 2)L\} \right]^2}{\left\{ 1 - \sqrt{R_{Bf}R_{Bb}}\exp(-\alpha_B L) \right\}^2}
\tag{4.10}
$$

当 NPDA 不成立时，无法得到解析性的解。它可以通过相继近似数值计算得到，这种近似已在 $B_b^+ \neq 0$ 的单泵浦谐振器件中使用过。

在这里，我们比较了 $\Delta = 0$ 时，在 NPDA 下的单泵浦谐振器件和单 SH 谐振器件。当我们比较 $R_{Bb} = 0$ 的泵浦谐振器件和 $R_{Af} = 0$ 的 SH 谐振器件时，两者的差别就变得很明显。将 $R_{Bb} = 0$ 和 $R_{Af} = 0$ 分别代入式（4.8）和式（4.10），得

$$
\left.\frac{\eta_{SPR}}{\eta_{TW}}\right|_{R_{Bb}=0} = (1 - R_{Af})^2 / \left\{ 1 - \sqrt{R_{Af}R_{Ab}}\exp(-\alpha_A L) \right\}^4
\tag{4.11a}
$$

$$
\left.\frac{\eta_{SSR}}{\eta_{TW}}\right|_{R_{Af}=0} = (1 - R_{Bf}) / \left\{ 1 - \sqrt{R_{Bf}R_{Bb}}\exp(-\alpha_B L) \right\}^2
\tag{4.11b}
$$

从这可以看出，泵浦谐振器件的增强是与之相应的 SH 谐振器件的平方。这是因为在泵浦谐振器件的 SHG 过程中，由谐振性所造成的泵浦功率增强是成平方的。一般而言，泵浦谐振器件具有获得高效率的优势。

4.1.3　双谐振 SHG 器件

用 NPDA 分析双谐振 SHG 器件。假设满足 $\Delta = 0$，在 NPDA 下，SHG 的相互作用并不影响腔内的泵浦场。式（4.6a）和式（4.6b）在双谐振器件中也是适用的。将式（4.6a）和式（4.6b）分别代入式（4.3b）和式（4.4b），利用式（4.1c）和式（4.1h），得到 B_f^+ 为

$$B_f^+ = -j\kappa(A_i^+)^2 \frac{\exp(-\alpha_B L/2) - \exp(-\alpha_A L)}{\alpha_A - \alpha_B/2}$$

$$\frac{(1-R_{Ab})\left[1 + R_{Af}\sqrt{R_{Bb}}\exp\{-(\alpha_A + \alpha_B/2)\}L\right]}{\left\{1 - \sqrt{R_{Af}R_{Ab}}\exp(-\alpha_A L)\right\}^2 \left\{1 - \sqrt{R_{Bf}R_{Bb}}\exp(-\alpha_B L)\right\}} \quad (4.12)$$

SHG 效率通过双谐振增强，即双谐振器件效率 $\eta_{DR} = (1-R_{Bf})|B_f^+|^2/|A_i^+|^2$ 除以行波 SHG 器件效率 η_{TW}。

$$\frac{\eta_{DR}}{\eta_{TW}} = \frac{(1-R_{Bf})(1-R_{Ab})^2\left[1 + R_{Af}\sqrt{R_{Bb}}\exp\{-(\alpha_A + \alpha_B/2)L\}\right]^2}{\left\{1 - \sqrt{R_{Af}R_{Ab}}\exp(-\alpha_A L)\right\}^4 \left\{1 - \sqrt{R_{Bf}R_{Bb}}\exp(-\alpha_B L)\right\}^2} \quad (4.13)$$

当 NPDA 无效时，采用 4.1.2 节所示的相继近似数值计算自洽解。计算 $L = 3\,\text{mm}$、$R_{Af} = R_{Bb} = 1$ 和 $R_{Bf} = 0.95$ 的双谐振 SHG 器件的 SHG 效率，如图 4.4 所示[7]。图 4.4a 显示的是多种 R_{Ab} 下效率与 $\kappa|A_i^+|L$ 的依赖关系。效率在一个有限的泵浦振幅处有一个最大值为 100%，当满足匹配条件式（4.5）时，可获得完全的转换。图 4.4b 显示的是多种 ΔL 下 SHG 效率与 $\kappa|A_i^+|L$ 的依赖关系。即使存在一些相位失配，峰值效率依然难以降低。传播损耗的效果如图 4.4c 所示。即使传播损耗很

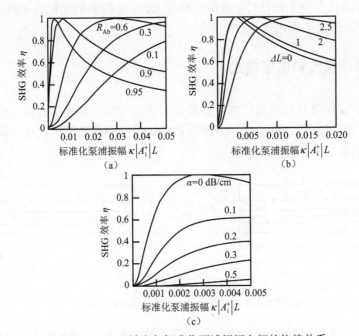

图 4.4　SHG 效率与标准化泵浦振幅之间的依赖关系

（a）对于无相位失配和无损情况下的多种 R_{Ab}；（b）对于 $R_{Ab} = 0.95$、无损情况下的多种相位失配；（c）对于 $R_{Ab} = 0.95$ 和无相位失配下的多种传播损耗。假定 $\alpha_A = \alpha_B = \alpha$

微小，SHG 效率也会大幅降低。所以，为了应用于双谐振 SHG 器件，使用极低损耗的波导是非常有必要的。

已经对双谐振器件的定态解的稳定性开展研究，当泵浦功率远高于上述讨论的功率时，有望实现自脉动和谐波输出光学双稳态[3]。

4.2　光参量振荡

在 OPA（见 3.1.4 节的描述）中，信号波和闲波之间相干性放大。当 OPA 结合光学腔中信号和/或闲波波长上的谐振反馈时，若泵浦功率足够高，能给出适当的 OPA 增益，便产生在两波长上的振荡，这称为 OPO。OPO 具有一些独特的优势，例如，在无法得到激光振荡的波长上产生相干光波、单个晶体的广域调谐范围、单一材料下的广波长覆盖，特别是 QPM 下的光波长覆盖。

本节描述的是波导中各种 OPO 类型的理论处理。块状非线性光学晶体中的 OPO 理论分析已有一些科学家报道，包括 Siegman[9]和 Boyd 等[10]。Boyd 在文献[11]中提出在 GaAs 薄膜波导中 OPO 相位匹配的理论分析。对块状晶体中的 OPO 的相关理论与实验工作的综述参考 Byer 的文献[12]。Myers 等关于块状 QPM 结构中的 OPO 的综述见参考文献[13]。对反向传播 OPA 结构中的无镜式 OPO 的讨论见 3.1.4 节，本节将不再讨论。

4.2.1　波导谐振器和谐振模式

波导光参量振荡可以通过在波导参量放大器上增加一对高反射镜，构建一个法布里-珀罗谐振器来实现，如图 4.5 所示。多层绝缘薄膜镜面可以直接淀积在波导端面上，使其具有小型性和鲁棒性。

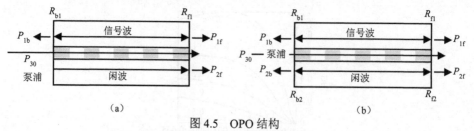

图 4.5　OPO 结构
（a）单谐振振荡器（SRO）；（b）双谐振振荡器（DRO）

我们首先考虑无泵浦下的波导法布里-珀罗谐振腔中的一个角频率为 ω 的导模场。L 和 N 分别为波导的长度和导波的模式指数。R_f 和 R_b 分别为前端面镜的功率反射率和后端面镜的功率反射率，为了简化，省略与反射相关的相位变化。导波在波导腔中前后来回传播，且谐振条件为对应于一个 2π 的整数倍往返行程的相位滞后，即 $2\beta L = 2NkL = 2N(\omega/c)L = 2\pi m$。谐振的纵向（轴向）模式包含了满足这个条件的各种频率。模式分离为

$$\Delta\omega = \frac{2\pi c}{2N_{\mathrm{g}}L}, \quad N_{\mathrm{g}} = N + \omega\frac{\partial N}{\partial\omega} \tag{4.14}$$

式中，N_{g} 为有效群折射率。

设 α_{i} 为导波的损耗（吸收和散射）因子。在一个往返行程后，导波的功率为初始值的 $R_{\mathrm{f}}R_{\mathrm{b}}\exp(-2\alpha_{\mathrm{i}}L)$ 倍。往返时间为 $2L/v_{\mathrm{g}}$，其中群速 $v_{\mathrm{g}} = c/N_{\mathrm{g}}$。于是，储藏在谐振器中的能量以 $\exp(-t/\tau_{\mathrm{p}})$ 的形式衰减，其中

$$\frac{1}{\tau_{\mathrm{p}}} = v_{\mathrm{g}}(\alpha_{\mathrm{i}} + \alpha_{\mathrm{m}}), \quad \alpha_{\mathrm{m}} = \frac{1}{2L}\ln\frac{1}{R_{\mathrm{f}}R_{\mathrm{b}}} \tag{4.15}$$

式中，参量 τ_{p} 为光子寿命；α_{i} 和 α_{m} 分别为内部损耗和镜面损耗。一个高 Q 谐振腔具有很长的光子寿命。虽然这里是直观地得到了这个结果，但是其有效性也可通过严格的分析来证明。当无光源时，腔中的场是一个正向和反向导波所叠加形成的驻波，腔外的场是离开腔传播的行波。假定存在一个角频率为 ω 的场，它（除了接近于 0 的场）在端镜处并不满足边界条件，因此这样的一个场无法以稳定状态存在。然而，如果将频率延伸至一个复频率 $\omega + \mathrm{j}\gamma$，其中 $2\gamma = 1/\tau_{\mathrm{p}}$，场将满足边界条件。

4.2.2 单谐振振荡器

OPO 不仅可以在信号波的谐振器中实现，也可以在一个信号波和闲波的谐振器中实现，我们暂时假设反射镜对于泵浦是完全透射的。本节考虑前者的情况。波导端面的镜面对闲波的反射率假定为 0。这样的一个 OPO 器件称为 SRO。

（1）振荡阈值

当一频率为 ω_3、振幅为 A_{30} 的泵浦从器件的左侧入射，波导腔内可能产生相位匹配频率或其附近频率处的 OPA。信号波频率 ω_1、闲波频率 ω_2 与泵浦频率 ω_3 的关系为 $\omega_3 = \omega_1 + \omega_2$。精确（准）相位匹配条件为式（3.40）中的 $\Delta = 0$。相位匹配带宽由式（3.60）或式（3.61）给出。NPDA 下的非简并 OPA 模式耦合方程为式（3.54a）和式（3.54b）。一般地，我们可以认为 $\kappa_1 A_{30}$ 是实数。对于处在相位匹配带宽中的信号波和闲波频率，我们可近似设定 $\Delta = 0$。则式（3.54a）式（3.54b）可以由边界条件式 $A_1(0) = A_{10}$ 和 $A_2(0) = 0$ 解得，得到

$$A_1(z) = A_{10}\cosh\Gamma z \tag{4.16a}$$

$$A_2^*(z) = +\mathrm{j}\sqrt{\omega_2/\omega_1}\,\exp(-\mathrm{j}\theta)A_{10}\sinh\Gamma z \tag{4.16b}$$

式中， $\Gamma = \sqrt{\kappa_1\kappa_2^* P_{30}} = |\kappa_1|\sqrt{(\omega_2/\omega_1)P_{30}} = |\kappa_2|\sqrt{(\omega_1/\omega_2)P_{30}}$ 为增益因子；其中 $P_{30} = |A_{30}|^2$ 为入射泵浦功率； $\exp(\mathrm{j}\theta) = (\kappa_1/|\kappa_1|)(A_{30}/|A_{30}|)$ 。

设 R_{f1} 和 R_{b1} 是端面镜对信号波的功率反射率。为了简便，省略了反射系数的相位因子。联立式（4.16a）、一个往返程的传播相位、损耗因子及在端面镜上的边界条件，我们得到

$$A_{10} = A_{10}\cosh(\Gamma L)\exp(2\mathrm{j}\beta_1 L)\exp(-\alpha_{\mathrm{i1}}L)\sqrt{R_{\mathrm{f1}}R_{\mathrm{b1}}} \tag{4.17}$$

仅当下式成立时，以上公式才有非零解（ $A_{10}\neq 0$ ）。

$$\cosh(\Gamma L)\exp(2\mathrm{j}\beta_1 L)\exp(-\alpha_{\mathrm{i1}}L)\sqrt{R_{\mathrm{f1}}R_{\mathrm{b1}}} = 1 \tag{4.18}$$

这个是振荡阈值条件，可以改写为

$$2\beta_1 L = 2\pi m \qquad (m \text{ 为整数}) \tag{4.19a}$$

$$\cosh(\Gamma L) = \exp\left[(\alpha_{\mathrm{i1}} + \alpha_{\mathrm{m1}})L\right] \tag{4.19b}$$

相位条件式（4.19a）显示，振荡可以在谐振模式的信号频率上得到。因为 OPA 增益随着 Δ 增加而减少，所以通过增加泵浦功率，最靠近精确相位匹配的 ω_1 频率的谐振模式将开始振荡。参量荧光将在 5.8 节讨论，其将提供振荡的种子。闲波频率 ω_1 通过 $\omega_2 = \omega_3 - \omega_1$ 可得。根据振幅条件式（4.19b），阈值泵浦功率的表达式为

$$P_{3\mathrm{th}} = \frac{\left[\mathrm{arcosh}\left[\exp\left\{(\alpha_{\mathrm{i1}} + \alpha_{\mathrm{m1}})L\right\}\right]\right]^2}{\kappa_1\kappa_2 L^2} \tag{4.20a}$$

$$\cong \frac{2(\alpha_{\mathrm{i1}} + \alpha_{\mathrm{m1}})}{\kappa_1\kappa_2 L} = \frac{1}{\kappa_1\kappa_2 L^2}\left(2\alpha_{\mathrm{i1}}L + \ln\frac{1}{R_{\mathrm{f1}}R_{\mathrm{b1}}}\right), \quad (\alpha_{\mathrm{i1}} + \alpha_{\mathrm{m1}})L \ll 1 \tag{4.20b}$$

对于大多数波导 OPA 晶体，相位匹配带宽比式（4.14）给出的模式分离宽得多。这意味着振荡模式完全在相位匹配带宽之内，这保证了上述 $\Delta = 0$ 近似的有效性。

对于一给定的泵浦频率，振荡信号和闲波频率主要由相位匹配条件决定。这意味着可以通过设计合适的 QPM 周期来覆盖非常宽广的振荡波长范围。虽然在块状器件中可行的角度调谐在波导器件中并不可行，但是，以模式分离为步长的振荡波长广域调谐可以通过温度控制来实现。

（2）转换效率和输出功率

当泵浦功率超过其阈值，部分泵浦功率会被转化为信号波功率和闲波功率。

泵浦消耗以维持振荡条件的方式发生。在这样的情况下，不能使用 NPDA，且模式耦合方程必须在考虑泵浦消耗的情况下来求解。一般来说，这需要用到数值计算。但是大部分的 OPO 器件保持 $(\alpha_{i1} + \alpha_{m1})L \ll 1$，且因为保持振荡条件，所以信号波振幅在谐振器中不会出现较大的增长。因此我们可以采用均匀场近似（uniform field approximation，UFA），其中，信号波振幅近似为一个常数 $A_1(z) = A_1$。因而 $\Delta = 0$ 下的模式耦合方程简化为

$$\mathrm{d}A_2(z) / \mathrm{d}z = -\mathrm{j}\kappa_2 A_1^* A_3(z), \quad \mathrm{d}A_3(z) / \mathrm{d}z = -\mathrm{j}\kappa_3 A_1 A_2(z) \qquad (4.21)$$

这很容易由边界条件式 $A_3(0) = A_{30}$、$A_2(0) = 0$ 求解得到

$$\left| A_2(L) \right|^2 = (\omega_2 / \omega_3) \left| A_{30} \right|^2 \sin^2 \sqrt{\kappa_2 \kappa_3 \left| A_1 \right|^2} L \qquad (4.22\mathrm{a})$$

$$\left| A_3(L) \right|^2 = \left| A_{30} \right|^2 \cos^2 \sqrt{\kappa_2 \kappa_3 \left| A_1 \right|^2} L \qquad (4.22\mathrm{b})$$

式（4.22a）和式（4.22b）分别给出输出（产生的）闲波功率和透射泵浦功率。由曼利-罗关系有，所产生的总信号功率为 $(\omega_1 / \omega_2) \left| A_2(L) \right|^2$。这些功率表达式满足功率守恒关系。总转换效率为

$$\eta_{\mathrm{tot}} = \left[(\omega_1 / \omega_2) + 1 \right] \left| A_2(L) \right|^2 / \left| A_{30} \right|^2 = \sin^2 \sqrt{\kappa_2 \kappa_3 \left| A_1 \right|^2} L \qquad (4.23)$$

以正向波和反向波的形式储藏在谐振器中的信号能量为 $2L \left| A_1 \right|^2 / v_{\mathrm{g1}}$。每单位时间内总信号能量的消耗量为 $(1 / \tau_{\mathrm{p1}})(2L \left| A_1 \right|^2 / v_{\mathrm{g1}}) = 2L(\alpha_{i1} + \alpha_{m1}) \left| A_1 \right|^2$，等于所产生的功率 $(\omega_1 / \omega_2) \left| A_2(L) \right|^2$。因此，由式（4.20b）和式（4.22a），我们得到

$$\mathrm{sinc}^2 \sqrt{\kappa_2 \kappa_3 \left| A_1 \right|^2} L = (P_{30} / P_{3\mathrm{th}})^{-1}, \quad P_{30} \geqslant P_{3\mathrm{th}} \qquad (4.24)$$

式中，$\mathrm{sinc}\, x = \sin x / x$；$P_{30} = \left| A_{30} \right|^2$ 为输入的泵浦功率。因为所产生的信号功率分为内部损耗和向前与向后的输出光束，三者存在 $\alpha_{i1} : \alpha_{m1f} : \alpha_{m1b}$ 的比率，正向输出信号功率和闲波功率为

$$P_{1\mathrm{f}} = \frac{\omega_1}{\omega_3} \eta_{\mathrm{tot}} P_{30} \frac{\alpha_{m1f}}{\alpha_{i1} + \alpha_{m1}} \cong \frac{\omega_1}{\omega_3} \eta_{\mathrm{tot}} P_{30} \frac{1 - R_{f1}}{2\alpha_{i1} L + (1 - R_{f1}) + (1 - R_{b1})} \qquad (4.25\mathrm{a})$$

$$P_{2\mathrm{f}} = (\omega_2 / \omega_3) \eta_{\mathrm{tot}} P_{30} \qquad (4.25\mathrm{b})$$

反向输出信号功率由 R_{f1} 和 R_{b1} 交换时的式（4.25a）给出，且反向闲波功率为 0。总转换效率 η_{tot} 和标准化输出功率 $\eta_{\mathrm{tot}}(P_{30} / P_{3\mathrm{th}})$ 同标准化泵浦功率 $P_{30} / P_{3\mathrm{th}}$ 之间的依赖关系由式（4.23）和式（4.24）给出，其曲线见图 4.6。效率 η_{tot} 在 $P_{30} / P_{3\mathrm{th}} = (\pi / 2)^2$ 时取最大值 1。

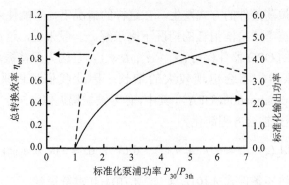

图 4.6   SRO 的总转换效率和标准化输出功率

4.2.3 双谐振振荡器

本节考虑存在信号波和闲波的谐振腔中的 OPO,这样的 OPO 器件叫作 DRO。

（1）振荡阈值

考虑在双谐振腔中的非简并 OPA,其中泵浦频率为 ω_3 ,入射振幅为 A_{30} 。OPA 可能发生在相位匹配频率及其附近,信号波频率 ω_1 、闲波频率 ω_2 与 ω_3 的关系为 $\omega_3 = \omega_1 + \omega_2$ 。信号波和闲波频率完全处在相位匹配带宽（$\Delta = 0$）内时,NPDA 模式耦合公式（3.54a）和式（3.54b）可以由边界条件式 $A_1(0) = A_{10}$ 和 $A_2(0) = A_{20}$ 解得,从而得到式（4.26a）和式（4.26b）。

$$A_1(z) = A_{10} \cosh \Gamma z - \mathrm{j}\sqrt{\omega_1 / \omega_2} \exp(\mathrm{j}\theta) A_{20}^* \sinh \Gamma z \qquad (4.26a)$$

$$A_2^*(z) = +\mathrm{j}\sqrt{\omega_2 / \omega_1} \exp(-\mathrm{j}\theta) A_{10} \sinh \Gamma z + A_{20}^* \cosh \Gamma z \qquad (4.26b)$$

式中, $\Gamma = \sqrt{\kappa_1 \kappa_2^* P_{30}}$ 为增益因子; $P_{30} = |A_{30}|^2$ 为输入泵浦功率; $\exp(\mathrm{j}\theta) = (\kappa_1 / |\kappa_1|)$ $(A_{30} / |A_{30}|)$ 。

令 R_{f1} 、 R_{b1} 和 R_{f2} 、 R_{b2} 分别为信号波和闲波在端面镜上的功率反射率。假定信号波频率和闲波频率各自满足一种谐振模式（ $2\beta_1 L = 2\pi m_1$, $2\beta_2 L = 2\pi m_2$ ）。接着,联立式（4.26a）、式（4.26b）、一个往返程下的传播相位、损耗因子及在端面镜上的边界条件,我们得式（4.27a）和式（4.27b）。

$$A_{10} = \left[A_{10} \cosh \Gamma L - \mathrm{j}\sqrt{\omega_1 / \omega_2} \exp(\mathrm{j}\theta) A_{20}^* \sinh \Gamma L \right] \exp(-\alpha_{\mathrm{i1}} L)\sqrt{R_{\mathrm{f1}} R_{\mathrm{b1}}} \qquad (4.27a)$$

$$A_{20}^* = \left[\mathrm{j}\sqrt{\omega_2 / \omega_1} \exp(-\mathrm{j}\theta) A_{10} \sinh \Gamma L + A_{20}^* \cosh \Gamma L \right] \exp(-\alpha_{\mathrm{i2}} L)\sqrt{R_{\mathrm{f2}} R_{\mathrm{b2}}} \qquad (4.27b)$$

为了得到非零的解（ $A_{10} \neq 0$ 或 $A_{20} \neq 0$ ）,上述方程的行列式必须为 0,得到

$$\cosh(\Gamma L) = \frac{\exp[(\alpha_{\mathrm{i1}} + \alpha_{\mathrm{m1}})L]\exp[(\alpha_{\mathrm{i2}} + \alpha_{\mathrm{m2}})L] + 1}{\exp[(\alpha_{\mathrm{i1}} + \alpha_{\mathrm{m1}})L] + \exp[(\alpha_{\mathrm{i2}} + \alpha_{\mathrm{m2}})L]} \qquad (4.28)$$

这个是振荡阈值条件，且其在 $R_{f2}R_{b2} = 0(\alpha_{m2}L \to \infty)$ 时简化为

$$P_{3th} = \frac{1}{\kappa_1 \kappa_2 L^2} \left\{ \operatorname{arccosh} \frac{\exp\left[(\alpha_{i1} + \alpha_{m1})L\right]\exp\left[(\alpha_{i2} + \alpha_{m2})L\right] + 1}{\exp\left[(\alpha_{i1} + \alpha_{m1})L\right] + \exp\left[(\alpha_{i2} + \alpha_{m2})L\right]} \right\}^2 \quad (4.29a)$$

$$\cong \frac{(\alpha_{i1} + \alpha_{m1})(\alpha_{i2} + \alpha_{m2})}{\kappa_1 \kappa_2}, \quad (\alpha_{i1} + \alpha_{m1})L \ll 1, \quad (\alpha_{i2} + \alpha_{m2})L \ll 1 \quad (4.29b)$$

通过增加泵浦功率，最接近精确相位匹配的谐振信号波频率 ω_1 和闲波模式频率 ω_2 将开始振荡。参量荧光提供了振荡的种子。因为相位匹配带宽比模式分离宽得多，振荡模式完全在匹配带宽中，确保了 $\varDelta = 0$ 近似的有效性。

从式（4.20b）和式（4.29b）得

$$\frac{[P_{3th}]_{DRO}}{[P_{3th}]_{SRO}} = \frac{(\alpha_{i2} + \alpha_{m2})L}{2} = \frac{1}{2}\left(\alpha_{i2}L + \frac{1}{2}\ln\frac{1}{R_{f2}R_{b2}}\right) \cong \frac{1}{2}\left(\alpha_{i2}L + 1 - \frac{R_{f2} + R_{b2}}{2}\right) \quad (4.30)$$

我们从式（4.30）可以看出，高 Q 谐振腔[$(\alpha_{i1} + \alpha_{m1})L \ll 1$]中 DRO 的振荡阈值比 SRO 的低得多。另外，在 DRO 中，泵浦频率相对于谐振信号与闲波频率的和频 $(\omega_1 + \omega_2)$ 的轻微偏离将引起阈值的明显增长。这意味着，为了实现振荡，必须精确地调谐泵浦频率或谐振腔。这需要精确的温度控制，所以在实际中维持 DRO 的稳定震荡比维持 SRO 的稳定震荡更难。

（2）转换效率和输出功率

为了计算高于阈值时的转换效率和输出功率，我们采用 UFA，其中的信号振幅近似为常数 $A_1(z) = A_1$，闲波振幅近似为常数 $A_2(z) = A_2$。则对于正向 OPA，$\varDelta = 0$ 时的模式耦合方程（3.39a）和方程（3.39b）简化为

$$dA_3(z)/dz = -j\kappa_3 A_1 A_2 \quad (4.31)$$

边界条件式 $A_3(0) = A_{30}$ 的解为

$$A_3(z) = A_{30} - j\kappa_3 A_1 A_2 z \quad (4.32)$$

从式（4.27a）、式（4.27b）和式（4.28）可以得出，对于这种振荡形式，A_{30} 为正时，$j\kappa_3 A_1 A_2$ 也为正。这个关系在高于阈值时被维持。因此，透射泵浦功率为

$$|A_3(L)|^2 = |A_{30} - j\kappa_3 A_1 A_2 L|^2 = P_3 - 2\kappa_3 L\sqrt{P_{30}|A_1|^2|A_2|^2} + \kappa_3^2 L^2 |A_1|^2 |A_2|^2 \quad (4.33)$$

式中，$P_{30} = |A_{30}|^2$ 为输入泵浦功率。反射的信号波和闲波相互作用产生一个泵浦频率的后向光波（SFG）。模式耦合方程同样为式（4.31），且边界条件是在前端平面上所产生的后向光波振幅为 0。从器件反射的泵浦功率的解为 $|\kappa_3 A_1 A_2 L|^2$。

谐振腔中所储蓄的信号能量为 $2L|A_1|^2/v_{g1}$，每单位时间的总损耗为 $(1/\tau_{p1})$

$(2L|A_1|^2 / v_{g1}) = 2(\alpha_{i1} + \alpha_{m1})L|A_1|^2$。对于闲波也有相似的表达式。损耗等于所产生的功率。则曼利–罗关系为

$$(\alpha_{i1} + \alpha_{m1})|A_1|^2 / \omega_1 = (\alpha_{i2} + \alpha_{m2})|A_2|^2 / \omega_2 \qquad (4.34)$$

且功率转换关系为

$$P_{30} - \left(P_{30} - 2\kappa_3 L\sqrt{|A_1 A_2|^2} + \kappa_3^2 L^3 |A_1 A_2|^2 \right) - \kappa_3^2 L^2 |A_1 A_2|^2$$
$$= 2(\alpha_{i1} + \alpha_{m1})L|A_1|^2 + 2(\alpha_{i2} + \alpha_{m2})L|A_2|^2 \qquad (4.35)$$

式中，$2(\alpha_{i1} + \alpha_{m1})L|A_1|^2 + 2(\alpha_{i2} + \alpha_{m2})L|A_2|^2$ 为产生的总功率。求解式（4.34）和式（4.35），我们得到总转换效率的表达式为

$$\eta_{tot} = \frac{2L\left[(\alpha_{i1} + \alpha_{m1})|A_1|^2 + 2(\alpha_{i2} + \alpha_{m2})|A_2|^2 \right]}{P_3} = 2\left[\left(\frac{P_{30}}{P_{3th}} \right)^{-1/2} - \left(\frac{P_{30}}{P_{3th}} \right)^{-1} \right] \qquad (4.36)$$

上式由式（4.29b）变形而来。正向输出信号功率为

$$P_{1f} = \frac{\omega_1}{\omega_3} \eta_{tot} P_{30} \frac{\alpha_{m1f}}{\alpha_{i1} + \alpha_{m1}} \cong \frac{\omega_1}{\omega_3} \eta_{tot} P_{30} \frac{1 - R_{f1}}{2\alpha_{i1}L + (1 - R_{f1}) + (1 - R_{b1})} \qquad (4.37)$$

反向输出信号功率由式（4.37）给出，其中 R_{f1} 和 R_{b1} 互相交换。输出闲波功率有相似的表达式，其中用 ω_2、α_2、R_2 分别替代 ω_1、α_1、R_1。总转换效率 η_{tot} 和标准化输出功率 $\eta_{tot}(P_{30} / P_{3th})$ 与标准化泵浦功率 P_{30} / P_{3th} 的依赖关系由式（4.36）给出，其曲线见图 4.7。效率 η_{tot} 在 $P_{30} / P_{3th} = 4$ 处取得最大值 1/2。

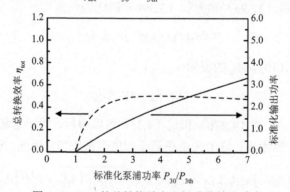

图 4.7　DRO 的总转换效率和标准化输出功率

4.2.4　泵浦谐振振荡器

如果在 OPO 中加入对泵浦频率有高反射率的反射镜，使泵浦谐振，则谐

振腔中的泵浦功率可以得到很大的增强。在这样泵浦谐振振荡器中，泵浦向后向前来回传播，OPA 不仅发生在正向光波，也会发生在反向光波。因此，这可能很大地减小了振荡阈值。存在两种泵浦谐振 OPO；一种是双谐振振荡器（泵浦/信号谐振振荡器），另一种是三谐振振荡器（triply resonant oscillators，TRO）（泵浦/信号/闲波谐振振荡器）。对于这两种情况，从端面镜处的边界条件容易得出，在无泵浦消耗的谐振下，谐振腔中的正向和反向泵浦功率近似为 $P_{3\text{cavity}} = (1-R_{\text{b3}})\left[(\alpha_{i3}+\alpha_{\text{m3}})L\right]^{-2} P_{30}$，$P_{30}$ 为输入泵浦功率，R_{b3}、α_{i3}、α_{m3} 分别为泵浦的后端面镜反射率、内部损耗和端面镜损耗。

我们首先考虑一种泵浦/信号谐振振荡器。泵浦振荡器的一个重要的条件是正向和反向 OPA 相互同相位。这个条件在泵浦/信号谐振振荡器中自动满足，因为正向和反向闲波相位是独立变量。我们从无入射闲波的式（4.16a）和式（4.16b）看到，无论泵浦的相位和 κ 的值如何改变，放大信号的相位都与入射信号的相位相同，因而，在正向和反向 OPA 中得到相同的增益。此时的振荡条件为用 $\cosh^2(\Gamma L)$ 代替式（4.19b）中的 $\cosh(\Gamma L)$ 及用 $P_{3\text{cavity}}$ 代替 P_{30}。因而，我们得到阈值输入泵浦功率的一个表达式：

$$P_{3\text{th}} \cong \frac{(\alpha_{i1}+\alpha_{\text{m1}})(\alpha_{i3}+\alpha_{\text{m3}})^2 L}{\kappa_1 \kappa_2 (1-R_{\text{b3}})}, \quad (\alpha_{i1}+\alpha_{\text{m1}})L \ll 1, \quad (\alpha_{i2}+\alpha_{\text{m2}})L \ll 1 \quad (4.38)$$

从式（4.20b）和式（4.38）得

$$\frac{\left[P_{3\text{th}}\right]_{\text{PSRO}}}{\left[P_{3\text{th}}\right]_{\text{SRO}}} = \frac{(\alpha_{i3}+\alpha_{\text{m3}})^2 L^2}{2(1-R_{\text{b3}})} \cong \frac{1}{2(1-R_{\text{b3}})}\left(\alpha_{i3}L+1-\frac{R_{\text{f3}}+R_{\text{b3}}}{2}\right)^2 \quad (4.39)$$

这个结果显示，高 Q 泵浦/信号谐振 OPO 的振荡阈值比 SRO 的低。但是阈值的减小程度与上一节所提的 DRO 相比要小，除非泵浦光的内部损耗很小。如同上一节所提的 DRO，稳定的振荡需要精确的温度控制或泵浦频率调谐来实现。

我们接着考虑 TRO。可以预期其将得到超过 DRO 的泵浦功率阈值减小量。但是在 TRO 中，正向和反向 OPA 的同相条件无法自动满足。我们可以从式（4.13）得出，仅当 $-\mathrm{j}\kappa_1 A_{30} A_{20}^* / A_{10}$ 的值为正时，信号和闲波才被放大。如果正向和反向 OPA 不满足这个条件，往返程增益则要减小，甚至可能低于单程通过时的增益，难以实现振荡。为了满足这个条件，κ 和端面镜的反射率的相位之间的关系必须认真设计。实际上，这需要精确调整附加端面镜的相对位置或者 QPM 器件中周期性结构相对于端面镜位置的相位。另外，对三种频率的谐振调谐需要腔内温度控制和泵浦频率控制。因此，TRO 振荡虽然在原理上是可能的，但是实际上难以实现。

参 考 文 献

[1]　Ashkin, G.D.Boyd, J.M.Diedzic: IEEE J. Quantum Electron., 2, pp.106-124 (1966)

[2]　R.G.Smith: IEEE J.Quantum Electron., 6, pp.215-223 (1970)

[3]　P.D.Drummond, K.J.McNeil, D.F.Walls: Optica Acta, 27, pp.321-335 (1980)

[4]　W.J.Kozlovsky, C.D.Nabors, R.L.Byer: IEEE Quantum Electron, 24, pp.913-919(1988)

[5]　R.Regener, W.Sohler: J. Opt. Soc. Am. B, 5, pp.267-277 (1988)

[6]　T.Suhara, M.Fujimura, K.Kintaka, H.Nishihara, P.Krüz, T.Mukai: IEEE J. Quantum Electron., 32, pp.690-700 (1996)

[7]　M.Fujimura, T.Suhara, H.Nishihara: J. Lightwave Tech., 14, pp.1899-1906 (1996)

[8]　J.A.Armstrong, N.Bloembergen, J.Ducuing, P.S.Pershan: Phys. Rev., 127, pp.1918-1939 (1962)

[9]　A.E.Siegman: Appl. Opt., 1, pp.739-744 (1962)

[10]　G.D.Boyd, A.Ashkin: Phys. Rev., 146, pp.187-198 (1966)

[11]　J.T.Boyd: IEEE J. Quantum Electron., QE-8, pp.788-796 (1972)

[12]　R.L.Byer: Optical Parametric Oscillators, in H.Rabin, C.L.Tang ed.: *Quantum Electronics: A Treatise vol.l Nonlinear Optics*, I, *Nonlinear Optics*, Pt.B (Academic Press, New York 1975)

[13]　L.E.Myers, R.C.Eckardt, M.M.Fejer, R.L.Byer: J. Opt. Soc. Amer., B, 12, pp.2102-2116 (1995)

第5章　非线性光学器件的量子理论

本章描述非线性光学器件的量子特性。光波的量子特性影响着非线性光学的相互作用。根据量子理论，用电磁量代表的光波涉及与不确定原理相关的涨落。量子涨落的特性由量子态描述。实际上量子涨落引起了每个光波固有的量子噪声，因此限制了光学器件和系统的最终性能。在非线性光学器件中，光波可能经历量子态的转变，并且输出的光波常常显示特有的涨落特性。因此，为了深入理解非线性光学相互作用和明确非线性光学器件（如用于光记忆存储的 SHG 器件及用于光子网络的波长转换器件）的最终特性，分析和讨论这种量子特性具有重要的意义。

虽然在许多应用中不希望出现量子噪声的问题，但是，因为它提供了振荡的种子，所以在 OPO 中起着重要的作用。涨落在 OPA 中被放大，我们称为参量荧光，其具有特殊用途。如前几章所述，光子在 SHG 和 SFG 过程中被合并，而一个光子在 DFG、OPA 和 OPO 中被分解。因此，非线性光学器件中的波长转换可以看作是光子操控。光波的量子理论表明，涨落在不确定性原理所限制的范围内被压缩。压缩光，即光波的压缩态，可以在非线性光学器件中通过量子态转换来实现，并且在光通信和光测量方面具有潜在的应用。另一个重要的量子光学现象是相关光子对和孪生光子的产生。因此，非线性光学器件为光子操控和光学量子态控制提供了独特且有效的手段。非线性光学器件的这些量子光学功能有望在包括量子通信和计算的量子信息处理中得到重要的应用。

在以下章节中，将概述光波量子态的基本概念，并介绍用于描述量子涨落的一般数学表达式。然后基于涨落的传播矩阵法，给出了各种非线性光学相互作用理论的分析和讨论。在本章的数学表达式中，虚数单位用 i 表示，与量子理论文献中的表示一致。然而这些表达式可以通过使 $i = -j$ 容易地转换为工程的表达式。

5.1　光波的量子态

本节给出了光波量子化的概述，并总结了用于讨论非线性光学相互作用的量子光学特性的重要结论。对量子光学基本概念的完善描述见参考文献[1-7]。

5.1.1　场的量子化

一般而言，任意光波的电磁场都可以表达成模式叠加的形式。每个模式均用频率与满足波动方程和边界条件的空间分布来确定。考虑波导中的一个模式，其经典电场可表示为

$$E(r,t) = (1/2)\{a(t)E(r) + a^*(t)E^*(r)\} \tag{5.1}$$

假定空间分布函数 $E(r)$ 满足关于传播坐标 z 的周期性边界条件，并以下述方式被标准化：使周期性边界之间长度为 L_Q 的波导区域中的经典电磁场能量（经典哈密顿量）为 $(\hbar\omega/2)\times(aa^*+a^*a)$。在这里，$\hbar = h/2\pi$，$h$ 为普朗克常量，ω 为模式频率。

用振幅算符 a 和 $a^\dagger$ 来表示振幅 a 和 a^* 使场量子化，其遵守玻色子对易关系：

$$[a,a^\dagger] = aa^\dagger - a^\dagger a = 1 \tag{5.2}$$

因此，量子场写成算符形式为

$$E = (1/2)\{aE(r) + a^\dagger E^*(r)\} \tag{5.3}$$

哈密顿量，即能量算符，由下式给出：

$$H = \hbar\omega(a^\dagger a + 1/2) \tag{5.4}$$

得到的运动方程确保了振幅算符随时间的变化为 $a(t) = a(0)\exp(-i\omega t)$ 和 $a^\dagger(t) = a^\dagger(0)\exp(+i\omega t)$，这与经典振幅的变化一致。光子数算符定义为

$$N = a^\dagger a \tag{5.5}$$

因此，哈密顿量可以写为 $H = \hbar\omega(N+1/2)$。应当注意，对应于经典复振幅的振幅算符 a 和 $a^\dagger$ 不是厄密算符。

$$X = \frac{a+a^\dagger}{2}, \quad Y = \frac{a-a^\dagger}{2i} \tag{5.6}$$

用式（5.6）定义的正交算符来表示复振幅的实部和虚部，它们是厄密算符，并且 $q = \sqrt{2\hbar/\omega}X$ 和 $p = \sqrt{2\hbar\omega}Y$ 是标准化的变量。

5.1.2　光子数态

光波的最基本量子态是能量本征态或光子数态，可以用刃矢量 $|n\rangle$ 表示。它们用数量算符 N 的数量本征值方程定义：

$$N|n\rangle = n|n\rangle \tag{5.7}$$

本征值 n 取非负整数（ $n = 0, 1, 2, \cdots$ ）， n 为光子数。因为 N 和 H 的关系为 $H = \hbar\omega(N + 1/2)$ ，则光子数态就是能量本征态，能量本征值为

$$E_n = \hbar\omega(n + 1/2) \tag{5.8}$$

这个结果表明，场的能量的改变只能是 $\hbar\omega$ 的整数倍。 $\hbar\omega$ 这个能量转移的基本单位被称为光子。最小的能量 $|0\rangle$ 态称为真空态，而式（5.8）等号右侧中的 1/2 表示真空涨落。我们有重要的关系式：

$$a|n\rangle = \sqrt{n}|n-1\rangle, \quad a^\dagger|n\rangle = \sqrt{n+1}|n+1\rangle \tag{5.9}$$

由式（5.9）所描述的特性，我们把 a 和 $a^\dagger$ 分别称为湮灭算符和产生算符。

光子数态 $\{|n\rangle\}$ 构成一个正交完备态集。任意的量子态都能表示为数态的叠加。因此，在许多理论分析中，数态可以作为级数展开的基本项，其对于讨论能量转移非常重要。然而，数态在讨论包括激光在内的实际的光波中却存在诸多不便。我们从式（5.3）和式（5.9）得到，数态 $\langle E \rangle = \langle n|E|n\rangle$ 的电场的期望值为 0，这与时间无关。这是由于在实际中，对于一个能量本征态，场的相位是完全不确定的，而振幅却取一个与能量有关的特定值。这种极端情况与经典场不一致，因此单个数态并不适合用于描述普通的光波。

5.1.3　相干态

相干态 $|\alpha\rangle$ 是适用于描述实际光波的一种量子态，它是振幅算符 a 的本征态。其本征值方程为

$$a|\alpha\rangle = \alpha|\alpha\rangle \tag{5.10}$$

本征值 α 是一个任意的复数值。 $t = 0$ 时，振幅算符的期望值为

$$\langle a \rangle = \langle \alpha|a|\alpha\rangle = \alpha, \quad \langle a^\dagger \rangle = \langle \alpha|a^\dagger|\alpha\rangle = \alpha^* \tag{5.11}$$

它们随时间的变化关系为 $\langle a(t) \rangle = \alpha \exp(-i\omega t)$ 和 $\langle a^\dagger(t) \rangle = \alpha^* \exp(+i\omega t)$ 。因此，式（5.3）所给出的电场期望值为

$$\langle E \rangle = \langle \alpha|E|\alpha\rangle = \mathrm{Re}\{\alpha \exp(-i\omega t)E(r)\} \tag{5.12}$$

以上表述与复振幅为 α 的光波的经典描述一致。正交算符 $\langle X \rangle$ 和 $\langle Y \rangle$ 的期望值分别对应于本征值 α 的实部和虚部。光子数的期望值为

$$\langle N \rangle = \langle \alpha|N|\alpha\rangle = \langle \alpha|a^\dagger a|\alpha\rangle = |\alpha|^2 \tag{5.13}$$

能量期望值为 $\langle H \rangle = \hbar\omega(|\alpha|^2 + 1/2)$。已有报道显示，从高于阈值的泵浦的激光振荡器射出的光波可以用相干态来描述[2-4]。相干态的一个特例是 $\alpha = 0$，这与数态 $|0\rangle$ 一致，即表示真空态。

实际上，相干态是振幅算符 a 的本征态，这并不代表振幅是确定的。因为复振幅并不是一个物理量，所以 a 不是厄密算符。虽然相干态属于最小不确定的态，但是场幅和相位也存在涨落（见 5.1.4 节）。图 5.1a 和图 5.1b 显示的是时间相关的电场振幅及真空态和相干态的涨落。

相干态可以用光子数态进行展开：

$$|\alpha\rangle = \sum_n c_n |n\rangle, \quad c_n = \frac{\alpha^n}{\sqrt{n!}} \exp(-|\alpha|^2/2) \tag{5.14}$$

式（5.14）说明，$|c_n|^2$ 服从泊松分布，相干态的光子数分布也是泊松分布，这些态也被称为泊松态。相干态属于泊松态，它的 c_n 相位有独特的规律性，如式（5.14）所述。

因为振幅算符 a 不是厄密算符，相干态之间也不是严格的互相正交。取代正交关系，我们有 $|\langle \alpha_1 | \alpha_2 \rangle|^2 = \exp(-|\alpha_1 - \alpha_2|^2)$，即乘积随着 $|\alpha_1 - \alpha_2|$ 的增加迅速减小。然而，相干态具有完备性，它们实际上形成了一个态的过完备集。任意的一个量子态都可以用相干态展开，但是展开方式并不是唯一的。过完备性使我们可以根据应用来选用各种方便的方式[3,4]。

5.1.4　压缩态

压缩态是光波的一种量子态，其中根据不确定性原理，一对共轭正交量中的一个量的不确定性可以通过允许另一个量的不确定性在不确定原理的约束条件内增加而降低（被压缩）[3-8]。压缩态的光波称为压缩光。压缩光具有许多令人感兴趣的特性，因为它突破了标准的量子限制，在超低噪声光学通信和超高灵敏干涉仪上具有潜在的应用[3-8]。产生压缩光的一个重要和有效的方法是使用二阶非线性光学效应。在实验上已经证明了产生压缩光的一些方法，如使用块状谐振 DOPA 结构[9]、块状双谐振[10-13]和单谐振[14]SHG 结构、波导行波 DOPA[15]和 SHG[16]结构。

压缩态可使用广义上的振幅算符 b 来定义，并且 b 是由算符 a 和 $a^\dagger$ 的线性组合给出的。

$$b = \mu a + \nu a^\dagger, \quad b^\dagger = \mu^* a^\dagger + \nu^* a \tag{5.15a}$$

$$\mu = \cosh s, \quad \nu = \exp(+i\psi)\sinh s \tag{5.15b}$$

如式（5.15b）所示，通过实参量 s 和 ψ 来选择系数 μ 和 ν 以确保对易关系：

$$\left[b,b^{\dagger}\right] = bb^{\dagger} - b^{\dagger}b = 1 \tag{5.16}$$

这与用于原始振幅算符的式（5.2）一样。b 的本征态和本征值分别用 $|\beta\rangle$ 和 β 表示，则我们可以得到

$$b|\beta\rangle = \beta|\beta\rangle \tag{5.17}$$

$s=0$ 的 $|\beta\rangle$ 态与相干态一致，$s>0$ 的 $|\beta\rangle$ 表示压缩态。在某一点的标准化电场振幅的期望值为

$$\langle E(t)\rangle = \text{Re}\{\langle\beta|a|\beta\rangle \exp(-\mathrm{i}\omega t)\} = |\alpha|\cos(\omega t + \phi) \tag{5.18}$$

式中，ω 和 ϕ 分别表示角频率和初始相位，且有

$$\langle\beta|a|\beta\rangle = \alpha = |\alpha|\exp(-\mathrm{i}\phi) = \beta\cosh s - \beta^{*}\exp(+\mathrm{i}\psi)\sinh s \tag{5.19}$$

$\langle\beta|a|\beta\rangle$ 是 a 的期望值。应当注意的是，式（5.18）和式（5.12）是相洽的，虽然为了简单便省略了式（5.18）中的空间分布函数 $E(\boldsymbol{r})$。但是式（5.18）显示，压缩态场的期望值与经典正弦波的一样，正如相干态。然而，场的涨落显示了其与相干态不同的独特行为。图 5.1c 和图 5.1d 分别显示了振幅压缩态和相位压缩态中的时间相关电场振幅及其涨落，其中振幅和相位的涨落均减小。$\alpha=0$ 的压缩态称为压缩真空。我们将在 5.2 节中讨论量子涨落。

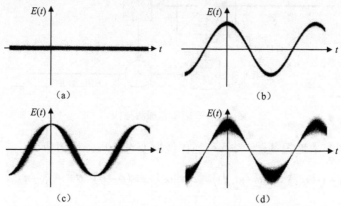

图 5.1　各种量子态中光波的场幅和涨落的示意图
（a）真空态；（b）相干态；（c）振幅压缩态；（d）相位压缩态

5.2　量子涨落的表示

本节总结了描述光波量子涨落和压缩谱的基本公式，其中压缩谱表示的是

压缩的程度[3-7, 17-20]。

5.2.1 场振幅的涨落

场振幅涨落的方差为

$$\left\langle \Delta E(t)^2 \right\rangle = (1/4)\left\{ \left\langle \Delta a^2 \right\rangle e^{-2\mathrm{i}\omega t} + \left\langle \Delta a \Delta a^\dagger \right\rangle + \left\langle \Delta a^\dagger \Delta a \right\rangle + \left\langle \Delta a^{\dagger 2} \right\rangle e^{+2\mathrm{i}\omega t} \right\} \quad (5.20)$$

式中，符号 $\langle \ \rangle$ 表示期望值；$\Delta E(t) = E(t) - \langle E(t) \rangle$；$\Delta a = a - \langle a \rangle$ 和 $\Delta a^\dagger = a^\dagger - \langle a^\dagger \rangle$ 为表示振幅涨落的算符。

虽然与时间有关的 $\langle E(t) \rangle$ 和 $\langle E(t)^2 \rangle$ 不能直接被观测，但他们可以通过分别测量两个正交分量的平衡零差探测（balanced homodyne detection，BHD）来测量。如图 5.2 所示，一束待测（信号）光束经光束分离器后分成两束光强相同的光，它们与信号频率相同的一束本地振荡光束相混合。这两束光分别用各自的探测器接收，并且两个光电流相减，获得一个 BHD 输出信号。用下面的算符来表示 BHD 的输出[21]：

$$N_{\mathrm{BHD}} = \mathrm{i}(a^\dagger a_{\mathrm{LO}} - a_{\mathrm{LO}}^\dagger a) = (\mathrm{i}a_{\mathrm{LO}})^\dagger a + a^\dagger(\mathrm{i}a_{\mathrm{LO}}) \quad (5.21)$$

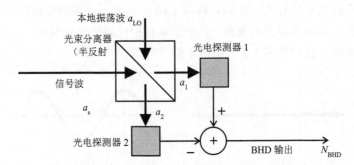

图 5.2　平衡零差探测结构

对于较强的本地振荡器，a_{LO} 可当作经典变量处理，期望值为

$$\langle N_{\mathrm{BHD}} \rangle = \left\langle (\mathrm{i}a_{\mathrm{LO}})^\dagger a + a^\dagger(\mathrm{i}a_{\mathrm{LO}}) \right\rangle = 2|\alpha||\alpha_{\mathrm{LO}}|\cos(\phi - \theta), \ \theta = \phi_{\mathrm{LO}} - \pi/2 \quad (5.22)$$

BHD 输出涨落的相对方差为

$$S(\theta) = \frac{\left\langle \Delta N_{\mathrm{BHD}}^{\ 2} \right\rangle}{|\alpha_{\mathrm{LO}}|^2} = \left\langle \Delta a^2 \right\rangle e^{+2\mathrm{i}\theta} + \left\langle \Delta a \Delta a^\dagger \right\rangle + \left\langle \Delta a^\dagger \Delta a \right\rangle + \left\langle \Delta a^{\dagger 2} \right\rangle e^{-2\mathrm{i}\theta} \quad (5.23)$$

式（5.18）～式（5.23）表明，BHD 输出和方差的表达式，可以将 $\langle E(t) \rangle$ 和 $\langle E(t)^2 \rangle$ 表达式中的 ωt 用 $-\theta = -(\phi_{\mathrm{LO}} - \pi/2)$ 替换得到。这意味着，通过扫描本地振

荡器的相位，可以追踪到每个 ωt 下的 $\langle E(t) \rangle$ 和 $\langle E(t)^2 \rangle$。

场振幅涨落和 BHD 输出涨落的功率谱由维纳-辛钦（Wiener-Khintchine）定理定义为它们的自相关函数的傅里叶变换[22]。这意味着，功率谱被定义为 $S(\Omega,\theta) = FT[\langle \Delta N_{\mathrm{BHD}}(t) \Delta N_{\mathrm{BHD}}(t+\tau) / |\alpha_{\mathrm{LO}}|^2 \rangle]$，其中 $FT[\ ]$ 表示傅里叶变换。根据式（5.21）和式（5.23），$S(\Omega,\theta)$ 用 $FT[\langle \Delta a(t) \Delta a(t+\tau) \rangle]$ 等表示，或可以再次利用维纳-辛钦定理重新改写为 $\langle \Delta a(\omega) \Delta a^\dagger(\omega) \rangle$ 等。因此，功率谱 $S(\Omega,\theta)$ 可以通过傅里叶变换 $\Delta a(\Omega)$ 和 $\Delta a^\dagger(\Omega)$ 替换式（5.23）中的 $\Delta a(\omega)$ 和 $\Delta a^\dagger(\omega)$ 得到。

5.2.2　协方差矩阵和压缩谱

分析量子涨落需要计算式（5.20）。式（5.20）的右边包括四个与涨落算符（方差）相关的期望值。因此，我们定义协方差矩阵（也称为谱矩阵）为

$$[V] = \begin{bmatrix} \langle \Delta a \Delta a^\dagger \rangle & \langle \Delta a \Delta a \rangle \\ \langle \Delta a^\dagger \Delta a^\dagger \rangle & \langle \Delta a^\dagger \Delta a \rangle \end{bmatrix} = \left\langle \begin{bmatrix} \Delta a \\ \Delta a^\dagger \end{bmatrix} \begin{bmatrix} \Delta a \\ \Delta a^\dagger \end{bmatrix}^\dagger \right\rangle \tag{5.24}$$

式（5.20）可以用 $[V]$ 的分量表示，功率谱可以简化为

$$S(\Omega,\theta) = V_{11}(\Omega) + V_{22}(\Omega) + e^{+2i\theta} V_{12}(\Omega) + e^{-2i\theta} V_{21}(\Omega) \tag{5.25}$$

式中，$[V]$ 的元素是自相关函数和互相关函数的傅里叶变换。显然，有 $V_{12} = V_{21}^*$。值得注意的是，在式（5.20）和式（5.25）中只有组合形式 $V_{11} + V_{22}$ 包含 V_{11} 和 V_{22}，我们可以将 $[V]$ 对称化成 $V_{11} = V_{22}$ 的形式。接着，我们可以使用简化的表达式，它可以很容易和经典的表达式联系起来。这个处理方法的正确性可以通过把 $[V]$ 表示成对称与非对称矩阵的和来证明。

对于相干态（包括真空态）$|\alpha\rangle$，由互易关系式（5.2）、本征值方程（5.10）和对称性，我们可以得到

$$[V] = \frac{1}{2} \begin{bmatrix} 1 & 0 \\ 0 & 1 \end{bmatrix} = \frac{1}{2}[1] \tag{5.26}$$

从式（5.20）、式（5.25）和式（5.26），我们可以得到 $S(\omega,\theta) = 1$，且方差是与本地振荡相位 θ 无关的常数。这意味着，如图 5.1a 和图 5.1b 所示的真空态和相干态的场振幅涨落是恒定的。因而对于相干态，$\langle \Delta E(t)^2 \rangle$ 取一个常数值 1/4。这叫作标准量子极限（standard quantum limit，SQL）。

对于压缩态 $|\beta\rangle$（$s > 0$），$[V]$ 通过式（5.15）～式（5.17）计算得

$$[V] = \frac{1}{2} \begin{bmatrix} \cosh 2s & -e^{+i\psi} \sinh 2s \\ -e^{-i\psi} \sinh 2s & \cosh 2s \end{bmatrix} \tag{5.27}$$

从式（5.20）、式（5.25）和式（5.27）可知，场的涨落不是恒量，而是随着时间而变化的。这样的涨落如图 5.1c 和图 5.1d 所示。方程（5.22）表明，当本地振荡相位 θ 满足 $\phi - \theta = m\pi$ 时（m 是整数），信号波的振幅达到最大。这就意味着，如果当 θ 满足 $\phi - \theta = m\pi$ 时，$S(\Omega,\theta)$ 达到最小值，则该光波是振幅的压缩态。类似地，如果当 θ 满足 $\phi - \theta = (m+1/2)\pi$ 时，$S(\Omega,\theta)$ 达到最小值，则信号在 $\phi - \theta = (m+1/2)\pi$ 时，达到最小值，且该光波处于相位压缩态。假设在式（5.18）中 $\phi = 0$，则振幅压缩态和相位压缩态可分别用 $\psi = 0$ 和 $\psi = \pi$ 来表示。

以上的例子表明，谱 $S(\Omega,\theta)$ 一般依赖于 θ。为了用 SQL 规范化后的功率谱的形式来描述压缩，将压缩谱 $S(\Omega)$ 定义为 $S(\Omega,\theta)$ 在 $S(0,\theta)$ 达最小时的 θ 处的值。以下章节中我们将看到，在许多情况中，$S(\Omega)$ 在包括低频率区域的较宽范围内接近于一个常数。因此，$S(\Omega)$ 可以表示为

$$S = S(0) = \mathrm{Min}\{S(0,\theta)\} = V_{11}(0) + V_{22}(0) - 2|V_{12}(0)| \tag{5.28}$$

由式（5.28）得到的量称为压缩比，是经常被用作描述压缩程度的一个简单又方便的数值。从式（5.27）和式（5.28）得出，对于压缩态 $|\beta\rangle$，压缩比 S 与式（5.15）和式（5.27）中的参量 s 的关系为

$$S = \exp(-2s) \tag{5.29}$$

5.2.3　强度噪声

光强是由一个普通的光探测器探测得到的。在量子理论中，用光子数算符 N 来表示光强。从式（5.5）可以得到

$$\begin{aligned} N = a^\dagger a &= (\Delta a^\dagger + \langle a^\dagger \rangle)(\Delta a + \langle a \rangle) \\ &= \Delta a^\dagger \Delta a + \langle a^\dagger \rangle \Delta a + \langle a \rangle \Delta a^\dagger + \langle a^\dagger \rangle \langle a \rangle \end{aligned} \tag{5.30a}$$

$$\cong \langle a^\dagger \rangle \Delta a + \langle a \rangle \Delta a^\dagger + \langle a^\dagger \rangle \langle a \rangle \tag{5.30b}$$

式（5.30b）适用于 $|\langle a \rangle| \gg 1$ 的情况。用 $|\beta\rangle$ 来表示量子态时，由式（5.19）得 $\langle a \rangle = \alpha$ 和 $\langle a^\dagger \rangle = \alpha^*$，由式（5.30b）得到 N 的期望值，其可以表示为

$$\langle N \rangle = \langle \beta | N | \beta \rangle = \langle a^\dagger \rangle \langle a \rangle = |\alpha|^2 \tag{5.31}$$

这个结论和相干态下式（5.13）给出的期望值一致。对 $|\beta\rangle$ 的严格计算得到

$$\langle N \rangle = \langle \beta | N | \beta \rangle = |\alpha|^2 + \sinh^2 s \tag{5.32}$$

当 $s = 0$ 时，式（5.32）简化为式（5.31）。

强度噪声用 N 的方差表示。再次用 $|\beta\rangle$ 来表示量子态，则从式（5.30b）和式（5.31），我们可以得到方差的表达式：

$$\langle\Delta N^2\rangle = \left\langle\beta\left|\left(N-\langle N\rangle\right)^2\right|\beta\right\rangle = \left\langle\beta\left|\left(a^*\Delta a + a\Delta a_\dagger\right)^2\right|\beta\right\rangle$$

$$= |\alpha|^2\left\{\left\langle\Delta a^2\right\rangle e^{+2i\phi} + \left\langle\Delta a\Delta a^\dagger\right\rangle + \left\langle\Delta a^\dagger\Delta a\right\rangle + \left\langle\Delta a^{\dagger2}\right\rangle e^{-2i\phi}\right\} \qquad (5.33)$$

$$\alpha = |\alpha|e^{-i\phi}$$

比较式（5.33）和式（5.23）可知，N 的方差与 $S(\theta)$ 成正比，其中 $\theta = -\arg\{\alpha\} = \phi$。这说明，强度噪声由最大场振幅时刻的涨落决定。因此，我们得到

$$\langle\Delta N^2\rangle = |\alpha|^2 S(\Omega,\phi) = \langle N\rangle S(\Omega,\phi) \qquad (5.34)$$

在这里已考虑频率的依赖关系，并使用了式（5.31）。相对强度噪声用 $\langle\Delta N^2\rangle/\langle N\rangle = S(\Omega,\phi)$ 来表示。

从式（5.34）我们可以知道，对于相干态 $[s=0,S(\Omega,\phi)=1]$，N 的方差等于 SQL 值 $\langle\Delta N^2\rangle = \langle N\rangle$。在经典理论中，我们知道光电流具有散粒噪声[7,23]。光电流的散粒噪声 $I_p = eN[A]$ 是功率谱密度为 $e^2N = eI_p[A^2/Hz]$ 的白噪声，其中 e 是电荷量，N 是单位时间内产生的电子数。随机的光电子产生服从泊松概率分布，并引起白噪声。现有的量子理论结果与经典理论的结果一致。

方程（5.34）表明，对于振幅态（如 $\phi=0, s>0, \psi=0$），方差 $\langle\Delta N^2\rangle$ 简化为 $S(\Omega)$（<1）乘以 SQL 值 $\langle N\rangle$。因此，压缩比和压缩谱同样可用作强度噪声衰减的量度。另外，对于相位压缩态（如 $\phi=0, s>0, \psi=\pi$），有 $\langle\Delta N^2\rangle/\langle N\rangle = S(\Omega,\phi) \neq S(\Omega)$，且方差和强度噪声没有减小。由于压缩态的结论和经典的结论不一致，因此，我们把压缩光称为非经典光。

5.3　行波二次谐波的产生

在本节和 5.4 节中，我们将讨论在 SHG 器件中量子涨落和压缩的改变。一些研究小组已经对由 SHG 引起的量子压缩作了一些理论分析。Mandel 用微扰方法对行波 SHG 进行分析，证明了泵浦光的压缩效应[24]。Drummond 等[17]和 Collett 等[18]计算了双谐振 SHG 的压缩谱，证明了较大的压缩效应，该分析是在假设整个腔内场的振幅不变的情况下做出的。Horowicz 等得到了类似的结果[19]。Reynaud 等证明了半经典分析与量子分析的等价性[20]。Collett 等[25]和 Paschotta 等[14]利用 UFA 分析了单谐振 SHG 的压缩。Li 等[26-28] 和 Ou[29]假定了一个特定的器件结构，给出了行波 SHG 结构的详细分析。

场振幅在行波和单谐振或低 Q 谐振 SHG 器件中的整个腔长度不是一致的，而

是显示了非均匀分布。Suhara 等基于不使用 UFA 的涨落传播矩阵的方法给出了统一的理论分析，并用实际器件参量明确了涨落和压缩的特性[30]。该方法对于各种块状和波导 SHG 结构包括涉及有损耗的情况均适用，同时也适用于不同结构特性的相互对比。Suhara 等还将该理论推广到除 SHG 以外的非线性光学相互作用[31]。

5.3.1　非线性模式耦合方程和稳态解

考虑如图 5.3 所示的行波 SHG 结构。使 L 为相互作用长度，在光传播轴上的 $0<z<L$，产生了频率为 ω 的泵浦光转换为频率为 2ω 的谐波的非线性光学相互作用。假设泵浦和谐波是完全（准）相位匹配的，则泵浦和谐波的标准化复振幅 $a_1(z)$ 和 $a_2(z)$ 满足非线性耦合模方程：

$$\frac{\mathrm{d}}{\mathrm{d}z}a_1(z) = \mathrm{i}\kappa^* a_2(z)a_1^*(z) \tag{5.35a}$$

$$\frac{\mathrm{d}}{\mathrm{d}z}a_2(z) = \mathrm{i}(\kappa/2)\{a_1(z)\}^2 \tag{5.35b}$$

这些方程与 $\varDelta = 0$ 时的式（3.13）是等价的。对于量子化，式（5.35）中的振幅 a_1、a_2 被标准化，使光子数等于绝对值的平方。它们与标准化传导功率振幅 A_1、A_2 以 $A_1 = (\hbar\omega c / n_1 L_Q)^{1/2} a_1$ 和 $A_2 = (\hbar 2\omega c / n_2 L_Q)^{1/2} a_2$ 相关联，其中 $\hbar = h/2\pi$，$\hbar$、c 和 n 分别表示普朗克常数、真空光速和群折射率，L_Q 则表示模式标准化长度（周期性边界条件的周期）。非线性耦合系数 $\kappa(m^{-1})$ 与标准化功率的耦合系数 $K(\mathrm{W}^{-1/2}\cdot\mathrm{m}^{-1})$ 以 $\kappa = K(\hbar 2\omega c / nL)^{1/2}$ 相关联。一般地，我们假设 $\mathrm{i}k$ 是正实数。

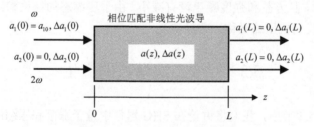

图 5.3　行波 SHG 器件的原理图

对于 $a_1(0) = a_{10}$（任意复数）、$a_2(0) = 0$ 时，式（5.35）的解可写为

$$a_1(\zeta) = a_{10}\mathrm{sech}\zeta, \quad a_2(\zeta) = (1/\sqrt{2})(a_{10}^2/|a_{10}|)\tanh\zeta \tag{5.36a}$$

$$\zeta = |\kappa||a_{10}z/\sqrt{2} = |K|A_{10}z \tag{5.36b}$$

SHG 转换效率为

$$\eta = |A_2(L)|^2/|A_1(0)|^2 = \tanh^2\zeta_L, \quad \zeta_L = |K|A_{10}L \tag{5.37}$$

式中，ζ 为一个标准化坐标；ζ_L 为标准化输入泵浦振幅。

式（5.36a）的解经过改变后可以产生式（5.35）的另一个解：

$$a_1(\zeta) = a_0 \cosh\zeta_0 \mathrm{sech}(\zeta + \zeta_0), \quad a_2(\zeta) = (1/\sqrt{2})a_0 \cosh\zeta_0 \tanh(\zeta + \zeta_0) \quad (5.38a)$$

$$\zeta = \cosh\zeta_0 |\kappa| a_0 z / \sqrt{2} = \cosh\zeta_0 |K| A_{10} z \quad (5.38b)$$

其满足初始条件：

$$a_1(0) = a_0, \quad a_2(0) = (1/\sqrt{2})a_0 \sinh\zeta_0 \quad (5.39)$$

式中，a_0 为正常数；ζ_0 为实常数。

5.3.2　涨落的线性微分方程

泵浦和谐波的振幅在稳态值 a_1 和 a_2 附近涨落。令涨落幅度为 Δa_1 和 Δa_2，则振幅可写成 $a_1 + \Delta a_1$ 和 $a_2 + \Delta a_2$。用它们替换式（5.35）的 a_1 和 a_2，则可以得到 Δa_1 和 Δa_2 的线性微分方程：

$$\frac{\mathrm{d}}{\mathrm{d}z}\Delta a_1(z) = \mathrm{i}\kappa^* \left\{ a_2(z)\Delta a_1^*(z) + a_1^*(z)\Delta a_2(z) \right\} \quad (5.40a)$$

$$\frac{\mathrm{d}}{\mathrm{d}z}\Delta a_2(z) = \mathrm{i}\kappa a_1(z)\Delta a_1(z) \quad (5.40b)$$

为了方便量子理论的讨论，Δa_1 和 Δa_2 被当作算符，用厄密共轭代替复数共轭，且用矢量的方式表示涨落：

$$[\Delta a(\zeta)] = \begin{bmatrix} \Delta a_1(\zeta) \\ \Delta a_1(\zeta)^\dagger \\ \Delta a_2(\zeta) \\ \Delta a_2(\zeta)^\dagger \end{bmatrix} \quad (5.41)$$

再利用式（5.36），并假设 a_{10} 是正值，则线性微分方程组（5.40）可改写为

$$\frac{\mathrm{d}}{\mathrm{d}x}[\Delta a(\zeta)] = [J(\zeta)][\Delta a(\zeta)] \quad (5.42a)$$

$$[J(\zeta)] = \begin{bmatrix} 0 & -\tanh\zeta & -\sqrt{2}\mathrm{sech}\zeta & 0 \\ -\tanh\zeta & 0 & 0 & -\sqrt{2}\mathrm{sech}\zeta \\ \sqrt{2}\mathrm{sech}\zeta & 0 & 0 & 0 \\ 0 & \sqrt{2}\mathrm{sech}\zeta & 0 & 0 \end{bmatrix} \quad (5.42b)$$

5.3.3　涨落的传播矩阵

因为式（5.42）是线性微分方程，输出端的值可以通过式（5.43）的线性关系与 $\zeta = 0$ 时的初始值相关联。

$$[\Delta a(\zeta_L)] = [M(\zeta_L)][\Delta a(0)] \tag{5.43}$$

式（5.43）中的矩阵 $[M]$ 是涨落传播矩阵，其描述输入振幅涨落经器件后到达输出端的传播。因为 $[J]$ 的所有元素均是实数，所以 $[M]$ 中的元素也为实数。

使用模式耦合方程的解，并且根据对易关系的守恒规则，我们可以求出 $[M]$ 的各个元素[30]。对于任意的初始条件 $a(0)$，通过对输出值 $a(\zeta_L)$ 一般表达式进行微分，即可计算一个小的输入偏差 $\Delta a(0)$ 所导致的输出偏差 $\Delta a(\zeta_L)$，进而得到 $[M]$ 的所有元素。利用式（5.36）和式（5.38）来替代一般的解，得到

$$[M(\zeta)] = \begin{bmatrix} \mu_{11} & \nu_{11} & \mu_{12} & \nu_{12} \\ \nu_{11} & \mu_{11} & \nu_{12} & \mu_{12} \\ \mu_{21} & \nu_{21} & \mu_{22} & \nu_{22} \\ \nu_{21} & \mu_{21} & \nu_{22} & \mu_{22} \end{bmatrix} \tag{5.44}$$

$$\mu_{11} = \operatorname{sech}\zeta \left\{ 1 - (\zeta / 2)\tanh\zeta \right\} \tag{5.45a}$$

$$\nu_{11} = -(\zeta / 2)\operatorname{sech}\zeta \tanh\zeta \tag{5.45b}$$

$$\mu_{21} = (\sqrt{2} / 4)\left\{ \zeta \operatorname{sech}^2\zeta + 3\tanh\zeta \right\} \tag{5.45c}$$

$$\nu_{21} = (\sqrt{2} / 4)\left\{ \zeta \operatorname{sech}^2\zeta - \tanh\zeta \right\} \tag{5.45d}$$

$$\mu_{12} = -(\sqrt{2} / 4)\left\{ \operatorname{sech}\zeta(2\tanh\zeta + \zeta) + \sinh\zeta \right\} \tag{5.45e}$$

$$\nu_{12} = -(\sqrt{2} / 4)\left\{ \operatorname{sech}\zeta(2\tanh\zeta - \zeta) - \sinh\zeta \right\} \tag{5.45f}$$

$$\mu_{22} = (1 / 2)\left\{ \operatorname{sech}^2\zeta - \zeta \tanh\zeta + 1 \right\} \tag{5.45g}$$

$$\nu_{22} = (1 / 2)\left\{ \operatorname{sech}^2\zeta + \zeta \tanh\zeta - 1 \right\} \tag{5.45h}$$

式（5.45）的推导结果如下。首先，我们将 $\zeta = \zeta_L$ 代入式（5.36a），对于初始条件 $a_1(0) = a_{10}$（任意的复数）和 $a_2(0) = 0$ 下的式（5.35）的解析解，可利用关系式（5.46）得到

$$\Delta |a_{10}| = \Delta \sqrt{a_{10}a_{10}^*} = (1 / 2|a_{10}|)\left\{ a_{10}^*\Delta a_{10} + a_{10}\Delta a_{10}^* \right\} \tag{5.46}$$

将所得结果对 a_{10} 求导，便可得到对应于输入振幅 $a_1(0)$ 中的微小偏差 Δa_{10} 的输出偏差 $\Delta a_1(\zeta_L)$ 和 $\Delta a_2(\zeta_L)$ 的以 $\Delta a_{10} = \Delta a_1(0)$ 和 $\Delta a_{10}^* = \Delta a_1(0)^\dagger$ 的线性组合形式的表达式。将此结果与式（5.43）比较，并利用式（5.43）和式（5.44），我们得到式（5.45a）~式（5.45d）。因为 Δa_1、$\Delta a_1^\dagger$ 和 Δa_2、$\Delta a_2^\dagger$ 是振幅涨落算符，因此它们应该满足和保持对易关系 $[\Delta a_1, \Delta a_1^\dagger] = [\Delta a_2, \Delta a_2^\dagger] = 1$。由式（5.43）可得

$$(\mu_{11}^2 - \nu_{11}^2) + (\mu_{12}^2 - \nu_{12}^2) = 1, \ (\mu_{21}^2 - \nu_{21}^2) + (\mu_{22}^2 - \nu_{22}^2) = 1 \qquad (5.47)$$

我们接下来求满足初始条件式（5.39）解析解的式（5.38a）对于实参量 ζ_0 的微分，且使 $\zeta_0 = 0$。注意，当 $\zeta_0 = 0$ 时，式（5.38a）与行波解的式（5.36a）一致，我们得到最终的表达式（5.48），其结果是一组式（5.41）的解。

$$\Delta a_1(\zeta) = \Delta a_1^\dagger(\zeta) = -\sqrt{2}\,\mathrm{sech}\,\zeta \tanh \zeta, \Delta a_2(\zeta) = \Delta a_2^\dagger(\zeta) = \mathrm{sech}^2 \zeta \qquad (5.48)$$

将式（5.48）代入式（5.43），得到如下关系：

$$\mu_{12} + \nu_{12} = -\sqrt{2}\mathrm{sech}\zeta \tanh\zeta, \ \mu_{22} + \nu_{22} = \mathrm{sech}^2\zeta \qquad (5.49)$$

将式（5.45a）~式（5.45d）代入式（5.47）中，并用式（5.49）解出 μ_{12}、ν_{12}、μ_{22} 和 ν_{22}，便可得到式（5.45e）~式（5.45h）。

作为随机时间变量的泵浦和谐波振幅的涨落，它们与分布在稳态泵浦和谐波各自频率为 ω 和 2ω 周围的频谱相关联。频谱用涨落振幅矢量 $[\Delta a(\zeta, t)]$ 的傅里叶变换 $[\Delta a(\zeta, \Omega)]$ 表示，其中 Ω 表示相对于 ω 和 2ω 的偏离程度的涨落频率。根据涨落传播方程（5.41）的线性性质可知，$[\Delta a(\zeta)]$ 与式（5.43）相似，对频率谱 $[\Delta a(\zeta, \Omega)]$ 的输入/输出线性关系同样成立。可以假设 $|\Omega| \ll \omega$，且相位匹配在整个 Ω 的变化范围内均近似满足。然而应当注意的是，以上公式中的复振幅是在旋转框架下表示的，其中省略了相位因子 $\exp\{\mathrm{i}(\beta_1 z - \omega t)\}$ 和 $\exp\{\mathrm{i}(\beta_2 z - 2\omega t)\}$。在使用旋转框架的傅里叶表达式中，对于 $\Omega \neq 0$ 光波的相位因子偏差的补偿是必要的。因此，频率谱 $[\Delta a(\zeta, \Omega)]$ 的输入输出关系写为

$$[\Delta a(\zeta_L, \Omega)] = [\Gamma(\Omega)][M(\zeta_L)][\Delta a(0, \Omega)] \qquad (5.50a)$$

$$[\Gamma(\Omega)] = \begin{bmatrix} \Gamma_1 & 0 & 0 & 0 \\ 0 & \Gamma_1^* & 0 & 0 \\ 0 & 0 & \Gamma_2 & 0 \\ 0 & 0 & 0 & \Gamma_2^* \end{bmatrix}$$

$$\Gamma_1 = \exp\{\mathrm{i}[\mathrm{d}\beta / \mathrm{d}\omega]_1 \Omega L\} = \exp\{\mathrm{i}(Ln_1 / c)\Omega\} \qquad (5.50b)$$
$$\Gamma_2 = \exp\{\mathrm{i}[\mathrm{d}\beta / \mathrm{d}\omega]_2 \Omega L\} = \exp\{\mathrm{i}(Ln_2 / c)\Omega\}$$

式中，n_1 和 n_2 为群折射率。

5.3.4　协方差矩阵和压缩谱

为了分析泵浦和谐波的涨落和压缩,我们展开式(5.41)来定义一个4×4的协方差矩阵:

$$[V(\Omega)] = [\Delta a(\Omega)][\Delta a(\Omega)]^{\dagger} \tag{5.51}$$

在此省略了求期望值的符号〈 〉。因此,泵浦和谐波的压缩比为

$$S^{\omega} = V_{11} + V_{22} - 2|V_{12}|, \quad S^{2\omega} = V_{33} + V_{44} - 2|V_{34}| \tag{5.52}$$

由式(5.50)和式(5.51)可知,输入波和输出波的协方差矩阵有如下关系

$$[V(\Omega)]_{\text{out}} = [\Gamma(\Omega)][M][V(\Omega)]_{\text{in}}[M]^{\dagger}[\Gamma(\Omega)]^{\dagger} \tag{5.53}$$

考虑输入的泵浦是相干态和振幅压缩态两种情况,联立式(5.26)和式(5.27)得到输入协方差矩阵:

$$[V(\Omega)]_{\text{in}} = \frac{1}{2}\begin{bmatrix} \cosh 2s & -\sinh 2s & 0 & 0 \\ -\sinh 2s & \cosh 2s & 0 & 0 \\ 0 & 0 & 1 & 0 \\ 0 & 0 & 0 & 1 \end{bmatrix} \tag{5.54}$$

式中,s 为输入泵浦光的压缩参数;$S^{\omega}_0 = e^{-2s}$ 为压缩比。对于相干态的泵浦,则令 $s = 0$。该矩阵右下角的单位矩阵表示谐波场的真空涨落,引入它是不可避免的。

输出泵浦和谐波的涨落功率谱可以从协方差矩阵 $[V(\Omega)]_{\text{out}}$ 求得

$$S^{\omega}(\Omega,\theta) = V_{11}(\Omega) + V_{22}(\Omega) + \exp(+2i\theta)V_{12}(\Omega) + \exp(-2i\theta)V_{21}(\Omega) \tag{5.55a}$$

$$S^{2\omega}(\Omega,\theta) = V_{33}(\Omega) + V_{44}(\Omega) + \exp(+2i\theta)V_{34}(\Omega) + \exp(-2i\theta)V_{43}(\Omega) \tag{5.55b}$$

式中,θ 为使得 $S(0,\theta)$ 最小化的 θ,我们得到压缩谱:

$$S^{\omega}(\Omega) = V_{11} + V_{22} - 2|V_{12}|\cos\{(2Ln_1/c)\Omega\} \tag{5.56a}$$

$$S^{2\omega}(\Omega) = V_{33} + V_{44} - 2|V_{34}|\cos\{(2Ln_2/c)\Omega\} \tag{5.56b}$$

5.3.5　涨落和压缩的特性

5.3.4 节的数学表达式的计算表明,泵浦和谐波均是振幅压缩的,因为输出协方差矩阵的 V_{12} 和 V_{34} 均取负值。

图 5.4 显示出了低频压缩比 $S^{\omega}(0)$ 和 $S^{2\omega}(0)$ 与标准化输入泵浦振幅 ζ_L 之间的依赖关系。图中的 η 曲线表示由式（5.38）所给出的 SHG 转换效率。$S^{\omega}(0)=1(s=0)$ 的曲线表示相干泵浦输入的结果。随着输入泵浦功率的增加，泵浦的 S^{ω} 单调减小直至趋近于 0，这表明实质的压缩发生在高 η 区域，且当 $\zeta_L\gg 1$ 时，得到几乎完全的压缩。因为 SHG 的相互作用使泵浦转化成谐波，且其转化效率近似正比于泵浦的功率，所以 SH 相互作用起着过滤的作用，滤去了光子堆聚，因而发生了振幅压缩。另外，谐波的 $S^{2\omega}$ 随泵浦输入功率的增加而减小，趋近于下极限 1/2。因为 SHG 是一种朝向具有两个光子能量的谐波的转换，所以在高效率的区域中，输出振幅 $a_2(\zeta_L)$ 是输入振幅 a_{10} 的 $1/\sqrt{2}$ 倍，涨落幅度也是真空涨落的 $1/\sqrt{2}$ 倍。因此输出谐波振幅涨落的方差最小值不能小于 $(1/\sqrt{2})^2$，即 1/2。类似的谐波振幅噪声的 1/2 衰减也出现在腔内非线性光学元件的激光器中[32]。这些结论与用其他方法分析得到的结论一致[27,29]。

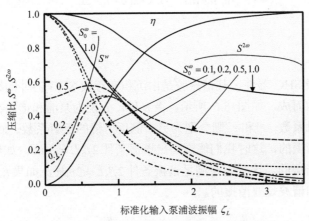

图 5.4　行波 SHG 器件的涨落和压缩特性

从图 5.4 中 $S_0^{\omega}<1$ 时的曲线可以看出，振幅压缩态（$S_0^{\omega}<1$）的泵浦使输出谐波的振幅压缩显著提高。在 $\zeta\gg 1$ 的高效率区域，输出谐波的压缩 $S_0^{2\omega}$ 渐近地趋于 S_0^{ω} 的 1/2。另外，在 $S_0^{\omega}\ll 1$ 情况下的基频输出的 S^{ω} 先是随着 ζ_L 的增加而增加，大约在 $\eta=1/2(\xi_L\sim 1)$ 时取得接近于 1/2 的最大值，而后开始随着 ζ_L 的增加而减小。这种行为可以用振幅压缩泵浦到振幅压缩谐波的频率转换来解释，泵浦振幅压缩的衰减是由与介质 η 区域（$\eta\sim 1/2$）中的光子数分离有关的散粒噪声所引起的。

图 5.5 显示出相干泵浦（$S_0^{\omega}=1$）的压缩光谱 $S(\Omega)$。用过渡时间 $\tau=Ln/c$ 使频率被标准化为 $\Omega\tau/2\pi$。该结果表明，对于中等的 ζ_L，虽然带宽随着 ζ_L 的增大而逐渐变窄，但是我们可以在很广的频率区域得到实质的压缩。

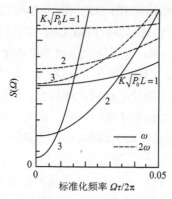

图 5.5 行波 SHG 的压缩谱

5.4 谐振的二次谐波产生

5.4.1 稳态解

对于一个谐振 SHG 器件，其谐振腔是由沉积在行波 SHG 器件的输入和输出端的反射薄膜建构而成，如图 5.6 所示。令 r_1 和 r_2 分别为泵浦和谐波在泵浦光输入侧反射镜的反射系数，r_1' 和 r_2' 则分别为另一侧反射镜的反射系数。如果 $r_1 r_1' \neq 0$，则腔对于泵浦是谐振的，这时我们假定满足谐振条件 $2\beta_1 L = 2m\pi$。如果 $r_2 r_2' \neq 0$，则腔对于谐波是谐振的，这时假定满足谐振条件 $2\beta_2 L = 2m'\pi$。如果 $r_1 r_1' r_2 r_2' \neq 0$，则该腔对于泵浦和谐波是双谐振的。

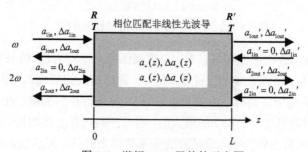

图 5.6 谐振 SHG 器件的示意图

在谐振器中，泵浦和谐波中至少有一束在两反射镜上相继反射造成腔内循环，因此在正向传播和反向传播上均发生 SHG 相互作用。泵浦振幅和谐波振幅在腔的两端处一般不为 0。这意味着，初始条件为 $a_1(0) = a_{10}$ 和 $a_2(0) = 0$ 时的解即（5.36）并不适当。但是，我们可以使用修正解即（5.38）。假定不论正向和反向 SHG 相互作用，场分布均有式（5.38）的形式。为了简便，假设相位 κ（κ 是实数）等于 0。

于是器件两端的边界条件都可以用以下的参数来表示：输入泵浦振幅 $a_{1\text{in}}$，泵浦输入端处的反向输出泵浦振幅 $a_{1\text{out}}$ 和谐波振幅 $a_{2\text{out}}$，以及另一端处的正向泵浦输出 $a_{1\text{out}}'$ 和谐波振幅 $a_{2\text{out}}'$[30]。镜面的透射系数记为 t_1、t_2 等。我们可以确定一些能使边界条件得到满足的参数来构造一个自洽的稳态解。其过程和 4.1 节中所述的基本一致。因此，获得各输出振幅，正向谐波和反向谐波输出的 SHG 系数为

$$\eta_+ = 2\left|a_{2\text{out}}'\right|^2 / \left|a_{1\text{in}}\right|^2, \quad \eta_- = 2\left|a_{2\text{out}}\right|^2 / \left|a_{1\text{in}}\right|^2 \tag{5.57}$$

5.4.2　振幅涨落

正向和反向 SHG 相互作用的数学表达式可以分开描述。用下标注 + 和 – 分别标记正向波和反向波。场的振幅与它们的涨落有关，至于行波结构，涨落振幅满足线性微分方程（5.39）。将腔的稳态解式（5.38）代入方程（5.39），腔内涨落振幅的线性微分方程可以写成用 $[J(\zeta + \zeta_0)]$ 替换 $[J(\zeta)]$ 的式（5.41）。因此，使用式（5.44）和式（5.45）所给出的 $[M(\zeta)]$ 来描述涨落传播矩阵。

$$[M] = [M(\zeta_L + \zeta_0)][M(\zeta_0)]^{-1} \tag{5.58}$$

这样，在腔两端的正向波和反向波的涨落振幅矢量 $[\Delta a_+]$ 和 $[\Delta a_-]$ 有如下对应于式（5.50）的线性关系：

$$[\Delta a_+(L)] = [\Gamma][M_+][\Delta a_+(0)], \quad [\Delta a_-(L)] = [\Gamma][M_-][\Delta a_-(L)] \tag{5.59}$$

其中，正向波和反向波的涨落传播矩阵 $[M_+]$ 和 $[M_-]$ 可以通过式（5.58）计算得到。为了简化，在此把 $[\Delta a_\pm(z, \Omega)]$ 和 $[\Gamma(\Omega)]$ 写成 $[\Delta a_\pm(z)]$ 和 $[\Gamma]$。

涨落矢量在腔两端的边界条件为

$$[\Delta a_+(0)] = [R][\Delta a_-(0)] + [T][\Delta a_\text{in}], \quad [\Delta a_\text{out}] = [T][\Delta a_-(0)] - [R][\Delta a_\text{in}]$$
$$[\Delta a_-(L)] = [R'][\Delta a_+(L)] + [T'][\Delta a_\text{in}'], \quad [\Delta a_\text{out}'] = [T'][\Delta a_+(L)] - [R'][\Delta a_\text{in}'] \tag{5.60}$$

式中，$[\Delta a_\text{in}]$ 和 $[\Delta a_\text{in}']$ 为通过反射镜注入腔内的涨落；$[\Delta a_\text{out}]$ 和 $[\Delta a_\text{out}']$ 为从腔内输出的涨落。反射镜的反射系数和透射系数用矩阵表示为

$$[R] = \begin{bmatrix} r_1 & 0 & 0 & 0 \\ 0 & r_1 & 0 & 0 \\ 0 & 0 & r_2 & 0 \\ 0 & 0 & 0 & r_2 \end{bmatrix}, \quad [T] = \begin{bmatrix} t_1 & 0 & 0 & 0 \\ 0 & t_1 & 0 & 0 \\ 0 & 0 & t_2 & 0 \\ 0 & 0 & 0 & t_2 \end{bmatrix} \tag{5.61}$$

$[R']$ 和 $[T'']$ 有类似的矩阵。用涨落传播方程（5.59）求解边界条件式（5.60），我们得到输出涨落的表达式：

$$\left[\Delta a_{\text{out}}\right] = \left[P\right]\left[\Delta a_{\text{in}}\right] + \left[P'\right]\left[\Delta a_{\text{in}}{}'\right]$$

$$\left[P\right] = T\Gamma M_{-}(1 - R'\Gamma M_{+}R\Gamma M_{-})^{-1}R'\Gamma M_{+}T - R \qquad (5.62\text{a})$$

$$\left[P'\right] = T\Gamma M_{-}(1 - R'\Gamma M_{+}R\Gamma M_{-})^{-1}T'$$

$$\left[\Delta a_{\text{out}}{}'\right] = \left[Q\right]\left[\Delta a_{\text{in}}\right] + \left[Q'\right]\left[\Delta a_{\text{in}}{}'\right]$$

$$\left[Q\right] = T'\Gamma M_{+}(1 - R\Gamma M_{-}R'\Gamma M_{+})^{-1}T \qquad (5.62\text{b})$$

$$\left[Q'\right] = T'\Gamma M_{-}(1 - R\Gamma M_{-}R'\Gamma M_{+})^{-1}R\Gamma M_{-}T' - R'$$

这是输入涨落的线性结合。

5.4.3　协方差矩阵与压缩谱

从输出涨落表达式（5.62），我们可以算出输出光波的协方差矩阵和压缩谱。我们考虑输入涨落为真空涨落，因此令

$$\left[V\right]_{\text{in}} = \left[\Delta a_{\text{in}}\right]\left[\Delta a_{\text{in}}\right]^{\dagger} = (1/2)[1], \quad \left[V'\right]_{\text{in}} = \left[\Delta a_{\text{in}}{}'\right]\left[\Delta a_{\text{in}}{}'\right]^{\dagger} = (1/2)[1] \quad (5.63)$$

因为谐振腔两端的输入涨落 $\left[\Delta a_{\text{in}}\right]$ 和 $\left[\Delta a_{\text{in}}{}'\right]$ 是相互独立的，所以它们之间的协方差矩阵可设为[0]。将这些协方差代入式（5.51），得到器件两端的输出波的协方差表达式为

$$\left[V(\Omega)\right]_{\text{out}} = (1/2)\left\{\left[P\right]\left[P\right]^{\dagger} + \left[P'\right]\left[P'\right]^{\dagger}\right\} \qquad (5.64\text{a})$$

$$\left[V'(\Omega)\right]_{\text{out}} = (1/2)\left\{\left[Q\right]\left[Q\right]^{\dagger} + \left[Q'\right]\left[Q'\right]^{\dagger}\right\} \qquad (5.64\text{b})$$

该表达式通过 $[P]$ 和 $[Q]$ 表达式中的传播相位因子矩阵 $[\Gamma]$ 包含了频率 (Ω) 依赖关系。结合式（5.64），输出涨落的功率谱 $S(\Omega, \theta)$ 由式（5.55）给出，而压缩谱 $S(\Omega)$ 则可用使 $S(0, \theta)$ 最小化的 θ 值代入得到。如果谐振腔有传播损耗，损耗会引起另一个涨落源。通过采用等效分束镜模型来描述损耗引起的涨落，以上的分析很容易推广到这类情况[30]。

5.4.4　单谐振 SHG

图 5.7 示出单（泵浦）谐振 SHG 的 $S(0)$ 和效率 η 对 ζ_L 的依赖关系。右端和左端（输入侧）输出分别记为"+"和"−"。显然，在单谐振 SHG 中得到高效显著的泵浦和谐波压缩所需要的泵浦功率比在行波 SHG 中所需的小得多。由图 5.7 可知，在某个 ζ_L 值，效率 η 达到最大值，然后因为泵浦损耗导致腔内建立的泵浦功率降低，效率 η 开始减小。应该注意的是，较大的 η 并不一定对应较大的压缩，

且对于大的泵浦功率，谐波的压缩大于泵浦的压缩。随着 ζ_L 的增加，S^ω 从最小值逐渐增加；相当弱的压缩和增加是因为输入涨落在腔镜处的反射及谐波产生的较大的涨落转换。另外，$S^{2\omega}$ 单调递减，且其渐近值小于行波 SHG 的渐近值 $1/2$。较高程度的压缩可归因于循环泵浦在相互作用长度（腔内）上的明显压缩。

图 5.8 为一个折叠谐波 ($r = 1.0$，$r' = 0$) 的泵浦谐振 SHG 的结果。对比图 5.7 和图 5.8a 可知，双路相互作用和单端口谐波输出使得效率 η 大大提高。值得注意的是，转换效率达到 100% 是有可能的。同样地，非线性光学相互作用的增强和左端注入真空涨落的排除使压缩大为提高。这些结果与文献[14]中用 UFA 得到的结果一致；对于高 Q 值腔，S^ω 取最小值，约为 $2/3$，$S^{2\omega}$ 单调递减，趋近于 $1/9$ 左右。图 5.8a 和图 5.8b 对比可知，损耗会使 SHG 与压缩性能衰减。应该注意，即使单程的损耗很小，但多次来回的损耗会严重减弱稳定场的建立，因此导致了 SHG 和压缩的实质衰减。

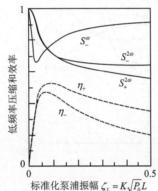

图 5.7　低频率压缩和效率对 $r_1^2 = 0.9$、$r_1'^2 = 1.0$、$r_2^2 = 0$、$r_2'^2 = 0$ 的单（泵浦）谐振 SHG 输入泵浦振幅的依赖关系

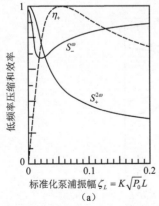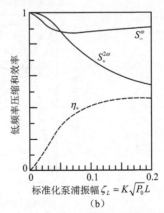

图 5.8　低频率压缩和效率对 $r_1^2 = 0.9$、$r_1'^2 = 1.0$、$r_2^2 = 1$、$r_2'^2 = 0$ 的泵浦谐振谐波折叠 SHG 输入泵浦振幅的依赖关系

（a）无损耗情况；　（b）传播损耗为 $\alpha_1 = \alpha_2 = 1\,\mathrm{dB \cdot cm^{-1}}$，$L = 3\,\mathrm{mm}$

5.4.5　双谐振 SHG

典型的高 Q 和低 Q 双谐振 SHG 的结果如图 5.9 和图 5.10 所示。这些计算是在低于不稳定/自脉冲的阈值的输入振幅范围内进行的[17]。对于高 Q 器件，在非常小的泵浦功率下，可得到一个较高的 SHG 效率和泵浦、谐波的显著压缩。除了泵浦功率水平，其他结果与单谐振 SHG 下相似；效率 η 在某个 ζ_L 值时取最大值（对于单端谐波输出的腔为 100%），然后随之而减小，较大的效率 η 并不一定对应较大的压缩，且对于大的泵浦功率，谐波的压缩大于泵浦的压缩。然而需要注意的是，对于双谐振 SHG，腔参数可以被优化以得到大的泵浦压缩或谐波压缩，且对它们中的任一个都可实现几乎完美的压缩。

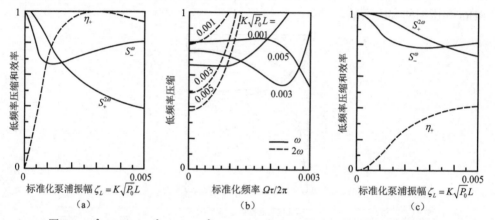

（a）　　　　　　　　　　（b）　　　　　　　　　　（c）

图 5.9　$r_1^2 = 0.95$、$r_1'^2 = 1.0$、$r_2^2 = 1.00$、$r_2'^2 = 0.95$ 的高 Q 双谐振 SHG 的特性

（a）低频率压缩和效率对输入泵浦振幅的依赖关系；（b）压缩光谱；（c）与（a）情况相同，但传播损耗为
$\alpha_1 = \alpha_2 = 0.2\,dB\cdot cm^{-1}$，$L = 3\,mm$

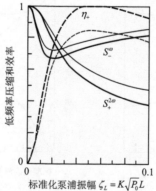

图 5.10　低频率压缩和效率对 $r_1^2 = 0.7$、$r_1'^2 = 1.0$、$r_2^2 = 1.0$、$r_2'^2 = 0.7$ 的低 Q 双谐振 SHG 的
输入泵浦振幅的依赖关系

本节涨落传播矩阵分析法的结果显示为粗线，使用 UFA 的结果显示为细线

对于高 Q 器件，小的传播损耗引起了 SHG 和压缩性能的较大衰减。得到较好性能的一个准则是设定腔参数，使待压缩光波的输出耦合可以比每一循环行程的损耗大得多。高 Q 器件的压缩谱 $S(\Omega)$ 如图 5.9b 所示，由此可见，虽然相对于行波器件，其压缩带宽较窄，但其在一个腔带宽量级的可观频率范围内可以得到显著的压缩。

如图 5.10 所示，其中粗线表示用本节方法分析所得到的结果，而 UFA 结果用细线表示作为对照。在低 Q 腔中，均匀场分布不能满足低反射率镜面处的边界条件，因此场振幅呈现非均匀分布。对于这类腔，用 UFA 计算的结果会有相当大的误差。

5.5　简并光参量放大

关于量子噪声和 DOPA 中的压缩的分析已有一些作者发表了论文[28,31]。我们考虑行波的 DOPA，这里的角频率为 ω 的信号波通过一束频率为 2ω 的泵浦激励被放大。虽然其器件与 SHG 器件相同，但输入光波却不同。在相位匹配条件下，振幅 $a_1(z)$、$a_2(z)$ 和涨落 $\Delta a_1(z)$、$\Delta a_2(z)$ 满足耦合模方程（5.35）及类似在 SHG 中的线性微分方程（5.40）。

首先，考虑只有一个泵浦输入器件的情况。因此方程（5.35）的解是 $a_1(z)=0$、$a_2(z)=a_{20}$，其描述的是无 ω 光波产生的泵浦传播。但是，由方程（5.35）可以看出，ω 场的涨落发生了改变，这和泵浦振幅涨落无变化地传输到输出端的情况形成反差。我们假设 a_{20} 是实数，并令 $\Delta a_1 = \Delta X + i\Delta Y$、$\Delta a_1^\dagger = \Delta X - i\Delta Y$，则式（5.40）可写为

$$\frac{\mathrm{d}}{\mathrm{d}z}\Delta X = -g\Delta X, \quad \frac{\mathrm{d}}{\mathrm{d}z}\Delta Y = +g\Delta Y, \quad g = |\kappa|a_{20} \tag{5.65}$$

以上方程表明，正交算符 ΔX 和 ΔY 中的一个被缩小，另一个就被放大。方程（5.65）的解是指数函数形式，因此 Δa_1 可写为

$$\begin{bmatrix} \Delta a_1(z) \\ \Delta a_1^\dagger(z) \end{bmatrix} = \begin{bmatrix} \cosh gz & -\sinh gz \\ -\sinh gz & \cosh gz \end{bmatrix} \begin{bmatrix} \Delta a_1(0) \\ \Delta a_1^\dagger(0) \end{bmatrix} \tag{5.66}$$

因为在输入端引入了真空涨落（5.26），所以式（5.24）和式（5.66）给出如下输出协方差：

$$[V]_{\text{out}} = \frac{1}{2}\begin{bmatrix} \cosh 2gL & -\sinh 2gL \\ -\sinh 2gL & \cosh 2gL \end{bmatrix} \tag{5.67}$$

该结果与 $s = gL$、$\psi = 0$ 时的式（5.27）一致，表明真压缩空态是由真空态的

DOPA 和简并光参量缩小（degenerate optical parametric deamplification，DOPDA）产生的。

其次，考虑信号波和泵浦都被输入器件的情况。在此，我们利用由式（5.38）所给出的式（5.35）的解，其被改写为

$$a_1(\zeta) = a_{10} \cosh\zeta_0 \operatorname{sech}(\zeta + \zeta_0), \quad a_2(\zeta) = a_{20} \cosh\zeta_0 \tanh(\zeta + \zeta_0) \quad (5.68a)$$

$$\zeta = (|\kappa| a_{10} \cosh\zeta_0 / \sqrt{2})z = (|K|\sqrt{A_{10}{}^2 + A_{20}{}^2})z \quad (5.68b)$$

$$\zeta_0 = \operatorname{arsinh}(\sqrt{2}a_{20} / a_{10}) = \operatorname{arsinh}(A_{20} / A_{10}) \quad (5.68c)$$

我们假设初始值 $a_{10} = a_1(0)$ 为正，且 $a_{20} = a_2(0)$ 为实数，则该解呈现的空间分布如图 5.11 所示。如果 $\zeta_0 > 0$，我们得到 DOPDA，即信号波振幅被缩小；如果 $\zeta_0 < 0$，则得到 DOPA，即信号波振幅被放大。因为信号光与泵浦光之间的相位关系决定产生 DOPDA 还是 DOPA，所以该相互作用是一种相位敏感放大。还应该注意到，$\zeta_0 = 0$ 的情况与前面描述的 SHG 情况一致，而无输入信号光的 DOPA 则对应于 $a_{10} \to 0$ 和 $\zeta_0 \to \infty$ 的极限情况。

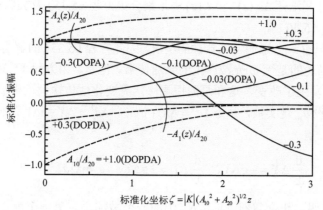

图 5.11　DOPA（DOPDA）中的光波稳态振幅的空间分布

将式（5.68a）代入式（5.40）并联立式（5.41）和式（5.42b），我们可以得到关于涨落 $\Delta a_1(z)$ 和 $\Delta a_2(z)$ 的方程。

$$\frac{\mathrm{d}}{\mathrm{d}\zeta}[\Delta a(\zeta)] = [J(\zeta + \zeta_0)][\Delta a(\zeta)] \quad (5.69)$$

因为式（5.69）与用 $[J(\zeta + \zeta_0)]$ 代替 $[J(\zeta)]$ 时的式（5.42a）相同，因而在输入端和输出端的涨落之间的关系为

$$[\Delta a(\zeta_L)] = [M(\zeta_L, \zeta_0)][\Delta a(0)] \quad (5.70)$$

利用式（5.45）给出的 $M(\zeta)$，涨落传播矩阵 $[M(\zeta_L,\zeta_0)]$ 可写为

$$[M(\zeta_L,\zeta_0)]=[M(\zeta_L+\zeta_0)][M(\zeta_0)]^{-1} \qquad (5.71)$$

在式（5.71）中，ζ_L 表示标准化输入振幅，即式（5.68b）中 ζ 在输出端 $(z=L)$ 的值。利用式（5.71）中的 $[M(\zeta_L,\zeta_0)]$ 通过式（5.53）可以计算输出协方差矩阵。在本节中的计算中，假设输入光波是相干态。

图 5.12a 显示 DOPA（$A_{10}/A_{20}<0$）时计算得到的输出光波的压缩比与 ζ_L 的依赖关系。$A_{10}/A_{20}=-0.0$ 的曲线表示式（5.65）～式（5.67）所描述的压缩真空产生，并显示出在 ζ_L 约为 1 时发生显著的压缩。泵浦没有被压缩。如果 $A_{10}/A_{20}<-0.0$，则信号波的振幅被 DOPA 放大，而正交于信号波的振幅涨落被缩小，因此输出信号波是相位压缩的[式（5.53）和式（5.71）的输出协方差 $V_{12}>0$]。对于输入信号振幅（A_{10}/A_{20}）（缺绝对号）很小的情况，如果 ζ_L 约为 1，则信号波同样被显著地压缩，而泵浦几乎不被压缩。因此 DOPA 提供了一个独特的手段来实现信号的无噪声放大或降低噪声。另外，对于输入信号较大的情况，ζ_L 约为 1 时虽然信号波被显著地压缩，但是对于较大的 ζ_L，信号波压缩减小而泵浦被（相位）压缩。这是因为经过大的信号波放大后，相互作用缩小，使信号被重新转换回泵浦功率。

图 5.12b 显示压缩比与 DOPDA（$\zeta_0>0$）计算得到的 ζ_L 的依赖关系。如果 $A_{10}/A_{20}>+0.0$，则信号波被 DOPDA 缩小，正交于信号波的振幅涨落被放大，因此输出信号波是振幅压缩的（输出协方差 $V_{12}<0$）。像压缩真空产生中的情况一样，对于输入信号振幅（$|A_{10}/A_{20}|$）很小的情况，如果 ζ_L 约为 1，则信号波被显著地压缩，而泵浦很难被压缩。对于输入信号较大的情况，虽然明显信号压缩所需的输入功率增加，但是泵浦在一定程度上也会被（振幅）压缩。这是因为产生了 SH 波，因此 $A_{10}/A_{20}\gg1$ 的曲线趋近于 SHG 下 $S_0^\omega=1$ 的曲线，如图 5.4 所示。

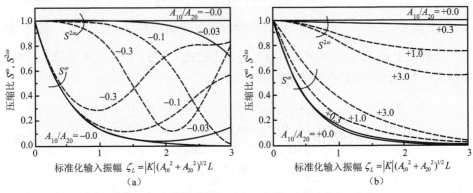

图 5.12　压缩比与标准化输入振幅的依赖关系

（a）DOPA；（b）DOPDA

5.6 和 频 产 生

对于 SFG，角频率为 ω_1 和 ω_2 的光波混合产生角频率为 $\omega_3 = \omega_1 + \omega_2$ 的光波。为了简化，我们假设 ω_2 光波是一束强泵浦，其可作为经典光波处理，且其振幅近似为常数（NPDA）。在相位匹配条件下，ω_1 光波和 ω_3 光波的振幅 $a_1(z)$ 和 $a_3(z)$ 满足等效于 $\Delta = 0$ 时的式（3.46）的模式耦合方程

$$\frac{\mathrm{d}}{\mathrm{d}z} a_1(z) = \mathrm{i}\sqrt{\omega_1\omega_3 / \omega_2^2} K_2 A_2^* a_3(z) \tag{5.72a}$$

$$\frac{\mathrm{d}}{\mathrm{d}z} a_3(z) = \mathrm{i}\sqrt{\omega_1\omega_3 / \omega_2^2} K_2^* A_2 a_1(z) \tag{5.72b}$$

式中，A_2 为功率标准化的泵浦振幅；K_2 为耦合系数。假设 $\mathrm{i}K_2^* A_2$ 为正，则输入条件为 $a_1(0) = a_{10}$、$a_3(0) = 0$ 时的式（5.72）的解为

$$a_1(z) = a_{10}\cos\gamma z, \quad a_3(z) = a_{10}\sin(\gamma z), \quad \gamma = \left|\sqrt{\omega_1\omega_3 / \omega_2^2}\, K_2^* A_2\right| \tag{5.73}$$

输入光波按曼利-罗关系转化为和频光波。如果器件长度较长，则 ω_3 光波会被重新转化为 ω_1 光波，这时光功率沿着传播轴周期性地振荡。对于长度为 L 的器件，其量子转换效率为

$$\eta = \left|a_3(L)\right|^2 / \left|a_1(0)\right|^2 = \sin^2\gamma L \tag{5.74}$$

由式（5.72）的线性性质可知，涨落振幅 $\Delta a_1(z)$ 和 $\Delta a_3(z)$ 也满足由 Δa_1 和 Δa_3 替换 a_1 和 a_3 的式（5.72），对于输入值 $\Delta a_1(0)$ 和 $\Delta a_3(0)$ 的解可以写成

$$\Delta a_1(z) = \Delta a_1(0)\cos\gamma z - \Delta a_3(0)\sin\gamma z \tag{5.75a}$$

$$\Delta a_3(z) = \Delta a_1(0)\sin\gamma z + \Delta a_3(0)\cos\gamma z \tag{5.75b}$$

以类似于式（5.41）和式（5.43）的方式把式（5.75）改写成关联输入和输出值的矢量表达式，我们得到涨落传播矩阵：

$$[M(\gamma L)] = \begin{bmatrix} \cos\gamma L & 0 & -\sin\gamma L & 0 \\ 0 & \cos\gamma L & 0 & -\sin\gamma L \\ \sin\gamma L & 0 & \cos\gamma L & 0 \\ 0 & \sin\gamma L & 0 & \cos\gamma L \end{bmatrix} \tag{5.76}$$

输入和输出协方差矩阵由式（5.53）相关联，只是其中的涨落传播矩阵是

式（5.76）。首先考虑输入涨落是真空涨落（相干态输入）的情况。简单的计算显示输出协方差矩阵 $[V]_{out}$ 与输入协方差矩阵 $[V]_{in}$ 一致。这意味着在 SFG 中没有发生压缩，据此可以期望式（5.72）是非相位敏感线性方程。

其次，考虑输入 ω_1 光波是振幅压缩光波的情况。由式（5.53）、式（5.54）和式（5.76）可得到输出压缩的表达式：

$$S^{\omega 1} = (1-\eta)S_0^{\omega 1} + \eta, \quad S^{\omega 3} = \eta S_0^{\omega 1} + (1-\eta) \tag{5.77}$$

式中，$S_0^{\omega 1} = \exp(-2s)$ 为输入光波的压缩比；η 为式（5.74）所给出的量子转换效率。对于输出光波 $V_{12} < 0$，$V_{34} < 0$，因此输出光波也是振幅压缩的。图 5.13 显示输出压缩与标准化泵浦振幅 γL 之间的依赖关系。结果显示，SFG 输入光波的压缩减少而和频光波被压缩。对于 $\eta = 1$，有 $S^{\omega 3} = S_0^{\omega 1}$，这意味着压缩光波的波长转换（上转换）可以实现。相似的相位压缩光波的波长转换也有可能。

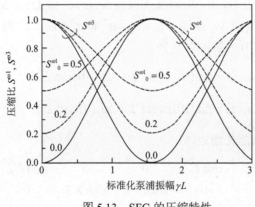

图 5.13　SFG 的压缩特性

5.7　差频产生和光参量放大

DFG 是角频率为 ω_1 和 $\omega_3 = \omega_1 + \omega_2$ 的光波混合产生角频率为 $\omega_2 = \omega_3 - \omega_1$ 的光波。可以证明，如同 SFG 的情况，如果频率 ω_1 的光足够强，虽然不能产生压缩光波，但是可以实现压缩光波的波长转换（下转换）。在以下的讨论中，我们考虑 ω_3 是很强的泵浦的情况。在这样的 DFG 中，产生频率为 $\omega_3/2$ 的镜像频率的信号频率的光波，同时信号波被放大。因此，该过程也可认为是 OPA。

对于强的泵浦我们按经典的方式处理，并且采用其振幅在空间上是常数的近似（NPDA）。在相位匹配条件下，振幅 $a_1(z)$、$a_2(z)$ 满足模式耦合方程，即 $\Delta = 0$ 的式（3.54）。

$$\frac{\mathrm{d}}{\mathrm{d}z}a_1(z) = \mathrm{i}\sqrt{\omega_1\omega_2/\omega_3^2}K_3^*A_3a_2^*(z) \tag{5.78a}$$

$$\frac{\mathrm{d}}{\mathrm{d}z}a_2(z) = \mathrm{i}\sqrt{\omega_1\omega_2/\omega_3^2}K_3^*A_3a_1^*(z) \tag{5.78b}$$

式中，A_3 为功率标准化的泵浦振幅；K_3 为耦合系数。我们假设 $\mathrm{i}K_3^*A_3$ 是正值，则输入条件是 $a_1(0)=a_{10}$、$a_2(0)=0$ 的式（5.78a）和式（5.78b）的解为

$$a_1(z) = a_{10}\cosh\varGamma z,\quad a_2(z) = a_{10}^*\sinh\varGamma z,\quad \varGamma = \left|\sqrt{\omega_1\omega_2/\omega_3^2}K_3^*A_3\right| \tag{5.79}$$

输入波被放大，且在曼利-罗关系下产生差频波（闲波）。OPA 增益由下式给出：

$$G = \left|a_1(L)\right|^2 / \left|a_1(0)\right|^2 = \cosh^2\varGamma L \tag{5.80}$$

因为式（5.78）的线性性质，所以涨落振幅 $\Delta a_1(z)$、$\Delta a_2(z)$、$\Delta a_1^\dagger(z)$ 和 $\Delta a_2^\dagger(z)$ 也满足用 Δa_1、Δa_2、Δa_3 和 Δa_4 替代了 a_1、a_2、a_1^* 和 a_2^* 的式（5.78a）和式（5.78b），则输入值 $\Delta a_1(0)$ 和 $\Delta a_2(0)$ 的解可以写为

$$\Delta a_1(z) = \Delta a_1(0)\cosh\varGamma z + \Delta a_2^\dagger(0)\sinh\varGamma z \tag{5.81a}$$

$$\Delta a_2(z) = \Delta a_1^\dagger(0)\sinh\varGamma z + \Delta a_2(0)\cosh\varGamma z \tag{5.81b}$$

因此，我们得到涨落传播矩阵。

$$\left[M(\varGamma L)\right] = \begin{bmatrix} \cosh\varGamma L & 0 & 0 & \sinh\varGamma L \\ 0 & \cosh\varGamma L & \sinh\varGamma L & 0 \\ 0 & \sinh\varGamma L & \cosh\varGamma L & 0 \\ \sinh\varGamma L & 0 & 0 & \cosh\varGamma L \end{bmatrix} \tag{5.82}$$

把式（5.82）代入式（5.53），求出当输入涨落是真空涨落时的输出协方差，我们得到

$$V_{11} + V_{22} = V_{33} + V_{44} = \cosh2\varGamma L,\quad V_{12} = V_{21} = V_{34} = V_{43} = 0 \tag{5.83}$$

如非相位敏感线性方程的式（5.78a）和式（5.78b）所示，其不发生压缩。从式（5.83），我们可以得出

$$S^{\omega 1} = S^{\omega 2} = \cosh2\varGamma L = 2G - 1 \tag{5.84}$$

式（5.84）表明，信号波和差频波（闲波）的噪声超出了 SQL，且噪声由于 OPA 而增大[33-35]。

接下来我们考虑输入信号波是振幅压缩光的情况。利用式（5.53）、式（5.54）

和式（5.82）计算输出协方差，我们得到输出波的压缩的表达式。

$$S^{\omega 1} = GS_0^{\omega 1} + (G-1), \quad S^{\omega 2} = (G-1)S_0^{\omega 1} + G \tag{5.85}$$

式中，$S_0^{\omega 1} = \exp(-2s)$ 表示输入信号的压缩。图 5.14 表示输出压缩与标准化泵浦振幅 αL 之间的依赖关系。结果表明，在 OPA 中，信号波的压缩减弱，大的增益 G 使噪声超出 SQL，且不能获得噪声低于 SQL 的差频波（闲波）。相位压缩光的情况下，可以得到类似的结果。

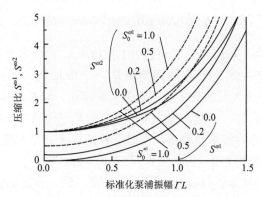

图 5.14　差频振荡的量子噪声特性及 OPA

5.8　参 量 荧 光

考虑当 OPA 中输入信号波和闲波的振幅为 $a_1(0) = a_{10} = 0$ 和 $a_2(0) = 0$ 时的情况，由式（5.73）可得输出信号波和闲波振幅为 $\langle a_1(L) \rangle = \langle a_2(L) \rangle = a_1(L) = a_2(L) = 0$；不产生频率为 ω_1 和 ω_2 的相干波输出。但是这并不意味着输出端没有 ω_1 和 ω_2 频率附近的光输出。实际上，如果泵浦很强，使得 OPA 增益 G 很大，真空涨落将导致非相干光发射。这称为参量荧光，且这种荧光提供了 4.2 节所讨论的 OPO 的种子。

5.8.1　荧光功率

由 $\langle a_1(L) \rangle = \langle a_2(L) \rangle = 0$、$\Delta a_1 = a_1 - \langle a_1 \rangle$、$\Delta a_2 = a_2 - \langle a_2 \rangle$ 及式（5.75）可得在输出端 $z = L$ 处 ω_1 模式的光子数期望值。

$$
\begin{aligned}
\langle N_1(L) \rangle &= \langle a_1^\dagger(L)a_1(L) \rangle = \langle \Delta a_1^\dagger(L)\Delta a_1(L) \rangle \\
&= \langle (\Delta a_1^\dagger(0)\cosh \Gamma L + \Delta a_2(0)\sinh \Gamma L) + (\Delta a_1(0)\cosh \Gamma L + \Delta a_2^\dagger(0)\sinh \Gamma L) \rangle
\end{aligned} \tag{5.86}
$$

因为输入的涨落 $\Delta a_1(0)$ 和 $\Delta a_2(0)$ 是真空态的涨落，并且信号波模式的涨落和闲波模式的涨落之间没有联系，我们得到

$$\left\langle \Delta a_1^\dagger(0)\Delta a_1(0)\right\rangle = \left\langle 0\left|\Delta a_1^\dagger \Delta a_1\right|0\right\rangle = \left\langle 0\left|a_1^\dagger a_1\right|0\right\rangle = 0$$

$$\left\langle \Delta a_2(0)\Delta a_2^\dagger(0)\right\rangle = \left\langle 0\left|\Delta a_2 \Delta a_2^\dagger\right|0\right\rangle = \left\langle 0\left|a_2 a_2^\dagger\right|0\right\rangle = \left\langle 0\left|a_2^\dagger a_2+1\right|0\right\rangle = 1 \quad (5.87)$$

$$\left\langle \Delta a_2(0)\Delta a_1(0)\right\rangle = \left\langle \Delta a_1^\dagger(0)\Delta a_2^\dagger(0)\right\rangle = 0$$

因此，由式（5.86）、式（5.87）及类似的关系可得

$$\left\langle N_1(L)\right\rangle = \left\langle \Delta a_2(0)\Delta a_2^\dagger(0)\right\rangle \sinh^2 \Gamma L = \sinh^2 \Gamma L \quad (5.88\text{a})$$

$$\left\langle N_2(L)\right\rangle = \left\langle \Delta a_1(0)\Delta a_1^\dagger(0)\right\rangle \sinh^2 \Gamma L = \sinh^2 \Gamma L \quad (5.88\text{b})$$

结果表明，频率为 $\omega_1(\omega_2)$ 的光子可通过 DFG/OPA，由频率为 $\omega_2(\omega_1)$ 的真空涨落产生。每个模式产生的光子数的期望值是一个虚拟输入光子经 DFG 增益 $D = \sinh 2\Gamma L(= G-1)$ 放大后的光子数。对于强泵浦光，增益 $D \gg 1$，此时用普通的探测器就能检测到光强。但是，因为发射光是由量子涨落产生的，所以它是非相干的。放大的荧光称为参量超荧光，类似于激光系统中的 ASE。

量子化的模式间距为 $\Delta\omega_1 = 2\pi c / n_1 L_{Q1}$ 和 $\Delta\omega_2 = 2\pi c / n_2 L_{Q2}$，其中 L_Q 为标准化长度，n 为群折射率，且为了与 $\omega_1 + \omega_2 = \omega_3 =$ 常数 一致，需要 $n_1 L_{Q1} = n_2 L_{Q2}$。每个模式的一个 ω_1 光子的功率为 $(\hbar\omega_1 / L_{Q1})\times(c / n_1) = \hbar\omega_1 c / n_1 L_{Q1}(\text{W})$。因此，与频率为 ω_2、频宽为 $d\omega_2$ 内的模式相对应的功率为 $(\hbar\omega_1 c / n_1 L_{Q1})\times(d\omega_2 / \Delta\omega_2) = (\hbar\omega_1 / 2\pi)d\omega_2(\text{W})$。若要计算总的荧光输出功率，则必须考虑包括相位失配的 DFG/OPA 情况。由式（3.56）和式（3.58）得 DFG 的增益 D。

$$D(\Gamma,\Delta) = \Gamma^2 L^2 \left|\sinh\sqrt{\Gamma^2-\Delta^2}L \,/\, \sqrt{\Gamma^2-\Delta^2}L\right|^2 \quad (5.89\text{a})$$

$$\cong \begin{cases} \sinh^2 \Gamma L\left\{\sin \Delta L \,/\, \Delta L\right\}^2, & (\Gamma L \ll 1) \\ \sinh^2 \Gamma L \exp\left\{-(L / \Gamma)\Delta^2\right\}, & (\Gamma L \ll 1) \end{cases} \quad (5.89\text{b})$$

相位失配参量 Δ 由式（3.40）给出，它与 ω_2 相对于准确相位匹配频率 $\omega_{2\text{pm}}$ 的偏离之间的关系为

$$\begin{aligned} 2\Delta &= \left\{(\partial\beta_1 / \partial\omega_1)-(\partial\beta_2 / \partial\omega_2)\right\}(\omega_2-\omega_{2\text{pm}}) \\ &= \left\{(n_1-n_2) / c\right\}(\omega_2-\omega_{2\text{pm}}) \end{aligned} \quad (5.90)$$

增益谱的形状从低增益时的 $\sin c^2$ 分布演化为高增益时的接近高斯分布；而带宽则从低增益时的 $2\Delta = \pi / L$ [全宽为 $(2 / \pi)^2 \times$ 最大值]增加至高增益时的 $2\Delta = \sqrt{\pi\Gamma / L}$ [全宽为 $\exp(-\pi / 4)\times$ 最大值]。利用式（5.89）和式（5.90）对 ω_2 涨落频率范围内的荧光功率积分，可得到 ω_1 总输出功率的表达式：

$$P_1(\Gamma) = \int D(\Gamma, \Delta)(\hbar\omega_1 / 2\pi)\mathrm{d}\omega_2 = (\hbar\omega_1 c / |n_1 - n_2| L)(L / \pi)\int D(\Gamma, \Delta)\mathrm{d}\Delta \quad (5.91\mathrm{a})$$

$$\cong \begin{cases} (\hbar\omega_1 c / |n_1 - n_2| L)\sinh^2 \Gamma L, & (\Gamma L \ll 1) \quad (5.91\mathrm{b}) \\ (\hbar\omega_1 c / |n_1 - n_2| L)\sqrt{\Gamma L / \pi}\sinh^2 \Gamma L, & (\Gamma L \ll 1) \quad (5.91\mathrm{c}) \end{cases}$$

ω_2 频率的总输出功率为 $P_2(\Gamma) = (\omega_2 / \omega_1)P_1(\Gamma)$。图 5.15 显示出 NPDA 标准化输出功率 $P_1 / (\hbar\omega_1 c / |n_1 - n_2| L) = (L / \pi)\int D(\Gamma, \Delta)\mathrm{d}\Delta$ 对标准化泵浦功率 $\Gamma^2 L^2 = (\omega_1\omega_2 / \omega_3^2)|K_3|^2 P_3 L^2$ 的依赖关系。由于近似指数的增益和带宽的展宽，输出功率随着泵浦功率的增加超线性地增加。

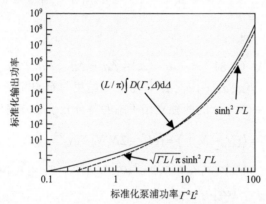

图 5.15　参量超荧光输出功率对输入泵浦功率的依赖关系

5.8.2　光子相关

前几节结果显示，参量（超）荧光发射相等的 ω_1 和 ω_2 光子数，即 $\langle N_1(L)\rangle = \langle N_2(L)\rangle = \sinh^2 \Gamma L$。利用式 (5.81)，有 $a_1 = \langle a_1\rangle + \Delta a_1 = \Delta a_1$、$a_2 = \langle a_2\rangle + \Delta a_2 = \Delta a_2$ 和 $[a_1, a_1^\dagger] = [a_2, a_2^\dagger] = 1$，输出光子数 $N_1(L)$ 的方差计算得

$$\langle\{\Delta N_1(L)\}^2\rangle = \langle\{N_1(L) - \langle N_1(L)\rangle\}^2\rangle$$

$$= \left\langle \left[\begin{array}{l} \cosh^2 \Gamma L a_1^\dagger(0)a_1(0) \\ + \cosh \Gamma L \sinh \Gamma L \{a_2(0)a_1(0) + a_1^\dagger(0)a_2^\dagger(0)\} \\ + \sinh^2 \Gamma L a_2^\dagger(0)\langle a_2^\dagger(0)\rangle \end{array} \right]^2 \right\rangle \quad (5.92)$$

$$= \cosh^2 \Gamma L \sinh^2 \Gamma L \langle 0|\{a_2(0)a_1(0) + a_1^{\dagger 2}(0)a_2^\dagger(0)\}^2|0\rangle$$

$$= \cosh^2 \Gamma L \sinh^2 \Gamma = \cosh^2 \Gamma L \langle N_1(L)\rangle \geqslant \langle N_1(L)\rangle$$

对于 $N_2(L)$，可以得到相同的结果。因此，每个输出光波的涨落（强度噪声）

比标准量子极限大。

接下来，我们考虑 ω_1 光子产生的光电流与 ω_2 光子产生的光电流之间的差别。该差别用 $N_1(L) - N_2(L)$ 来表示，且期望值为 $\langle N_1(L) - N_2(L) \rangle = \langle N_1(L) \rangle - \langle N_2(L) \rangle = 0$，其方差可以通过以下方式求得。

$$
\begin{aligned}
\left\langle \left[\Delta\{N_1(L) - N_2(L)\} \right]^2 \right\rangle &= \left\langle \{N_1(L) - \langle N_1(L) \rangle\}^2 \right\rangle \\
&= \left\langle \{a_1^\dagger(L)a_1(L) - a_2^\dagger(L)a_2(L)\}^2 \right\rangle = \left\langle \{a_1^\dagger(0)a_1(0) - a_2^\dagger(0)a_2(0)\}^2 \right\rangle \\
&= \langle 0 | a_1^\dagger a_1 a_1^\dagger a_1 | 0 \rangle - 2\langle 0 | a_1^\dagger a_1 | 0 \rangle \langle 0 | a_2^\dagger a_2 | 0 \rangle + \langle 0 | a_2^\dagger a_2 a_2^\dagger a_2 | 0 \rangle \\
&= 0
\end{aligned}
\tag{5.93}
$$

其中已利用了式（5.81）、$a_1 = \langle a_1 \rangle + \Delta a_1 = \Delta a_1$、$a_2 = \langle a_2 \rangle + \Delta a_2 = \Delta a_2$ 和 $[a_1, a_1^\dagger] = [a_2, a_2^\dagger] = 1$、$[a_1, a_2] = [a_1^\dagger, a_2^\dagger] = 0$。该结果与有相同光子数 $|a_1\rangle$，$|a_2\rangle$（即 $\langle N_1 \rangle = |a_1|^2 = |a_2|^2 = \langle N_2 \rangle$）的两独立相干态的差分光子数方差相比是不同的。

$$
\begin{aligned}
\left\langle \{\Delta(N_1 - N_2)\}^2 \right\rangle &= \left\langle (N_1 - N_2)^2 \right\rangle = \left\langle N_1^2 - 2N_1 N_2 + N_2^2 \right\rangle \\
&= \langle \alpha_1 | a_1^\dagger a_1 a_1^\dagger a_1 | \alpha_1 \rangle - 2\langle \alpha_1 | a_1^\dagger a_1 | \alpha_1 \rangle \langle \alpha_2 | a_2^\dagger a_2 | \alpha_2 \rangle \\
&\quad + \langle \alpha_2 | a_2^\dagger a_2 a_2^\dagger a_2 | \alpha_2 \rangle \\
&= \left(|\alpha_1|^2 - |\alpha_2|^2 \right)^2 + |\alpha_1|^2 + |\alpha_2|^2 = 2|\alpha_1|^2 = 2\langle N_1 \rangle
\end{aligned}
\tag{5.94}
$$

式（5.94）显示出了总光子数的散粒噪声水平（SQL）。式（5.93）的结果表明，由于 ω_1 和 ω_2 光子之间的完全相关，差分噪声被完全抑制。这种相互相关的光子称为孪生光子。ω_1 和 ω_2 的输出光波可以通过一个色散元件（如光栅）进行空间分离，经分离后的两束光称为孪生光束。光子相关的存在可用曼利-罗关系解释。可以证明，在 OPO 和小信号输入的高增益 OPA 中，信号光子和闲波光子也是具有互相较强的相关性。孪生光束提供了一种独特的探测单光子现象的手段，其中把一个光束当作信号光，另一个当作参考光，并且两光电流的互相关联。孪生光束有望将来在量子信息处理中得到应用。

参 考 文 献

[1]　W.Heitler: *The Quantum Theory of Radiation* (Oxford University Press, Oxford 1954)

[2]　R.Loudon: *The Quantum Theory of Light* (Oxford University Press, Oxford 1983)

[3]　P.Meystre, M.Sargent Ⅲ: *Elements of Quantum Optics* (Springer-Verlag, Berlin 1991)

[4] D.F.Walls and G..J.Milburn: *Quantum Optics* (Springer-Verlag, Berlin 1991)

[5] J.Perina, Z.Hradil, B.Jurco: *Quantum Optics and Fundamentals of Physics* (Kluwer Academin Pub.,Dordrechit, 1994)

[6] T.Suhara: *Quantum Electronics* (Ohm Pub.Co.,Tokyo,1995) (in Japanese)

[7] H.A.Haus: *Electromagnetic Noise and Quantum Optical Measurements* (Springer, Berlin, 2000)

[8] H.Yuen: Phys.Rev.A,13,pp.2226-2243(1976)

[9] L.A.Wu, M.Xiao, H.J.Kimble: J.Opt.Soc.Amer.B,4,pp.1465-1475 (1987)

[10] S.F.Pereira, M.Xiao, H.J.Kimble, J.L.Hall: Phys. Rev.A,38,pp.4931-4934 (1988)

[11] A.Sizmann, R.J.Horowicz, G.Wagner, G.Leuchs: Opt. Commun. 80, pp.138-141 (1990)

[12] P.Kurz, R.Paschotta, K.Fiedler, A.Sizmann, G.Leuchs, J.Mlynek: Appl. Phys. B, 55, pp.216-225 (1992)

[13] P.Kurz, R.Paschotta, K.Fiedler, J.Mlynek: Europhys. Lett.,24,pp.449-454 (1993)

[14] R.Paschotta, M.Collett, P.Kurz, K.Fiedler H.A.Bachor, J.Mlynek: Phys. Rhys. Rev. Lett., 72, pp.3807-3810 (1194)

[15] D.K.Serkland, M.M.Fejer, R.L.Byer, Y.Yamamoto: Opt. Lett., 20, pp.1649-1651 (1995)

[16] D.K.Serkland, P.Kumar, M.A.Arbore M.M.Fejer: Opt. Lett.,22, pp.1497-1499 (1997)

[17] P.D.Drummond, K.J.McNeil, D.F.Walls: Optica Acta, 27, pp.321-335 (1980), 28,pp.211-225 (1981)

[18] M.J.Collett, D.F.Walls: Phys. Rev.A, 32, pp.2887-2892 (1985)

[19] R.J.Horowicz: Europhys.Lett., 10, pp.537-542 (1989)

[20] S.Reynaud, A.Heidmann: Opt. Commun., 71, pp.209-214 (1989)

[21] H.P.Yuen, V.W.S.Chan: Opt. Lett., 8, pp.177-179 (1983)

[22] W.H.Louisell: *Quantum Statistical Properties of Radiation* (Wiley, New York 1973)

[23] A.Yariv: *Introduction to Optical Electronics* (Holt, Rinehart and Winston, 1971)

[24] L.Mandel: Opt.Commun., 42, pp.437-439 (1982)

[25] M.J.Collett, R.B.Levien: Phys. Rev. A., 43, pp.5068-5072 (1991)

[26] R.D.Li, P.Kumar: Opt.Lett., 18, pp.1961-1963 (1993)

[27] R.D.Li, P.Kumar: Phys.Rev.A, 49, pp.2157-2166 (1994)

[28] R.D.Li, P.Kumar: J.Opt. Soc.Am., B. 12, pp.2310-2320 (1995)

[29] Z.Y.Ou: Phys. Rev. A, 49, pp.2106-2116 (1994)

[30] T.Suhara, M.Fujimura, K.Kintaka, H.Nishihara, P.Kurz, T.Mukai: IEEE J. Quantum Electron., 32, pp.690-670 (1996)

[31] T.Suhara, H.Nishihara: Trans. IEICE, J82-C-I, pp.326-334 (1999) (in Japanese), Electron. Commun. Japan, Pt.2, 82, 12, pp.48-56 (1999) (English translation)

[32] D.F.Walls, M.J.Collett, A.S.Lane: Phys. Rev. A, 42, pp.4366-4373 (1990)

[33] W.H.Louisell. A. Yariv, A.E.Siegman: Phys. Rev.,124, pp.1646-1654 (1961)

[34] B.R.Morrow, R.J.Glauber: Phys. Rev., 160, pp.1076-1108 (1967)

[35] A.Yariv: *Quantum Electronics*, p.374 (John Wiley & Sons, New York 1967)

第 6 章 波导制作及特性

波导制作在波导非线性光学器件中的重要性可根据如下事实来理解，在有限的几种铁电晶体中证实了有效的器件，而其中都已建立了良好的波导制作的技术。这些晶体包括铌酸锂（LiNbO₃）、掺 MgO 的 LiNbO₃、钽酸锂（LiTaO₃）、磷酸钛氧钾（KTiOPO₄:KTP）、铌酸钾（KNbO₃）。本章主要讲述在这些晶体中进行的波导制作及波导特性。在一些其他材料中，许多其他材料，如半导体、有机晶体和聚合物等非线性光学器件波导制作的研究正在建立，但在这里我们并不讨论。

PE 是波导非线性光学器件中最重要的波导制作技术。在 6.1 节中将详细介绍该技术。接下来的 4 个小节中，我们会介绍其他几种重要技术，如离子交换、金属-扩散、离子掺杂等。6.6 节中将讨论光折变损伤，这在器件应用中是一个关键的课题。由波导制作所导致的非线性减小将在 6.7 节中简要地提及。

目前关于波导制作和特性化已经有了大量的书籍文献，如 Korkishko 等所著的一本关于离子交换波导制作的完善著作[1]，关于 LiNbO₃ 中的 PE[2, 3]和 Ti-扩散[4, 5]、在 KTP 中的离子交换[6, 7]及在 KNbO₃ 中的离子掺杂[8]等论文。

6.1 质子交换波导

PE LiNbO₃ 波导的制作的方法，是将 LiNbO₃ 晶体浸在一个高温的质子源中[9]。晶体中的一部分 Li^+ 与 PE，产生一个薄 PE 层，其成分是 $H_xLi_{1-x}NbO_3$（x : 交换比率）。在 PE 层中，e 光的折射率比基底中的大。因此，PE 所提供的光波导只针对 e 光。举例来说，Z-切 LiNbO₃ 的 PE 波导只提供 TM 模。强酸中的 PE 会导致完全的交换，产生 HNbO₃ 层（$x=1$）。表面的严重裂痕会导致斜方六面体的 LiNbO₃ 变为立方体的 HNbO₃ 的结构改变[10]。PE 波导应该在弱酸环境中制作。苯甲酸是一种弱酸，且通常作为质子源。得到的最终结构是 $x \approx 0.7$ 的斜方六面体 $H_xLi_{1-x}NbO_3$。PE 波导不仅可以在 LiNbO₃ 中制作，也可以在 MgO:LiNbO₃[11]和 LiTaO₃[12]中制作，并且已被论证应用于 KTP[13]。

目前，已存在几种不同的斜方六面体 $H_xLi_{1-x}NbO_3$ 结构相态[14]。当 $0 < x < 0.12$ 时，其为一个单斜六面体相态，称作 α 相。α 相晶体的晶格常数近似等于基底的

晶格常数。当 $x > 0.12$ 时，其他相位也可能存在。这些相态的晶格常数与基底的很不相同。这个差别在 PE 波导中将引起严重的问题，如波导特性的不稳定[15]、相对高的传播损耗和非线性光学效应的剧烈下降等。PE 波导常用热退火来避免这些问题。

6.1.1　退火/质子交换

热退火会使质子从初始 PE 层扩散到基底的较深区域,且降低了交换比率[16, 17]。退火应执行到使 APE 波导可以在 α 相。因此，PE 波导的大多数问题可以避免。在可见光到近红外这一宽广波长范围内，可再现地得到传播损耗低于 1 dB/cm 的 APE 波导。最广泛地应用于波导非线性光学器件的是 $LiNbO_3$ 中的 APE 波导。

图 6.1 为 APE $LiNbO_3$ 通道波导的制作步骤。从晶圆上切割下一片晶体并清洗。Y-切 $LiNbO_3$ 通常不使用，因为 Y 表面在苯甲酸中会因 PE 过程而遭到损坏[9, 18]。X-切和 Y-切的 $LiTaO_3$ 同样也是会遇到相似的损坏[19]，而 $MgO:LiNbO_3$ 不会被损坏[20]。使用剥离或蚀刻技术制作一个用于选择性 PE 的通道掩模。对于采用剥离技术的制作方法，首先需要制作几个微米宽的光致抗蚀性通道条带。淀积一层对热苯甲酸有抗蚀性的掩模薄膜，并剥离出一个通道开口。掩模材料可以是铝、铬或 SiO_2。掩模厚度约为 0.1 μm。对于采用蚀刻技术的制作方法，首先淀积一层掩模薄膜，然后在其上面制作一个带有通道开口的光致抗蚀层。通道图形通过刻蚀被传递到掩模薄膜上。带有掩模层的晶体被浸入在一个质子源中进行 PE。质子源通

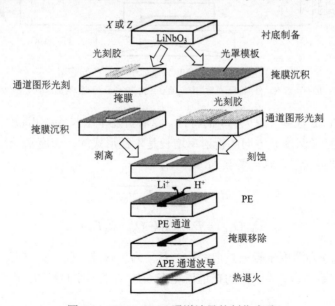

图 6.1　APE $LiNbO_3$ 通道波导的制作步骤

常处于温度为 160～240℃的熔化苯甲酸。图 6.2 为 PE 所需的设备。在浸泡数几十分钟之后，衬底从槽中拿出来，进行冷却。在移除掩模后，开始对 PE 晶体进行热退火。PE 晶体被移入一个石英管熔炉里，如图 6.3 所示，并处在干燥氧气流中保持约 350℃几个小时。注意，焦磷酸也可被用来作为质子源[21]。其较高的沸点及较低的气压允许 PE 在一个更高的温度下进行。

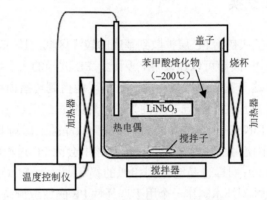

图 6.2　PE 所需的设备

PE 简单地通过将样品浸泡在一个包含了高温纯苯甲酸熔化液的 PE 盆里实现。温度维持在 200℃附近，且熔化液被搅拌以使温度均匀

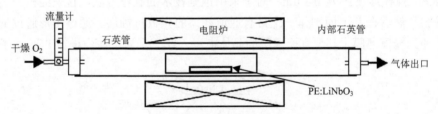

图 6.3　用于 PE 型 LiNbO₃ 晶体退火的石英管熔炉

样品被放置在里面的石英管内。外部的石英管熔炉的直径约为 30 mm。干燥 O₂ 的流动速率约为 100 cc①/min

本段介绍 PE 波导（退火前）的特性。随着折射率增长 Δn_e 和深度 d_{PE} 的增长，PE 波导在垂直（深度）方向的折射率增长是阶跃形式的。深度 d_{PE} 依赖于 PE 温度 T_{PE} 和持续时间 t_{PE}，具体关系为

$$d_{PE} = 2\sqrt{D_{PE}(T_{PE})t_{PE}} \tag{6.1}$$

$$D_{PE}(T_{PE}) = D_{PE0}\exp(-Q_{PE}/k_B T_{PE}) \tag{6.2}$$

式中，$D_{PE}(T_{PE})$ 为温度依赖的扩散系数；D_{PE0} 为扩散数；Q_{PE} 为有效作用能量；k_B 为玻尔兹曼常数。D_{PE0} 和 Q_{PE} 的报道值见表 6.1，在 $T_{PE}=200℃$ 和 $T_{PE}=240℃$ 下 d_{PE}

---

① cc 是气体流量单位，1 cc=1 mL。

与 t_{PE} 之间的关系见图 6.4。可以看出，在 LiTaO$_3$ 中的 PE 过程比在 LiNbO$_3$ 中慢。在 LiTaO$_3$ 中的 PE 通常采用焦磷酸作为质子源，且在更高温度下进行。在波长为 0.633 μm 时，PE LiNbO$_3$ 的折射率增加量 Δn_e 约为 0.12，它不依赖于 T_{PE} 和 t_{PE}。Δn_e 的波长色散可用下述公式来拟合：

$$\Delta n_e^2 = a_1 + a_2 / (\lambda^2 - a_3^2) \tag{6.3}$$

表 6.1　LiNbO$_3$（LN）、掺杂 MgO 的 LiNbO$_3$（Mg:LN）和 LiTaO$_3$（LT）中的 PE 扩散常数 D_{PE0} 和活化能 Q_{PE}

衬底		质子源	$D_{PE0}/(\mu m^2/h)$	Q_{PE}/eV	参考文献
晶体	切割方向				
LN	Z	BA	1.84×10^9	0.974	[22]
LN	Z	BA	3.47×10^9	0.954	[23]
LN	Z	BA	1.47×10^9	0.937	[24]
LN	Z	PA	2.5×10^9	0.985	[21]
LN	Z	PA	9×10^7	0.852	[25]
LN	X	BA	4.33×10^8	0.871	[26]
LN	X	BA	6.09×10^9	0.954	[23]
LN	X	BA	2.34×10^8	0.842	[24]
Mg:LN	Z	BA	5.04×10^9	1.030	[24]
Mg:LN	X	BA	1.41×10^9	0.949	[24]
LT	Z	BA	3.31×10^9	1.080	[19]
LT	Z	PA	1.2×10^7	0.82	[27]
LT	Z	PA	9.1×10^8	1.02	[28]
LT	Z	PA	2.41×10^{20}	2.25	[29]

注：BA 为苯甲酸，PA 为焦磷酸

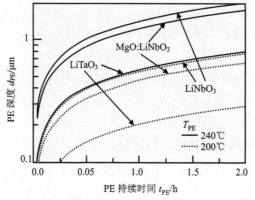

图 6.4　Z-切 LiNbO$_3$、Z-切 MgO:LiNbO$_3$ 和 Z-切 LiTaO$_3$ 中的 PE 深度 d_{PE} 与 PE 持续时间 t_{PE} 之间的依赖关系

实线曲线和虚线曲线分别对应的 PE 温度为 T_{PE}=240℃和 T_{PE}=200℃。这些曲线是基于文献[19,22,24]报道的数据计算得到的

式中，λ 为以微米为单位的波长。图 6.5 显示的是对于 Z-切 LiNbO$_3$ 和 Z-切 MgO:LiNbO$_3$ 的拟合曲线及参量值 a_1、a_2 和 a_3。

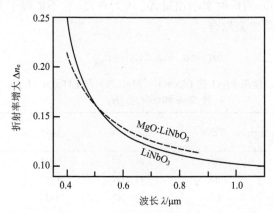

图 6.5　由式（6.3）拟合的 PE 区域中折射率增长的波长色散

实线对应于 Z-切 LiNbO$_3$，虚线对应于 X-切 MgO:LiNbO$_3$，拟合参量值为 a_1=7.43×10^{-3}、a_2=2.64×10^{-3}、a_3=0.336（对应 LiNbO$_3$[30]）且 a_1=8.34×10^{-3}、a_2=3.07×10^{-3}、a_3=0.280（对应 MgO:LiNbO$_3$）[20]

有人提出 PE LiTaO$_3$ 的 Δn_e 约为 PE LiNbO$_3$ 的 1/10[19, 31]。

热退火时，质子从原始 PE 层向衬底的更深区域扩散。最终的质子浓度分布是一个最大值位于表面的渐变分布，如图 6.6 所示。最大的浓度减少是由扩散造成的。折射率分布可以被认为与质子浓度分布相似。目前还没有能预测任意退火条件下的质子分布和折射率分布的整体模型。但是已提出了不少用来解释有限范围内的一些处理条件下得到的分布的模型[2, 30, 32-36]。一种简单的模型认为退火处理为质子从原始 PE 层的热扩散[35]。扩散方程的解给出了退火后在垂直方向上的质子浓度分布。

$$C(z) = \frac{Ax_{PE}}{2}\left[\mathrm{erf}\left(\frac{d_{PE}+z}{d_a} \right) + \mathrm{erf}\left(\frac{d_{PE}-z}{d_a} \right) \right] \qquad (6.4)$$

式中，z 为从表面起算的深度；A 为 LiNbO$_3$ 的原子密度；x_{PE} 为原始 PE 区域中的交换比率；d_a 为依赖于扩散系数 $D_a(T_a)$ 和退火持续时间 t_a 的扩散深度，具体关系式为 $d_a = 2\{D_a(T_a)t_a\}^{1/2}$。表面浓度 $C(0)$ 由 $C(0) = Ax_{PE}\mathrm{erf}(d_{PE}/d_a) = Ax_a$ 给出，其中 x_a 表示退火后在表面处的交换比率。假设 D_a 与退火温度 T_a 的关系为

$$D_a(T_a) = D_{a0} \exp(-Q_0/k_B T_a) \qquad (6.5)$$

这样，通过实验获得了 X-切 LiNbO$_3$ 的 APE 波导中的扩散常数 D_{a0}=2.65×10^{11} μm^2/h 和活化能 Q_a=1.44 eV。

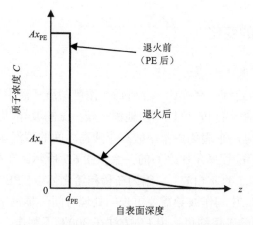

图 6.6　PE 和 APE 波导中质子浓度随深度的变化

浓度 C 由 Ax 表示，其中 A 是衬底的原子密度，x 是交换比率。表面交换比率在退火前是 $x_{PE} \approx 0.7$、退火后是 $x_{PE} \approx 0.12$

由文献[35]中的结论推出，折射率改变，Δn_e 与交换比率 x 之间的线性依赖关系为 $\Delta n_e = 0.12x$。表 6.2 列出波导非线性光学器件的 APE 通道波导的制作条件的一些例子。

表 6.2　在 Z-切 LiNbO$_3$（Z-LN）、X-切掺 MgO-LiNbO$_3$（X-Mg:LN）、Z-切掺 MgO LiNbO$_3$（Z-Mg:LN）和 Z-切 LiTaO$_3$（Z-LT）中非线性光学器件的 APE 通道波导的制作条件例子

| 衬底 | $\lambda/\mu m$ | $W/\mu m$ | PE | | | 退火 | | 参考文献 |
			源	$T_{PE}/°C$	t_{PE}/min	$T_a/°C$	t_a/h	
Z-LN	0.82	3	BA	200	20	350	3	[37]
Z-LN	0.98	4~6	BA	158	90	333	3	[38]
Z-LN	1.06	3	BA	205	30	350	4~6	[39]
Z-LN	1.5	10	BA	200	60	450	1	[40]
Z-LN	1.5	3.5	BA	200	90	350	4	[41]
Z-LN	1.7	5.5	BA	180	120	333	10	[42]
Z-LN	2.1	5	BA	200	120	333	12	[43]
X-Mg:LN	0.86	4	PA	200	7	340	0.83	[44]
X-Mg:LN	0.95	8	PA	160	64	350	1	[45]
Z-Mg:LN	1.54	6~8	BA	200	180	350	5	[46]
Z-LT	0.84	4	PA	260	16	380	0.16	[47]
Z-LT	0.86	4	BA	220	40	400	0.08	[48]
Z-LT	约 0.9	10	BA	200	240	333	5	[49]

注：λ 为波长；W 为掩模开口宽度；T_{PE} 为 PE 温度；t_{PE} 为 PE 持续时间；T_a 为退火温度；t_a 为退火持续时间；BA 为苯甲酸；PA 为焦磷酸

注意，在 LiTaO$_3$ 中的 APE 波导特性可以随时间变化[50]。

6.1.2　质子交换法的变化

（1）在稀释质子源中的质子交换

因为 PE 是平衡态过程，交换比率 x 受质子浓度与质子源中 Li^+ 的影响。在由苯酸锂所稀释的苯甲酸中的 PE 可以一步地提供较小 x 的波导[51]。PE 过程需要发生在一个密封的容器里，来避免由苯甲酸和苯酸锂之间的蒸汽压差所导致的质子源的成分变化。x 与苯酸锂摩尔比之间的关系如图 6.7 所示。在摩尔分数大于 3%时，可以得到 x 小于 0.2 的 α 相波导。因为在稀释熔化体中，PE 的进程比普通 PE 来得慢，采用稀释熔化体制作波导需要更长的处理时间。举例来说，在被摩尔分数为 2.5%苯酸锂稀释的苯甲酸里，用 PE 方法在 300℃下制作一个用于 1.5 μm 波长的波导需要三天的时间[52]。

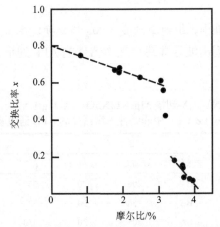

图 6.7　PE:LiNbO$_3$ 中的交换比率与 250℃ PE 的苯甲酸锂的摩尔比之间的依赖关系

（2）气相质子交换

气相酸也可以用作 PE 的质子源。因为蒸汽中的质子浓度比在液态酸中的浓度低得多，低交换比率的 PE 波导可以通过单独的气相质子交换（vapor phase proton exchange，VPE）一步得到。VPE 波导已在 LiNbO$_3$ 中用高温下的苯甲酸蒸汽制作出来。大气压的 VPE 在约 350℃时可以制作出最大折射率增加约为 0.004 梯度的折射率波导[53]，而密封容器中的高气压、温度为 250～375℃的 VPE 则可制作出阶跃折射率波导，其折射率增长较大（约为 0.12）[54]。

（3）反向质子交换

将（退火的）PE LiNbO$_3$ 浸入富含 Li 的熔体中导致了晶体中的质子与熔体中的 Li^+ 互相交换，这个过程称作反向质子交换（reverse proton exchange，RPE）[55, 56]。RPE 减少了表面区域的质子浓度，使浓度分布的峰值位置从表面漂移到晶体里面。

RPE 掩埋在衬底内的波导可提供比标准 APE 波导更大的不同波长导模分布的重叠。因此，RPE 波导具有提高非线性光学波导器件效率的可能性。

一种 RPE LiNbO$_3$ 波导中的高效 SHG 已被报道[57]。摩尔百分比为 37.5∶44.5∶18.0 的 LiNO$_3$∶KNO$_3$∶NaNO$_3$ 共熔体被用来作为富含 Li 的熔体。RPE 通过把 APE 波导浸入在 328℃的该熔体内 10 h 来实现。

6.2　离子交换波导

离子交换波导可通过将非线性光学晶体浸泡在一离子源中制作出来。将高温熔盐作为离子源。晶体中的自由离子与离子源中的离子交换，产生一波导层。Rb$^+$ 交换被用作 KTP 中的波导制作。

Rb$^+$ 交换 KTP 波导是将一 Z-切 KTP 浸入熔化 RbNO$_3$ 制作而得。KTP 的 K$^+$ 被交换为 Rb$^+$[58]。用于近红外波段的 TE/TM 波导在温度为 300～400℃下约交换 1 h 得到。对于通道波导制作，选择性离子交换采用 Ti、Al 或 Au 的带图案掩模。采用纯 RbNO$_3$ 熔盐的交换趋向于导致非均匀性波导，这是因为离子交换速率依赖于衬底中离子的电导率。在离子源中添加摩尔分数为百分之几的 Ba(NO$_3$)$_2$ 可减少非均匀性。在混合离子源下，KTP 中的 K$^+$ 首先被 Ba^{2+} 交换。该交换在晶体中形成 K$^+$ 空穴。这些空穴显著地提高离子电导率，因此原来不均匀的电导率变得可以忽略，产生了均匀波导。

沿 Z 轴的交换速率比沿 X 或 Y 轴的快几个数量级。因此，在 Z-切 KTP 中的离子交换所得的通道波导，其边缘界线非常明锐。在垂直（z）方向的折射率分布可采用补误差函数近似表示为

$$\Delta n(z) = \Delta n_0 \, \mathrm{erf\,c} \left(\frac{z}{d_{\mathrm{IE}}} \right) \qquad (6.6)$$

式中，Δn_0 为表面处的折射率增加量；$d_{\mathrm{IE}} = 2(D_{\mathrm{IE}} t_{\mathrm{IE}})^{1/2}$ 为扩散深度；D_{IE} 和 t_{IE} 分别为扩散系数和处理时间。图 6.8 显示的是 Rb$^+$ 交换 KTP 波导的折射率分布。据报道在 350℃下，含摩尔分数为 80%的 RbNO$_3$ 和 20%的 Ba(NO$_3$)$_2$ 的混合熔盐中，离子交换的扩散系数 D_{IE} 为 229 μm^2/h[59]。TM 模下，Δn_0 的波长色散如表 6.3 所示。注意，在 RbNO$_3$/Ba(NO$_3$)$_2$ 中，铁电畴可能由于离子交换被反转[60]。

用离子交换制作 KTP 波导还有一些变化形式。例如，可以通过在 350℃下热退火数十分钟，将 Rb$^+$ 扩散到晶体中。Rb∶KTP 波导的退火造成了表面折射率的改变、折射率分布的减少及扩散深度的增加[59, 61]，如图 6.8 所示。退火将传播损耗减小至 1 dB/cm。KNO$_3$ 可以加到离子源使之稀释。波导表面的折射率增加可以用离子源中 KNO$_3$ 的占比来控制[62]。在波导制作中，可以换成用 Rb$^+$、Cs$^+$ 和 Ti$^+$ 来

置换 KTP 中的 K^+。Ti^+ 交换波导中的表面折射率增加比 Rb^+ 交换波导的表面折射率增加大一个数量级，而在 Cs^+ 交换波导中是差不多的[58]。

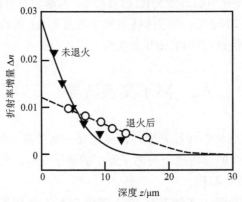

图 6.8　Z-切 Rb^+ 交换 KTP 平面波导的折射率分布

633 nm 波长下对于 TE 模的无退火（用数据点▼拟合的实线）和退火后（用○拟合的虚线）的情况。离子交换在摩尔分数为 80% 的 $RbNO_3$ 和摩尔分数为 20% 的 $Ba(NO_3)_2$ 的混合熔盐中在 350℃ 下进行 5 min。退火在 350℃ 下进行 10 min

表 6.3　在 330℃ 下的 $97\%RbNO_3/3\%Ba(NO_3)_2$ 熔盐中离子交换 1 h 后制作的 Z-切 Rb:KTP 波导的 TM 模表面折射率增加的波长色散

波长/μm	表面折射率增加
0.4579	0.027
0.4965	0.026
0.5435	0.025
0.6328	0.025
1.0640	0.023

注：表中数据可用式（6.3）拟合，拟合参量 $a_1 = 5.3 \times 10^{-4}$、$a_2 = 1 \times 10^{-5}$ 和 $a_3 = 0.39$。

在 $LiNbO_3$ 和 $LiTaO_3$ 中进行了金属离子交换的初步实验。例如，$LiNbO_3$ 中 Li^+ 被 Ag^+、Ti^+、Cu^+、Mn^{2+} 或 Cr^{3+} 交换，$LiTaO_3$ 中 Li^+ 被 Cu^+、Zn^{2+}、Ni^{2+}、Mn^{2+}、Fe^{2+}、Co^{2+}、Ca^{2+} 或 Mg^{2+} 交换，这些均已被证明[63, 64]。

6.3　金属-扩散波导

Ti-扩散 $LiNbO_3$ 波导[65]已被应用于多种集成光学器件中。最早实现的 $LiNbO_3$ 波导非线性光学器件采用了 Ti:$LiNbO_3$ 波导[66]。但是，目前这类波导的使用不如 APE 波导广泛，因为它们容易发生光折变损伤。Ti:$LiNbO_3$ 波导通常用于红外波段的器件[5,67]，因为这些波段下的光折变损伤并不是很显著。Zn-扩散是 $LiNbO_3$ 和 $LiTaO_3$ 波导较新的制作技术。潜在光折变损伤高抗性能吸引了大量的研究兴趣。

6.3.1　Ti-内扩散波导

　　Ti 向 LiNbO₃ 内部的扩散，使得波导对 TE 模和 TM 模都具有低传播损耗。在约为 1.5 μm 的波长下，损耗可以低至 0.1 dB/cm。扩散源是淀积在晶体表面的一层 50～100 nm 厚的 Ti 膜。在 1000℃ 环境下将其放在流动气体下的一石英管烤炉中，几个小时后离子源被热扩散到晶体内。流动的气体可以是氧气、氩气或空气。在气体中还可加入水蒸气，以抑制 Li₂O 从 LiNbO₃ 往外扩散[68]。波导通常是在–Z 表面进行制作，因为 Ti 在+Z 上的扩散常导致铁电畴反转[69]。

　　式（6.7）可用作通道波导横截面内 Ti 浓度分布的一个近似表达式。该波导的制作参数是，Ti 条带的厚度为 τ，宽度为 $2w$，热处理时间为 t，温度为 T[70, 71]。

$$C(y,z) = \frac{C_0}{2}\exp\left(-\frac{z^2}{4D_z t}\right)\left\{\mathrm{erf}\left(\frac{w-y}{2\sqrt{D_y t}}\right) + \mathrm{erf}\left(\frac{w+y}{2\sqrt{D_y t}}\right)\right\} \tag{6.7}$$

式中，D_z 和 D_y 分别为沿垂直（z）方向和侧向（y）方向的扩散系数；C_0 与 τ、D_z、密度 ρ、Ti 薄膜的原子质量 M、阿伏伽德罗数 N_A 的关系为

$$C_0 = \frac{2\rho N_A}{\sqrt{\pi}M}\cdot\frac{\tau}{D_z} = 6.40\times10^{22}\frac{\tau}{d_z}\ (\mathrm{cm^{-3}}) \tag{6.8}$$

　　D_z 可以从扩散常数 D_{z0} 和活化能 Q_z 计算得来，采用的关系为 $D_z = D_{z0}\exp(-Q/k_B T)$。相似地，$D_y$ 可由 D_{y0} 和 Q_y 计算得到。Z-切 LiNbO₃ 的报道值为 $D_{z0} = 1.4\times10^{11}$ μm/h、$Q_z = 2.95$ eV、$D_{y0} = 2.7\times10^5$ μm/h 和 $Q_y = 1.48$ eV[71]。o 光和 e 光的折射率增长 Δn_o 和 Δn_e 与波长 λ（μm）及 Ti 浓度的关系为[72]

$$\Delta n_o(y,z,\lambda) = \frac{0.839\lambda^2}{\lambda^2 - 0.0645}\left\{EC(y,z)\right\}^F$$

$$\Delta n_e(y,z,\lambda) = \frac{0.67\lambda^2}{\lambda^2 - 0.13}GC(y,z) \tag{6.9}$$

式中，$E = 1.3\times10^{-25}\mathrm{cm^3}$；$F = 0.55$；$G = 1.2\times10^{-23}\mathrm{cm^3}$。

　　Ti-内扩散波导同样也可在掺 MgO 的 LiNbO₃ 晶体中制作出来。在 MgO:LiNbO₃ 中的扩散要比在无掺杂晶体中慢一些[73]。LiTaO₃ 的居里温度比 Ti-扩散的温度低。因此，Ti-扩散技术不适用于 LiTaO₃。

6.3.2　Zn-内扩散波导

　　Zn-内扩散 LiNbO₃ 波导可以支持 TE 模和 TM 模。波导可以在相对低温下（500～

900℃）获得。在这个温度范围下，Li_2O 向外扩散，铁电畴反转难以发生。光折变损伤高抗性能的潜能可以从掺 Zn 块状 $LiNbO_3$ 晶体实验的结果中得出[74]。因为具有这些特性，将 Zn-内扩散波导应用于非线性光学器件是有吸引力的。但是，其制作技术目前仍未完全建立。已报道的制作技术有气相扩散[75, 76]、ZnO 薄膜的热扩散[77-79]、金属 Zn 薄膜的热扩散[80,81]。Zn-扩散经常在表面形成一些残留物。这可能是 Zn 和 $LiNbO_3$ 的合成物，如 $ZnNb_2O_6$[82]。这种残留物形成可通过仔细控制扩散的条件来抑制，即在相对低温（约 550℃）下作气相扩散[76]，在厚度小于 160 nm 的 ZnO 薄膜进行扩散，以及在约 10 Torr[①]的低气压下进行扩散[79,81]。将 Zn 扩散到 $LiTaO_3$ 中，可形成无残余物的波导[83]。

6.4　离子植入波导

　　离子植入是基于物理效应的一种波导制作技术。由于离子和晶格之间的碰撞，高能离子的辐射产生一折射率减小的埋藏受损层。这个植入层起着一个阻挡层的作用，将光波限制在晶体表面和该植入层之间的波导层内。阻挡层的位置和折射率改变可以分别由离子能量和离子剂量来控制。离子植入法适用于多种材料，并通过离子能量和剂量的精确控制可实现生产性的波导制作。离子植入可以在室温下进行，而其他大多数的波导制作技术需要在高温处理。但是有一个缺点是，植入需要一些专门和大型的设备。

　　离子植入技术适用于 $KNbO_3$ 中的波导制作，因为其低温下（约220℃）的结构相态转换和化学惰性阻碍了其他的波导制作方法。带有数兆电子伏能量的 He^+ 被用于植入法中[8]。选择轻的 He^+ 是为了让波导层的损伤减至最小。在植入层中，$KNbO_3$ 的三种折射率（n_a、n_b、n_c）均有所降低。例如，2 MeV 能量、$3\times10^{15}cm^{-2}$ 剂量的 He^+ 植入，会导致在 4.5 μm 深度处的折射率 n_b 减小 0.13。离子植入波导经退火降低了传播损耗，在 180℃下经过数小时的退火将每厘米损耗降低几个分贝。

　　离子植入波导同样可以在 $LiNbO_3$、$LiTaO_3$ 和 KTP 中制作出来[84-86]。

6.5　其他波导制作技术

6.5.1　液相外延法

　　用薄膜淀积技术所制作的波导有着阶跃状的折射率分布。这类波导具有较简单的设计和波导特性控制。液相外延法（liquid phase epitaxy，LPE）可以使用相对

---

① 1 Torr=1 mmHg=1.333 22×10² Pa。

简单的设备来提供这种高晶体质量的薄膜。原始晶体材料被熔入一个高温熔体流中。降低熔体流的温度，并保持在略低于饱和温度的水平上。将一衬底浸入在该超饱和熔体中进行 LPE 处理。要获得高质量的薄膜，只有有限的衬底材料和晶体取向可供选择。

MgO:LiNbO$_3$ 是 LiNbO$_3$ 波导 LPE 增长的一种合适的衬底材料，因为其微小的晶格失配和折射率均小于 LiNbO$_3$。用 Z-切的 MgO:LiNbO$_3$ 晶体作为衬底，制作传播损耗小于 1 dB/cm 的 LPE LiNbO$_3$ 波导[87, 88]。Li$_2$O-V$_2$O$_5$ 和 Li$_2$O-B$_2$O$_2$ 熔体流系统被用作离子源，其生长的温度为 800～1000℃，典型的生长速率为 1～2 μm/min。LPE 的独特之处是可在薄膜中掺入功能性元素。Zn 掺杂 LiNbO$_3$ 薄膜生长在 LiNbO$_3$ 上[89]。

6.5.2　脊形的形成

在脊形波导中可能达到比标准波导更好的光限制。在 LiNbO$_3$ 中制作脊形波导结构的技术是用 HF:HNO$_3$ 混合液进行湿化学蚀刻。这时蚀刻 PE 区域的速度比原本 LiNbO$_3$ 的速度快，且在 −Z 表面的蚀刻快过 +Z 面。在选择性 PE[90]或选择性畴反转[91]之后，采用刻蚀来形成脊形结构。目前，使用切割器的高精密加工技术被证明具有制作脊形波导的能力[92]。

6.6　光折变损伤

由于光折变效应，光照会导致折射率的改变。这被称作光折变损伤或光学损伤[93-95]。造成显著损伤所用的照明光源一般是短波长和/或高强度。因为折射率变化干扰了相位匹配，所以对于波导非线性光学器件，损伤高阈值的实现非常重要。

光折变损伤的机理在文献[95]作了简要的概述。由于光照从杂质中心产生出自由载荷体，且晶体中的非对称电势载荷体将沿着晶体极轴迁移，该迁移产生了光伏电流 J_{pv} 和沿轴的电场 E，因此晶体中的总电流 J 为

$$J = J_{pv} - \sigma E = \kappa \alpha I - \sigma E \qquad (6.10)$$

式中，κ 为一个光伏常数，其与载荷体的平均自由程有关；α 和 I 分别为吸收系数和光强；σ 为电导率，是暗电导率 σ_d 和光电导率 σ_p 的和。在稳定态下，电流 J 等于 0，于是电场为

$$E = \frac{\kappa \alpha I}{\sigma} \qquad (6.11)$$

电场 E 将通过电光效应诱导出折射率的改变。光致折射率变化 δ_n 为

$$\delta_n = \frac{1}{2} r n^3 E = \frac{r n^3 \kappa \alpha I}{2\sigma} \qquad (6.12)$$

式中，r 为电光系数。假定光电导率正比光强，则有

$$\delta_n = \frac{r n^3 \kappa \alpha I}{2(\sigma_d + \sigma_p)} = \frac{AI}{1 + BI} \qquad (6.13)$$

式中，A 和 B 均为与光强无关的常数。最大的折射率改变为 A/B。

　　波导中的光折变损伤的检测可以通过以下途径实现：波导干涉仪输出功率的测量[96]、平面波导中光束扩散的观察[97]、双光束干涉所形成的光折变光栅的衍射效率测定[98]或者 SHG 中相位匹配波长漂移的监测[99,100]。已有的一系列采用波导马赫-曾德尔（Mach-Zehnder，MZ）干涉仪的实验[101-103]比较了 LiNbO$_3$ 和 LiTaO$_3$ 中的 APE 波导与 LiNbO$_3$ 中 Ti-扩散波导的光折变损伤阻值。按高阻值从高到低的次序排列有：APE:LiTaO$_3$、APE:LiNbO$_3$ 和 Ti:LiNbO$_3$。测得的 A 和 B 见表 6.4。其他报道给出了如下顺序：Rb:KTP、APE:MgO:LiNbO$_3$ 和 APE:LiNbO$_3$[104, 105]。

　　具有一个铁电的畴反转光栅（DI 光栅）的波导可能有更高的阻值，因为跨越畴边界的载荷体迁移会使自由载荷体湮没。初步实验支持了这个观点[99]。

表 6.4　光折变对一些波导变损伤的参量 A 和 B 的值

波导	A/(cm²/W)	B/(cm²/W)	A/B	λ/μm
TI-LN	1.6×10^{-4}	3.4×10^{-3}	4.7×10^{-4}	0.633
PE-LN	9×10^{-8}	4×10^{-4}	2.6×10^{-4}	0.488
APE-LN	6.6×10^{-7}	6.1×10^{-3}	1.6×10^{-4}	0.488
APE-LT	6.1×10^{-7}	5×10^{-3}	1.2×10^{-4}	0.488

注：波导包括用 Ti-扩散（TI-LN）、PE（PE-LN）和 APE（APE-LN）制作在 LiNbO$_3$ 中的波导及用 APE（APE-LT）在 LiTaO$_3$ 中制作的波导[101-103]。λ 表示用于诱导损伤的强光的波长。

　　光折变损伤可以通过热退火来消除[93]。非线性光学实验经常在器件温度维持在 100℃左右以进行持续退火的情形下进行。

6.7　非线性光学效应的衰减

　　在 PE LiNbO$_3$ 层中的 SHG 张量元 d_{33} 的值可以测得，比较这个值与块状晶体值的结果发现，这个值通过 PE 明显减小了[106]。众多研究人员采用多种方法对 APE LiNbO$_3$ 和 LiTaO$_3$ 进行这个值的测量[106-114]。检测 SH 功率的一种简单方法是采用反射光路。用一束强泵浦照射样品表面，将在表面上产生 SH 波，该光波包含在反射光中。反射的 SH 功率包含了表面的非线性信息。当泵浦光是与晶体 Z 轴平行的偏振光时，反射 SH 波的 Z 偏振分量的功率正比于表面 d_{33} 的平方。d_{33} 的分

布深度可以通过将泵浦的焦点在一楔形抛光波导表面上扫描获得，如图 6.9 所示，或者在波导的一个端面上扫描。前者应用于 X-切样品，后者应用在 Z-切样品。需要注意的是，SH 波应位于不透明波长范围内以避免受到产生于晶体内部的 SH 波的影响。测量显示在 PE:$LiNbO_3$ 和 PE:$LiTaO_3$ 中的非线性在 PE 层中消失。各种 APE 波导得到的结果并非十分一致[110-112]。然而，可以通过退火让减小的非线性得到一定程度的恢复。退火时在发生质子扩散的区域内，非线性系数几乎保持在块状晶体的值上。稀释源中的 PE 并不会导致这种非线性降低，因为它不会产生高 x 层形成的波导[112, 114]。

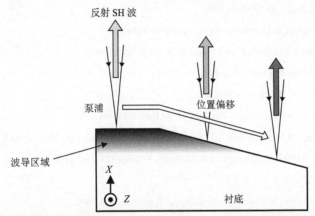

图 6.9　波导中非线性光学响应深度分布的实验的侧示图[111]

泵浦的焦斑在带有波导制作后的抛光楔形表面的样品上扫描。反射 SH 功率的变化给出了波导中的相对非线性光学响应分布

　　$KNbO_3$ 中的离子植入会产生去极化现象，从而导致非线性的重大衰减。要还原它必须重新对晶体极化[8]。虽然还未有 KTP 波导的报道，但是文献[60]中的结果显示，Rb^+ 交换没有引起衰减。

　　PE 对 $LiNbO_3$ 和 $LiTaO_3$ 产生的一个类似问题是，会擦除用于 QPM 的铁电畴反转结构。这个问题见 7.4.3 节。

参 考 文 献

[1]　Y.N.Korkishko, V.A.Fedorof: Ion Exchange in Single Crystals for Integrated Optics and Optoelectronics (Cambridge International Science, Cambridge 1999)

[2]　X.F.Cao, R.V.Ramaswamy, R.Srivastava: J. Lightwave Technol., 10, pp.l302-1313 (1992)

[3]　P.Baldi, M.P.De Micheli, K.E.Hadi, S.Nouh, A.C.Cino, P.Aschiéri, D.B.Ostrowsky: Opt. Eng., 37, pp.l193-1202 (1998)

[4]　W.Sohler, B.Hampel, R.Regener, R.Ricken, H.Suche, R,Volk: J. Lightwave Technol., 4, pp.772-777 (1986)

[5]　G.Schreiber, D.Hofmann, W.Grundkötter, Y.L.Lee, H.Suche, V.Quiring, R.Ricken, W.Sohler: Proc. SPIE, 4277, pp.144-160 (2001)

[6]　D.Eger, M.Oron, M.Katz: J. Appl. Phys., 74, pp.4298-4302 (1993)

[7]　M.G.Roelofs, A.Suna, W.Bindloss, J.D.Bierlein: J. Appl. Phys., 76, pp.4999-5006 (1994)

[8]　D.Fluck, P.Günter: IEEE J. Selected Top. Quantum Electron., 6, pp.122-131 (2000)

[9]　J.L.Jackel, C.E.Rice, J.J.Veselka: Appl. Phys. Lett., 41, pp.607-608 (1982)

[10]　C.E.Rice, J.L.Jackel: J. Solid State Chern., 41, pp.308-314 (1982)

[11]　J.L.Jackel: Electron. Lett., 21, pp.509-510 (1985)

[12]　W.B.Spillman, N.A.Sanford, R.ASoref: Opt. Lett., 8, pp.497-498 (1983)

[13]　M.G.Roelofs, A.Ferretti, J.D.Bierlein: J. Appl. Phys., 73, pp.3608-3613 (1993)

[14]　C.E.Rice, J.L.Jackel: Mater. Res. Bull., 19, pp.591-597 (1984)

[15]　A.Yi-Yan: Appl. Phys. Lett., 42, pp.633-635 (1983)

[16]　P.G.Suchoski, T.K.Findakly, F.Leonberger: Opt. Lett, 13, pp.1050-1052 (1988)

[17]　A.Loni, R.M.DeLaRue, J.M.Winfield: Proc. Top. Meet. Integrated Guided-Wave Opt., MD3, pp.84-87 (1988)

[18]　A.Campari, C.Ferrari, G.Mazzi, C.Summonte, S.M.Al-Shukri, A.Dawar, R.M.De La Rue, A.C.G.Nutt: J. Appl. Phys., 58, pp.4521-4524 (1985)

[19]　P.J.Matthews, A.R.Mickelson, S.W.Novak: J. Appl. Phys., 72, pp.2562-2574 (1992)

[20]　M.Digonnet, M.Fejer, R.Byer: Opt. Lett., 10, pp.235-237 (1985)

[21]　K.Yarnamoto, T.Taniuchi: J. Appl. Phys., 70, pp.6663-6668 (1991)

[22]　D.F.Clark, A.C.G.Nutt, K.K.Wong, P.J.R.Laybourn, R.M.De La Rue: J. Appl. Phys., 54, pp.6218-6220 (1983)

[23]　Canali, A.Carnera, G.Della Mea, P.Mazzoldi, S.M.Al Shukri, A.C.G.Nutt, R.M.De La Rue: J. Appl. Phys., 59, pp.2643-2649 (1986)

[24]　A.Loni, R.W.Keys, R.M.De La Rue: J. Appl. Phys., 67, pp.3964-3967 (1990)

[25]　C.C.Chen, Y.C.Chen, S.T.Wang, B.W.Tsai: Jpn. J. Appl. Phys. Pt.1, 34, pp.1627-1630 (1995)

[26]　K.K.Wong, A.C.G.Nutt, D.F.Clark, J.Winfield, P.J.R.Laybourn, R.M.De La Rue: Proc. lEE, 133, pp.113-117 (1986)

[27]　K.Mizuuchi, K.Yamamoto: J. Appl. Phys., 72, pp.5061-5069 (1992)

[28]　H.Åhlfeldt, J.Webjörn, F.Laurell, G.Arvidsson: J. Appl. Phys., 75, pp.717-727 (1994)

[29]　G.M.Davis, N.A.Lidop: J. Appl. Phys., 77, pp.6121-6127 (1995)

[30]　M.L.Bortz, M.M.Fejer: Opt. Lett., 16, pp.1844-1846 (1991)

[31]　T.Yuhara, K.Tada, Y.S.Li: J. Appl. Phys., 71, pp.3966-3974 (1992)

[32]　N.Goto, G.L.Yip: Appl. Opt., 28, pp.60-65 (1989)

[33]　S.T.Vohra, A.R.Mickelson, S.E.Asher: J. Appl. Phys., 66, pp.5161-5174 (1989)

[34]　J.Nikolopoulos, G.L.Yip: J. Lightwave Technol., 9, pp.864-870 (1991)

[35]　M.M.Howerton, W.K.Burns, P.R.Skeath, A.S.Greenblatt: IEEE J. Quantum Electron., 27, pp.593-601 (1991)

[36] J.M. Zavada, H.C.Casey,Jr., R.J.States, S.W.Novak, A.Loni: J. Appl. Phys., 77, pp.2697-2708 (1995)

[37] E.J.Lim, M.M.Fejer, R.L.Byer, W.J.Kozlovsky: Electron. Lett., 25, pp.731-732 (1989)

[38] M.L.Bortz, S.J.Field, M.M.Fejer, D.W.Nam, R.G.Waarts, D.F.Welch: IEEE J. Quantum Electron., 30, pp.2953-2960 (1994)

[39] M.Fujimura, K.Kintaka, T.Suhara, H.Nishihara: J. Lightwave Technol., 11, pp.1360-1368 (1993)

[40] C.Q.Xu, H.Okayama, K.Shiozaki, K.Watanabe, M.Kawahara: Appl. Phys. Lett., 63, pp.1170-1172 (1993)

[41] T.Suhara, H.Ishizuki, M.Fujimura, H.Nishihara: IEEE Photonics Technol. Lett., 11, pp.1027-1029 (1999)

[42] M.L.Bortz, M.A.Arbore, M.M.Fejer: Opt. Lett., 20, pp.49-51 (1995)

[43] E.J.Lirn, H.M.Hertz, M.L.Bortz, M.M.Fejer: Appl. Phys. Lett., 59, pp.2207-2209 (1991)

[44] K.Mizuuchi, K.Yamamoto, M.Kato: Electron. Lett., 33, pp.806-807 (1997)

[45] S.Sonoda, I.Tsururna, M.Hatori: Appl. Phys. Lett., 70, pp.3078-3080 (1997)

[46] B.Zhou, C.Q.Xu, B.Chen, Y.Nihei, A.Harada, X.F.Yang, C.Lu: Jpn. J. Appl. Phys. Pt.2, 40, pp.L796-L798 (2001)

[47] K.Yarnamoto, K.Mizuuchi, T.Taniuchi: IEEE J. Quantum Electron., 28, pp.1909-1914 (1992)

[48] S.Y.Yi, S.Y.Shin, Y.S.Jin, YS.Son: Appl. Phys. Lett., 68, pp.2493-2495 (1996)

[49] S.Matsumoto, E.J.Lim, H.M.Hertz, M.M.Fejer: Electron. Lett., 27, pp.2040-2042 (1991)

[50] P.J.Matthews, A.R.Mickelson: J. Appl. Phys., 71, pp.5310-5317 (1992)

[51] J.L.Jackel, C.E.Rice, J.J.Veselka: Electron. Lett., 19, pp.387-388 (1983)

[52] L.Chanvillard, P.Aschiéri, P.Baldi, D.B.Ostrowsky, M. de Micheli, L.Huang, D.J.Bamford: Appl. Phys. Lett., 76, pp.1089-1091 (2000)

[53] P.J.Masalkar, M.Fujimura, T.Suhara, H.Nishihara: Electron. Lett., 33, pp.519-520 (1997)

[54] J.Rams, J., J.M.Cabrera: J. Opt. Soc. Am. B, 16, pp.401-406 (1999)

[55] J.L.Jackel, J.J.Johnson: Electron. Lett., 27, pp.1360-1361 (1991)

[56] Y.N.Korkishko, V.A.Fedorov, T.M.Morozova, F.Caccavale, F.Gonella, F.Segato: J. Opt. Soc. Am. A, 15, pp.1838-1842 (1998)

[57] K.R.Parameswaran, R.K.Route, J.R.Kurz, R.V.Roussev, M.M.Fejer, M.Fujimura: Opt. Lett., 27, pp.179-181 (2002)

[58] J.D.Bierlein, H.Vanherzeele: J. Opt. Soc. Am., 6, pp.622-633 (1989)

[59] W.P.Risk: Appl. Phys. Lett., 58, pp.19-21 (1991)

[60] F.Laurell, M.G.Roelofs, W.Bindloss, H.Hsiung, A.Suna, J.D.Bierlein: J. Appl. Phys., 71, pp.4664-4670 (1992)

[61] L.P.Shi, W.Karthe, A.Rasch: Jpn. J. Appl. Phys. Pt.2, 33, pp.L730-L732 (1994)

[62] M.G.Roelofs, P.A.Morris, J.D.Bierlein: J. Appl. Phys., 70, pp.720-728 (1991)

[63] V.S. Ivanov, V.A.Ganshin, Y.N.Korkishko: Vacuum, 43, pp.317-324 (1992)

[64] V.A.Fedorov, V.A.Ganshin, Y.N.Korkishko, T.V.Morozova: Ferroelectrics, 138, pp.23-36 (1993)

[65] R.V.Schmidt, I.P.Kaminow: Appl. Phys. Lett., 25, pp.458-460 (1974)

[66] N.Uesugi, T.Kimura: Appl. Phys. Lett., 29, pp.572-574 (1976)

[67] D.Hofmann, G.Schreiber, C.Haase, H.Herrmann, W.Grundkötter, R.Ricken, W.Sohler: Opt. Lett., 24, pp.896-898

(1999)

[68]　J.L.Jackel: J. Opt. Commun., 3, pp.82-85 (1982)

[69]　S.Miyazawa: J. Appl. Phys., 50, pp.4599-4603 (1979)

[70]　W.K.Burns, P.H.Klein, E.J.West, L.E.Plew: J. Appl. Phys., 50, pp.6175-6182 (1979)

[71]　M.Fukuma, J.Noda: Appl. Opt., 19, pp.591-597 (1980)

[72]　E.Strake, G.P.Bava, I.Montrosset: J. Lightwave Technol., 6, pp.1126-1134 (1988)

[73]　C.H.Bulmer: Electron. Lett., 20, pp.902-904 (1984)

[74]　T.R.Volk, V.I.Pryalkin, N.M.Rubinina: Opt. Lett., 15, pp.996-998 (1990)

[75]　Schiller, B.Herreos, G.Lifante: J. Opt. Soc. Am. B, 14, pp.425-429 (1997)

[76]　R.Nevado, G.Lifante: Appl. Phys. A, 72, pp.725-728 (2001)

[77]　W.M.Young, M.M.Fejer, M.J.F.Digonnet, A.F.Marshall, R.S.Feigelson: J. Light-wave Technol., 10, pp.1238-1246
　　　(1992)

[78]　C.H.Huang, L.McCaughan: IEEE J. Selected Top. Quantum Electron., 2, pp.367-372 (1996)

[79]　T.Suhara, T.Fujieda, M.Fujimura, H.Nishihara: Jpn. J. Appl. Phys. Pt.2, 39, pp.L864-L865 (2000)

[80]　R.C.Twu, C.C.Huang, W.S.Wang: IEEE Photonics Technol. Lett., 12, pp.161-163 (2000)

[81]　Y.Shigematsu, M.Fujimura, T.Suhara: Jpn. J. Appl. Phys. Pt.l, 41, 7B, pp.4825-4827 (2002)

[82]　V.A.Fedorov, Y.N.Korkishko, G.Lifante, F.Cussó: J. Eur. Ceram. Soc., 19, pp.1563-1567 (1999)

[83]　D.W.Yoon, O.Eknoyan: J. Lightwave Technol., 6, pp.877-880 (1988)

[84]　G.L.Destefanis, J.P.Gailliard, E.L.Ligeon, S.Valette, B.W.Farmery, P.D.Townsend, A.Perez: J. Appl. Phys., 50,
　　　pp.7898-7905 (1979)

[85]　P.D. Townsend: Rep. Prog. Phys., 50, pp.501-558 (1987)

[86]　L.Zhang, P.J.Chandler, P.D.Townsend, P.A.Thomas: Electron. Lett., 28, pp.650-652 (1992)

[87]　H.Tamada, A.Yamada, M.Saitoh: J. Appl. Phys., 70, pp.2536-2541 (1991)

[88]　A.Yamada, H.Tamada, M.Saitoh: J. Crystl. Growth, 132, pp.48-60 (1993)

[89]　T.Kawaguchi, K.Mizuuchi, T.Yoshino, M.Imaeda, K.Yamamoto, T.Fukuda: J. Crystl. Growth, 203, pp.173-178 (1999)

[90]　H.J.Lee, S.Y.Shin: Electron. Lett., 31, pp.268-269 (1995)

[91]　I.E.Barry, G.W.Ross, P.G.R.Smith, R.W.Eason: Appl. Phys. Lett., 74, pp.1487-1488 (1999)

[92]　T.Kawaguchi, T.Yoshino, J.Kondo, A.Kondo, S.Yamaguchi, K.Noda, T.Nehagi, M.Imaeda, K.Mizuuchi, Y.Kitaoka,
　　　T.Sugita, K.Yamamoto: Conf. Laser Electro-Optics, CTuI6, pp.141-142 (2001)

[93]　A.Ashkin, G.D.Boyd, J.M.Dziedzic, R.G.Smith, A.A.Ballman, J.J.Levinstein, K.Nassau: Appl. Phys. Lett., 9, pp.72-
　　　74 (1966)

[94]　P.Günter, J.-P.Huignard: Chap.2 in *Photorefractive Materials and Their Applica-tions, I,* P.Günter and J.-P.Huignard,
　　　eds. (Springer-Verlag, Berlin 1988)

[95]　A.M.Glass: Opt. Eng., 17, pp.470-479 (1978)

[96]　R.A.Becker, R.C.Williamson: Appl. Phys. Lett., 47, pp.1024-1026 (1985)

[97]　W.M.Young, R.S.Feigelson, M.M.Fejer, M.J.F.Digonnet, H.J.Shaw: Opt. Lett., 16, pp.995-997 (1991)

[98]　Y.Kondo, S.Miyaguchi, A.Onoe, Y.Fujii: Appl. Opt., 33, pp.3348-3352 (1994)

[99]　D.Eger, M.A.Arbore, M.M.Fejer, M.L.Bortz: J. Appl. Phys., 82, pp.998-1005 (1997)

[100] C.Q.Xu, H.Okayama, Y.Ogawa: J. Appl. Phys., 87, pp.3203-3208 (2000)

[101] T.Fujiwara, X.Cao, R.Srivastava, R.V.Ramaswamy: Appl. Phys. Lett., 61, pp.743-745 (1992)

[102] T.Fujiwara, R.Srivastava, X.Cao, R.V.Ramaswamy: Opt. Lett., 18, pp.346-348 (1993)

[103] T.Fujiwara, X.F.Cao, R.V.Ramaswamy: IEEE Trans. Autom. Control,5, pp.1062-1064 (1993)

[104] M.Rottschalk, J.P.Ruske, K.Homing, S.Steinberg, G.Hagner, A.Rasch: J. Lightwave Technol., 13, pp.2041-2048
　　　(1995)

[105] S.Steinberg, R.Göring, T.Henning, A.Rasch: Opt. Lett., 20, pp.683-685 (1995)

[106] T.Suhara, H.Tazaki, H.Nishihara: Electron. Lett., 25, pp.1326-1328 (1989)

[107] R.W.Keys, A.Loni, R.M.De La Rue: Electron. Lett., 26, pp.624-626 (1990)

[108] X.Cao, R.Srivastava, R.V.Ramaswamy, J.Natour: IEEE Photonics Technol. Lett., 3, pp.25-27 (1991)

[109] F.Laurell, M.G.Roelofs, H.Hsiung: Appl. Phys. Lett., 60, pp.301-303 (1992)

[110] W.Y.Hsu, C.S.Willand, V.Gopalan, M.C.Gupta: Appl. Phys. Lett., 61, pp.2263-2265 (1992)

[111] M.L.Bortz, L.A.Eyres, M.M.Fejer: Appl. Phys. Lett., 62, pp.2012-2014 (1993)

[112] K.E.Hadi, M.Sundheimer, P.Aschiéri, P.Baldi, M.P.De Micheli, D.B.Ostrowsky: J.Opt. Soc. Am. B, 14, pp.3197-
　　　3203 (1997)

[113] H.Åhlfeldt: J. Appl. Phys., 76, pp.3255-3260 (1994)

[114] T.Veng, T.Skettrup, K.Pedersen: Appl. Phys. Lett., 69, pp.2333-2335 (1996)

第7章　准相位匹配结构的制作

如我们在第 2 章所讨论的，在波导非线性光学器件中，最重要的相位匹配技术之一是 QPM，它采用了周期性（光栅）结构。非线性光学材料中 QPM 结构的制作是非线性光学器件制作的关键步骤。本章提出了 QPM 结构的背景和制作技术。

QPM 可以用线性光学常数（模式指数）或非线性光学常数的周期性调制来实现，但是后者具有更多的优势，因为其更高的转换效率及波导与非线性光学特征的独立设计。然而在早期的工作中，使用杂质扩散制作成的模式指数成周期性调制的光栅，其波长转换效率很低。研究工作的方向主要指向使用非线性光学系数的周期调制制作光栅结构的技术上。一种方法是在非线性光学晶体上刻蚀出波导的表面，且这表面形成浮雕光栅。但是这样的光栅影响了波导的性能，且在一些情况下产生大散射损耗。在铁电非线性光学晶体中，这项技术得到发展，且可提供无折射率调制的非线性光学光栅结构。特别是基于周期性铁电畴反转的技术是波导和块状非线性光学器件中 QPM 结构制作的最有效的方法。

在接下来的内容中，我们将重点描述铁电材料（如 $LiNbO_3$ 和 $LiTaO_3$）中 QPM 结构制作的基本概念和特殊技术。首先简要概述了与 QPM 相关的铁电性能和 QPM 结构制作，接着详细讨论了制作 QPM 结构的多种技术和特征。除铁电畴反转的方法，其他方法在这里也将被讨论。

7.1　铁　电　性　能

本节将介绍用于 QPM 非线性光学器件的代表性材料 $LiNbO_3$ 和 $LiTaO_3$ 的铁电性能[1]。包括 $LiNbO_3$ 和 $LiTaO_3$ 在内的重要的非线性光学晶体的光学和其他一些特性在附录里有所概述。

7.1.1　晶体结构和自发极化

$LiNbO_3$ 和 $LiTaO_3$ 是属于三方晶系系统（3m 点群）的位移型铁电晶体。它们有所谓的 $LiNbO_3$ 型晶体学结构。图 7.1 显示的是菱方 $LiNbO_3$ 型单元。单元包含

的两个 NbO_6 八面体作为一个重要的基本成分，且晶体可以看作由一八面体网络所组成，且每个八面体相对于另一个八面体保持一个确定的方向[2,3]。Li^+ 位于 O^{2-} 三角形中心的上方或下方。商业可得的晶体是"极化的"，其 Li^+（单畴晶体）均位于相同侧，如图 7.1 所示，因此其具有自发极化 P_s。因为 Li^+ 有电荷，所以提供反平行于 P_s 的外电场 E，使它们移动至另一侧（见图 7.1 中的虚线图）。晶体中离子移动的部分称为畴，这种移动称为畴反转（180° 畴反转）。畴反转与自发极化的反转及晶体学上的 z 和 y 轴有关。自发极化的存在和反转置的可能性是铁电性的定义。因此，晶体在低于居里温度 T_c [1195℃（$LiNbO_3$），610℃（$LiTaO_3$）] 时呈现铁电性能[1]。

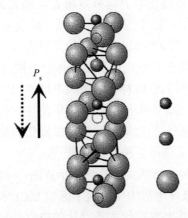

图 7.1　$LiNbO_3$ 和 $LiTaO_3$（菱形 $LiNbO_3$ 单元）的晶体结构

晶体的原子排布是非中心对称的，因此晶体有非零的二阶非线性光学系数（张量元）。非线性光学系数的正负与自发极化的正负之间有固定的关系，并随 Li^+ 的移动和自发极化的反转同步地反转。因此，畴反转提供了制作非线性光学光栅结构作为 QPM 的可能性。

商业用途上使用最广泛的晶体是通过提拉法生长的同成分晶体（c-$LiNbO_3$ 和 c-$LiTaO_3$）。在本书中，除非另有指明，$LiNbO_3$ 和 $LiTaO_3$ 均指同成分晶体。同成分的组成是 Li_2O:Nb_2O_5 或 Li_2O:Ta_2O_5，其比值大约为 48.5：51.5。在同成分晶体中，有百分之几的 Li 位置被 Nb 或 Ta 替代（反位置缺陷），但是 Li 位置和 Nb 或 Ta 位置包含空穴[4,5]。这种非化学计量缺陷明显地影响了光学性能和铁电性能。

众所周知，$LiNbO_3$ 涉及的光折变损伤问题是 F^{++} 杂质的影响，这个问题可通过在晶体中掺杂 MgO（典型值摩尔分数为 5%）来有效地解决[6,7]。MgO 掺杂 c-$LiNbO_3$ 晶体（MgO: $LiNbO_3$）同样是商业可得的。

Li_2O 摩尔分数约为 49.9% 的化学计量晶体（s-$LiNbO_3$ 和 s-$LiTaO_3$），可以通过双坩埚提拉方法生长[8,9]，其缺陷密度明显地减小。同时可以发现，同成分晶体

（c-晶体）和化学计量晶体（s-晶体）不仅在单元水平上存在差异[4]，而且在光学性能和铁电性能存在显著差异。如报道所称的 s-晶体的 d_{33} 大于 c-晶体的 d_{33} [10]（LiNbO$_3$ 约大 30%），且虽然 s-LiNbO$_3$ 在无掺杂时有较高的光折损伤敏感性，但可以通过小浓度的 MgO 掺杂显著提升抗损伤能力[11]。无掺杂和 MgO 掺杂化学计量晶体目前均已经被商业化。

7.1.2　铁电畴反转和磁滞回线

铁电畴反转是由提供反平行于 P_s 的外电场 E 产生。它可用铁电磁滞回线来描述，即 P-E 图，其中在晶体极化率 P 与外电场 E 间的关系图中，E 的变化范围在足够大的正值和负值之间[1]。这个图显示在矫顽（阈值）电场 E_c 下 P 的正负号反转。它提供了用于 QPM 结构制作的畴反转的重要方案。获得磁滞回线的经典方法是 Sawyer-Tower 实验，其中正弦电压加在晶体的两侧。但是在 LiNbO$_3$ 和 LiTaO$_3$ 上的早期工作并不成功，因为这些材料的矫顽电场相比击穿电场较高，且晶体的质量相当差。基于在早期实验中无法观察到极化反转，有人认为它们是"冻结"的铁电体。LiNbO$_3$ 和 LiTaO$_3$ 的磁滞回线和自发极化的第一次测量的实现，是使用了脉冲场的方法，避免了热问题和液体电极[12]。

图 7.2 显示的是磁滞回线测试实验的原理示意图。一块 Z-切（c-切）晶体（厚度 0.1~1.0 mm）被夹在液体电极中（浸泡了饱和 LiCl 水溶解液的滤纸），且电极连接着一系列电容器，其电容 C_0 远大于晶体的电容 C_c。

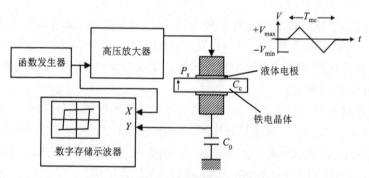

图 7.2　铁电磁滞回线测量的实验装置

晶体的电容可由 $C_c = \varepsilon_0 \varepsilon_r S / d$ 表示，其中 d 为晶体厚度，S 为电极面积，ε_r 为相对介电常数（LiNbO$_3$ 的 ε_r 为 28，LiTaO$_3$ 的 ε_r 为 43）。单循环对称三角波由函数发生器产生和高压放大器放大，V，（$0 \rightarrow +V_{max} \rightarrow 0 \rightarrow -V_{max} \rightarrow 0$，单循环时间 T_{mc}）被加在晶体的电容上。晶体中的电子流量密度 D 为

$$D = \varepsilon_0 E + P = \varepsilon_0 E + P_1 + P_s = \varepsilon_0 \varepsilon_r E + P_s \tag{7.1}$$

式中，E 为外电场；P、P_l 和 P_s 分别为总极化、线性极化和自发极化。从高斯定理得晶体电极上和一系列电容器上的电荷为 $Q = DS$，因此跨越电容器的电压 V_c 通过式 $C_0V_c = DS$ 与 D 相联系。因为 $\varepsilon_r \gg 1$，我们有 $|\varepsilon_0 E| \ll |P_l|$，同时有

$$P = D - \varepsilon_0 E \cong D = (C_0 / S)V_c \tag{7.2}$$

当畴被反转（$+P_s \rightarrow -P_s$），与 $2SP_s$ 充电相关的转置电流（开关电流）流过环道。另外，因为外电场 E 由总提供电压 V 自动校准为 $V = Ed + V_c = Ed + (S / C_0)D = Ed(1 + C_c / C_0) + (S / C_0)P_s \cong Ed + (S / C_0)P_s$，我们有

$$E = V / d - SP_s / C_0 d \cong V / d, \quad (|V / d| \gg |SP_s / C_0 d|) \tag{7.3}$$

因此，将一系列电容的电压 V_c 和施加的电压 V 分别连接到一存储示波器的垂直方向和水平方向输入端，可以得到 P-E（D-E）关系图。因为由自发极化在晶体表面产生的电荷常常被来自大气的带电颗粒中和，并且在施加电压之前系列电容器上的电荷为 0，所以通过上述步骤得到的 D-E 图形会在垂直（D）方向发生偏移。但是这个偏移可以容易地通过移动环形图形使之达到垂直方向上的对称来补偿。自发极化 P_s 的大小是 $E = 0$ 处的 $P(D)$ 的值。

畴反转的特性极大地依赖于晶体的种类。图 7.3 显示的是典型的 c-LiNbO$_3$ 的铁电回线。结果显示，对于慢电场变化（图 7.3a，$T_{mc} = 10$ sec），其极为接近标准铁电回线；其回线近似对称。正向高压电场 E_c 近似为 21 kV/mm，且自然极化 P_s 近似为 80 μC/cm^2，其比早期的文献[12]中所报道的 71 μC/cm^2 大得多。但是应该注意的是，对于快电场变换（图 7.3b，$T_{mc} = 40$ msec），回线关于 E 是高度反对称的[13]；前反转之后，后反转在 E 降到 0 之前甚至更早发生。回线随着 T_{mc} 的增加（慢电场改变）接近对称，但是即使在 $T_{mc} = 10$ min 时也无法完全对称。c-LiTaO$_3$ 的特征与其相似，前 E_c 约为 20 kV/mm，且 P_s 约为 50 μC/cm^2。

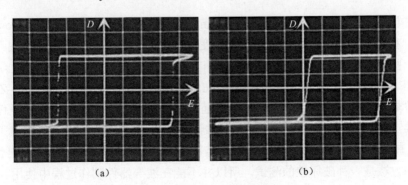

(a)　　　　　　　　　　　　　　(b)

图 7.3　c-LiNbO$_3$ 的铁电回线

E：5.9 kV/mm/格，D：33 μC/cm^2/格；　(a) $T_{mc} = 10$ s；　(b) $T_{mc} = 40$ ms

图 7.4 显示典型的 s-LiNbO$_3$ 铁电回线。与 c-LiNbO$_3$ 相比，其矫顽电压场很

小；正向矫顽场 E_c 对于 T_{mc} =10 sec 时近似为 6 kV/mm，这比 c-LiNbO$_3$ 的小 1/3。已报道的矫顽场为 4～8 kV/mm[14-16]，还有报道称矫顽场小至 0.2 kV/mm[17]。对于 s-LiTaO$_3$，有报道的矫顽场为 1.7 kV/mm[14,15]。MgO:c-LiNbO$_3$ 的反转特性与 s-LiNbO$_3$ 相似，虽然矫顽场和击穿场均依赖于 MgO 浓度（摩尔分数为 5%掺杂时，$E_c \approx$ 6 kV/mm[18-20]），且样品到样品的差异相当大。

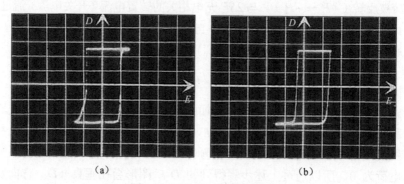

图 7.4　s-LiNbO$_3$ 的铁电回线

E: 5.9 kV/mm/格，D: 33 μC/cm^2/格；晶体由 Dr.K.Kitamura（Nat.Inst.Materials Science）提供；
(a) T_{mc}=10 s；(b) T_{mc}=40 ms

这些结果指出，在 c-晶体中存在令外置场偏置的内在场，且在畴反转之后它的弛豫趋向于反向极化，其时间常数为毫秒和天的量级[21]。这个弛豫在高温下及通过对晶体进行紫外光照射会得到提高。内在场和弛豫似乎是非化学计量的缺陷造成的。s-晶体的行为接近于本征铁电畴反转特征。对于 s-晶体，也存在内在场和弛豫，但较 c-晶体小得多。这可能是因为 MgO 的掺杂抑制了内在场。

7.1.3　铁电畴的观测

铁电畴无法通过普通光学显微镜和扫描电子显微镜（scanning electron microscope，SEM）观察到，因为其线性光学常数无变化，且表面形态与畴反转相关联。因此需要一些技术使畴结构可见。广泛使用和可靠的方法是利用各向异性的化学蚀刻法（HF 和 HNO$_3$ 比例为 1∶2）[22,23]。在这里，LiNbO$_3$ 和 LiTaO$_3$ 晶体的–Z 和–Y 表面被刻蚀，同时+Z 和+Y（以及±X）表面基本没有被蚀刻。合适的刻蚀条件为刚低于沸点的数分钟，若要更高的精度控制和更高的分辨率，则条件为室温下的数小时。畴结构被转化为表面浮雕，可以容易地通过光学显微镜和 SEM 观察到。但是这种方法是一种破坏性的测试，所以并不能在波导器件制作过程中使用。

众所周知，铁电畴可通过施加含悬浮微颗粒的胶体溶液或在晶体上淀积金属薄膜的方法使其可见化。高对比磁畴图样可以通过用 DC 溅射方法在晶体上淀积一薄 Au 薄膜（约 60 nm）得到[24]。图样的形成是由于+Z 和–Z 表面之间的淀积率差异，该差异是由热电效应产生的+Z 和−Z 不同表面电位造成的。薄膜能够被蚀刻掉以便器件的制作。其他的方法包括静电调节[24]、压电测试[25]和热电探测[26]。

为了观察非线性光学系数的空间调制，可以使用相干型非线性光学激光扫描显微镜[27]。用一个平面光波照明的 SHG 显微镜以干涉图样的形式来观察 QPM 结构[28]。更方便的方法是利用畴壁附近由内在场诱导产生的电光效应所形成的双折射[29]。双折射可使带有正交-尼科耳偏光器的显微镜对畴成像。文献[29,30]显示，利用一台摄像机用这种方法现场观察到了施加电压时的畴反转。白光透射照明下对晶体的正交-尼科耳进行观察可以用来作为 QPM 结构制作的一个简单方便的检验方法，其中反转畴为暗背景中的明亮区域。另外一种方法是使用扫描探测显微镜，其中的畴图样可通过逆压电效应获得[31]。

7.1.4　畴反转模型

畴反转的物理机制仍未完全清楚。但是考虑一个现象学模型来讨论 QPM 结构的机制[13]和优化制作过程是非常有用的。

（1）宏观模型

标准畴反转通常考虑由三个步骤产生：①反转畴成核，②反转畴正向生长，③反转畴的侧边生长，如图 7.5 所示。反转畴成核主要是在晶体表面的随机分布位置处产生与 P_s 反向的微型畴。它可被认为与表面的缺陷密切相关，因为当晶体表面被机械地破坏时，成核被大大地增强。基本上并没有花费时间用于成核产生。在一些情况下成核发生在+Z 表面，但也可能发生在整块中，反转畴正向生长是畴壁从每个核向沿 P_s 轴的对方表面运动，形成反转 P_s 的细线。运动的速度要比反转畴的侧边生长中的快。反转畴的侧边生长是畴壁的细线区域的生长运动。然而，反转畴成核和反转畴正向生长发生在所谓的矫顽场或更强的场上，反转畴的侧边生长甚至发生在更低的场上。以上的三个阶段并不是各自完全分开的。宏观成核可能与正向生长/侧边生长有关联，且它们的显现可以认为是普通观察下的成核。作为与轻微侧边生长相关的正向生长的结果，初始反转畴的横截面趋向于类似轮辐或倒梯形的形状。

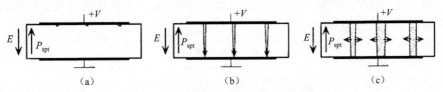

图 7.5　畴反转的三个阶段原理示意图

(a) 成核；(b) 正向生长；(c) 侧边生长

如果外电场来自一常数电压，使回路能提供任意的反转电流，则侧边畴壁运

动速度 v_s 基本决定了宏观畴反转速度，是带有阈值的外电场 E 量级的超线性增长函数。描述这种依赖关系的一个经验表达式是一个指数函数，其形式为

$$v_s = v_{s0} \exp\left(-\frac{\alpha_s}{|E| \pm |E_{int}|}\right) \tag{7.4}$$

式中，v_{s0} 和 α_s 为常数；$|E_{int}|$ 为内置场的大小[13]。速度不是常数，可能随着时间变化，因为畴的显现引起了成核和畴壁运动。如果反转电流受限于外在环路，这速度可能更慢，因为畴增长需要反转电流。已报道的矫顽场附近的速度范围跨越了几个数量级（如 LiNbO$_3$ 为 0.04～0.08 mm/s[32]，LiTaO$_3$ 为 0.0001～2.3 mm/s[13, 29]）。分散这么大的原因不仅包括材料、场的大小和最大电流的差异，也包括速度定义、场施加模式（单脉冲或多脉冲）、电极结构形状和畴观察方法（外位和原位）等的差别。

（2）微观模型

Li$^+$ 的微观行为可以通过离子的势能来解释，如图 7.6 所示。影响均匀晶体中一个离子的局部电场一般可以写为

$$E_{loc} = E + \frac{\gamma}{3\varepsilon_0} P \tag{7.5}$$

式中，E 和 P 分别为外电场和极化[1]。带有洛伦兹局部场因子 $1/3\varepsilon_0$ 的第二项表示围绕着那个离子的其他离子的作用。对于立方晶体，因子 γ（>0）等于 1，且通常是这个量级的一个量。铁电材料的特征是 γ 较大。忽略 P 作用时的 Li$^+$ 的电势在氧三角体的两侧有两个对称的最低值（图 7.6a）。无外电场（$E=0$）下的单畴晶体的实际电势在 Li$^+$ 侧有个更深的最低值，这是自发极化场[$E_{loc} = (\gamma/3\varepsilon_0)P_s$]调制的结果（图 7.6b1）。因此，由 P_s 进行的电势调制确保了自发极化自身的稳定性。简单的计算显示，消除势垒以让 Li$^+$ 可移动所需要的外电场大小超过了 $|P_s|/\varepsilon_0(\varepsilon_r-1)$（抵消 P_s 作用的场），比实验观察到的矫顽电场大了几个数量级。这意味着，反转均匀晶体中的自发极化是极其困难的。这也是畴反转需要缺陷引起的成核的原因。

对于在（水平）畴壁上的一个 Li$^+$，壁（相对方向）的两边的自发极化长范围效应被抵消，局部电场可写为

$$E_{loc} = E + E_{sr} \tag{7.6}$$

式中，E_{sr} 为相邻于 Li$^+$ 的离子短程效应，其大小远小于式（7.5）的第二项。因此，无外场（$E=0$）下的电势如图 7.6b1 所示，与图 7.6a1 相似。在两个 Li 位置之间的区域中，最大强度与矫顽场相对应。当外电场达到强压场（$|E| \to \max\{|E_{sr}|\}$），势垒被消除（图 7.6b2），借助于热能，Li$^+$ 移动到另一位置（图 7.6b3）。因而产

生正向增长。侧边增长的原理可以用一个相似的方法来解释。水平和垂直壁 E_{sr} 之间的差异决定了向前和侧边壁的运动之间的阈值和速度的差异。当外电场返回为零后，Li^+ 将停留在新位置上（图 7.6b4）。在反转 P_s 作用下，接着的畴壁运动造成新位置处（图 7.6b5）电位最小值的降低。利用这个模型可以很好地解释 s-晶体的接近标准的反转特征。

为了解释 c-晶体的特征，必须考虑内在场 E_{int}。因此式（7.5）可以改写为

$$E_{loc} = E + \frac{\gamma}{3\varepsilon_0}P + E_{int} \tag{7.7}$$

非化学计量缺陷可持有电荷，且这种电荷的分布使总能量最小化，从而产生了与 P_s 平行的内在场 E_{int}。因此，无外场（$E=0$）时的电势比 s-晶体中的电势具有更深的极小值（图 7.6c1）。对于在新畴壁处的 Li^+，其局部电场可以写为

$$E_{loc} = E + E_{sr} + E_{int} \tag{7.8}$$

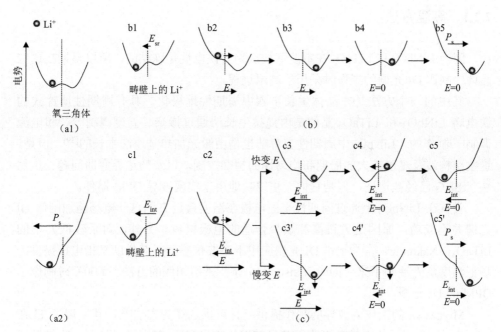

图 7.6　用于解释铁电畴反转的势能图解

（a1）无 P_s 产生的局部场；　（a2）有 P_s 产生的局部场；　（b）化学计量晶体；　（c）同成分晶体

因此，有效矫顽场要大得多。当外电场 E 达到有效矫顽场（$|E| \rightarrow \max\{|E_{sr} + E_{int}|\}$）时（图 7.6c2），$Li^+$ 被移动（正向反转），但 E_{int} 并无立即改变（图 7.6c3）。对于 E 快变到 0，不形成势垒，所以 Li^+ 向回移动（反向反转）（图 7.6c4、图 7.6c5）。另外，对于 E 慢变到 0，缺陷电荷趋向于在新结构中重

新分布；在 E 到 0 之前，E_{int} 发生朝向反转极化的弛豫，因此电势最小值被降低（图 7.6c3'）。接着，当 E 变为 0，形成势垒，且 Li$^+$ 保持在新位置（图 7.6c4'），其后，电势接近到对称于原始的形式（图 7.6c5'）。E_{int} 部分的毫秒级弛豫时间常数被认为是由锂空穴引起的[21]。

7.2　准相位匹配结构制作

虽然 QPM 的概念早在 20 世纪 60 年代已经在块状结构中被提出，但是并未获得制作非线性光栅结构的有效方法。早期的波导 QPM-SHG 实验使用了由刻蚀和涂覆（在石英上的 Al$_2$O$_3$[33]和 GaAs[34]波导）所制作的线性/非线性光栅及由杂质扩散（在 LiNbO$_3$ 中的 Ti[35]）产生的线性光栅，但是转化效率很低。研究工作也朝着获取有效非线性光学光栅结构的技术发展，特别是在铁电晶体中的 DI 光栅。

7.2.1　高温方法

因为 LiNbO$_3$ 和 LiTaO$_3$ 在室温下被认为其铁电性是冻结的，所以早期在这些晶体中制作 DI 光栅的工作时采用了高温进程。

其中的一个方法是在晶体生长步骤中周期性地极化。具有周期性薄片式的铁电畴 LiNbO$_3$ 和 LiTaO$_3$ 晶体是由提拉生长法通过掺杂、温度调制[36,37]和电流调制[38]制作的，LiNbO$_3$ 中周期性交替畴也是由激光加热基座法生长的[39]。但是，这些结构涉及难度较大的周期和均匀性的精确控制，以及畴边界弯曲问题。虽然块状 SHG 已经被论证，但是它们无法成功地用来实现波导 QPM 器件。

尝试在 LiNbO$_3$ 上通过周期性平面电极在温度接近 T_c 的这一电场施加制作 DI 光栅并不成功，原因是 T_c 过高和缺少合适的电极材料。另外，对于较低 T_c 下的 LiTaO$_3$，Nakamura 等[40]制作 DI 光栅应用于声波传感器，其借助叉指电极提供的场把温度从 T_c 冷却下来，同时 Matsumoto 等[41]采用相似的方法在 600℃时制作了 QPM 的 DI 光栅。

Miyazawa 的工作为波导的制作提供一种可供选择的方法[42]，其发现了 Ti 在 LiNbO$_3$ 的+Z 表面的内扩散形成了畴反转层。结果表明，该反转机制与 Ti-扩散和相应的去极化引起的自发极化的改变有关，并使 T_c 降低[42,43]。Webjörn 等[44]、Lim 等[45]、Ishigame 等[46]、Cao 等[47]和 Armani 等[48]提供了由扩散周期性条纹 Ti 薄片形成的 DI 光栅。Endo 等[49]发现，可以通过 Ti 薄片的热氧化（约 500℃）和 O$_2$ 等离子体处理，在 LiNbO$_3$ 的−Z 表面内形成 DI 光栅。

因为 Ti-扩散涉及光折变损伤问题，所以无杂质的方法更具有吸引力。Nakamura 等[50]观察到形成在 LiNbO$_3$ 的+Z 表面的畴反转层在加热至接近 T_c 时获得。认为推测，Li 的向外扩散会引起 Li 浓度衰减和畴反转的提升。Webjörn 等[51]利用 LiNbO₃ 的+Z 表面的周期性图案 SiO₂ 薄片结合热处理（1000℃）来获得一个周期性的 Li 向外扩散和畴反转。反映反转机制的一个微观模型是由 Kugel 等提出[52]。Fujimura 等[24]采用+Z 表面上的 SiO₂ 薄片光栅和热处理（1000℃）的方法来获得在 SiO₂ 下面的周期性畴反转，其是由机械压力和压电场所产生的反转得到的。采用几乎相同的结构和热处理方法的两个小组所获得的不同结果应该是空气中和加热历史的差异所导致的。Yamamoto 等[53]采用了相同的方法，制作了在 LiTaO₃ 中的 DI 光栅。

　　上述描述的热方法如图 7.7 所示。SiO₂ 涂覆和热处理[24]的方法制作的 DI 光栅的光学显微镜照片见图 7.8。不同方法制作的 DI 光栅的横截面对比如图 7.9 所示。虽然原型波导 QPM-SHG 器件被证实可用这些方法制作 DI 光栅，但是转化效率并不高，这是因为畴反转受限于三角形边界的浅表区域，如图 7.9a 所示，所以，与非线性光栅和导模之间的重叠成比例的耦合系数很小。

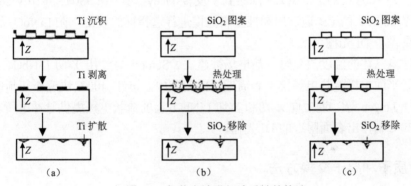

图 7.7　加热方法进行畴反转的构造

（a）Ti-内扩散；（b）Li₂O 外扩散；（c）SiO₂ 涂覆和热处理

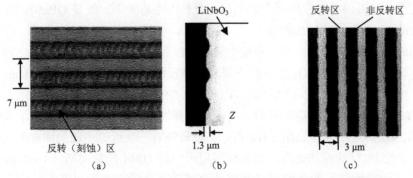

图 7.8　SiO₂ 涂覆和热处理的方法制作的 DI 光栅的光学显微镜照片

（a）刻蚀顶端表面 7 μm 周期的光栅；（b）与（a）相同的样品的横截面；

（c）通过 DC 溅射镀 Au 进行可视化的 3 μm 光栅顶面

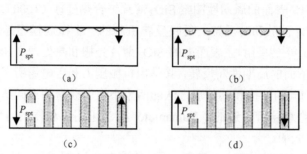

图 7.9　不同方法制作的 DI 光栅的横截面对比

（a）热处理；（b）PE；（c）EB；（d）电压应用

　　早期的工作包括采用 EB 轰击的方法。Haycock 等[54]提出高能离子束的晶格激发用于明显低于 T_c 下的电场畴反转，且利用高能（1.8 MeV）EB 在 400℃（LiTaO₃）～600℃（LiNbO₃）下观察到了反转。Keys 等[55]在 580℃和 10 V/cm 电场下，令 10 keV 的 EB 通过周期性金属掩模进行选择性的轰击，在 LiNbO₃ 的–Z 表面内制作了 DI 光栅。

　　当铁电晶体的温度改变时，热电场被建立。Seibert 等[56]用 Y-切 LiNbO₃ 上的一对梳状平面电极将热电场集中到周期性的间隙中，再经 400℃快速冷却制作出 DI 光栅。Janzen 等[57]通过向 X-切和 Y-切 LiNbO₃ 上的梳状电极提供脉冲电压，在 220～330℃制作出表面附近的 DI 光栅。

7.2.2　质子和离子交换方法

　　为了获得温度远低于 T_c 时在铁电晶体中制作 QPM 光栅的技术，人们开始研究质子和离子交换的可能性。Suhara 等发现 LiNbO₃ 中的 PE 会使非线性光学系数大为衰减[58]，且提出将其应用于制作 QPM 的非线性光栅[59]。波导 QPM-SHG 器件是由 Jongerius 等[60]制作出来的。

　　Nakamura 等[61]曾报道，在苯甲酸中进行 PE 后，以略低于 T_c 的温度（570～590℃）作热处理，可在 LiTaO₃ 的–Z 面上形成一畴反转层。Åhlfeldt 等[62]和 Mizuuchi 等[63]采用这个现象制作了 Z-切 LiTaO₃ 中的三阶 QPM 的 DI 光栅。前者使用了苯甲酸和 Ti 掩模层（具有周期性开口，用于有选择性的 PE），而后者采用了焦磷酸和 Ta 掩模层。这个进程如图 7.10a 所示。反转畴有一个近似半圆的横截面。这个过程是通过 IR 灯快速热处理改进来获得用于一阶 QPM 的短周期（3～4 µm）DI 光栅，其中掩埋在表面下的反转畴横截面甚至更接近圆或接近矩形[64,65]，如图 7.9b 所示。对于 4 µm 周期光栅，其典型的优化处理条件为，PE 用 1 µm 掩模开窗宽度在 260℃下交换 20 min；热处理以大于 50℃/sec 的加热速率在 540℃下处理 30 sec。此处光栅与导模的重叠远大于图 7.9a 中的光栅，因此这种光栅适合用于实现高的非线性光学波长转换效率。实际上，高效波导 QPM-SHG 器件也已经被证实。Yi 等[66]减小了 PE 的数量，且使用 Ta/SiO₂ 掩模板覆盖了整个晶体表面（图 7.10b）来提高畴横截面和转化效率。所提出的畴反转模型假定通过热处理的质子扩散产生了内在场[67]。根据模型，在 X-切 LiTaO₃ 中发展制作 DI 光栅的技术，其中 PE 条纹与 Z 轴成倾斜，以达到存在沿 Z 轴方向的内在场分量[67]。PE 同样地被用于 LiNbO₃ 中的 DI 光栅[68, 69]。Makio 等[68]制作的光栅包含梳状反转畴，其中 PE 是从 LiNbO₃ 和 LiTaO₃ 的背表面单方向加热触发的。

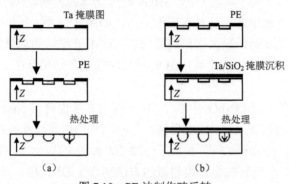

图 7.10　PE 法制作畴反转
（a）PE 和热处理；　（b）PE 和掩模热处理

Poel 等[70]发现在 Z-切 KTiOPO₄（KTP）的畴反转可以由在 RbNO₃/Ba(NO₃)₂ 熔解盐中的离子交换得到，畴反转是由 Lawrell 等证实[25]。在离子交换中，晶体中的 K⁺与 Rb⁺和 Ba²⁺交换，Ba²⁺增强了 K⁺和 Rb⁺的交换。畴反转在无 Ba²⁺下无法获得。可以发现，反转与半径大的 Rb⁺和 Ba²⁺合并引起的应力有关。因为在 KTP 中的离子交换在沿 Z 轴深入衬底中的接近垂直的方向发生，周期选择性离子交换导致近似垂直畴壁。这样的一个 DI 光栅提供了导模之间的一个大重叠，且适合波导 QPM 器件的实施。有效 QPM-SHG 器件通过离子交换来制作，从而形成分割通道波导[70, 71]。

7.2.3　室温方法

通过早期使用电极的研究，提出了微小尺度下的畴反转和在室温下施加电场的方法制作用于 QPM 的 DI 光栅的可能性[12, 72]。但是，第一次在室温下制作 DI 光栅并没有用周期性电极来实现。

（1）直接 EB 写入方法
Yamada 等[73]和 Ito 等[74]分别独立发现了室温下 LiNbO₃ 中的局部畴反转可以

通过 EB 的照射来实现，且周期性的畴反转结构可以通过 EB 的光栅扫描获得。在 Z-切 LiNbO$_3$ 的+Z 表面镀上厚度为 0.5～1.0 mm 的金属薄层，并将其接地，然后一束被 25 kV 电压加速的聚焦 EB 通过扫描照射在未镀膜的-Z 表面。因为晶体在室温中是电绝缘的，电子电荷聚集在晶体的表面上，给出的穿过晶体厚度的电场强度大到足以引起畴反转。EB 的刺激可能在表面附近促进了成核。一个有意思的特征是反转畴壁垂直于晶体的表面，且不断下降到背侧，如图 7.9c 所示。这样深度的 DI 光栅对于波导 QPM 器件的实现是非常必要的，而且也提供了使用块状 QPM 器件的可能性。Ito 等[74]利用得到的 DI 光栅来证明了块状 QPM-SHG。Fujimura 等[75-77]则证明了块状 QPM-SHG。通过认真的观察，他们发现反转畴从略低于晶体表面的位置出发，且具有锥形尖端，如图 7.9c 所示[77]。采用以 EB 写入来制作且接着抛光表面以除去锥形畴顶层的 QPM 光栅，可以获得高于早期采用热畴反转的工作所得的转换效率。EB 畴反转的技术和结果将在 7.3 节中作详细的描述。

直接用 EB 写入在 LiNbO$_3$ 中制作 DI 光栅的方法也曾被 Nutt 等研究[78]。Hsu 等[79]通过 EB 照射实现 LiTaO$_3$ 畴反转，Gupta 等[80]也通过此方式实现 KTiOPO$_4$（KTP）畴反转。Mizuuch 等[81]使用了一束 200 KeV 的聚焦 Si^{2+}离子束替换 EB，对 LiTaO$_3$ 的+Z 表面进行扫描，用相似的方法制作了 DI 光栅，证明了块状 QPM-SHG。

（2）施加电场方法

Yamada 等[82]第一次实现在室温下将外电场直接施加于电极来制作 DI 光栅。他们使用了淀积在 LiNbO$_3$ 的+Z 表面上的一梯状图样薄 Al 掩模板周期性电极，以及在-Z 表面的均匀电极，且通过电极提供跨越晶体的脉冲电压，以产生大于矫顽场的周期性电场。实验结果显示，畴反转从电极线下的+Z 表面开始生长，并穿过整个晶体厚度直到-Z 表面，畴壁垂直于晶体表面，如图 7.9d 所示。这样的一个 DI 光栅对于波导和块状 QPM 器件都是理想的，因为光栅提供了导模和光束模式的重叠。实际上，Yamad 等[82]证实了高效波导 QPM-SHG，Burns 等[83]证实了块状 QPM-SHG。

施加脉冲电压方法的优势包括高重复性、简单和便宜的设备及大规模生产的兼容性。因为这项技术和最终 DI 光栅的显著优势，人们在反转技术、材料和 QPM 器件实施等方面做了大量的延伸研究和开发工作。各类周期性电极也被开发：Webjörn 等[84]证实了方便的液态电极；Myers 等[85]的液态电极适用于大面积制作；Kintaka 等[86]的皱状电极适用于短周期光栅；Sato 等[87]用的是接触电极；Kintaka 等[88]用的是蚀刻 Si 压模电极。Kintaka 等[86]还开发了基于自动脉冲宽度控制的脉冲施加技术。

已经存在一系列关于畴反转特征的研究成果[13-21, 29, 30, 89, 90]。研究不同于 LiNbO$_3$

材料的 DI 光栅制作，包括 MgO 掺杂 LiNbO$_3$[19,20,91]、Nd^{3+}-扩散 LiNbO$_3$[92,93]、Er^{3+}-扩散 LiNbO$_3$[94]、LiTaO$_3$[95,96]、KTiOPO$_4$（KTP）[97-100]、RbTiOAsO$_4$（RTA）[100,101]、Sr$_{0.6}$Ba$_{0.4}$Nb$_2$O$_6$（SBN）[102]、KNO$_3$[103]和 BaMgF$_4$。DI 光栅不仅在 Z-切晶体上制作，也有在 X-切和 Y-切 MgO 掺杂 LiNbO$_3$ 中[105-107]制作。近来大部分高性能 QPM-非线性光学器件的制作所采用的 DI 光栅应用了施加脉冲电压法。DI 光栅制作所采用的施加脉冲电压方法的技术将在 7.4 节中作详细阐述。

一种施加电场的改进方法是使用一 EB 对电极充电，从而产生引起畴反转的电场。EB 的使用消除了对电极接线的必要性，提供了对每个光栅周期进行独立反转的可能性。Kurimura 等[108]使用了周期性接地电极和 EB 对条纹电极照射来制作 Z-切 LiTaO$_3$ 中的 DI 光栅；Onoe 等[109]使用了一梳状平面电极和 EB 照射制作 X-切 LiTaO$_3$ 中的 DI 光栅。另一种改进方法是电晕放电法；Harada 等[19]利用电晕放电对一在其后表面上带有接地周期性电极的晶体上表面进行充电来制作 DI 光栅。

畴反转的局部电场可以通过空间电荷的迁移诱导，空间电荷的迁移则可由高强度光照刺激诱导。Kewitsh 等[110]利用 Ar 激光光束的干涉，在 Sr$_{0.6}$Ba$_{0.4}$Nb$_2$O$_6$（SBN）中制作了动态 DI 光栅，证实了可调谐块状 QPM-SHG。

7.2.4　非铁电性材料

（1）无机介电材料

适用于短波长（紫外）光产生的非线性光学晶体包括了晶态石英（α-SiO$_2$）和硼酸盐晶体[如偏硼酸钡晶体（BBO）、三硼酸锂晶体（LBO）、三硼酸铯晶体（CBO）和硼酸铯锂晶体（CLBO）][111]。但是，在这些材料中形成 QPM 结构的方法还未发现。Kurimura 等[112]采用石英中孪生结构[113]和热应力的方法来形成周期性结构，并计划应用于 QPM。像波导制作一样，QPM 技术的开发也为高效率和紧凑型紫外发生器件的实现所需要。

玻璃材料通常没有展现二阶光学非线性，因为它们是中心对称结构。但是，我们已经知道自组织 SHG 可能发生在（掺 Ge）硅（SiO$_2$）光纤中[114]。还有人指出，通过热极化[115-117]和在紫外刺激下的极化[118]，可能在玻璃[如（掺 Ge）硅]中产生持久的非线性。Weitzman 等[119]证明了在掺 Ge 的硅平面波导中的电场诱导 QPM-SHG。Kashyap 等[120]在熔融硅中，用周期性电极极化制备 QPM 结构来证明块状 SHG。Kazansky 等[121]和 Pruneri 等[122,123]用周期性极化（和周期性的紫外擦除）制作 QPM 结构来证明硅光纤中的 SHG。

（2）半导体材料

III-V 混合半导体（如 GaAs）常被用来作为非线性光学材料，因为其在红外区域的高透射、较大非线性光学常数、已建立的良好波导技术和与激光二极管的单块集成方面具有可能性。但是，其材料并不呈现铁电性，因此铁电 DI 技术无法使用。

　　制作 QPM 结构的早期工作包括研究 GaAs/AlGaAs 的离子束诱导非晶化产生的非线性压制[124]和用量子阱互混得到的与量子阱波导非对称耦合的 AlGaAs 的有效非线性的衰减[125]。

　　Yoo 等[126]采用了晶片键合和金属有机化合物化学气相淀积（metal-organic chemical vapor deposition，MOCVD）生长法在 AlGaAs 中制作了结晶轴周期性反转的 QPM 结构。两取向为[001]的 GaAs 晶圆，在其中一片上带有 GaAs 层和 AlGaAs 牺牲层，以[110]方向相互平行（反平行于[001]方向）的方式被键合，其中一片的衬底和牺牲层被选择性地蚀刻去除，然后 GaAs 层被刻画成光栅。用最终的结构作为一个模板，AlGaAs 层通过 MOCVD 生长以获得 QPM 结构。Yoo 等证明了波导 QPM-SHG[126]和 DFG[127]，Xu 等制作了波导 QPM-SFG[128]。

　　Koh 等[129]建议用亚晶格反向外延来形成 QPM 结构，如图 7.11 所示。这项技术由 Koh 等[130]和 Ebert 等[131]发展起来，其消除了晶圆键合的需要及降低了散射损耗。GaAs/Ge/GaAs[100]（或 Si/GaAs[100]）异质结构由分子束外延（molecular beam epitaxy，MBE）法生长以生成取向反转的 GaAs，而 GaAs/Ge/GaAs[（或 Si/GaAs）层则由光刻和刻蚀形成周期性图案。使用最终结构作为一个模板，（Al）GaAs 层由 MBE 方法的过度生长来获得 QPM 结构。波导 QPM-SHG 由 Koh 等[132]和 Pingiet 等[133]证明。

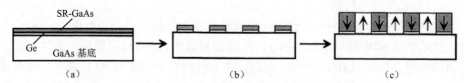

图 7.11　GaAs QPM 光栅的制作

（a）GaAs/Ge/GaAs 子晶格反转外延；（b）图样刻蚀形成模板；（c）GaAs 过度生长

　　（3）有机材料

　　许多有机非线性光学材料已被开发[111, 134]。它们包括聚合物材料，其二阶非线性可以通过电场极化反转来诱导，其波导可以由旋转涂布技术（spin coating technique）简单地制作出来。聚合物波导中的 QPM-SHG 最早由 Khanarian 等[135]证明出来。一种非线性光学甲基丙烯酸甲酯（methylmethacrylate，MMA）/硝基二苯乙烯共聚物和缓冲层旋转涂布在镀有 ITO 的玻璃衬底上形成波导，接着淀积 Al-薄膜周期性电极。在接近玻璃的过渡温度下施加电压，使非线性光学薄膜被周期性极化。Rikken 等[136]观察到在电晕放电极化带有二苯聚乙烯侧链的 MMA 共聚物薄膜中的 SHG，这里的 QPM 光栅是由周期性紫外照射的光漂白制作的。Jäger 等[137]证明了 1.5 μm 泵浦长下周期性极化 DANS 聚合物通道波导中的波导 QPM-SHG。

　　有机非线性光学材料的另一种类是有较大的非线性光学系数的分子晶体，其在 QPM 器件制作上的研究有限，这是因为要生长具有适用于非线性光学相互作用晶向的单晶晶体存在困难，以及其与普通光刻处理不兼容。Suhara 等[138]证明了通道波导中的 QPM-SHG，其制作方法是将间硝基苯胺（meta-nitro aniline，mNA）单晶以取向可控的方式生长在带有表面浮雕光栅的 SiN 通道上，如图 7.12 所示。Nakao 等[139]通过 SiO_2 微细管的 EB 照射导致的周期性非晶化在 DMNP 单晶通道波导中制作了用于 QPM 的非线性光栅。

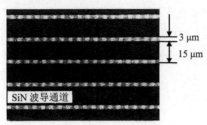

图 7.12　mNA/SiN QPM 波导结构的正交-尼科耳显微图像

7.3　电子束直接写入法

7.3.1　步骤和机制

DI 光栅可在厚度为 $0.5 \sim 1.0$ mm，且其 $\pm Z$ 表面均被抛光的 Z-切 $LiNbO_3$ 晶体中，采用 EB 直接写入的方法制作。一金属薄膜电极（如约 100 nm 厚的 Au 薄膜）被淀积在 $+Z$ 表面且将其接地，其金属可以是 Al、Ag、Cr 或 Ta。使用一 EB 写入系统在室温和真空条件下将一束聚焦 EB 照射在自由 $-Z$ 表面。DI 光栅是由 EB 的照射诱导产生的。DI 光栅可以通过沿光栅线扫描的 EB 获得，如图 7.13 所示。加速电压和 EB 的电流典型区域分别为 $20 \sim 40$ kV 和 $0.3 \sim 1$ nA。当 EB 聚焦在一接地样品上时，其斑点尺寸约为 0.3 μm。EB 扫描模式不仅能以一个常数速度连续地进行线扫描，也能用点间隔小于几微米的点-线扫描。

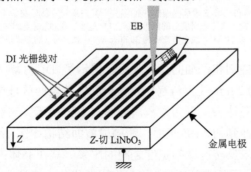

图 7.13　用 EB 直接写入的 DI 光栅的制作原理示意图

EB 直接写入的 DI 机制尚未清楚。与实验结果相符的一种解释如下。当 EB 撞击在晶体表面上,电子渗透入晶体中且被积累,在几十千伏的加速电压下,渗透深度估计为几微米[55]。EB 渗透区域被电子充电,诱导出一个跨越晶体的电场。在被充电的区域中场非常小,因为可移动的载流子是由原子和电子之间的碰撞诱导产生的,因而畴反转难以发生在表面附近。最强的场在这个区域的下面被诱导出来,场方向与自发极化方向相反。当电场强过矫顽场时,畴反转的种子在充电区域下方成核。电子照射激发氧离子可能对种子成核有贡献。该激发可能形成亚稳态的氧分子离子,并在晶体结构中的氧三角体中开启了一条通道,允许 Li+ 在场中沿 Z 轴移动[54, 74]。一旦种子成核,畴反转区域便在电场的帮助下朝+Z 表面生长。

7.3.2 畴反转光栅

（1）光栅结构

在厚度为 0.5 mm 的 LiNbO₃ 晶体中采用 EB 直接写入的 DI 光栅的典型结构如图 7.14 所示[77]。畴反转趋近于发生在分段区域,如图 7.14a 所示。相邻分段的分离量对应于点间距大于 1 μm 的点-线扫描的 EB 点间隔。对于较小间隔的点-线扫描和连续线扫描,其分离量约为 1 μm。分段区域中的反转看起来与自发极化反转产生的淀积电荷的中和有关。从畴结构的透视图（图 7.14b）看出,每个分段的 DI 区域都有一个锥顶。

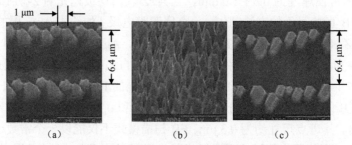

图 7.14　EB 直接写入法制作的 6.4 μm 周期 DI 光栅的 SEM 图像

（a）顶视图和（b）刻蚀后在初始-Z 表面光栅的透视图；（c）在离初始表面-Z 表面约 100 μm 深的平面上的光栅顶视图。其结构是通过抛光去除表面层后的刻蚀显示。EB 是通过 0.35 μm 点间隔的点-线扫描模式进行扫描的。加速电压为 20 kV。线电荷密度为 30 nC/cm,且对应的平均扫描速度为 0.10 mm/s

重复性的轻微蚀刻和仔细的显微观察,揭示了 DI 区域的顶部位于低于初始 -Z 表面下方约为 0.2 μm 处。畴宽在几微米深度的表面区域中逐渐变宽。这宽度在低于表面区域的晶体中几乎为常数,如图 7.14c 所示。畴壁在晶体内垂直于晶体表面,且连续延伸到初始+Z 表面。畴的横截面结构如图 7.9c 所示。DI 光栅的占空比,即反转和未反转区域的宽度之间的比率,其在晶体内的典型值约为 0.2,大于表面附近的值。因为有效 QPM 相互作用的优化占空比为 0.5,晶体内部的 DI

结构比接近表面的 DI 结构更适用于器件应用。

用连续光栅线制作 DI 光栅也是可行的。如图 7.15 中所举的例子。晶体内部的占空比接近 0.5。但是，这样的 DI 光栅还未能再次获得，可能需要 EB 扫描条件上更精确的控制。

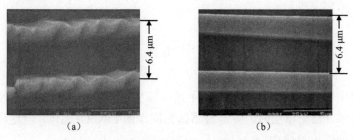

(a)　　　　　　　　　　　　(b)

图 7.15　具有连续光栅线的 DI 光栅的 SEM 图像

(a) 在初始−Z 表面刻蚀后的光栅的顶视图；(b) 在约为 100 μm 深的平面上刻蚀后的光栅顶视图。EB 通过 0.35 μm 点间隔点-线扫描模式进行扫描。线电荷密度是 190 nC/cm，且相应平均扫描速度为 0.016 mm/s

（2）对处理参数的依赖关系

线电荷密度（line charge density）是制作 DI 光栅的一个重要的参数，它被定义为单位光栅线长度的照射电子电荷。图 7.16 中的阴影区域显示了制作周期为 2.5～6.5 μm 的光栅的适当的线电荷密度。过量的线电荷密度导致了光栅的变形，而不足的线电荷密度无法诱导畴反转。图 7.16 中的数据点为获得光栅的条件的一些例子。获得了周期小至 2.5 μm 的 DI 光栅。线电荷密度的差异可能导致光栅线宽度的差异[140]。当光栅在相同的线电荷密度（在阴影区域中）下制作，不同的 EB 加速电压、电流、扫描速度、扫描模式和相对于晶轴的扫描方向不会造成光栅结构的明显差异。DI 光栅能用比上述讨论大得多的 EB 电流（7 nA）制作。虽然处理时间减少，但是最小周期变大（6.5 μm）[78]。

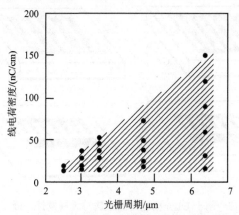

图 7.16　获得 DI 光栅所需的线电荷密度[77]

加速电压和 EB 的电流分别为 20 kV 和 0.3 nA

据报道，对于覆盖大区域的 EB 扫描，DI 光栅只在最初的几平方毫米区域中得到[77]。面积受限制的原因如下：光栅结构会变形或者反转不会发生。在 DI 光栅的制作中，因不完善的电荷中和，电子电荷聚集在扫描区域。EB 的位置和聚焦会被以往扫描区域中积聚的电荷诱导出的横向电场所影响。因此，产生畴反转的条件无法在大面积上维持。

7.4　脉冲电压施加方法

本节提出在铁电非线性光学晶体中通过施加脉冲电压方法制作 QPM 的 DI 光栅的实际技术。若无指明时，假定该晶体为纯净的 LiNbO₃ 晶体，但这项技术也能用于许多其他铁电晶体中。

7.4.1　周期性电极

（1）金属薄膜电极

图 7.17 显示的是各类周期性金属薄膜电极。其包括梯状（梯子状）电极[82]、皱状电极[86]，用于 Z-切晶体中 DI 光栅的制作。梯状电极采用光学掩模板进行标准光刻（或离子束印刷）和去除（或刻蚀）金属薄膜（Al、Au 等，200～500 nm 厚度）来制备。皱状电极通过在一个绝缘层中制作一个光栅，且在光栅上淀积金属薄膜来制备。绝缘层可以是抗 EB 剂或光致抗蚀剂，其光栅图样可以直接形成，或者是如 SiO₂ 这样可以向其转移抗蚀剂图案的另一材料的薄膜。不论哪种情况，都要在+Z 表面制作让反转畴开始生长的周期性电极，并在–Z 表面上镀以接地的均匀金属薄膜电极。

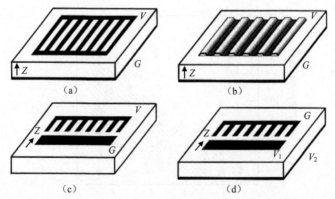

图 7.17　用于 DI 光栅制作的金属薄膜周期性电极

（a）梯状电极；　（b）皱状电极；　（c）共平面梳状电极；　（d）具有背部电极的梳状电极

通过在周期性电极和均匀电极之间提供电压，可以在周期电极与晶体表面相接触的区域中诱导出足以引起畴反转的电场。虽然在较早的文献中有报道指出，矫顽场与电极有关，即金属电极的矫顽场比液体电极的高[12]，但是对于金属周期性电极和液体电极，其效矫顽场之间并无重要的差异。

一个非常重要的要求是，各电极接触区下面的区域与其间隙之间产生大的电场对比度，以及具有一个合适的电场占空比来得到最优 1∶1 占空比的 DI 光栅（占空比是反转区域和无反转区域的宽度之比）。图 7.18 显示畴反转开始前几种周期性电极下不同 Z 值平面中的电场成分分布，该结果通过有限差分法计算得到，其中晶体厚度 T=500μm，绝缘层厚度 h=1.5 μm，周期 Λ=3 μm[86]。梯状电极的结果显示，在深度为 Λ 的表面区域中存在一个带有边缘效应的较高场对比。皱状电极的结果显示，由皱状电极得到的相似的场分布，尽管在光栅上存在导电层，其甚至有更高的对比度（远高于最简单 1D 模型所得的对比度 $1\colon[1+(h/T)(\varepsilon_{\mathrm{crystal}}/\varepsilon_{\mathrm{insulator}})]^{-1}$）。场大小级超过矫顽场 E_{c} 的区域宽度可以通过选择合适的电极占空比（接触宽度稍微小于 0.5Λ）和依赖于 Λ、T 和 h 的电压，调节为半个周期。可以期望，高纵横比 h/Λ 和较小的相对晶体厚度 T/Λ 是有利的，且实验结果显示，$h/\Lambda\approx0.3\sim0.5$ 下可得到高质量的 DI 光栅。例如，在光刻所需的抗蚀剂烘干加热过程中，可能发生热电聚集电荷的放电等，引起了不希望的随机畴反转。为了避免这样的放电，特别是在低矫顽场 E_{c} 和薄片晶体情形中，需要如慢速加热/冷却和/或用离子化空气中和等方法的认真处理。

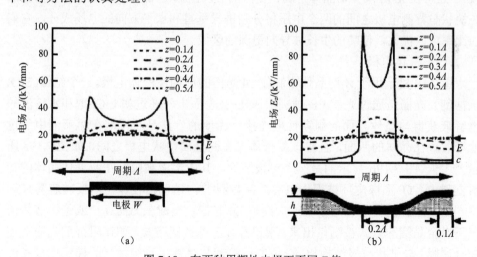

图 7.18　在两种周期性电极下不同 Z 值

（a）梯状电极，W/Λ=0.5；（b）皱状电极，接触区 0.2Λ，h=1.5 μm。LiNbO₃ 晶体厚度：T=0.5 mm，周期：Λ=3 μm，施加电压：V=10 kV

晶体被放置在一个金属基板上，为了对周期性电极施加电压，可用导线连接或用探针接触。对于需要高电压的晶体，如 c-LiNbO₃ 等高 E_{c} 晶体和厚晶体，可能容易发生异常的放电（从电极角落等处出发的），这将导致电荷不能被控制，甚至导致晶体破坏，必须避免这个问题的发生。在空气中对梯状电极施加电压的情形下，可能是微小放电的原因，在电极指间隙处常发生不想要的随机畴反转，然而，可以在真空中施加电压来获得没有这种随机反转的好的结果[86, 141]，也可通过在梯状电极上淀积一绝缘（SiO$_2$或抗蚀剂）层来改善效果。使用皱状电极施加电压，并将电极/晶体浸泡在如全氟三丁胺和硅油等绝缘液体内可以获得更好的结果[86, 141]。对于低压情况，畴反转可以在空气中进行。皱状电极的另一个优点是容易制作短周期和大面积的具有高导电率的厚金属膜电极。

Z-切晶体的金属膜电极的其他形式包括接触电极和压模电极，前者是一种制作在一分立的玻璃基底上的结构与皱状电极相似，且利用压力来与晶体接触的电极[87]，后者由横截面接近三角形的表面浮雕光栅组成，并且它是由 Si 衬底的光刻和各向异性化学蚀刻制作而成[88]。

图 7.17c 和图 7.17d 显示 X-切和 Y-切晶体的周期性电极。共平面梳状电极[106]是由特定取向的标准光刻制成，该取向能使被跨越电极的电压所诱导的电场平行于晶体的 Z 轴，且周期性电极位于+Z 侧，矩形电极位于−Z 侧。DI 光栅在晶体的薄表面层中获得。因为畴生长是沿 Z 轴方向的，因此可以使用其表面相对于 Z 轴存在轻微（约 3°）倾斜的晶体板（3° Y-切和 87° Z-切）制作[107]，可以提高导模之间的重叠的更深的 DI 光栅。利用由共平面梳状电极和均匀背侧电极组成的复合电极[105]还可在 X-切和 Y-切晶体中制作更深的 DI 光栅。施加在共平面电极上和施加在梳状与背侧电极之间的两个电压将分别诱导垂直和水平方向的电场成分，它们的比率可以优化，使畴的生长被导向更深的区域。

（2）液体电极

图 7.19 显示用于 Z-切晶体中制作 DI 光栅的周期性液体电极。一个绝缘（SiO$_2$抗蚀剂）光栅是通过光或 EB 蚀刻形成在+Z 表面上，通过如 LiCl 饱和水溶液的电解液获得与晶体表面的周期性电连接。简便的方法是将浸泡在溶解液中的过滤纸放置在晶体的两面，且将该复合体夹在两金属块状电极之间，如图 7.19a 所示[84, 142]。图 7.19b 显示的是一个电极组件，其中溶液被限制在两夹住晶体的塑料框架内。O 形橡皮环被用作电解液密封圈[85]。透明窗使原位畴反转容易被观察[29, 30]。这种组件适合用于生产大面积 DI 光栅；光栅在无需真空或绝缘液体情况下以全晶圆的方式被制作出来。现已存在一些改进方法，如在阻抗剂光栅上淀积金属膜（与皱状电极结构相同）或通过溶液与复镀了一绝缘层的梯状电极相电连接[85]。无论哪一情况，液体电极与皱状电极产生相似的周期性电场，且其参数可以用相似的方式优化。虽然液体电极在早期工作中被用于制作大周期光栅，但是现已证明其也可用于制作短周期光栅。由于它们提供了一些实际的便利，如不需要淀积金属薄膜和接线及简单的去除方式，因此，液体电极现今已得到最广泛

的使用。

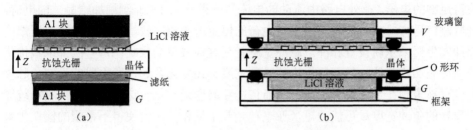

图 7.19　用于 DI 光栅制作的液体周期性电极

(a) 滤纸装配；(b) O 形环装配

7.4.2　脉冲电压施加的控制

DI 光栅通过施加脉冲电压制作，消除了常发生在施加 DC 电压时的故障和晶体损坏问题。一个重要的要求是能提供足以诱导出畴反转所需电场的电压脉冲及 $Q = 2SP_{\text{s}}$ 的电荷，其中 S 是需要畴反转的面积（占空比为 1∶1 的光栅的一半面积），P_{s} 是自发极化。

最简单的单脉冲方法是利用电压源的电流限制模式或选择合适输出阻抗来提供一预定大小的电流 I，并将脉冲持续时间预置为 Q/I，但是这个方法不一定给出很好的和可重复的结果，因为实际电流不仅由外在电路决定，而且还依赖于具体的晶体和电极。另一个问题是电压可能会很显著地超过矫顽电压，这引起了不希望的侧边畴生长和 1∶1 占空比的严重随机偏差。

由恒定电压脉冲引起的畴反转，存在 DI 光栅形成后电流流动停止的机制。对于皱状电极和液体电极，紧接着电极接触区域中的反转，可能会开始朝向接触区外部的侧向畴生长。然而，使接触区域外部反转所需的电流因受绝缘（阻抗）层阻挡无法流动。实际上，如果反转发生在接触区域外，则在绝缘层/晶体界面处将会诱导出密度为 $2P_{\text{s}}$ 的电荷。这种电荷显著地减小了接触区外部的晶体中的电场强度大小，阻止了更进一步的畴生长过程。当光栅结构完成时，即使施加的电压脉冲宽度大于反转时间，电流也会停止。实际上，自终止机制在许多情况中能很好地运行，特别是在较大的光栅周期和较厚的绝缘层的情况中[85]。问题在于，在绝缘层/晶体界面处产生的电荷会在阻抗层中诱导出非常强的场。这个场可能足够强以至于导致阻抗层中的崩裂。这种崩裂的是不希望的畴反转和晶体表面的损坏。这可能是短周期 DI 光栅存在的一个严重问题。

一个更好的方法是控制脉冲以自动达到必要和足够的电荷 $Q = 2SP_{\text{s}}$。图 7.20 显示的是这样的一个安排[86, 141]。这个系统包含脉冲发生器、高压放大器和脉冲宽度控制器。脉冲发生器提供一个高、低电平均可调节的电压脉冲，这决定了可利用反转电压和基底电压来避免不希望的相反反转。脉冲是人工触发的，且被放大以获得足够的电压。在外电路中流动的电流的被积分，用来监测施加给晶体的电荷，且监测信号与一个调节到设定反转电荷的恒定电压相比较。比较器的输出反馈给脉冲发生器来重新设置脉冲。脉冲宽度就是这样被自动控制；每一次都以最优化的电荷施加给晶体，然而每一次的脉冲宽度都在变化。通过发生器的设定，脉冲宽度可被限制在一个最大值内，从而使击穿问题最小化。这个自动化控制系统能使反转的脉冲宽度尽可能地短（亚毫秒到几十毫秒），这使得不希望的侧壁生长最小化，这对于许多情况，包括短周期光栅情况都是有效的。对于给定的晶体和电极，通过执行测试反转来优化反转电压设定，在这之后，高质量的 DI 光栅可以重复制作出来。图 7.21 显示脉冲电压和电荷监测信号的典型波形。

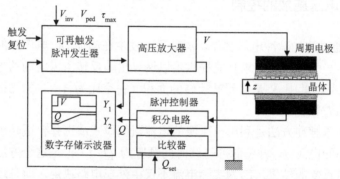

图 7.20　带有自动脉冲宽度控制的脉冲电压施加装置

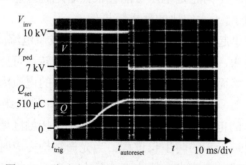

图 7.21　脉冲电压和电荷监视信号的典型波形图

　　如上述提及的，重要的是无论何种方法脉冲都要有一个基底，以避免相反的反转。也有报道称，相反反转对于制作短周期光栅有积极的应用[89]。

7.4.3　畴反转光栅

（1）畴反转光栅例子
　　为了解释 DI 条件和获得 DI 光栅的结构，这里列举一些使用图 7.20 的设备制

作的 DI 光栅的例子。DI 光栅在正交–尼科耳显微镜下被观察到，且在 HF:HNO$_3$
溶液中蚀刻，并通过一个 SEM 观察。

　　图 7.22 显示的是用皱状电极（图 7.17b）在 Z-切 c-LiNbO$_3$ 中制作的 3 μm 周
期 DI 光栅[86,141]。电极（图 7.22a）是通过在 1.2 μm 厚的 EB 胶（PMMA）中形成
一个光栅且淀积 0.5 μm 厚的 Al 薄膜来制备的。图 7.22b 和图 7.22c 显示的是一个
在 0.5 mm 厚的晶体中制作的光栅。反转/基底电压被设定在 10 kv/5 kV 左右。自
动控制脉冲宽度为 0.4～10 ms，其具体值依赖于光栅面积和放大器的输出阻抗。
用相同的电极和 3 kV/1.5 kV 的电压可以在厚度为 0.15 mm 的晶体中获得相似且
均匀性更好的结果。图 7.22d 显示了整个晶体厚度下的横截面。高质量的 DI 光栅
可以在周期为 2 μm 到几十微米内得到。

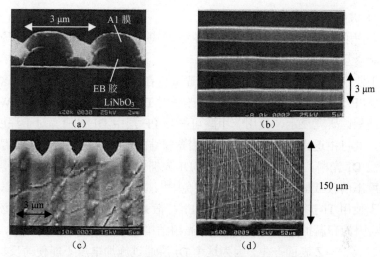

图 7.22　使用皱状电极制作的 DI 光栅（SEM 图像）

（a）皱状电极的横截面；（b）刻蚀顶部表面；（c）刻蚀横截面（接近+Z 表面）；（d）刻蚀横截面（覆盖整个晶
体厚度）

　　图 7.23 显示的是在 0.5 mm 厚度的 Z-切 c-LiNbO$_3$ 中采用液体电极（图 7.19a）
所制作的周期为 17 μm 的 DI 光栅[142]。电极光栅在 7 μm 厚的光致抗蚀层中形成，
其中反转/基底电压被设定在 11 kV/7 kV 左右。对于 32 mm×20 mm 面积的光栅
和最大输出电流为 20 mA 的放大器，自动控制的脉冲宽度为 25～50 ms。高质量
的 DI 光栅可以在周期从 2 μm 到几十微米内得到。

　　以上的例子表明已经建立了制作高质量的 DI 光栅的技术，所制的光栅周期
大于 2 μm，光栅面积和晶体厚度适合块状和波导器件的实现。虽然更短周期的 DI
光栅可以使用更小厚度（<0.1 mm）的晶体制作出来，但是这样的厚度使器件的实
现非常困难。在 0.15 mm 厚度的 LiNbO$_3$ 中制作亚微米（0.5 μm）周期的 DI 光栅
最近已被证明，其中使用了液体电极和 EB 直接写入制作的高纵横比非对称性占

空关系的阻抗光栅[143]。DI 技术应用的延伸更加需要其进一步发展。

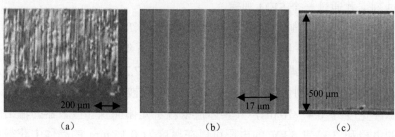

图 7.23　使用液体电极制作的 DI 光栅

（a）正交-尼科耳图像（非破坏性观察）；（b）刻蚀顶部表面（SEM 图像）；（c）刻蚀覆盖整个晶体厚度的横截区域（SEM 图像）

（2）波导制作进程中的干扰因素

DI 光栅的制作处理与实现波导 QPM-非线性光学器件所需要的波导制作处理之间可能会互相干扰。

对于使用 APE 波导的器件来说，光栅常在 APE 处理之前制作，这是为了避免由于 APE 造成的晶体组分和导电率改变对 DI 处理所引起的问题。Webjörn[144]的选择性刻蚀研究显示，使用苯甲酸可擦除 PE 层中 DI 光栅。对于深度 DI 光栅畴图样，其可由退火重新生长，且初始光栅结构被恢复；而对于由高温处理方法制作的浅 DI 光栅，光栅被完全擦除。DI 光栅的擦除可以通过一个比退火温度更高的温度下的较低酸性 PE 溶化物来避免[144]。

对于使用 Ti-扩散（和 Nd-扩散或 Er-扩散）波导的器件，DI 光栅必须在扩散后制作，因为高温扩散处理会擦除 DI 光栅结构。但是在内扩散过程中，外扩散诱导的 DI 层会在+Z 表面产生。因为这个 DI 层通过施加电压不能使畴反转，所以这个层必须通过抛光去除掉[92,94,145]。这意味着，尽管实际上高质量 DI 光栅是在+Z 侧而不是在–Z 侧获得，器件的实现受限于使用–Z 表面上的波导。已经证明可通过在+Z 表面覆盖一层 SiO$_2$ 薄膜来抑制外扩散和 DI 层的形成[93]，但需要进一步的研究来进行改进。对于使用 Zn 扩散波导的器件，其可以在远低于 Ti-扩散温度的扩散温度下制作，DI 光栅既可以在扩散前制作，也可在扩散后制作。实际上，已经证明在 Zn-扩散之前产生的 DI 光栅结构在扩散后可以保存[146,147]，并且 DI 光栅可在制作波导后再制作[147]。这项技术目前还未建立，其处理的优化和器件性能的改善尚需要进一步的研究。

参 考 文 献

[1]　C.Kittel: *Introduction to Solid State Physics*; 3rd ed., Chapter 13 (John Wiley & Sons, New York 1566)

[2]　M.DiDomenico, Jr., S.H.Wemple: J. Appl. Phys., 40, pp.720-734 (1969)

[3]　S.H.Wemple, M.DiDomenico, Jr.: J. Appl. Phys., 40, pp.735-752 (1969)

[4]　S.C.Abrahams, P.Marsh: Acta Crystallogr. Sect. B, 42, pp.61-68 (1986)

[5]　N.Iyi, K.Kitamura, F.Izymi, S.Kimura, J.K.Yamamoto: J. Solid State Chem., 101, p.340 (1992)

[6]　R.Gerson, J.F.Kirchhoff, L.E.Halliburton, D.A.Bryan: J. Appl. Phys., 60, pp.3553-3557 (1986)

[7]　J.K.Wen, L.Wang, Y.S.Tang, H.F.Wang: Appl. Phys. Lett., 53, pp.260-261 (1988)

[8]　K.Kitamura, Y.Furukawa, N.Iyi: Ferroelectrics, 202, p.21 (1997)

[9]　Y.Furukawa, K.Kitamura, E.Suzuki, K.Niwa: J.Crystl. Growth, 197, pp.889-895 (1999)

[10]　T.Fujiwara, A.J.Ikushima, Y.Furukawa, K.Kitamura: Tech. Dig. Meet. New Aspect Nonlinear Opt. Mat. Dev., paper
　　　2 (1999)

[11]　Y.Furukawa, K.Kitamura, S.Takekawa, K.Niwa, H.Hatano: Opt. Lett., 23, pp.1892-1894 (1998)

[12]　I.Camlibel: J. Appl. Phys., 40, pp.1690-1693 (1969)

[13]　V.Gopalan, T.E.Mitchell: J. Appl. Phys., 83, pp.941-954 (1998)

[14]　V.Gopalan, T.E.Mitchell. K.Kitarnura, Y.Furukawa: Appl. Phys. Lett., 72, pp.1981-1983 (1998)

[15]　K.Kitamura. Y.Furukawa, K.Niwa, V.Gopalan, T.E.Mitchell: Appl. Phys. Lett., 73, pp. 3073-3075 (1998)

[16]　Y.Chen, J.Xu, X.Chen, Y.Kong, G.Zhang: Opt. Comm., 188, pp.359-364 (2001)

[17]　A.Grisard, E.Lallier, K.Polgár, Á.Péter: Electron. Lett., 36, pp.l043-1044 (2000)

[18]　A.Kuroda, S.Kurimura, Y.Uesu: Appl. Phys. Lett., 69 pp.l565-1567 (1996)

[19]　A.Harada, Y.Nihei: Appl. Phys. Lett., 69 pp.2629-2631 (1996)

[20]　M.Nakarnura, M.Kotoh, H.Taniguchi, K.Tadatorno: Jpn. J. Appl. Phys., 38, pp.L512- L514 (1999)

[21]　J.H.Ro, M.Cha: Appl. Phys. Lett., 77, pp.2391-2393 (2000)

[22]　K.Nassau, H.J.Levinstern, G.M.Loiacono: J. Phys. Chern. Solids, 27, pp.983-988 (1966)

[23]　S.Miyazawa; Appl. Phys. Lett., 23, pp.198-200 (1973)

[24]　M.Fujimura, T.Suhara, H.Nishihara; Electron Lett. 27, pp.1207-1208 (1991)

[25]　F.Laurell, M.G.Roelofs, W.Bindloss, H.Hsiung, ASusa, J.D.Bierlein: J. Appl. Phys., 71, pp.4664-4670 (1992)

[26]　J.D.Bierlein, F.Ahmed: Appl. Phys. Lett., 51, pp.1322-1324 (1987)

[27]　T.Wilson, C.Sheppard: *Theory and Practice of Scanning Optical Microscopy*, Chapter 10 (Academic Press, London
　　　1984)

[28]　S.Kurimura, Y.Uesu: J. Appl. Phys., 81, pp.369-375 (1997)

[29]　V.Gopalan, T.E.Mitchell: J.Appl. Phys., 85, pp.2304-2311 (1999)

[30]　M.J.Missey, S.Russel, V.Dominic, R.G.Batchko, K.L.Schepler: Opt. Exp., 6, pp.l86-195 (2000)

[31]　R.Clernens, F.Laurell, H.Karlsson, J.Wittborn, C.Canalias, K.V.Rao: Conf Laser Electro-Optics, CtuI5, p.141 (2001)

[32]　V.Y.Shur, E.L.Rumyantsev, E.V.Nikolaeva, E.I.Shishkin: Appl. Phys. Lett., 77, pp. 3636-3638 (2000)

[33]　B.U.Chen, C.C.Ghizoni, C.L.Tang: Appl. Phys. Lett., 28, pp.651-653 (1976)

[34]　J.P.van der Ziel, M.Iiegems, P.W.Foy, R.M.Mikulyak: Appl. Phys. Lett., 29, pp. 775-777 (1976)

[35]　B.Jaskorzynska, G.Arviddson, F.Laurell: Proc. SPIE, 651, pp.221-228 (1986)

[36]　D.Feng, N.B.Ming, J.F.Hong, Y.S.Yang, J.S.Zhu, Z.Yang, Y.N.Wang: Appl. Phys. Lett., 37, pp.607-609 (1980)

[37]　W.Wang, Q.Zou, Z.Geng, D.Feng: J.Crystl. Growth, 79, pp.706-709 (1986)

[38]　A.Feisst, P.Koidl: Appl. Phys. Lett., 47, pp.1125-1127 (1985)

[39]　G.A.Magel, M.M.Fejer, R.L.Byer: Appl. Phys. Lett., 56, pp.108-110 (1990)

[40]　K.Nakamura, H.Shimizu: Proc. IEEE Int. Symp. pp.527-530 (1983)

[41]　S.Matsumoto, E.J.Lim, H.M.Herts, M.M.Fejer: Electron. Lett., 27, pp.2040-2041 (1991)

[42]　S.Miyazawa: J.Appl. Phys., 50, pp.4599-4603 (1979)

[43]　J.C.Peuzin: Appl. Phys. Lett., 48, pp.1104-1105 (1986)

[44]　J.Webjörn, F.Laurell, G.Arvidsson: J.Lightwave Tech., 7, pp.1597-1600 (1989).

[45]　E.J.Lim, M.M.Fejer, R.M.Byer, W.J.Kozlovsky: Electron Lett., 25, pp.731-732 (1989)

[46]　Y.Ishigarne, T.Suhara, H.Nishihara: Opt. Lett., 16, pp.375-377 (1991)

[47]　X.Cao, J.Natour, R.V.Ramaswamy, R.Sirvastava: Appl. Phys. Lett., 58, pp.2331-2333 (1991)

[48]　F.Armani, D.Delacourt, E.Lallier, M.Papuchon, Q.Hem, M.DeMicheli, D.Ostrowsky: Electron Lett., 28, pp.139-140 (1992)

[49]　H.Endo, Y.Sampei, Y.Miyagawa: Electron. Lett., 28, pp.1594-1596 (1992)

[50]　K.Nakamura, H.Ando, H.Shimizu: Appl. Phys. Lett., 50, pp.1413-1414 (1987)

[51]　J.Webjörn, F.Laurell, G.Arvidsson: IEEE Photon. Tech. Lett., 1, pp.316-318 (1989)

[52]　V.D.Kugel, G.Rosenman: Appl. Phys. Lett., 62, pp.2902-2904 (1993)

[53]　K.Yamamoto, K.Mizuuchi, KTakeshige, Y.Sasai, T.Taniuchi: J. Appl. Phys., 70, pp.1947-1951 (1991)

[54]　P.W.Haycock, P.D.Townsend: Appl. Phys. Lett., 48, pp.698-700 (1986)

[55]　R.W.Keys, A.Loni, R.M.De La Rue, C.N.Ironside, J.H.Marsh, B.J.Luff, P.D.Town-send: Electron. Lett., 26. pp.188-190 (1990)

[56]　H.Seibert, W.Sohler: Proc. SPIE, 1362, pp.370-376 (1990)

[57]　G.Janzen, H.Seibert, W.Zohler: Integrated Photonics Res., 10, TuD5-1, pp.164-165 (1992)

[58]　T.Suhara, H.Tazaki, H.Nishihara: Electron. Lett., 25, pp.1326-1328 (1989)

[59]　T.Suhara, H.Nishihara: IEEE J. Quantum Electron., 26, pp.1265-1276 (1990)

[60]　M.J.Jongerius, R.R.Drenten, R.B.J.Droste: Philips J. Res, 46, pp.231-265 (1992)

[61]　K.Nakamura, H.Shimizu: Appl. Phys. Lett., 56, pp.1535-1536 (1990)

[62]　H.Åhlfeldt, J.Webjörn, G.Arvidsson: IEEE Photon. Tech. Lett., 3, pp.638-639 (1991)

[63]　KMizuuchi, K.Yamamoto, T.Taniuchi: Appl. Phys. Lett., 58, pp.2732-2734 (1991)

[64]　KMizuuchi, K.Yamamoto, T.Taniuchi: Appl. Phys. Lett., 59, pp.1538-1540 (1991)

[65]　K.Mizuuchi, KYamamoto, H.Sato: J. Appl. Phys., 75, pp.1311-1318 (1994)

[66]　S.Y.Yi, S.Y.Shin, Y.S.Jin, Y.S.Son: Appl. Phys. Lett., 68, pp.2493-2495 (1996)

[67]　K.Mizuuchi, K.Yamamoto, H.Sato: Appl. Phys. Lett., 62, pp.1860-1862 (1993)

[68]　S.Makio, F.Nitanda, K.Ito, M.Sato: Appl. Phys. Lett., 61, pp.3077-3079 (1992)

[69]　Y.Y.Zhu, S.N.Zhu, J.F.Hong, N.B.Ming: Appl. Phys. Lett., 65, pp.558-560 (1994)

[70]　C.J.van der Poe1, J.D.Bierlein, J.B.Brown, S.Cloak: Appl. Phys. Lett., 57, pp.2074-2076 (1990)

[71]　D.Eger, M.Oron, M.Katz, A.Sussman: Appl. Phys. Lett.: 64. pp.3208-3209 (1994)

[72]　L.L.Pendergrass: J. Appl. Phys., 62, pp.231-236 (1987)

[73]　M.Yamada, K.Kishima: Electron. Lett., 27, pp.828-829 (1991)

[74]　H.Ito, C.Takyu, H.lnaba: Electron. Lett., 27, pp.1221-1222 (1991)

[75]　M.Fujimura, T.Suhara, H.Nishihara: Electron. Lett., 28, pp.721-722 (1992)

[76]　M.Fujimura, KKintaka, T.Suhara, H.Nishihara: Electron. Lett., 28, pp.1868-1869 (1992)

[77]　M.Fujimura, K.Kintaka, T.Suhara, H.Nishihara: J. Lightwave Tech., 11, pp.1360-1368 (1993)

[78]　A.C.G.Nutt, V.Gopalan, M.C.Gupta: Appl. Phys. Lett., 60, pp.2828-2830 (1992)

[79]　W.Y.Hsu, M.C.Gupta: Appl. Phys. Lett., 60, pp.1-3 (1992)

[80]　M.C.Gupta, W.P.Risk, A.C.G.Nutt, S.D.Lau: Appl. Phys. Lett., 63, pp.l167-1169 (1993)

[81]　K.Mizuuchi, K.Yamamoto: Electron. Lett., 29, pp.2064-2066 (1993)

[82]　M.Yamada, N.Nada, M.Saitoh, K.Watanabe: Appl. Phys. Lett., 62, pp.435-436 (1993)

[83]　W.K.Burns, W.McElhanon, L.Goldberg: IEEE Photon. Tech. Lett., 6, pp.252-254 (1994)

[84]　J.Webjörn, V.Pruneri, P.St.J.Russel, J.M.R.Barr, D.C.Hnna: Electron. Lett., 30 pp.894- 895 (1994)

[85]　L.E.Myers, R.C.Eckardt, M.M.Fejer, R.L.Byer, W.R.Rosenberg, J.W.Pierce: J. Opt. Soc. Am., B, 12, pp.2102-2116 (1995)

[86]　K.Kintaka, M.Fujimura, T.Suhara, H.Nishihara: J. Lightwave Tech., 14, pp.462-468 (1996); K.Kintala, M.Fujimura, T.Suhara, H.Nishihara: Trans. IEICE, J78-C-I, pp.238-245 (1995)

[87]　M.Sato, P.G.R.Smith, D.C.Hanna: Electron. Lett., 34, pp.660-661 (1998)

[88]　K.Kintaka, M.Fujimura, T.Suhara, H.Nishihara: Electron. Lett., 34, pp.880-881 (1998)

[89]　R.G.Batchko, V.Y.Shur, M.M.Fejer, R.L.Byer: Appl. Phys. Lett., 75, pp.1673-1675 (1999)

[90]　V.Y.Shur, E.L.Rumyantsef, E.V.Nikolaeva, E.I.Shishkin, D.V.Fursov, R.G.Batchko, L.A.Eyres, M.M.Fejer, R.L.Byer: Appl. Phys. Lett., 76, pp.143-145 (2000)

[91]　K.Mizuuchi, K.Yamamoto, M.Kato: Electron. Lett., 32, pp.2091-2092 (1996)

[92]　J.Webjom, J.Amin, M.Hampstead, P.St.J.Russel, J.S.Wilkinson: Electron. Lett., 30 pp.2135-2136 (1994)

[93]　M.Fujimura, T.Kodama, T.Suhara, H.Nishihara: IEEE Photon. Tech. Lett., 12, pp.1513-1515 (2000)

[94]　C.Becker, T.Oesselke, J.Pandavenes, R.Ricken, K.Rochhausen, G.Schreiber, W.Sohler, H.Suche, R.Wessel, S.Balsamo, LMontrosset, D.Sciancalepore: IEEE J. Selected Topics Quantum Electron., 6, pp.101-113 (2000)

[95]　K.Mizuuchi, K.Yamamoto: Appl. Phys. Lett., 66, pp.2943-2945 (1995)

[96]　S.N.Zhu, Y.Y.Zhu, Z.Y.Zhang, H.Shu, H.F.Wang, N.B.Ming: J. Appl. Phys., 77, pp.5481-5483 (1995)

[97]　Q.Chen, W.P.Risk: Electron. Lett., 30, pp.1516-1517 (1994)

[98]　H.Karlsson, F.Laurell: Appl. Phys. Lett., 71, pp.3474-3476 (1997)

[99]　D.Eger, M.Oron, M.Katz, A.Reizman, G.Rosenman, A.Skliar: Electron. Lett., 33,pp. 1548-1550 (1997)

[100] M.Prltz, U.Bader, A.Borsutzky, R.Wallenstein, J.Hellstrom, H.Karlsson, V.Pasiske-vicius, F.Laurell: Appl. Phys., B, 73, pp.663-670 (2001)

[101] H.Karlsson, F.Laurell, P.Henriksson, G.Arvidsson: Electron. Lett., 32, pp.556-557 (1996)

[102] Y.Y.Zhu, J.S.Fu, R.F.Xiao, G.K.L.Wong,: Appl. Phys. Lett., 70, pp.1793-1795 (1997)

[103] J.P.Meyn, M.E.Klein, D.Woll, R.Wallenstein, D.Rytz: Opt. Lett., 24, pp.1154-1156 (1999)

[104] S.C.Buchter, T.Y.Fan, V.Liberman, J.J.Zayhowski, M.Rothschild, E.J.Mason, A.Cassnho, H.P.Jenssen, J.H.Bumett: Opt. Lett., 26, pp.1693-1695 (2001)

[105] K.Mizuuchi, K.Yarnamoto, M.Kato: Electron. Lett., 33, pp.806-807 (1997)

[106] S.Sonoda, I.Tsuruma, M.Hatori: Appl. Phys. Lett., 70, pp.3078-3080 (1997)

[107] S.Sonoda, I.Tsuruma, M.Hatori: Appl. Phys. Lett., 71, pp.3048-3050 (1997)

[108] S.Kurimura, M.Miura, I.Sawaki: Conf Laser Electro-Optics, CPD5 (1992)

[109] A.Onoe, S.Miyaguchi, T.Tohma: Microoptics Conf., G10 (1993)

[110] A.S.Kewitsch, M.Segov, A.Yariv, G.J.Salamo, T.W.Towe, E.J.Sharp, R.R. Neur-gaonkar: Appl. Phys. Lett., 64, pp.3068-3070 (1994)

[111] V.G.Dmitriev, G.G.Gurzadyan, D.N.Nikogosyan: *Handbook of Nonlinear Optical Crystals*, 2nd, revised and updated ed. (Springer, Berlin 1995)

[112] S.Kurimura, R.Batchko, J.Mansell, M.Fejer, R.Byer: Annu. Meet. Jpn. Soc. Appl. Phys., 28a-SG-18, p.l106 (1998)

[113] T.Uno: Jpn. J. Appl. Phys., 36, Pt.1, pp.3000-3003 (1997)

[114] R.H.Stolen, H.W.K.Tom: Opt. Lett., 12, pp.585-587 (1987)

[115] R.A.Myers, N.MukheJjee, S.R.J.Brueck: Opt. Lett., 16, pp.1732-1734 (1991)

[116] A.Okada, K.Ishii, K.Mito, K.Sasaku: Appl. Phys. Lett., 60, pp2853-2855(1992)

[117] H.Takebe, P.G.Kazansky, P.S.J.Russel: Opt. Lett., 21, pp.468-470 (1996)

[118] T.Fujiwara, D.Wong, Y.Zhao, S.Fleming, S.Pool, M.Sceats: Electron. Lett., 31, pp.573-575 (1995)

[119] P.S.Weizman, J.J.Kester, U.Osterberg: Electron. Lett., 30, pp.697-698 (1994)

[120] R.Kashyap, G.J.Veldhuis, D.C.Rogers, P.F.McKee: Appl. Phys. Lett., 64, pp.1332-1434 (1994)

[121] P.G.Kazansky, V.Pruneri, P.S.J.Russel: Opt. Lett., 20, pp.843-845 (1995)

[122] V.Pruneri, P.G.Kazansky: IEEE J. Photon. Tech. Lett., 9, pp.185-187 (1997)

[123] V.Pruneri, G.Bonfrate, P.G.Kazansky, C.Simonneau, P.Vidakovic, J.ALevenson: Appl. Phys. Lett., 72, pp.1007-1009 (1997)

[124] S.Janz, M.Buchanan, F.Chatenoud, J.P.McCaffrey, R.Normandin, U.G.Akano, I.V. Mitchell: Appl. Phys. Lett., 65, pp.216-218 (1994)

[125] J.S.Aitchison M.W.Street, N.D.Whitbread, D.C.Hutchings, J.H.Marsh, G.T.Kennedy, W.Sibbett: IEEE J. Selected Topics Quantum Electron., 4, pp.695-700 (1998)

[126] S,J.B.Yoo, R.Bhat, C.Caneau, M.A.Koza: Appl. Phys. Lett., 66, pp.3410-3412 (1995)

[127] S,J.B.Yoo, C.Caneau, R.Bhat, M.AKoza, A.Rajhel N.Antoniades: Appl. Phys. Lett., 68, pp.2609-2611 (1996)

[128] C.Xu, K.Tamemasa, K.Nakamura, H.Okayama. T.Kamijoh: Jpn. J. Appl. Phys., 37, Pt.l, pp.823-831 (1998)

[129] S.Koh, T.Kondo, T.Ishiwada, C.Iwamoto, H.Ichinose, H.Yaguichi, T.Usami, Y.Shiraki, R.Ito: Jpn. J. Appl. Phys., 37, pp.Ll493-Ll496 (1998)

[130] S.Koh, T.Kondo, M.Ebihara, T.Ishiwada, H.Sawada, H.Ichinose, LShoji, R.Ito: Jpn. J. Appl. Phys., 38, pp.L508-L511 (1999)

[131] C.B.Ebert, L.A.Eyres, M.M.Fejer, J.S.Harris,Jr.: J. Crystl. Growth, 201/202, pp. 187-193 (1999)

[132] S.Koh, T.Kondo, Y.Shiraki, R.Ito: J. Crystl. Growth, 227/228, pp. 183-192 (2001)

[133] T.J.Pinguet, L.Scaccabarozzi, O.Levi, T.Skauli, L.AEyres, M.M.Fejer, J.S.Harris: Annu. Meet. IEEE Lasers Electro-Optics Soc., TuDD3, Tech. Dig. 1, pp.376-377 (2001)

[134] D.S.Chemla, J.Zyss, ed.: *Nonlinear Optical Properties of Organic Molecules and Crystals*, vol. 1, 2 (Academic Press, Orland 1987)

[135] G.Khanarian, R.A.Nordwood, D.Haas, B.Fauer, D.Karim: Appl. Phys. Lett., 57, pp.977-979 (1990)

[136] G.L.J.ARikken, C.J.E.Seppen, S.Nijhuis, E.W.Meijer: Appl. Phys. Lett., 58, pp. 435-437 (1991)

[137] M.Jager, G.I.Stegeman, W.Brinker, S.Yilmaz, S.Bauer, W.H.G.Horsthuis, G.R. Mohlmann: Appl. Phys. Lett., 68, pp.1183-1185 (1996)

[138] T.Suhara, T.Morimoto, H.Nishihara: IEEE Photon. Tech. Lett., 5, pp.934-937 (1993)

[139] A.Nakao, K.Fujita, T.Suhara, H.Nishihara: Jpn. J. Appl. Phys., 37, Pt.1, pp.845-846 (1998)

[140] M.Ohashi, C.Takyu, H.Ito, H.Taniguchi: Electron. and Comm. Japan Pt.II, 78, pp1-8 (1995)

[141] K.Kintala, M.Fujimura, T.Suhara, H.Nishihara: Trans. IEICE, J78-C-I, pp.238-245 (1995)

[142] K.Shio, D.Sato, T.Morita, M.Fujimura, T.Suhara: Micoroptics Conf. L6, pp.372-375 (2001)

[143] K.Shio, H.Ishizuki, M.Fujimura, T.Suhara, H.Nishihara: Annu. Spring Meet. Jpn. Soc. Appl. Phys., 30p-H-6 (2001); T.Suhara: IEEEILEOS Annual Meeting, TuCC3, pp.364-365 (2001)

[144] J.Webjörn: J. Lightwave Tech., 11, pp.589-594 (1993)

[145] J.Amin, V.Pruneri, J.Webjörn, P.St.J.Russel, D.C.Hanna, J.s.Wilkinson: Opt. Comm., 135, pp.41-44 (1997)

[146] R.Nevado, E.Cantelar, G.Lifante, F.Cusso: Jpn. J. Appl. Phys., 39, Pt.2, pp.L488-L489 (2000)

[147] M.Fujimura, H.Ishizuki, T.Suhara, H.Nishihara: Pacific Rim Coni Laser Electro-Optics, MEI-5, pp.I96-I97 (2001)

第8章 二次谐波产生器件

最简单及最基本的波导非线性光学器件是波导 SHG 器件，其输入泵浦频率被加倍从而产生 SH 波输出。它们是各类波导非线性光学器件的原型，大部分用于波导非线性光学器件的重要基础器件技术是通过波导 SHG 器件的实现发展起来的。它们提供了在无合适激光器波导下产生相干辐射的手段。结合波导 SHG 器件和半导体激光器实现紧凑和有效的短波长相干光光源是有可能实现的。

波导 SHG 器件在光信号处理过程中有很多可能的应用，如激光打印、激光显示、光学存储。对于光碟存储的发展，特别需要紧凑的和低成本短波长相干光源来实现高存储密度。半导体激光器在绿-蓝-紫区域还无法得到。这个巨大的需要已成为研究和发展波导 SHG 器件的最主要的动力。在理论分析、器件设计、材料、制作技术和应用上进行了广泛的研究。在使用了铁电非线性光学晶体的波导 QPM-SHG 器件中实现了适合于实际应用的高性能。

本章介绍了波导 SHG 器件和相关短波产生器件。首先是关于波导 SHG 器件研究工作的综述。接着是 QPM-SHG 器件的基本设计和理论性能的概述，以及应用实验结论讨论。然后描述通过改进获得更高转换效率、更广波长带宽及更好延伸功能的 SHG 器件。最后，综述和讨论了波导 SHG 器件在光学存储和其他一些领域的具体应用。

8.1　波导 SHG 器件研究工作综述

在光学谐波波段产生的光学波导的优势，如由强力限制光波引起的效率增强、最大非线性张量元的使用可能和各类相位匹配方案等，从最早的集成光学阶段以来就已得到公认，其中 SHG 是第一个被研究的[1]。波导 SHG 的研究和发展已经涉及各类非线性光学材料、各类相位匹配方案和器件结构。波导 SHG 的早期工作的综述见文献[2]。以下内容综述了波导 SHG 器件的研究进展，包括基于材料分类的最新研究成果。一些重要的非线性光学晶体的光学性能的概述见附录。

8.1.1　介电薄膜波导

波导 SHG 的早期实验工作使用的是薄膜（平面）波导。虽然获得的 SHG 性能大多数都相当的薄弱，但是各种相位匹配方案已经在实验上得到验证，且在材料要求、器件的设计及改进的可能性和问题上都有了一些重要的见解。

（1）非线性光学晶体衬底上的非晶薄膜波导

利用作为波导层，或作为衬底的光学非线性材料，可在波导结构中引入光学非线性性质。在最早的工作中，波导包含了非线性光学晶体衬底上的非晶薄膜，这种衬底可以避免非线性材料的高质量波导薄膜在制备上的困难。在这样的情况下，非线性相互作用通过衬底中导波的速逝部分发生。

波导中的光学 SHG 第一次由 Tien 等[3]证明。他们通过在 ZnO 晶体衬底上的蒸镀制作了一个 ZnS 薄膜平面波导，并观察了绿色相干光的 C-SHG，这种绿色相干光由 1.06 μm 波段的一个调 Q YAG 激光器泵浦产生。实验结构见图 8.1。

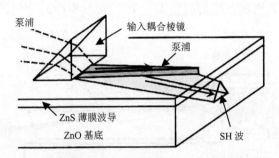

图 8.1　首次实验证明在薄膜波导中的 C-SHG 的结构

Suematsu 等[4, 5]讨论了基于石英衬底上的玻璃薄膜波导的模式色散相位匹配的 SHG。2.55 μm 厚的康宁#7059 玻璃通过溅射淀积在 Y-切 α 石英上，其 c 轴被选择在沿着传播的方向上，且在 Q-开关 YAG 激光的泵浦下，观察到了由 TE_0 和 TM_0 泵浦模式相互作用造成的 SHG 和 TM_2 谐波模式。

Chen 等[6]证明了模式色散相位匹配 SHG 和紫外光在 α 石英衬底上的 Al_2O_3 薄膜波导的 C-SHG，其泵浦源是 0.6 μm 波段附近的一个连续光染料激光器。他们利用一个在 α 石英衬底上的紫外吸收康宁#7059 玻璃薄膜波导证明了紫外 C-SHG[7]，同时也证明了石英衬底上的 Al_2O_3 波导中的 SHG 的相位匹配是通过在非线性衬底表面刻蚀光栅来实现的[8]。

离散模式之间的精确相位匹配的实现是非常困难的，因为当时还不能普遍获得可调谐泵浦光源。其中一种解决方法是使用楔形厚度的波导[5]。Burns 等[9]证明了 α 石英衬底上的一个 TiO_2 薄膜波导的双折射相位匹配（$TE_0 \rightarrow TM_0$）的 SHG[9]，其设计目的是显示非关键性相位匹配特征，即匹配接近独立于薄膜的厚度。精确相位匹配通过在波导上涂覆折射率调谐液体来实现。

（2）非线性光学薄膜波导

Zemon 等[10]首次报道了波导中的光学 SHG 最早是使用了非线性材料的薄膜，

他在熔融石英衬底上采用溅射 ZnO 薄膜波导，且通过调 Q 的 YAG 激光器泵浦观察模式色散相位匹配下（$TE_0 \rightarrow TM_1$）的 SHG。Shiozaki 等[11]进行了相似的实验，在熔融石英下采用了溅射 ZnO 波导以提高多晶薄膜质量和提高转换效率。Ito 等[12]证明了蒸镀在 BK-7 玻璃衬底上的多晶 ZnS 薄膜波导。精确的相位匹配（$TE_1 \rightarrow TM_4$）通过使用调谐参量振荡（波长在 1.05 μm 周围）作为泵浦源来实现。相关的工作包括非线性 $LiNbO_3$ 衬底上的非线性 ZnS 薄膜波导相位匹配[13]。模式色散相位匹配的一个显著的缺点是，在使用三层波导的一般情况下，正比于基模和高阶模之间的重叠积分的非线性耦合系数不能很大，因此 SHG 效率大大减弱。Ito 等[14]提出了四层波导的使用，该波导同时使用非线性和线性材料来实现有效非线性光学相互作用。可以通过波导的合适设计，使谐波模式在非线性层中为单瓣来提高效率，如图 8.2 所示。他们制作了一个玻璃/ZnS/TiO_2/空气波导，并证明了它的改善。

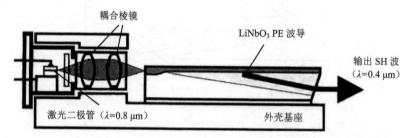

图 8.2　包含一个 $LiNbO_3$ 波导 C-SHG 器件和一个激光二极管的紧凑蓝色光源模块

Nunomura 等[15]通过在 MgO 衬底上溅射 $LiNbO_3$ 制作一个 $LiNbO_3$ 薄膜波导，且完成了用模式色散实现 SHG 相位匹配的实验。Jain 等[16]报道了在溅射 $LiNbO_3$ 波导中的 SHG，但其效率非常低，这是因为晶体质量及取向和薄膜厚度的可控性较差，且波导也有很大的传播损耗。

Ⅲ-Ⅴ族混合物 AlN 对于波导非线性光学器件是一个非常好的候选材料，因为其透明范围覆盖了可见光和紫外波段。文献中所报道的非线性光学系数 d_{33} 在 $4 \sim 9$ pm/V。Blanc 等[17]在氮气中通过 DC 反应溅射在玻璃衬底上制作 AlN 薄膜，且使用可调谐 OPO 作为一个泵浦源，来观察由 $TM_0 \rightarrow TM_2$ 相位匹配所产生的 SHG，得到标准化效率约为 4×10^{-8} W^{-1}。

8.1.2　铁电晶体波导

高质量非线性光学晶体波导薄膜的制作困难和平面波导中不充分的光场限制，激发了使用铁电非线性光学块状晶体来实现通道波导 SHG 器件的广泛研究，如 $LiNbO_3$、$LiTaO_3$、$KTiOPO_4$ 和 $KNbO_3$ 等晶体在块状非线性光学系统中被广泛地使用。在晶体生长、波导制作和微处理技术发展的协助下，铁电晶体波导的研究已取得显著的成果。Hopkins 等较早的工作包括引入氢的 $Ba_2NaNb_5O_{15}$ 波导的制作和用温度调谐的 TE→TM 相位匹配来观察 SHG，见文献[18]。

（1）$LiNbO_3$ 波导

$LiNbO_3$ 是集成光学领域中占统治地位的铁电材料，波导制作技术已经得到非常好的建立。Uesugi 等首次证明在 $LiNbO_3$ 波导中的有效 SHG[19]。在 Z-切晶体中通过 Ti-内扩散制作通道波导，且来自连续 Nd:YAG 激光器的 1.06 μm 波长泵浦通过端接耦合进入波导。TE_{00} 泵浦和 TM_{00} 谐波模式之间的相位匹配（双折射相位匹配）可由室温附近的温度调谐完成，其 SHG 使用了 d_{31}。在 1.06 μm 波长下泵浦功率为 65 mW 时，获得 0.77% 的 SHG 效率。他们同样也证明了在 Y-切晶体相似的通道波导中的 SHG，其泵浦是来自连续光 Ar-离子激光器的 1.09 μm 波长光波，且使用电场调谐实现精确 TE_{00}→TM_{00} 相位匹配[20]。一个相关的工作是，在使用 He-Ne（1.19 μm）或 Nd:YAG 激光器的相似波导中，利用一调谐参量振荡器作为泵浦源，产生了 0.532~0.545 μm 的可调谐和频辐射[21]。

Sohler 等实现了 SHG 效率的提高[22]。其制作了 17 mm 长的高质量 Ti-扩散 $LiNbO_3$ 波导，并使用 1.08 μm 波长的可调谐参量振荡器作为泵浦源，来证明在 45 W 峰值泵浦功率下得到高达 25% 效率的相位匹配（TM_0→TE_1）SHG。他们的工作概述见文献[23]。

使用最大非线性光学张量元 d_{33} 的波导 SHG 由导模色散相位匹配的角度调谐在一 PE $LiNbO_3$ 平面波导中被证明，见 Neveu 等的文献[24]。但是 SHG 效率非常低，因为模式重叠不佳及线性光学系数减小。Fejer 等使用了 d_{33} 的相似 SHG，其模式色散相位匹配和温度调谐在 Ti-扩散 MgO:$LiNbO_3$ 平面波导中（标准化效率为 0.6 %/W）也被证明，见文献[25]。

以上器件关键的缺点是，相位匹配主要由材料色散确定，且谐波波长被限定在一个狭窄的绿色区域。DeMicheli 等[26,27]提出并证明了基于 Ti-扩散 PE（TIPE）$LiNbO_3$ 波导 SHG 相位匹配范围的扩展，其中的 o 光和 e 光折射率可以独立控制，以实现各种双折射和模式色散相位匹配。已知室温下的相位匹配泵浦波长可以延伸到 1.09~1.55 μm，但是许多应用（包括光学存储）需要更短的谐波波长。

Taniuchi 等[28,29]证明了在焦磷酸中的 PE 制作而成的 $LiNbO_3$ 通道波导中的高效 C-SHG。波导呈现低传播损耗和大折射率增额，确保了泵浦模式的强力场限。利用 840 nm 波长激光二极管的 65 mW 泵浦功率可以得到效率为 1.5% 的 C-SHG（标准化效率为 23 %/W）。该工作可用来实现短波长相干光紧凑光源的波导 SHG 器件，这引起人们大量的兴趣，其后出现了许多理论和实验研究。紧凑的 C-SHG 蓝光光源模块的结构如图 8.2 所示。这种谐波以 16° 辐射进入衬底，接着在斜切的衬底端面发生折射，形成沿水平轴的输出光波。一种 0.1 mW 输出谐波功率的模块已被商业化，其使用了 40 mW 激光二极管。Sanford 等的相关实验工作包括在 Mg-掺杂 LiNbO$_3$ 中使用焦磷酸进行 PE 所制作的波导中的 C-SHG 的最优化，见文献[30]，其中在 1.06 μm 波长下 0.57 mW 泵浦功率可得到 0.031 μW 的谐波功率。Li 等[31]比较了各类 LiNbO$_3$ 波导的 C-SHG 的理论预测和实验结果。一个重要的结论是，传导层中 PE 所造成的非线性光学系数减小增加了 C-SHG 的效率。实验的结果也表明，轻微稀释的纯苯甲酸中的无退火波导的非线性光学系数值有 50%～70% 的减小。理论预测具有轻微折射率增加的梯度折射率分布波导无法给出高效率，这已被使用 Ti-扩散和 LN 波导的 C-SHG 实验证实。

　　尽管 C-SHG 摆脱了相位匹配的约束，并且无论外界温度和泵浦波长如何改变，其都能稳定地工作，但从通道波导 C-SHG 器件输出的 SH 辐射是发散的，难以被准直或聚焦成小的斑点。因此 C-SHG 器件的应用相当受限，它们不适用于光盘记忆存储，特别是在基本要求是衍射受限聚焦的地方。为了解决这个问题，研究活动主要针对波导 QPM-SHG 器件的实现。

　　Jaskorzynska 等首次观察到 LiNbO$_3$ 波导中的 QPM-SHG[32]。他们利用周期性改变 Ti 浓度来获得线性模式指数中的周期性调制的 Ti-扩散方法，制作了平面波导。QPM-SHG 由温度调谐以实现用于 Nd:YAG 激光器的泵浦。但其转换效率非常低，而且这个结论显示了在非线性光学常数中的强周期性调制是实现高效率的基本要素。这样的非线性光学光栅通过高温方法的周期性畴反转制作出来，从而实现了波导 QPM-SHG 器件。用 Ti-扩散技术形成 DI 光栅的波导 QPM-SHG 器件的研究见 Webjörn 等[33]、Lim 等[34,35]、Ishigame 等[36]、Aemani 等[37]和 Cao 等[38,39]。绿光和蓝光 QPM-SHG 在带有一阶、二阶、三阶光栅的 1～10 mm 长度的平板和通道波导中实现。Endo 等[40]用 Ti 的热氧化法制作 DI 光栅，并观察到绿光波导 QPM-SHG。研究制作 DI 光栅的无杂质方法，以避免与 Ti-内扩散相关的光折变损伤问题。Webjörn 等[41]用 Li-向外扩散技术制作 DI 光栅，证明了 0.7 %/W 标准化效率的蓝光 QPM-SHG。Fujimura 等[42]通过 SiO$_2$ 薄膜涂覆和热处理方法制作 DI 光栅，证明了在 4 mm 长度的 APE 波导中 45 %/W 标准化效率的 QPM-SHG。在这些使用高温法形成的 DI 光栅的器件中，所获得的 SHG 效率小于 50 %/W，且无法实现非常高的效率。这是因为畴反转被限制在较浅的三角边界表面区域，所以耦合系数非常小，其正比于光栅和导模之间的重叠。三角畴横截面的 DI 光栅 QPM-SHG 效率的理论分析见 Armani 等[37]、Cao 等[38]、Helmfrid 等[43,44]及 Delacourt 等[45]文献。

　　Fujimura 等[46]使用了一阶 DI 光栅制作了 QPM-SHG 器件，这种光栅是由 EB 直接写入在 Z-切 LiNbO$_3$ 里形成的，APE 通道波导有 3.3 mm 的相互作用长度，且证明了 50 %/W[460 %/(W·cm^2)]标准化效率的绿光 SHG。可以发现，反转畴开始

于略低于晶体表面的位置，且有微米量级高度的尖端。利用 EB 写入制作和表面
抛光的 QPM 光栅来除去压胶畴顶端层，以提高光栅和相互作用模式的重叠，他
们证明了蓝光 SHG 有 70 %/W[640 %/(W · cm²)]的效率[47-49]。虽然转换效率高于
使用加热畴反转的早期工作，但是难以获得占空比接近 1∶1 的可复制性光栅，且
器件还需要表面抛光。

Yamada 等[50]发现，通过周期性电极施加电压可在 Z-切 LiNbO₃ 中制作出
DI 光栅，且证明了有效波导 QPM-SHG。在含有 3 mm 相互作用长度的一阶 QPM
光栅的 APE 波导中，以 196 mW 的泵浦功率获得了功率为 20.7 mW 的 0.426 μm
波长蓝色谐波输出，实现了 600 %/(W · cm²)的标准化功率。他们的工作清楚地
显示，这些 DI 技术使非线性光学光栅在块状和波导 QPM-SHG 中都能实现，且
其后就有一些研究小组进行了许多研究和开发工作。Kintaka 等[51]用皱状电极和
自动脉冲宽度控制改进了 DI 技术，制作出相互作用长度为 3 mm 的绿光和蓝光
QPM-SHG 器件，实现的标准化效率高达 150 %/W[1670 %/(W · cm²)]。Amin 等[52]
通过在 Ti:LiNbO₃ 通道波导中施加电场来制作 DI 光栅，证明了三阶 QPM 蓝光
SHG。

Sonoda 等[53]用施加电场法在 X-切掺 MgO 的 LiNbO₃ 中制作了 DI 光栅，并用
相互作用长度为 6 mm 的 APE 波导制作了 QPM-SHG 器件，证明了输出功率为
2.2 mW、标准化效率为 60 %/(W · cm²)的蓝光（波长 0.475 μm）QPM-SHG。他们
还利用施加电场的方法在 3° Y-切和 87° Z-切 MgO:LiNbO₃ 中制作了具有与导波模
更好重叠的 DI 光栅，用 10 mm 长度的 APE 波导制作了 QPM-SHG 器件，并证明
了有效和高功率的蓝光 QPM-SHG，其中的输出功率高达 37 mW，标准化效率为
300%/W[54]。这个结果也是很重要的，因为它证明了利用 MgO: LiNbO₃ 和 QPM 结
构可以基本上避免光折变损伤问题。

Mizuuchi 等[55]证明了在 X-切 MgO:LiNbO₃ APE 波导中的高效率蓝光 SHG。
器件结构如图 8.20 所示。用于一阶 QPM-SHG 的结构由 2D 电场施加制作出来。
可以在 0.434 μm 波长下得到 19 mW 的蓝光输出功率，且其标准化效率为
600 %/W。Sugita 等[56]证明了 AlGaAs LD 在 MgO:LiNbO₃ QPM 波导中的有效蓝
光 SHG。在一个边角 MgO:LiNbO₃ 中，通过优化 2D 电场施加形成 3.2 μm 周期、
2.0 μm 厚度和 10 mm 相互作用长度的畴反转结构。这个结构确保了波导模式和
QPM 光栅之间的大重叠，且由 55 mW 的连续光 AlGaAs LD 泵浦，证明了 17.3 mW
输出功率的蓝紫色（波长 0.426 μm）的 SHG，其相应的效率为 31%。

Kawaguchi 等[57]用 LPE 制作 LiNbO₃ 薄膜光栅 QPM-SHG 器件。阶跃型折射
率分布的波导有利于实现强的场限制及泵浦和谐波模式之间大的重叠。在具备周
期性凹槽的 MgO:LiNbO₃ 基底上的 LPE 中，所观察到的铁电畴反转现象可以作为
QPM 结构形成的技术。一阶 QPM 蓝光 SHG 已被证明。他们也采用 LiNbO₃ 薄膜

晶体的 LPE 生长和脊形结构的超精细匹配[58]，证明了在 0.425 μm 波长下最大输出功率为 50 mW 的有效 SHG。最近的实验工作也包括使用 Zn-扩散 LiNbO₃ 波导的 QPM-SHG 器件的制作[59, 60]。

综上所述，适合于实际应用的 SHG 性能已经在 LiNbO₃ QPM 波导中实现。研究工作将继续提高器件性能，通过混合集成半导体激光器实现紧凑高效的蓝色倍频激光器，并拓展器件的性能。对于波导非线性光学器件来说，周期性反转电极的应用和 APE 波导的形成是最重要的标准技术。LiNbO₃ 波导 QPM-SHG 器件包括其未来发展将在下一部分作详细的描述。

（2）LiTaO₃ 波导

LiTaO₃ 是用于集成光学的另一种重要的铁电材料。然而 LiTaO₃ 并没有呈现相位匹配所需的足够的双折射，其最大非线性光学系数 d_{33} 也小于 LiNbO₃，LiTaO₃ 拥有对光折变损伤的高抵抗性[61]。使用了无掺杂 LiNbO₃ 的 SHG 器件中的光折变损伤问题引起了使用 LiTaO₃ 实现 QPM-SHG 器件的研究。LiTaO₃ 的另一个优势是透明范围的短波长（约为 0.28 μm[62]）限制比 LiNbO₃ 的小。

Mizuuch 等[63]和 Åhlfeldt 等[64]分别证明了使用在 Z-切 LiTaO₃ 中的 PE 和热处理制作的三阶 DI 光栅的波导 QPM-SHG 可以产生蓝光。Mizuuch 等[63]采用了两个步骤，首先使用焦磷酸和 Ta 掩膜板来制作 DI 光栅，接着用均匀的 9 mm 长的 APE 通道波导，得到 18 %/W 的效率及 0.13 mW 的最大蓝光输出功率。Åhlfeldt 等[64]只采用了一个单一的步骤，利用苯甲酸和 Ti 掩膜板进行选择性 PE 来形成光栅和周期性通道波导，得到的标准化 SHG 效率为 0.4 %/(W · cm²)。Yamamoto 等[65, 66]通过实验对比验证得出 LiTaO₃ 器件比 LiNbO₃ 器件具有更高的光折变损伤阈值，他们证明了 2.4 mW 输出功率、3℃ · cm 温度带宽的蓝光 SHG，其带宽是 LiNbO₃ 器件的 3 倍，产生的蓝光可实现衍射受限聚焦。Matsumoto 等[67]证明了在 APE LiTaO₃ 波导中的 QPM-SHG 有 0.4 %/(W · cm²)的效率，其中三阶光栅是由叉指形电极在高温（600℃，接近居里温度）下的电场畴反转形成的。

Mizuuch 等[68]利用了相同的方法制作了一阶 DI 光栅。使用了一阶光栅，Yamamoto 等[69]制作了 10 mm 长的 QPM-SHG 器件，提升的效率为 157 %/W，且证明了借助激光二极管光的 SH 波产生了蓝光。在一个含有两端面镀有反防射（antireflection，AR）膜的波导的器件中，以 4%效率的泵浦功率得到了功率为 1.3 mW 且波长为 0.4365 μm 的蓝光输出[70]。他们引入了用于 DI 制作和优化 DI 结构的快速加热处理技术，证明了 15 mW 输出功率和 10.3%转换效率（标准化效率约为 700 %/W）的高效蓝光 QPM-SHG[71]。

Yi 等[72]降低了 PE 的数目，并对 Ta/SiO₂ 掩模覆盖的整个晶体表面进行热处理，以改善反转畴的横截面结构及与相互作用模式的重叠。制作的器件在 10.3 mW 的泵浦功率下产生了 1 mW 的蓝光 SH 波，实现了高达 1500 %/(W · cm²)的标准化效率。

综上所述，适用于实际应用的 SHG 性能同样也已经在 LiTaO$_3$ 波导中实现。研究工作通过继续结合 QPM-SHG 器件和半导体激光器，来实现紧凑和高效的蓝色 SHG 激光器。LiTaO$_3$ 波导 QPM-SHG 器件的进一步发展将在接下来的章节中详细描述。

（3）KTiOPO$_4$ 波导

另一种不存在光学损伤问题的非线性光学材料是 KTiOPO$_4$(KTP)，它在 1.06 μm 波长附近是可相位匹配的。KTP 的非线性光学系数大约是 LiNbO$_3$ 的 1/3。使用 Z-切 KTP 晶体的 Rb$^+$ 交换波导证明了波导 SHG。

Bierlein 等[73]提出和证明了用双折射 II 型（TE$_{00}$+TM$_{00}$→TE$_{00}$，d_{15}=6.1 pm/V）BPM（描述见 2.4.6 节）的 SHG。如图 8.3 所示，3～6 μm 周期、1 μm 间隙长度和 5 mm 总长的周期性分段波导通过使用了 KTP 中的离子交换的独特性质制作出来，该特征是可以制作出沿着 Z 轴的尖锐边界的交换区域。在 1.06 μm 波长的随机偏振 Nd:YAG 激光器泵浦下，获得了 20 %/(W·cm^2) 的标准化 SHG 效率。Risk 等通过用 Ti:Al$_2$O$_3$ 激光器泵浦，在均匀离子交换平面波导中观察到 II 型相位匹配蓝/绿 SHG[74]和 SFG[75]。Poel 等[76]证明了在 3～6 μm 周期、5 mm 总长度的周期性分段波导中的 QPM-SHG（I 型，TM$_{00}$→TM$_{00}$，d_{33}=14.7 pm/V）。通过用 0.76～0.96 μm 波长 Ti:Al$_2$O$_3$ 激光器进行泵浦，可获得大于 400 %/(W·cm^2) 的标准化 SHG 效率。有证据表明，SHG 效率来自由 Rb$^+$/Ba^{2+} 交换诱导的铁电畴反转。使用了周期性分段波导的 QPM-SHG 器件，由 Jongerius 等在无掺杂和 Sc 掺杂 KTP 中制作出来[77]，他们详细地讨论了光学损伤问题。这两个类型的晶体可以获得高达 200 和 325 %/(W·cm^2) 的标准化 SHG 效率。Egar 等[78]在 3.8 mm 长的周期性分段波导中获得更高的 800 %/(W·cm^2) 标准化效率的蓝光 QPM-SHG。

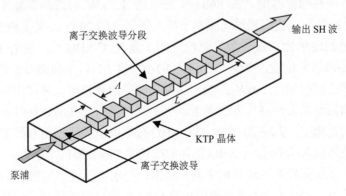

图 8.3　用于 SHG 的周期性分段 KTP 波导

Larurell 等[79]通过使用分段 KTP 波导来制作 I 型相位匹配 SFG。两个 Ti:Al$_2$O$_3$

激光器被用来当作泵浦源，得到 390～480nm 接近 4 个波长的上转换辐射。100 mW 的基本波长光产生了超过 2 mW 的蓝光。可以实现高达 3 nm 的可调谐性上转换光，且在简并点测得了增大的效率。

但是这些周期性分段波导器件涉及一些难题，如 Ba 掺杂和分段边界所引起的散射损耗等因素造成了稳定性的下降。

此外，也存在关于其他类型 KTP 波导中的 SHG 实验的报道。Tamada 等[80]证明了从 Ta_2O_5/KTP 通道波导可以得到有效的蓝光 SHG。Zhang 等[81]通过氦离子植入法制作了 KTP 平面波导，证明了 II 型（$TE_0+TM_0→TM_0$）相位匹配 SHG。使用 1.07 μm 波长约 1 μJ 的 20 ns 脉冲泵浦，得到的效率估计超过 10%。

自从电场畴反转技术的发展延伸到 KTP 上后，这项技术就被应用于块状和波导器件的实现。Chen 等[82]证明在带有用于 QPM 的电场 DI 光栅的连续离子交换通道波导中，可以得到非常有效的 QPM-SHG。146 mW 的近红外光在 3.6 mm 长的波导中可以实现 12 mW 的蓝色输出光。Eger 等[83]证明了在熔融生长 KTP 晶体中的电场 DI 光栅的相似器件中，得到 200 %/(W·cm²)效率的 QPM-SHG。

Gu 等[84]用纳秒激光器脉冲观察有 4 μm 周期（第 25 阶光栅）的电场 DI 光栅的 KTP 波导中的反向 QPM-SHG。Mu 等[85]采用了 0.7 μm 周期的分段 KTP 波导中的第 6 阶和第 7 阶 QPM，且由锁模 $Ti:Al_2O_3$ 激光器出射的亚皮秒脉冲泵浦制作了反向 SHG。

（4）$KNbO_3$ 波导

$KNbO_3$ 波导有着线性和非线性光学特性，适用于半导体（AlGaAs）激光器发出的红外光波的倍频[86,87]。它所展示的透明范围下端为 390 nm，具有非常高的损伤阈值。Fluck 等[88]用低剂量 MeV 氦离子植入法制作低损耗平面波导，证明了蓝光 SHG，其中使用了约为 20 pm/V 的 d_{32} 及由双折射和模式色散（$TM_0→TE_1$）所产生的非严格相位匹配。在 868 nm 波长的 1.3 kW 峰值功率脉冲泵浦下得到了 29%的转换效率。他们通过掩膜离子植入所制作的 200 μm 宽度和 5.6 mm 长度的通道波导的连续光二极管激光泵浦证明了蓝光 C-SHG[89]。使用 d_{32} 来充分利用 $KNbO_3$ 的双折射性能，实现了 C-SHG 的小角度（2.4°）和高效率的辐射。97 mW 泵浦功率可以得到 1.1 mW 的输出功率。波导的质量可以通过用掩膜多能量氦离子植入和低温退火的制作方法来提高[90]，利用具有光栅的延伸腔结构使泵浦激光二极管输出稳定，实现 20 %/W 的 C-SHG 效率[91]。关于使用双折射和切连科夫相位匹配技术的 $KNbO_3$ 波导 SHG 器件的综述见 Fluck 等的文献[92]。

为了实现更好的性能和拓宽波长范围，要求实现波导 QPM-SHG 器件。通过施加电压方法制作 QPM 结构和块状的 SHG 实验已经被证明[93]。另一个未来工作的方向是发展窄通道波导的一种高性价比的制作技术。

8.1.3　半导体波导

波导 SHG 的最早实验研究是用III-V半导体材料做的。III-V混合半导体（如 GaAs、AlAs 及它们的合金）在红外区域是透明的，并展示了较大的二阶非线性。因此，它们是用于红外波长转换的波导 SHG 器件的富有潜力的材料之一。另一个有吸引力的特点是与半导体激光器集成的可能性。这些半导体晶体属于立方晶系且无对称中心。线性光学特性是各向同性的，且晶片并无展示双折射特性。二阶非线性光学张量的非零元素是 $d_{14} = d_{25} = d_{36}$。

Anderson 等[94]证明了基于模式色散相位匹配的波长约为 1.06 μm 的宽带 CO_2 激光器辐射的 SHG，它使用了一块抛光成 3.2～5.2 μm 厚的薄片[001]GaAs 作为一平面波导。近红外辐射在III-V半导体波导中的 SHG 第一次由 van der Ziel 等证明[95]。他们通过 LPE 文献[100]中 GaAs 衬底上制备的 GaAs 双异质结构（DH）平面波导及约 2.0 μm 波长的可调谐 OPO 泵浦，观察到了 $TE_0 \to TM_2$ 的相位匹配 SHG。他们也证明了约 2.0 μm 泵浦波长下的一个由分子束外延下生长的 GaAs/AlGaAs 平面波导中的 QPM-SHG（$TE_0 \to TM_0$），其中用于 QPM 的周期性结构是由阳极氧化和化学刻蚀制作的[96]。

然而 GaAs 在可见光区域是不透明的，GaP 的透明范围则可延伸至可见光区域，因此，GaP 是用于可见光 SHG 的一个重要的非线性光学材料。Ziel 等[97]通过在 CaF_2 衬底上的 MBE 方法制作 GaP 薄膜波导，并利用双折射（$TE_0 \to TM_0$）相位匹配和 Nd:YAG 激光器泵浦，证明了绿光 SHG。Stone 等[98]用气相生长制作了亚微米厚度的自支持 GaP 带状波导，并观察到模式色散相位匹配下的绿光 SHG。但是，材料涉及一个难题是，其在短可见波长区域下会有较大的损耗。

另一个实现短波长 SHG 的方法是使用表面 SH 发射结构，且用反向传播导波作为泵浦，其波矢图见图 2.13e。Vahkshoori 等[99]证明了来自脊形通道波导的绿光 SH 表面发射，该波导由生长在（111）衬底上的多层 GaAs/AlGaAs 组成，为了提升效率，这些层的周期与 SH 波长相对应（垂直于 QPM）。10 mW 泵浦功率可得到 0.1 μW 的连续光输出功率。Whitbread 等[100]证明了生长在（211）衬底上的脊形通道多层波导的类似 SHG。他们也证明了使用上述相同器件进行光学自相关操作[101]。Dai 等[102]报道了集成了激光二极管的表面发射谐波发生器。飞秒脉冲的微腔增强表面发射 SHG 由 Ulmer 等证明[103]。

最近，有关半导体波导的研究工作指向于用于光学通信系统的偏振无关 QPM-DFG 波长转换器，并且作为 DFG 器件的初步实验，测试了约 1.5 μm 波长泵浦的 QPM-SHG 的性能。这类波导 QPM 器件将在 9.4.1 节中讨论。

最近的工作包括了 GaAs/Al_2O_3 波导中的 SHG。Fiore 等提出[104]和证明[105]基于人造双折射的相位匹配，这种人造双折射发生在由 GaAs 和 AlO_x 组成的多层波导结构中。这种结构可以通过对 GaAs/AlAs 多层的选择性湿热氧化制作出来。GaAs 和 AlO_x 之间的大折射率对比，可以实现适合于相位匹配的巨大的人造双折射[106]。Fiore 等[107]制作了脊形通道 $AlGaAs/Al_2O_3$ 波导，并证明了由 $TE_0 \rightarrow TM_0$ 相位匹配和 1.604 μm 波长锁模颜色中心激光器的泵浦所产生的 SHG。但其标准化效率相当低，仅为 0.12 %/W，这是由于 SH 波的吸收损耗。Moutzuouris[108]证明了2.01 μm 波长 OPO 的飞秒脉冲的 SHG，其标准化效率为 10 %/W。

8.1.4　有机波导

目前，有机非线性光学材料[109-111]吸引了大量研究者的研究兴趣。用于集成光学的有机非线性光学材料的特性是 Zyss 等所表述的[112]。一些有机分子晶体所展示的二阶非线性远大于目前可得到的非有机材料。例如，2-甲基-4-硝基苯胺（2-methyl-4-nitroaniline，MNA）有一个非常大的非线性光学系数 d_{11}，约为 240 pm/V，且 mNA 的 d_{33} 约为 20 pm/V。许多的有机非线性光学材料已经得到了发展。有机非线性光学晶体的全面概述见 Chemla 等[113]的文献。自从有机非线性光学晶体被认为可以用来实现高效波导非线性光学器件以后，人们对其开展了广泛的研究工作。但是大多数的非线性光学分子晶体无法采用普通的薄淀积技术和光刻技术。另外，它们的熔点很低，大致在 100~150℃，且可以很容易熔化成液相。因此，波导非线性光学器件的研究工作也伴随着这些材料的波导制作技术的发展。

较早的工作包括了蒸镀的 4-氯苯基脲多晶薄膜中的模式色散相位匹配 SHG的观察（见 Hewig[114]的文献）。Tomaru 等[115]用有着通道槽的玻璃衬底，通过 CO_2 激光区间熔融技术制备了 mNA 的通道波导，但是并不适合用于产生 SHG。Sasaki 等[116]在锥状平板玻璃波导中通过模式色散相位匹配观察 SHG，这个波导中的MNA 晶体是由在顶部的气相相位生长法制备的。Ito 等在一用改进的区带熔融方法制备的平板 MNA 波导中[117]，使用了由一对玻璃衬底组成的毛细平板，通过模式色散相位匹配，在一平板 MNA/玻璃薄膜复合波导中观察了 SHG[118]，得到的SHG 效率为 1.7%[119, 120]。Kondo 等[121]在使用(−)2-(苄氨基丙酸甲酯)-5-硝基嘧啶（MBANP）的波导中观察到了 C-SHG。Suhara 等[122, 123]通过平面区带熔融技术，制备了取向可控的 mNA 单晶平板和通道波导，并证明了 C-SHG。在这些较早的实验中，Q-开关 Nd:YAG 激光器被当做泵浦源，且 SHG 效率非常低。

采用一种制作非线性光学有机晶体波导的简单且有效的方法，研究了有机晶体芯层光纤。熔融有机材料可以通过毛细效应很容易地被导入空心玻璃光纤毛细管，且单晶芯层可以通过顺序凝固[124]（bridgeman-stockbarger 方法）和/或区带熔融形成。这样的有机晶体芯层非线性光纤波导的设计和 C-SHG 的理论性能是由

White 等[125]和 Chikuma 等[126]讨论得到的。C-SHG 同样也被证明在有机晶体芯层光纤中存在。Uemiya 等[127, 128]制作了一个 NLO 光纤，其芯层为 4-(N,M-二甲胺基)-3-乙酰氨基硝基苯[4-(N,M-dimethylamino)-3-acetamidonitrobenzen，DAN]，并通过一个 Nd:YAG 激光器进行泵浦证明了 C-SHG。Harada 等[129]同样制作了一非线性光学光纤，其芯层为 3,5-二甲基-1-(4-硝基苯基)吡唑[3,5-dimethyl-1-(4-nitrophenyl)pyrazole，DMNP]，其非对角线非线性光学系数较大（d_{32} =90 pm/V），并通过一个半导体激光器半导体激光器连续泵浦证明得到了 C-SHG。0.16 mW 的蓝光 SH 波输出功率可以通过 15 mm 的光纤长度和 16.6 mW 的泵浦功率得到。通过 15 mm 光纤长度和 16.6 mW 泵浦功率得到 0.16 mW 的蓝光 SH 波输出功率。

关于 QPM 器件的研究工作有限，因为还未找到在有机晶体中制作非线性光学系数的正负号周期性反转这种结构的技术。Suhara 等[130]证明了通道波导中的 QPM-SHG，它是由 mNA 单晶覆盖在带有表面浮雕光栅的 Si-N 通道上的取向可控生长所制作的，如图 8.4 所示，并观察到 0.04 %/W 标准化效率的绿光 SHG。

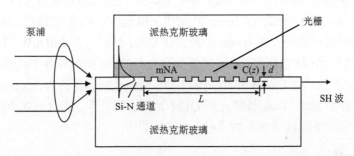

图 8.4　使用有机非线性光学分子晶体和 Si-N 通道的 QPM-SHG 器件的横截面结构

另一种有机非线性光学材料是聚合物材料，其用于波导的薄膜可以简单地由旋转涂覆技术来制备。二阶非线性可由使用了电极或电晕放电的电极化（poling）法诱导产生。Shuto 等[131]报道了二苯乙烯干接触式聚合物薄膜中的非共线相位匹配 SHG。模式色散相位匹配 SHG 见 Sugihara 等的文献[132, 133]，分散红 1 和 MNA:PMMA 等聚合物薄膜中的 C-SHG 见 Sugihara 和 Kinoshita 等[133-135]的文献。Azmai 等[136]观察到在亚乙烯基氰化物/乙烯基乙酸盐共聚物薄膜波导中的 C-SHG。

聚合物波导中的 QPM-SHG 由 Khanarian 等[137, 138]证明。波导的制备是在一个玻璃衬底上的非线性光学甲基丙烯酸甲酯（MMA）/硝基二苯乙烯共聚物和缓冲层的旋转涂覆。QPM 结构的制作见 7.2.4 节中的讨论。但是，对于 1.34 μm 波长下强度为 5 MW/cm² 的泵浦，SHG 效率非常低，仅为 1.2×10^{-4}%。Rikken 等[139]观察了与二苯乙烯侧链共聚的 MMA 的电晕放电极化薄膜中的 QPM-SHG。Jäger 等[140]在 1.5 μm 波长泵浦下的周期性极化 DANS 聚合物通道波导中，证明了波导 QPM-SHG 的标准化效率为 5×10^{-4} %/W。

　　以上结果显示，虽然对非线性和延伸性研究已做了大量工作，但是使用有机材料的波导非线性光学器件的实际成果还未实现，其困难包括了不成熟的波导制作技术、有限的透明范围、较大的波长色散和光损伤问题。为此需要更深入的工作来充分利用有机非线性光学材料的潜在优势。

8.1.5　玻璃波导

　　玻璃材料常常不显示二阶光学非线性，因为它们具有中心对称结构。但是，我们也已经知道了在（锗掺杂）硅（SiO_2）光纤中可能会发生自组织的 SHG[141]，以及在光纤中能观察到相位匹配周期性电场诱导 SHG[142]。同时，也发现了在玻璃中可以制作持久的非线性，如热极化和在紫外激发下极化的（锗掺杂）硅[143-147]。

　　Weitzman 等[148]证明了在锗掺杂硅平面波导中，用外部 DC 周期电场诱导产生 QPM-SHG。Kashyap 等[149]通过周期性电极极化的方法，在熔融硅中制作 QPM 结构，以证明块状 SHG。Kazansky 等[150]用周期性极化方法在硅光纤中制作 QPM 结构，证明了 QPM-SHG。在 100 mW 泵浦下得到约 0.4 nW 的蓝色 SH 波。Pruneri 等[151]在相似的实验中，用 6 mm 长的光纤 QPM 结构，在 230 mW 泵浦下获得约 10 nW 的蓝色 SH 输出功率。效率较低是因为 QPM 结构中有效非线性光学系数会从均匀极化下的约 0.7 pm/V 的值开始下降。他们也制作了约为 1.5 μm 波长下，泵浦的用于 SHG 的约 4 cm 长的光纤 QPM 结构，并证明了约 1 mW 的平均输出功率及约 1.2%的平均转换效率的飞秒脉冲 SHG[152]。

8.2　波导 QPM-SHG 器件原型

　　如 8.1 节所述，适用于实际应用的 SHG 性能已经在使用 $LiNbO_3$、$LiTaO_3$ 和 $KTiOPO_4$ 的 QPM 器件中实现。本节介绍波导 QPM-SHG 器件的基本结构。

8.2.1　设计和理论性能

　　波导 QPM-SHG 器件基本结构和 QPM 条件下的波矢图见图 8.5。当器件的泵浦为角频率 ω（波长 λ）的光波时，产生了频率为 2ω 的 SH 波。基于耦合模理论的理论分析见 3.1.1 节。输出功率在 NPDA 下表述为

$$P^{2\omega}(L) = (P^\omega_0)^2 \kappa^2 L^2 \left(\frac{\sin \Delta L}{\Delta L} \right)^2 \tag{8.1a}$$

$$2\Delta = \beta^{2\omega} - (2\beta^\omega + K), \ K = 2\pi / \Lambda \tag{8.1b}$$

式中，P^{ω}_0 为输入泵浦功率；κ 为耦合系数；L 为器件长度；参数 Δ 为相位失配；β^{ω} 和 $\beta^{2\omega}$ 分别为泵浦和 SH 波的传播常数，Λ 是 QPM 光栅的周期。QPM（$\Delta=0$ 时）光栅周期为

$$\Lambda = \frac{\lambda}{2(N^{2\omega}-N^{\omega})} \qquad (8.2)$$

式中，N^{ω} 和 $N^{2\omega}$ 分别为泵浦和谐波模式的有效折射率。QPM 的周期对于谐波波长的依赖关系如图 8.6 所示，其中，采用块状 LiNbO₃[153]和 LiTaO₃[154]晶体的 e 光折射率来近似 e 光的模式折射率（Sellmeier 表达式）进行计算。例如，LiNbO₃ 中的绿光和蓝光 SHG 分别需要约 6 μm 和约 3 μm 周期的 QPM 光栅。波导器件的 QPM 周期比用于块状 SHG 的周期稍微短一些，因为传导层的色散要比块状晶体大。

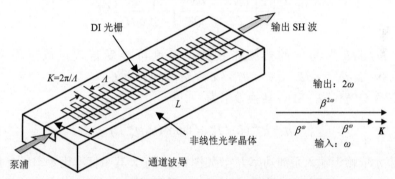

图 8.5 基本波导 QPM-SHG 器件和 QPM 的波矢图

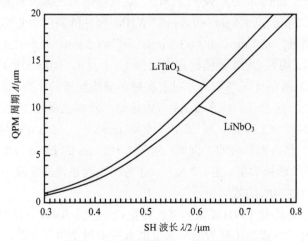

图 8.6 QPM 周期对 SH 波长的依赖关系

在精确的 QPM（$\Delta=0$）下，式（8.1a）简化为 $P^{2\omega}(L) = (P^{\omega}_0)^2 \kappa^2 L^2$，因此转换效率为 $P^{2\omega}(L)/P^{\omega}_0 = P^{\omega}_0 \kappa^2 L^2 (\%)$，表示效率正比于输入泵浦功率的大小及器件

长度的平方。标准化效率为 $P^{2\omega}(L)/(P_0^{\omega})^2 = \kappa^2 L^2$ (%/W)。定义另一种标准化效率为 $P^{2\omega}(L)/(P_0^{\omega}L)^2 = \kappa^2$ [%/(W·cm^2)]。波长可接受的带宽是由 $|\Delta| < 1.39/L$ 决定的。相位失配参量近似为

$$\Delta = \left(\frac{1}{v_g^{2\omega}} - \frac{1}{v_g^{\omega}}\right)\Delta\omega = -2\pi(N_g^{2\omega} - N_g^{\omega})\frac{\Delta\lambda}{\lambda^2} \tag{8.3}$$

式中，$\Delta\omega$ 和 $\Delta\lambda$ 为相对于相位匹配情况的偏差；$v_g = (\partial\beta/\partial\omega)^{-1}$ 为群速，$N_g = N + \omega\partial N/\partial\omega$ 为有效群折射率。泵浦波长带宽（FWHM）反比于 L，且近似为 $2\Delta\lambda = 0.44\lambda^2/|N_g^{2\omega} - N_g^{\omega}|L$。对于满足 QPM 条件的恒定波长，器件温度的漂移 ΔT 引起了相位失配，近似描述为

$$\Delta = \pi\left[\frac{2}{\lambda}\left(\frac{\partial N^{2\omega}}{\partial T} - \frac{\partial N^{\omega}}{\partial T}\right) + \frac{1}{\Lambda}\frac{da}{adT}\right]\Delta T \tag{8.4}$$

式中，da/adT 为晶体的热膨胀系数。温度可接受带宽可以近似表达为 $2\Delta T = 0.88/|2(dN^{2\omega}/dT - dN^{\omega}/dT)/\lambda + (da/adT)/\Lambda|L$。

在精确 QPM 下的 SHG 转换效率为

$$\eta = P^{2\omega}(L)/P_0^{\omega} = \tanh^2(\kappa\sqrt{P_0^{\omega}}L) \tag{8.5}$$

效率 η 依赖于输入泵浦功率 P_0^{ω}，如图 8.7 所示，其中标准化效率 $\kappa^2 L^2$ 作为一个参量。LiNbO$_3$ 和 LiTaO$_3$ 波导 QPM-SHG 用于蓝光的产生，其典型的耦合系数分别为 κ =5.7 W$^{-1/2}$·cm^{-1} 和 3.7 W$^{-1/2}$·cm^{-1}。这些值是通过假设泵浦和谐波模式分别有 0.8 μm×1.0 μm 和 1.6 μm×1.8 μm FWHM 尺寸的共同中心高斯分布形状 [在式（3.34）中有 W_x^{ω} =2.7 μm、W_y^{ω} =3.1 μm、W_{2x}^{ω} =1.3 μm、W_{2y}^{ω} =1.7 μm、d_x =0，因此 S_{eff} =7.3 μm^2]、均匀 QPM 光栅的占空比为 1：1 及 d_{33} =40 pm/V（LiNbO$_3$）和 26 pm/V（LiTaO$_3$）的条件下得到的。对于支持单导模泵浦的标准 APE 波导，κ 的值可能估计略大，这个我们将在 8.3.3 节中讨论。同样也需要注意的是，d_{33} 的值存在一些不确定性（LiNbO$_3$ 为 25.7[155]～47 pm/V[156]，LiTaO$_3$ 为 15.1[155]～26 pm/V[157]）[158]。耦合系数表明，例如，对于 L =10 mm 的 LiNbO$_3$ 器件，可以得到超过 3000 %/W 的转换效率。图 8.7 显示，在考虑泵浦损耗的情况下，50 mW 泵浦功率可以实现超过 70% 的效率值。

图 8.8a 显示，标准化 FWHM 泵浦波长带宽 $(2\Delta\lambda)L = 0.44\lambda^2/|N_g^{2\omega} - N_g^{\omega}|$ 依赖于泵浦波长，并通过块状晶体群折射率来近似有效折射率进行计算，其带宽受到群速失配的限制；L =10 mm、λ =0.86 μm 时，$2\Delta\lambda$ 约为 0.071 nm（LiNbO$_3$）和 0.086 nm（LiTaO$_3$）。图 8.8b 显示了标准化 FWHM 温度可接受带宽 $(2\Delta T)L = 0.88/|2(dN^{2\omega}/dT - dN^{\omega}/dT)/\lambda + (da/adT)/\Lambda|$，该计算使用 LiNbO$_3$ 的块状折射率来

近似依赖温度的有效折射率,同时使用了 $da/adT = 1.4 \times 10^{-5}$ K$^{-1[153]}$; L=10 mm、 λ =0.86 μm 时 $2\Delta T \approx 1.1$℃。这些结果表明,有效 QPM-SHG 器件呈现了较窄的波长和温度带宽,因此,为了其在实际应用中能稳定工作,需要适当考虑工作条件。

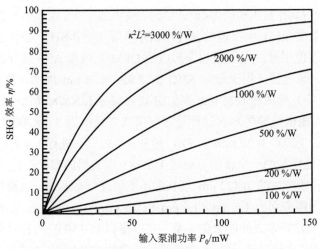

图 8.7　SHG 效率对输入泵浦功率的依赖关系

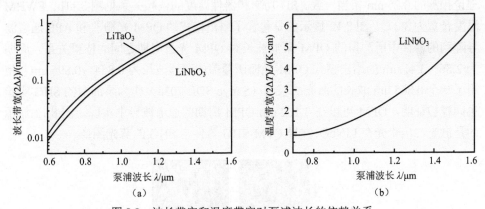

图 8.8　波长带宽和温度带宽对泵浦波长的依赖关系

以上的简单讨论显示,减少带宽以增加器件长度 L,效率可任意增大。但是较大的 L 需要较低的传播损耗,以及光栅周期 Λ 和传播常数 β 较高的沿着波导的均匀性。对于大的 L 并不容易确保 β 足够的均匀性,因为在波导宽度的亚微米偏差可能引起大于带宽的 QPM 波长偏差。Bortz 等[159]提出尺寸上的非关键相位匹配,通过优化传导宽度使相位匹配对传导宽度偏差不敏感。

8.2.2　实验性能

关于波导 QPM-SHG 器件的制作和实验报道已经大量存在。虽然一些早期的工作使用了 Ti-向内扩散 LiNbO$_3$ 波导，但是大部分的器件是 APE 波导来制作出来的。其关键制作技术，即波导制作技术和制作 QPM 结构的技术已在第 6 章和第 7 章中介绍。

本节描述的是文献[51]中报道的在 LiNbO$_3$ 波导 QPM-SHG 器件上的实验结果，它可以被当作使用脉冲电压施加法形成的 QPM 光栅和 APE 波导的典型波导 QPM-SHG 器件。畴反转（用于绿光 SHG 的 5.82～6.96 μm 周期，蓝光 SHG 的 2.86～3.41 μm 周期）形成在 0.15 mm 厚的 Z-切同成分 LiNbO$_3$ 晶体中。相互作用长度是 L=3 mm。通道波导的制作过程是，使用通道开窗为 3 μm 宽的 Al 掩模板在纯苯甲酸中进行 200℃下 20 min 的 PE，接着在 350℃下进行 1 h 的退火。

蓝光 SHG 的性能是由一个使用可调谐 Ti:Al$_2$O$_3$ 激光器的实验验证的。图 8.9 显示的是近场图样和所产生的 0.432 μm 波长的谐波强度分布形式。泵浦和谐波模式尺寸（FWHM）测得分别为 1.6 μm×1.8 μm 和 0.8 μm×1.0 μm。图 8.10 显示的是 SHG 效率与输入泵浦功率之间的依赖关系，可以得到 150 %/W 的标准化效率。这个值与理论估计的约 360 %/W 在同一数量级上。器件 QPM 周期为 3.0 μm 时，SH 功率和泵浦波长的依赖关系见图 8.11a。FWHM 相位匹配带宽测得为 0.23 nm，和理论预测的 0.25 nm 相当一致。SH 功率和器件温度的依赖关系见图 8.11b；FWHM 温度带宽为 3.2℃。图 8.12 显示的是包含了扇出模式的 QPM 光栅[36]和 APE 通道波导阵列的器件中所测得的 QPM 泵浦波长对 QPM 光栅周期之间的依赖关系。周期为 2.86～3.41 μm 的扇出模式 QPM-光栅所覆盖的泵浦波长为 0.854～0.896 μm。使用了一个 0.865 μm 波长的激光二极管（Sanyo SDL-7033）作为泵浦源的 SHG 实验也同样被证明。QPM 可以在 3.102 μm QPM 周期的通道波导中实现。图 8.13 显示的是激光二极管光在 LiNbO$_3$ 波导 QPM-SHG 器件中 SHG 的蓝光图像。

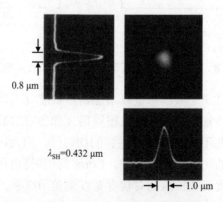

图 8.9　所产生谐波的近场图样和强度分布

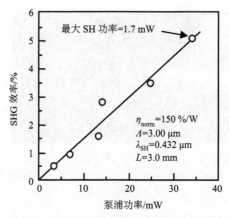

图 8.10　SHG 效率对输入泵浦功率的依赖关系

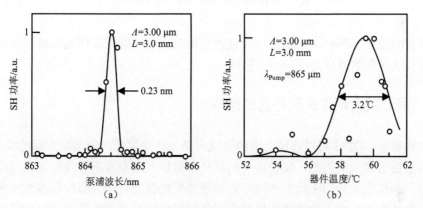

图 8.11　SH 功率对泵浦波长和器件温度的依赖关系

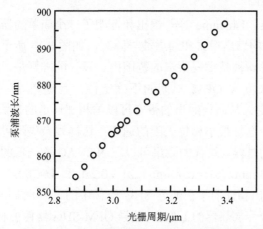

图 8.12　QPM 泵浦波长对 QPM 光栅周期的依赖关系

图 8.13　激光二极管光在 LiNbO$_3$ 波导 QPM-SHG 器件中 SHG 的蓝光图像

从一个激光二极管发出的红外光通过棱镜被耦合进波导 SHG 器件的左侧（位于图片的中心），且产生的谐波由一个小棱镜进行准直

8.3　改进的波导 QPM-SHG 器件

典型的波导 QPM-SHG 器件可以被改进用来提高性能或者拓展功能。本节介绍这种复杂精致的波导 QPM-SHG 器件。

8.3.1　用于残余相位失配补偿的结构

在原理上，QPM 可以通过合适的光栅周期设计来实现。但是在实际情况中，一些因素会引起残余失配，如设计中的材料常数的受限精度所导致的光栅周期的不确定、制作误差和由光栅制作决定的传播常数的改变。因为器件的波长带宽很窄，转换效率可能大大地降低。虽然失配情况可以由泵浦波长调谐或温度调谐来补偿，但是很有必要在泵浦波长和温度固定的情况下，拥有消除或降低残余失配的手段。

作为一个解决方案，Ishigame 等[36]提出和证明了一个简单的器件结构。器件包含了一个 QPM 光栅的扇出模式和通道波导阵列，如图 8.14 所示。波导通道具有不同的光栅周期，且均被禁锢在狭窄的范围内。设计的准则是，选择光栅周期范围 $\Delta \Lambda = \Lambda_{max} - \Lambda_{min}$ 来覆盖 QPM 周期的不确定性，且通道 M 的数量是通过 $\pi \Delta \Lambda L / 2M \Lambda_0^2 < 1$ 来决定，从而使通道的带宽可以与相邻通道的带宽良好地重叠。制作后，在众多通道中选择最小相位失配的通道；这样残余失配可以降低到远小于单一光栅周期器件的时候。这样的效果可以在 Nd:YAG 激光器的 QPM-SHG 器件中被证明，其中 L=3 mm，Λ_0 =6.4 μm，$\Delta \Lambda = 0.2 \Lambda_0$ 和 M=300。

Mizuuchi 等[160]提出和证明了在波导 SHG 器件中的 QPM 波长的热光调谐。具有一层集成的金属薄片加热器的 LiTaO$_3$ 波导 QPM-SHG 器件被制作出来。调谐是利用了 QPM 波长对温度的依赖关系。在提供上限为 0.4 W 电功率给加热器时，

可以获得的调谐范围为 QPM 泵浦波长 0.857 μm 周围的 2 nm，且效率维持在超过
160 %/W 的水平上。

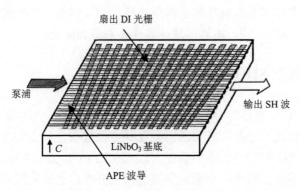

图 8.14　使用一个扇出光栅进行残余相位失配补偿的波导 QPM-SHG 器件

8.3.2　宽带宽结构

因为使用标准均匀周期 QPM 光栅的长 L 高效 SHG 器件的波长带宽较窄，所
以泵浦波长和周围环境温度的漂移导致了输出功率的降低和器件工作的不稳定
性。虽然较短 L 器件的宽带宽（正比于 $1/L$），但是其效率（正比于 L^2）非常低。
研究工作主要面向在不降低效率–带宽积的前提下，增宽给定长度 QPM-SHG 器件
带宽的技术。

展宽带宽的方法之一是使用啁啾 QPM 光栅，这是由 Suhara 等[161]提出和分析
的，其分析内容见 3.2 节。啁啾光栅可以近似为一系列周期逐级改变的均匀光栅。
相似的展宽也同样通过改变波导宽度来实现。Mizuuchi 等[162]用分段的 QPM 光栅
制作了 LiTaO₃ 波导 SHG，这种做法避免了用标准 EB 写入法制作变化缓慢光滑的
啁啾光栅图样的问题，并用实验证明了带宽增宽：通过波导宽度的调制，在 57 %/W
的 SHG 效率下，带宽展宽到了 0.35 nm；通过光栅周期的调制，在 29 %/W 的 SHG
效率下，带宽展宽到了 1.12 nm。他们也通过使用相位移动分段 QPM 光栅制作了
X-切 MgO:LiNbO₃ 波导蓝色 SHG 器件，并证明了展宽的近平坦响应，同时得到高
转换效率[163]。当 1 cm 长的光栅被分开成具有优化相位移动的三个分段，在保持
效率不低于 0.95× 最大效率的情况下，波长带宽从 0.02 nm 展宽到 0.12 nm，转换
效率为 300 %/W。

另一个方法是由 Nazarathy 等[164]提出的，该方法是在均匀周期的 QPM 光栅
中伪随机地插入极化反转。非线性光学相互作用的带宽通过光栅空间频谱的扩展
而展宽。实验证明是由 Bortz 等[165]给出的，他们是使用带有用以降低调谐曲线中
纹波的可变间距伪随机性极化反转的 QPM 光栅来制作 SHG 器件，且获得在峰值

效率衰减 90%情况下的带宽的 15 倍增强。

有人提出了改进的 QPM 结构，用于宽带相位匹配和/或多波场谐波产生，其中包括了两个按斐波那契数列排列的畴反转模块[166]，以及一个用模拟退火方法优化的非周期性光栅结构[167]，虽然该波导器件还未得到证明。

8.3.3　用于高效率 SHG 的波导结构

在使用标准 APE 波导的 QPM-SHG 器件中，限制实现高效率的一个主要问题是泵浦和谐波的模式尺寸存在较大的差异及峰值位置在空间上的分离。因此，正比于它们之间的重叠的耦合效率不会很大。式（3.27）、式（3.32）和式（3.34）的简单数学考虑显示，对于一个确定的泵浦模式分布，当谐波模式分布正比于泵浦模式的平方时，耦合系数最大。如果模式分布是共同中心的高斯形的，则当 $W_x^{2\omega} = (2)^{-1/2} W_x^{\omega}$ 和 $W_y^{2\omega} = (2)^{-1/2} W_y^{\omega}$ 时，耦合系数最大。典型的标准 APE 波导的谐波模式尺寸小于它的优化尺寸。因此，非常希望达到模式尺寸的匹配和峰值位置的一致性。

为了实现超过上述限定的更高效率，Mizuuch 等[168]提出了使用高折射率包层的 APE 波导。它使用了 X-切 MgO:LiNbO$_3$ APE 波导，且因为其高折射率[2.25（$\lambda = 0.86\ \mu m$），2.47（$\lambda = 0.43\ \mu m$）]，Nb$_2$O$_5$ 被选择用来当作包层材料。平面波导模型的理论分析显示，通过适当设计包层厚度（0.28 μm），TE$_0$ 泵浦和 TE$_1$ 谐波模式之间的重叠增强，如图 8.15 所示，标准化效率可以提高到接近标准 APE 波导中使用 TE$_0$ 泵浦和谐波模式的普通器件的 2 倍。通过溅射法在波导上淀积 Nb$_2$O$_5$ 层的方法，制作出 5 mm 相互作用长度的器件，实现 42 mW 泵浦功率下的 5.5 mW 的蓝光输出和高达 1200 %/(W · cm^2)的标准化效率。

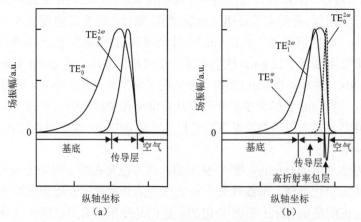

图 8.15　不同波导中的泵浦模式和谐波模式分布之间的对比

（a）标准 APE 波导；（b）高折射率包层 APE 波导

8.3.4 带有分布式布拉格反射镜的 QPM-SHG 器件

因为波导 SHG 器件的波长带宽很小，且法布里-珀罗激光二极管（laser diode，LD）产生的激光波长涉及一些不确定性，所以分别制作 SHG 器件和 LD 来满足 QPM 条件是困难的。作为解决这个难题的一个方法，Shinozaki 等[169, 170]提出了自准相位匹配-分布式布拉格反射镜（distributed Bragg reflector，DBR；QPM-DBR）技术，这里的泵浦波长是由 QPM 波长下的振荡提供的，这种振荡是通过一个耦合于带有防反射-涂覆层端面的 LD 的 QPM-SHG 波导的反馈发生的。一个由 Ti-扩散形成的 QPM 光栅因其带有折射率的周期性调制，所以它可用作一个 DBR。在使用 13 μm 周期的 QPM-DBR 光栅的 LiNbO₃ 和一个 InGaAsP LD 的初步实验中，振荡是在 1.33 μm 波长上，这看起来像是由于第 43 阶布拉格反射，且观察到由一阶 QPM 产生的 0.66 μm 的 SH 波。

Yamamoto 等[171]使用带有用于稳定 LD 激光波长的单片集成式 DBR 的畴反转 LiTaO₃ QPM 波导，证明了 LD 光的有效倍频。一个二阶 DBR 光栅通过 Ta₂O₅ 薄膜的图形淀积制作在 LiTaO₃ 波导上，可以得到 90% 的反射率和 0.2 nm 的 FWHM 波长带宽。通过稳定 LD 的振荡波长，产生了 3.1 mW 功率的蓝光。

8.3.5 谐振波导 SHG 器件

波导谐振器中的 SHG 实验研究是由 Regener 等[172]首次进行。谐振器是通过在 40 mm 长的 Ti:LiNbO₃ 波导的两端面上淀积多层介电层薄膜以形成对于泵浦的高反射率镜面来构建的，且单一频率的 1.09 μm Ar 离子激光器被用来当作一个泵浦源。双折射相位匹配和谐振的调谐通过温度控制实现。达到谐振时，可以观察到输出功率显著的提升，且一个匹配的谐振器可获得 1000 %/W 的标准化效率。Shinozaki 等[173]提出在 QPM 光栅的输入和输出端集成两个 DBR 以增强 QPM-SHG 器件的效率。一个三阶 QPM 光栅、一个通道波导和第 16 阶 DBR 光栅在 LiNbO₃ 中分别通过 Ti-扩散、PE 和第二次 PE 及随后的退火制作。在没有最优化和调谐的初步实验中，获得了与无 DBR 器件相对比的 40% 的效率增加。Weissman 等[174]报道了在布拉格-谐振 QPM 周期性分段 KTP 波导中关于 SHG 的实验和理论研究。

Xu 等[175]提出和证明了在光纤环形谐振腔中的 SHG。一个 QPM-SHG 器件和一个半导体光学放大器（semiconductor optical amplifier，SOA）被分别用来当作非线性光学和增益媒质。环形谐振器是由一个 LiNbO₃ 波导 QPM-SHG 器件、一个 SOA、一个可调谐带通滤波器和保偏光纤构建而成，且一个方向耦合器被嵌入环中来耦合出所产生的谐波。激光波长用滤波器调谐以满足 QPM 条件。虽然输出功率非常低，只有纳瓦级别，但仍观察到 0.77 μm 波长谐波的产生。

　　Fujimura 等[176, 177]提出和证明了一个集成了用于谐振调谐的 EO 相位调制器的泵浦谐振波导 QPM-SHG 器件，如图 8.16 所示。器件通过在一个 Z-切 LiNbO$_3$ 晶体中用电压施加法形成一个 3 μm 周期和 3 mm 相互作用长度的 QPM 光栅及一个 7 mm 长的 APE 波导来制作的。电光调制器通过在波导上淀积一个 SiO$_2$ 光学缓冲层和 Al 平面电极制作而成的。为了形成一个匹配谐振器，需要在波导的前后端面上附以 70%（后端面）和 99%（前端面）反射率的介电镜面。获得了 4 pm FWHM 谐振宽度和精细度为 8 的波导谐振器。对于 SHG 实验，器件使用 0.865 μm 波长的 LD 泵浦。QPM 是将温度控制在 17.7℃来实现的，谐振是由温度的精细控制或 EO 调谐来实现的，获得了 400 %/W 的标准化 SHG 效率，这相当于增强了 8 倍。

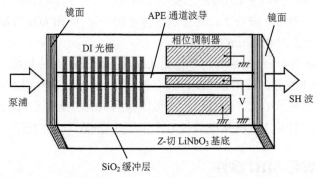

图 8.16　附带一个用于谐振调谐的集成电光相位调制器的泵浦谐振波导 QPM-SHG

8.3.6　带有电光元件的波导 SHG 器件

　　一些 SHG 器件的实际应用需要输出 SH 强度的时间调制。但是对法布里-珀罗型泵浦 LD 的直接高频调制，常常引起多模激光产生和引起 SH 效率的衰减及输出功率的不稳定和噪声。作为一种替代方法，Helmflid 等[178]提出在波导 QPM-SHG 器件中的新型强度调制方案，其中电光效应用来调制相位失配。理论分析显示，在低于 5-V TTL 水平下的开关电压是可行的，且在行波条状电极结构中，可以获得在千兆赫范围的调制带宽。Ito 等[179]使用 Z-切 LiTaO$_3$ APE 波导制作了这种 QPM-SHG 器件，制作了带有 SiO$_2$ 缓冲层的行波型 Al 电极，证明了在标准 SHG 效率为 0.4 %/(W · cm^2)及开关电压为 180 V 时的 1 MHz 调制频率。

　　为了实现更高功能性的应用，如显示和数据存储，Chiu 等[180]提出了一个集成光学器件，其包含了 QPM-SHG 器件、用于 SH 波准直的 EO 透镜和用于光束扫描的 EO 棱镜。QPM 光栅、EO 透镜和棱镜分别通过 Z-切 LiTaO$_3$ 晶体中周期的、半圆的和三角形的畴反转制作而成，并用 APE 形成通道和平面波导用于 SHG 部分和透镜/棱镜部分。然后矩形电极被淀积在 EO 部分。SHG、EO 准直和扫描的初步实验也有被报道过。

8.3.7　级联 SHG-SFG 三次谐波发生器

Kintaka 等[181]提出和证明一个具有用于 SHG 和 SFG 产生短波长三次谐波的级联 QPM 结构的 LiNbO₃ 波导器件。三次谐波发生器结构图显示在图 8.17 中。当器件被一束角频率为 ω 的基本波输入泵浦时，会在第一 QPM 部分产生 2ω 的 SH 波，且透射过来的泵浦光和产生的谐波在第二 QPM 部分由 SFG 产生三次谐波（$\omega+2\omega\rightarrow3\omega$）。输出三次谐波功率正比于泵浦功率的三次方。虽然 THG 可以由三阶非线性光学进程来实现，但是实现有效的 THG 是由困难的，因为三阶非线性光学系数非常小。1.06 μm 波长的 Nd:YAG 激光器的 THG 器件的制作是由施加电压形成的 QPM 光栅和用 APE 形成的波导组成的。用于一阶 QPM-SHG 的光栅周期是 6.19 μm（1：1 占空比），用于二阶 QPM-SFG 的光栅周期为 3.31 μm（1：3 占空比），SHG 和 SFG 的相互作用长度均为 3 mm。在一个实验中，在 30 mW 泵浦功率下可以获得 0.36 mW 功率的紫外（0.355 μm 波长）TH 输出光波。

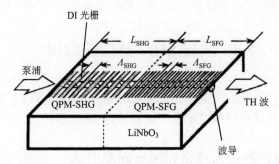

图 8.17　包含了级联 QPM-SHG 和 QPM-SFG 部分的一个波导 THG 器件

8.3.8　稀土元素掺杂波导自倍频产生激光器

LiNbO₃ 晶体可以掺杂稀土元素，如 Nd 和 Er，它们显示了激光活性。一个紧凑的波导型固态激光器可以通过在这种掺杂晶体中形成通道波导，并且在波导的两端面上制作激光反射镜以形成激光谐振器来实现[182, 183]。激光器振荡是通过一个波长短于波导激光器的外在泵浦激光器产生的激光来泵浦器件而实现的。波导自倍频激光器可以通过在这种 LiNbO₃ 波导激光器上集成一个 QPM 结构来实现，这里的激光 SH 波是通过腔内 SHG 产生的。

Becker 等[183]使用 Ti:Er:LiNbO₃ 波导，首次制作和证明了波导自倍频激光器。

波导激光器被 1.48 μm 波长的 LD 泵浦，且在 87 mW 的阈值耦合泵浦功率下发生了在 1.53 μm 处振荡的激光，获得输出基本和谐波功率分别达到 2.4 mW 和 2.7 μm。

　　Fujimura 等[184]使用 Nd:LiNbO₃ 制作和证明了一个自倍频激光器。器件结构如图 8.18 所示。其中的淀积在−Z 表面上的 Nd 薄膜在 1070℃下进行热扩散用于掺杂，QPM 光栅（6.64 μm 周期和 1 mm 相互作用长度）是通过电压施加法形成的，且波导是通过 APE 技术形成的，最后在波导两端面上镀以激光器反射镜。器件的总长度是 27 mm。器件维持在 100℃以避免光折变损伤，且其被 0.814 μm 波长光泵浦。1.804 μm 的激光振荡在 45 mW 的阈值吸收泵浦功率下获得，并且在 140 mW 吸收泵浦功率下，可以获得高至 1.2 μW 功率的 0.542 μm 的 SH 绿光。

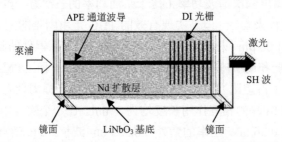

图 8.18　使用 Nd:LiNbO₃ 波导和 QPM 光栅的自倍频激光器

8.4　波导 SHG 器件的应用

　　人们对波导 SHG 器件在光学信息处理包括光盘存储等的实际应用上做了大量的研究工作。本节从应用角度出发，讨论波导 SHG 器件。

8.4.1　C-SHG 器件的输入耦合和输出光束形成

　　自从毫瓦级别输出功率的短波长相干光的产生在 C-SHG 器件中被证明，人们就开始考虑将它应用到光学信息处理上，如光学打印器和光盘存储器。对于这些应用，包含了一个波导 SHG 器件和一个用于泵浦的 LD 的紧凑型 SHG 激光器模块是最基本的要素。在这里，实现 LD 和波导之间的高效率耦合是非常重要的，因为 SHG 器件的输出功率正比于波导中的泵浦功率的平方。在简单的对接耦合情况下，当波导的模式尺寸匹配 LD 的模式尺寸时，可以获得较高的耦合效率。另外，对于一个高效率的 C-SHG，模式应该尽可能的小。为了在 C-SHG 的输出功率上取得最大值，Mizuuchi 等[185]提出用楔形波导进行输入耦合。楔形部分采用两步选择性的 PE 制作，用于 C-SHG 的 MgO:LiNbO₃ PE 波导的输入端上。实现的耦合损耗小于 1.3 dB，在脉冲 C-SHG 中 1.18 W LD 功率下，可以获得高达 12.3

mW 的峰值输出 SH 功率。

从使用了通道波导的 C-SHG 器件中,输出的谐波显示了远场图样是弧形的,很难通过普通的凸透镜准直成一个光束或聚焦成一个小的斑点。Tatsuno 等[186]研究了半锥透镜的设计应用于准直,且证明了被其准直的光束可以有效地聚焦成一个近衍射受限斑。使用一个用 LiNbO₃ 制作的圆锥透镜,实验证明了发散角在 1° 以内的准直。Chikum 等研究使用了锥透镜[187]及球形、双凸镜、双凹镜和弯月镜的组合[188]的非线性光学晶体芯层光纤 C-SHG 器件输出的 SH 波进行的准直和聚焦。

8.4.2　短脉冲、多色彩和紫外光的产生

波导 C-SHG 器件的一个重要优势是非常宽广的波长,可接受带宽。可能产生 SH 波的基本光波有着一个较广的波长谱,包括来自多模 LD 的超短光学脉冲和辐射。因为脉冲 SHG 输出的 SH 波的瞬间功率近似正比于输入基本光比波瞬间功率的平方,SH 脉冲宽度相比基本脉冲宽度有所压缩。压缩的比率对于高斯脉冲为 0.7。

Ohya 等[189]证明了由 LiNbO₃ 波导 C-SHG 器件中的带有饱和吸收增益开关的 AlGaAs LD 的输出光进行倍频所产生的皮秒蓝色脉冲 SH 波。Tohmon 等[190]证明了由具有 PE MgO:LiNbO₃ 波导的 C-SHG 器件中的一个增益开关 AlGaAs LD 的输出光进行倍频所产生的紫外皮秒脉冲光。在 0.39 μm 下获得 1.35 mW 的脉冲峰值功率和 19.3 ps 的宽度。这是用带有 LD 的简单结构实现产生短波长紫外脉冲的一个独特方法。

Yamamoto 等[191]证明 0.86 μm 和 1.3 μm 的两个激光二极管泵浦的 PE MgO:LiNbO₃ 波导中的 C-SFG/SHG,同时产生了蓝光(波长 0.43 μm)、绿光(波长 0.52 μm)和红光(波长 0.65 μm)辐射。

Laurell 等[192]证明了在分段 KTP 波导中的 SFG,并通过两个红外输入光,将 QPM 和 BPM 与 SHG 和 SFG 相结合,同时产生了紫外、蓝光和绿光辐射[193]。Sundheimer 等[194]证明了单个 1.650 μm 波长的泵浦激光器源(锁模 NaCl:OH 颜色中心激光器),在一个 25 μm 周期的分段 KTP QPM 波导中,同时产生了红光(波长 0.825 μm)、绿光(波长 0.55 μm)和蓝光(波长 0.4125 μm)辐射。红光、绿光和蓝光是通过基本波和产生的 SH 波的一阶 QPM-SHG 和三阶 QPM-SFG、产生的 SH 波(第四谐波产生)的第七阶 QPM-SHG 所产生的。

紫外光通过级联 SHG-SFG 产生已在 8.3.7 节中描述[181]。Sugita 等[195]证明了有效紫外光在 MgO:LiNbO₃ 波导 QPM-SHG 器件中的产生。通过多重短脉冲施加进行电极化的一个 2.2 μm 周期和 1.5 μm 厚度的均匀 QPM 光栅,形成在非标准切割的 MgO:LiNbO₃ 衬底上,其覆盖的相互作用长度为 10 mm,产生标准效率达

1000 %/W 的 0.386 μm 波长的 SH 波紫外光。

8.4.3　蓝光 QPM-SHG 激光器的实现

在波导 QPM-SHG 器件中实现了高效率后,研究工作朝着混合集成波导 QPM-SHG 器件和一个泵浦 LD,实现向紧凑型蓝光 SHG 激光模块的方向发展。多种模块结构被开发,以实现高输出功率、可稳定操作和小型化。

（1）使用 Z-切晶体的 QPM-SHG 器件

大部分的 LD 振荡于 TE 模（电场平行衬底平面）,且沿着平行衬底的方向近场模式图样的宽度大于其垂直方向。另外,一个使用 TM 模工作的 Z-切晶体的 QPM-SHG 器件,其模式图样沿着平行方向常常比垂直方向有更大的宽度。为了偏振匹配,LD 衬底相对于波导衬底旋转了 90° 的耦合结构导致了耦合效率的降低。一个解决方案是使用一对透镜（准直和聚焦透镜）来耦合一个共平面结构的波导和 LD,并在两透镜之间插入一个用于 90° 偏振旋转的半波片。使用通常的法布里-珀罗 LD 作为泵浦激光器涉及一个难以实现和维持 QPM 的问题,这是因为不同样品的激光波长有差异及由波导端面的残余反射造成的外部反馈的不稳定性。

Yamamoto 等[196]报道,用改进的制作工艺制作的 10 mm 长的 LiTaO$_3$ 波导 QPM-SHG 器件产生了高功率和稳定输出的蓝光。可调谐的 Ti:Al$_2$O$_3$ 泵浦激光器的测试显示,FWHM 泵浦波长带宽窄到了 0.12 nm（对应于约为 2.5℃的温度宽度）,因此,对于使用普通法布里-珀罗型激光二极管的 SHG,波长锁定是最重要的。泵浦激光二极管产生的激光波长在 QPM 波长调谐,并通过外部光栅的波导的反馈使之稳定,如图 8.19a 所示。在泵浦功率为 72 mW 下实现了 8 mW 稳定的蓝光 SHG 输出功率。他们也证明了相同结构中的高效率蓝光 QPM-SHG,其中泵浦 LD 的准连续工作是由 RF 叠加驱动的[197]。LD 通过增益开关效应和光栅,反馈产生了单纵模的高重复率泵浦脉冲,且对于 34 mW 的平均耦合泵浦功率,得到了 13%效率的 4.5 mW 平均输出功率。Azouz 等[198]证明了在一个使用增益开关外腔激光二极管的相似实验中,脉冲泵浦可得到 15 倍的效率的提升。相似的波长稳定方法也被应用于 KTP 波导 SHG 器件[199]。

Kitaoka 等[200]提出和证明了一个同轴光学结构的 SHG 激光模块,如图 8.19b 所示。在共焦透镜光路中插入了一个透射型介电波长滤波器来实现 LD 和 LiTaO$_3$ 波导的耦合。激光波长被调谐并锁定在 QPM 波长上,通过调节滤波器的倾斜角度和波导输入端面处的泵浦光反射来实现调谐外部反馈的波长。入射泵浦功率为 48 mW 时获得 4.2 mW 的稳定蓝光。他们也证明了 LD 和 Z-切 LiTaO$_3$ APE 波导的有效直接端对端耦合[201]。一个半波薄膜通过 Ta$_2$O$_5$ 的倾斜淀积形成在波导的端面上，将 TE 模的 LD 光耦合到 TM 波导模中，可以获得高达 53% 的耦合效率。关于基于 LiNbO₃ 和 KTP 波导的 QPM-SHG 器件的可见光激光光源的早期工作综述见 Webjörn 等[199]。他们也讨论了半导体激光源适用于倍频，包括工作于高达 200 mW 输出功率的 DBR 激光器，超过 1 W 输出功率的主振荡器功率放大器（master oscillator power amplifiers，MOPA），以及输出功率超过 0.5 W 的波长可调喇叭形半导体激光器。基于非线性光学波导中的倍频的 DBR 激光器的紧凑型 425 nm 波长 1～4 mW 输出功率蓝光激光器已经被证明。

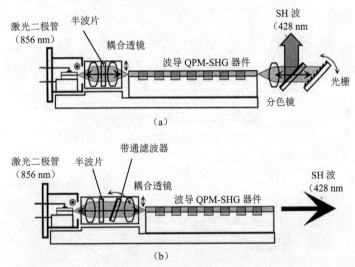

图 8.19　用于调谐和稳定法布里−珀罗型泵浦激光二极管的发射波长的结构
(a) 使用一个光栅；(b) 使用一个带通滤波器

（2）使用 X-切晶体的 QPM-SHG 器件

在 Z-切器件之后，使用一个 X-切晶体的 QPM-SHG 器件得到了发展[55-56]，为的是消除上述描述的耦合难题，即为了消除用于偏振旋转的半波片的需要。使用 X-切晶体的 QPM-SHG 器件结构见图 8.20。还应提及，工作在近红外（约 0.8 μm 波长）区域的高功率可调谐 DBR LD 的发展消除了与法布里−珀罗 LD 的使用相关的大多数难点[202, 203]。因此，更简单、更稳定的模块结构变得可行。

一个无耦合棱镜的小型化 SHG 蓝光激光器已经由 Kitaoka 等证明[204-205]。该 SHG 激光器包括了一个 X-切 MgO:LiNbO₃ 中的波导 QPM-SHG 器件和一个与此波导波导端对端耦合的可调谐 DBR LD。在一个 X-切衬底上使用波导 QPM-SHG 器件，允许了有效的 LD 到波导的耦合而无需半波片，得到了 75% 的最大化耦合效率。20 mW 的基波耦合功率产生了 2 mW 的蓝光功率。机械化稳定性和温度循环测试显示，耦合效率在模块温度为 10～60℃ 内被维持着。通过控制 DBR-LD 产生的激光波长来稳定蓝光功率的方法也是由 Yokahama 等[206]开发的。模块的尺寸为 5 mm×12 mm×1.5 mm，即体积为 0.1 cm³，这样小已足以适合光磁盘存储的应用。已证明了使用 98 mW 的耦合泵浦功率可产生峰值功率高达 21.5 mW 的调制蓝光，蓝光 SHG 激光器模块已经商业化，商业化 SHG 激光器的构造和照片如图 8.21 所示[207, 208]。模块的尺寸为 18 mm×5 mm×3 mm，该模块可提供波长为 410 nm、调制峰值功率为 30 mW 和发散角为 5°×10° 的谐波输出。

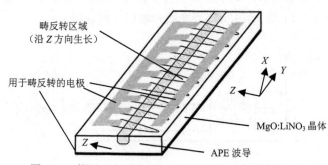

图 8.20　使用 X-切晶体的 QPM-SHG 器件的结构

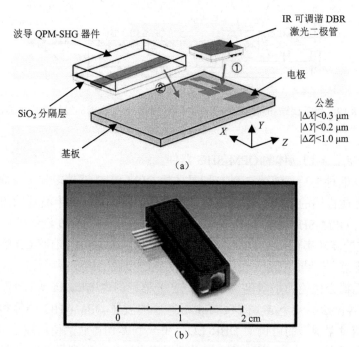

(a)

(b)

图 8.21　商业化蓝光 SHG 激光器模块的构造和照片

（a）构造；（b）照片。此模块使用了一个 MgO:LiNbO₃ 波导 QPM-SHG 器件和一个可调谐 DBR LD（日本松下电气有限公司提供）

8.4.4　应用于光盘存储

在短波长盘式存储的发展进程中，基于波导 QPM-SHG 器件且应用于光盘存储系统的蓝光 SHG 激光模块得到了研究。

Yamamoto、Kitaoka 和 Mizuuch 等[209-212]证明了使用蓝光 SHG 激光器进行高密度磁盘的读出。图 8.22 显示其光盘读出头的结构[210]。其中使用了一个高数值孔径（numerical aperture，NA=0.6）的物镜。所测得的 FWHM 聚焦斑点宽度在子午和弧矢方向均为 0.39 μm，显示了没有使用光学隔离器的 SHG 激光器也能展示出低噪声特性，这是因为没有 LD 光从光盘直接反馈到 LD。测得的相对强度噪声（relative intensity noise，RIN）是−145 dB/Hz[212]（0.426 μm 波长下 2 mW 功率的理论散粒噪声水平是−153.3 dB/Hz）。使用了 0.74 μm 轨道空间和 0.29 μm 最小凹坑长度的高密度磁盘，获得了 11%抖动的高质量读出信号。对于 0.25 μm 的单调信号，载波/噪声比（C/N）测得为 52.4 dB[210]。这些结果显示，SHG 激光器非常适合超过 10 GB 记录容量的光盘系统的实现。

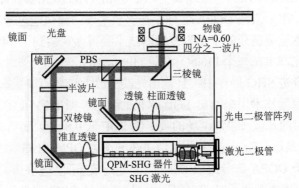

图 8.22　使用蓝光波导 QPM-SHG 激光器模块的光盘读出头的构造

在光盘中写入数据需要对写入光束的强度调制。Kitaoka 等[213]证明了通过可调谐泵浦 DBR LD 的直接调制，实现对于波导 QPM-SHG 激光器蓝光输出的高速强度调制。为了容忍由直接调制引起的泵浦频率啁啾，使用了一个带有用来展宽响应平顶的移相 QPM 光栅的 X-切 MgO:LiNbO₃ 波导 SHG 器件[163]，并获得了在 20 MHz 调制频率下的 17 mW 峰值输出功率。利用调制技术，他们也证明了对一个相位改变光盘的高密度数据写入，这个光盘包括了在聚碳酸酯材料衬底上的 GeSbTe 记录层和 Au 反射层，该衬底具有为蓝光读写而开发的 0.33 μm/0.35 μm 的表层/槽层结构。同时完成了 10 MHz 调制、6 m/s 速率和 0.24 μm 标记长度的记录，这相当于在 120 mmφ 光盘中写入 15 GB 的数据[210-212]。

如上述例子所示，基于波导 QPM 技术的蓝光 SHG 激光器已经在新一代光盘存储系统的发展中扮演了一个非常重要的角色。虽然基于 GaN 的蓝色激光二极管[214]的快速发展已经达到了实际应用和商业化，且不容置疑它们将在用户系统中被宽泛使用，但是有些应用需要更高的功率、更短的波长和/或更低的噪声，这时使用 SHG 激光器可能更合适。

8.4.5　其他应用

波导 SHG 器件在超快光学信号处理中的多种应用已经被提出和证明。早期工作包括 LiNbO₃ 波导中表面发射 SHG 的两个相向传播光学信号的卷积处理[215]、GaAs 波导中表面发射 SHG 的光学自相关[99, 101, 216]和利用 LiNbO₃ 波导中 QPM-SHG 的皮秒脉冲自相关测量[217]。超快光学信号处理的应用我们将在第 11 章中详细讨论。

通过 SHG 产生压缩光的理论已经在第 5 章中讨论过。使用波导非线性光学器件来产生压缩光的可能性是由 Giacobino 提出的[218]。第一次使用波导器件产生压缩光的实验证明是由 Serknand 等给出的[219]，他们使用两块 LiNbO₃ QPM 波导来进行 SHG 和 DOPA 以产生压缩真空。锁模 Nd:YAG 激光器脉冲用来泵浦 SHG 器件，谐波脉冲用来泵浦 DOPA 器件。基本频率场的起伏通过一种使用了 Nd:YAG 激光器作为本地振荡器的平衡零差探测技术测得，观察到了 14%的压缩。他们也证明了压缩光产生在一个 LiNbO₃ 波导 QPM-SHG 器件中[220]。锁模 KCl:Tl⁺色心激光脉冲被耦合进 SHG 器件中，且输出光波的放大噪声用谐振探测器来直接探测，这里的平衡探测技术用来给出 SQL 水平的参考。图 8.23 显示了实验结构的示意图。测得透射的基波（泵浦）场的噪声比 SQL 低 0.8 dB，而谐波场的噪声比 SQL 低 0.35 dB。最近，Kanter 等[221]报道了在一个由 QPM-SHG 部分、耦合器、模式滤波器和一个 DOPA 部分组成的集成 LiNbO₃ 波导回路中的压缩。使用 6 W 峰值功率的 20 ps 脉冲得到了–1 dB 的压缩。期望波导 QPM 器件在量子光学领域中有更大的应用发展。关于导波量子光学，包括最近的研究动态，已有 Ostrowsky 等[222]和 Suhara 等[223]给出了综述。

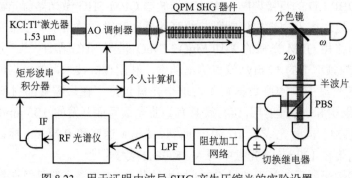

图 8.23　用于证明由波导 SHG 产生压缩光的实验设置

参 考 文 献

[1] P.K.Tien: Appl. Opt., 10, pp.2395-2413 (1971)

[2] G.I.Stegeman, C.T.Seaton: J. Appl. Phys., 58, pp.R57-R78 (1985)

[3] P.K.Tien, R.Ulrich, R.J.Martin: Appl. Phys, Lett., 17, pp.447-450 (1970)

[4] Y.Suematsu, Y.Sasaki, K.Shibata: Appl. Phys. Lett. 23, pp.137-138 (1973)

[5] Y.Suematsu, Y.Sasaki, K.Furuya, K.Shibata, S.lbukuro: IEEE J. Quantum Electron., QE-10, pp.222-229 (1974)

[6] B.U.Chen, C.L.Tang, J.M.Telle: Appl. Phys. Lett., 25, pp.495-498 (1974)

[7] B.U.Chen, C.L.Tang: IEEE J. Quantum Electron., QE-11, pp.177-178 (1975)

[8] B.U.Chen, C.C.Ghizoni, C.L.Tang: Appl. Phys. Lett., 28, pp.651-653 (1976)

[9] W.K.Burns, A.B.Lee: Appl. Phys. Lett., 24, pp.222-224 (1974)

[10] S.Zemon, R.R.Alfano, S.L.Shapiro, E.Conwell: Appl. Phys. Lett., 21, pp.327-329 (1972)

[11] T.Shiozaki, S.Fukuda, K.Sakai, H.Kuroda, A.Kawabata: Jpn. J. Appl. Phys., 19, pp.2391-2394 (1980)

[12] H.Ito, N.Uesugi, H.Inaba: Appl. Phys. Lett., 25, pp.385-387 (1974)

[13] H.Ito, H.Inaba: Opt. Commun., 15, pp.104-107 (1975)

[14] H.Ito, H.Inaba: Opt. Lett., 2, pp.139-141 (1978)

[15] K.Nunomura, A.Ishitani, T.Matsubara, I.Hayashi: J.Crystl. Growth 45, p.355 (1978)

[16] K.Jain, G.H.Hewig: Opt. Commun., 36, pp.438-486 (1981); G.H.Hewig, K.Jain: J. Appl. Phys., 54, pp.57-61 (1983)

[17] D.Blanc, A.M.Bouchox, C.Plumerau, A.Cachard: Appl. Phys. Lett., 66, pp.659-661 (1995)

[18] M.M.Hopkins, A.Miller: Appl. Phys. Lett., 25, pp.47-50 (1974).

[19] N.Uesugi, T.Kimura: Appl. Phys. Lett., 29, pp.572-574 (1976)

[20] N.Uesugi, K.Daikoku, K.Kubota: Appl. Phys. Lett., 34, pp.60-62 (1979)

[21] N.Uesugi, K.Daikoku, M.Fukuma: J. Appl. Phys., 49, pp.4945-4946 (1978)

[22] W.Sohler, H.Suche: Appl. Phys. Lett., 33, pp.518-520 (1978)

[23] W.Sohler, H.Suche: Proc. SPIE, 408, pp.163-171 (1983)

[24] S.Neveu, J.P.Barety M.DeMicheli, P.Sibillot, D.B.Ostrowsk, M.Papuchon: Top. Meet. Integrated Guided Wave Opt., PDP, pp.24-26 (Kisimmee, FL. 1984)

[25] M.M.Fejer, M.J.Digonet, R.L.Byer: Opt. Lett., 11, pp.230-232 (1986)

[26] M.DeMicheli, J.Botineau, S.Neveu, P.Sibillot, D.B.Ostrowsky, M.Papuchon: Opt. Lett., 8, pp.116-118 (1983)

[27] M.DeMicheli: J. Opt. Commun., 4, pp.25-31 (1983)

[28] T.Taniuchi, K.Yamamoto: Proc. SPIE, 864, pp.36-41 (1988)

[29] G.Tohmon, K.Yamamoto, T.Taniuchi,: Proc. SPIE, 898, pp.70-75 (1988)

[30] N.A.Sanford, J.M.Connors: J. Appl. Phys., 65, pp.1429-1437 (1989)

[31] M.J.Li, M.De Micheli, Q.He, D.B.Ostrowsky: IEEE J. Quantum Electron., 26, pp.1384-1393 (1990)

[32] B.Jaskorzynska, G.Arvidsson, F.Laurell: Proc.SPIE, 651, pp.221-228 (1986)

[33] J.Webjörn, F.Laurell, G.Arvidsson: J. Lightwave Tech. 7, ppJ597-1600 (1989)

[34] E.J.Lim, M.M.Fejer, R.L.Byer: Electron. Lett., 25, pp.174-175 (1989)

[35] E.J.Lim, M.M.Fejer, R.L.Byer, W.J.Kozlovsky: Electron. Lett., 25, pp.731-732 (1989)

[36] Y.Ishigame, T.Suhara, H.Nishihara: Opt. Lett., 16, pp.375-377 (1991)

[37] F.Armani, D.Delacourt, E.Lallier, M.Papuchon, Q.He, M.DeMicheli, D.B. Os-trowski: Electron. Lett., 28, pp.139-140 (1992)

[38] C.Cao, R.Srivastava, R.V.Ramaswamy: Opt. Lett., 17, pp.592-594 (1992)

[39] C.Cao, B.Rose, R.V.Ramaswamy, R.Srivastava: Opt. Lett., 17, pp.795-797 (1992)

[40] H.Endoh, Y.Sampei, Y.Miyagawa: Electron. Lett., 28, pp.1594-1596 (1992)

[41] J.Webjörn, F.Laurell, G.Arvidsson: IEEE Photon. Tech. Lett., 1, pp.316-318 (1989)

[42] M.Fujimura, T.Suhara, H.Nishihara: Electron. Lett., 27, pp.1207-1208 (1991)

[43] S.Helmfrid, G.Arvidsson: J. Opt. Soc. Amer., B, 8, pp.797-804 (1991)

[44] S.Helmfrid, G.Arvidsson, J.Webjom: J. Opt. Soc. Amer., B, 10, pp.222-229 (1993)

[45] D.Delacourt, F.Armani, M.Papuchon: IEEE Trans. Quantum Electron., 30, pp.1090-1099 (1994)

[46] M.Fujimura, T.Suhara, H.Nishihara: Electron. Lett., 28, pp.721-722 (1992)

[47] M.Fujimura, K.Kintaka, T.Suhara, H.Nishihara: Electron. Lett., 28, pp.1868-1869 (1992)

[48] M.Fujimura, K.Kintaka, T.Suhara, H.Nishihara: J.Lightwave Tech., 11, pp.1360-1368 (1993)

[49] T.Suhara, M.Fujimura, H.Nishihara: Nonlinear Opt., 7, pp.345-356 (1994)

[50] M.Yamada, N.Nada, M.Saitoh, K.Watanabe: Appl. Phys. Lett., 62, pp.435-436 (1993)

[51] K.Kintaka, M.Fujimura, T.Suhara, H.Nishihara: J. Lightwave Tech., 14, pp.462-468 (1996)

[52] J.Amin, V.Pruneri, J.Webjörn, P.S.Russell, D.C.Hanna, J.S.Wilkinson: Opt. Com-mun., 135, pp.41-44 (1997)

[53] S.Sonoda, I.Tsuruma, M.Hatori: Appl. Phys. Lett., 70, pp.3078-3080 (1997)

[54] S.Sonoda, I.Tsuruma, M.Hatori: Appl. Phys. Lett., 71, pp.3048-3050 (1997)

[55] K.Mizuuchi, K.Yamamoto, M.Kato: Electron. Lett., 33, pp.806-807 (1997)

[56] T.Sugita, K.Mizuuchi, Y.Kitaoka, K.Yamamoto: Opt. Lett., 24, pp.1590-1592 (1999); Rev. Laser Eng., 28, pp.604-608 (2000)

[57] T.Kawaguchi K.Mizuuchi, K.Yamamoto, T.Yoshino, M.Imaeda, T.Fukuda: J. Crystl. Growth, 191, pp.125-129 (1998)

[58] T.Kawaguchi K.Mizuuchi, T.Yoshino, M.Imaeda, K.Yamamoto, T.Fukuda: Rev. Laser Eng., 28, pp.600-603 (2000)

[59] M.Fujimura, H.Ishizuki,T.,Suhara, H.Nishihara: Tech. Dig. Pacific Rim Conf. Laser Electro-Optics, MEl-5, pp.I96-197 (2001)

[60] E.Cantelar, R.E.DiPaolo, J.A.Sanz-Garcia, P.L.Pemas, R.Nevado, G.Lifante, F .Cussó: Appl. Phys. B, 73, pp.513-517 (2001)

[61] G.L.Tangonan, M.K.Baranoski, J.F.Lotspeich, A.Lee: Appl. Phys. Lett., 30, pp.238-240 (1977)

[62]　S.Kase, K.Ohi: Ferroelectrics, 8, pp.419-420 (1974)

[63]　K.Mizuuchi, K.Yamamoto, T.Taniuchi: Appl. Phys. Lett., 58, pp.2732-2734 (1991)

[64]　H.Åhlfeldt, J.Webjörn, G.Arvidsson: IEEE Photon. Tech. Lett., 3, pp.638-639 (1991)

[65]　K.Yamamoto, K.Mizuuchi, K.Takeshige, Y.Sasai, T.Taniuchi: J. Appl. Phys., 70, pp.1947-1951 (1991)

[66]　K.Yamamoto, K.Mizuuchi, T.Taniuchi: Opt. Lett., 16, pp.1156-1158 (1991)

[67]　S.Matsumoto, E.J.Lim, H.M.Hertz, M.M.Fejer: Electron. Lett., 27, pp.2040-2041 (1991)

[68]　K.Mizuuchi, K.Yamamoto, T.Taniuchi: Appl. Phys. Lett., 59, pp.1538-1540 (1991)

[69]　K.Yamamoto, K.Mizuuchi: IEEE Photon. Tech. Lett., 4, pp.435-437 (1992)

[70]　K.Yamamoto, K.Mizuuchi: Appl. Opt., 33, pp.1812-1818 (1994)

[71]　K.Mizuuchi, K.Yamamoto: Appl. Phys. Lett., 60, pp.1283-1285 (1992)

[72]　S.Y.Yi, S.Y.Shin, Y.S.Jin, Y.S.Son: Appl. Phys. Lett., 68, pp.2493-2495 (1996)

[73]　J.D.Bierlein, D.B.Laubacher, J.B.Brown, C.J.van der Poel: Appl. Phys. Lett., 56, pp.1725-1727 (1990)

[74]　W.P.Risk: Appl. Phys. Lett. 58, pp.19-21 (1991)

[75]　W.P.Risk, S.D.Lau, S.D.Fontana, L.Lane C.H.Nadler: Appl. Phys. Lett. 63, pp.1301-1303 (1993)

[76]　C.J.van der Poel, J.D.Bierlein, J.B.Brown, S.Colak,: Appl. Phys. Lett., 57, pp.2074-2076 (1990)

[77]　M.Jongerius, R.J.Bolt, N.A.Sweep: J. Appl. Phys., 75, pp.3316-3325 (1994)

[78]　D.Eger, M.Oron, M.Katz, A.Sussman: Appl. Phys. Lett., 64, pp3208-3209 (1994)

[79]　F.Laurell, J.B.Brown, J.D.Bierlein: Appl. Phys. Lett., 60, pp.1064-1066 (1993)

[80]　H.Tamada, C.Isobe, M.Saitoh: Tech. Dig. Integrated Photonic Res., 8, pp.95-96 (1991)

[81]　L.Zhang, P.J.Chandler, P.D.Townsend, Z.T.Alwahabi, A.J.McCaffery: Electron. Lett., 28, pp.1478-1480 (1992)

[82]　Q.Chen, W.P.Risk: Electron. Lett., 32, pp.107-108 (1996)

[83]　D.Eger, M.Oron, M.Katz, A. Reizman, G.Rosenman, A.Skliar: Electron. Lett., 33, pp.1548-1550 (1997)

[84]　X.Gu, M.Makarov, Y.J.Ding, B.Khurgin, W.P.Risk: Opt. Lett., 24, pp.127-129 (1999)

[85]　X.Mu, I.B.Zotova, Y.J.Ding, W.P.Risk: Opt. Commun, 181, pp.153-159 (2000)

[86]　P.Gunter, P.M.Asbeck, S.K.Kurz: Appl. Phys. Lett., 35, pp.461-463 (1979)

[87]　A.Biaggio, P.Kerkoc, L.S.Wu, P.Gunter, B.zysset: J. Opt. Soc. Am. B, 9, pp.507-517 (1992)

[88]　D.Fluck, B.Binder, M.Kupfer, H.Looser, C.Buchal, P.Gunter: Opt. Commun., 90, pp.304-310(1992)

[89]　D.Fluck, J.Moll, P.Gunter, M.Fleuster, C.Buchal: Electron. Lett., 28, pp.1092-1093 (1992)

[90]　T.Pliska, D.K.Jundt, D.Fluck, P.Gunter: Electron. Lett., 30, pp.562-563 (1994)

[91]　D.Fluck, T.Pliska, P.Gunter, M.Fleuster, C.Buchal, D.Rytz: Electron. Lett., 30, pp.1937-1938 (1994)

[92]　D.Fluck, P.Gunter: IEEE J. Selected Top. Quantum Electron., 6, pp.122-131 (2000)

[93]　J.P.Meyn, M.E.Klein, D.Woll, R.wallenstein, D.Rytz: Opt. Lett., 24, pp.1154-1156 (1999)

[94]　D.B.Anderson, J.T.Boyd: Appl. Phys. Lett., 19, pp.266-268 (1971)

[95]　J.P.van der Ziel, R.C.Miller, R.A.Logan, W.A.Nordland,Jr., R.M.Mikulyak: Appl. Phys. Lett., 25, pp.238-240 (1974)

[96]　J.P.van der Ziel, M.Ilegems, P.w.Foy, R.M.Mikkulyak: Appl. Phys. Lett., 29, pp.775-777 (1976)

[97]　J.P.van der Ziel, R.M.Mikulyak, A.Y.Cho: Appl. Phys. Lett., 27, pp.71-73 (1975)

[98]　J.Stone, C.A.Burrus, R.D. Standley: J. Appl. Phys., 50, pp.7906-7913 (1979)

[99]　D.Vakhshoori, R.J.Fisher,M.hong, D.L.Sivco, G.J.Zydzik, G.N.Chu, A.Y.Cho:Appl. Phys. Lett., 59, pp.896-898 (1991)

[100] N.D.Whitbread, J.S.Roberts, P.N.Robson, M.A.Pate: Electron. Lett., 29, pp.2106-2107 (1993)

[101] N.D.Whitbread, J.A.Williams, J.S.Roberts, I.Bonnion, P.N.Robson: Opt. Lett., 19, pp.2089-2091 (1994)

[102] H.Dai, S.Janz, r.Normandin, J.Nielsen, F.Chatenoud, R.Williams: IEEE Photon. Tech. Lett., 4, pp.820-823 (1992)

[103] T.G.Ulmer, M.Hanna, B.RWashburn, C.M.Verber, S.Ralph, A.J.SpringThorpe: Appl. Phys. Lett., 78, pp.3406-3408 (2001)

[104] A.Fiore, V.Berger, E.Rosencher, N.Laurent, S.Thelmann, N.Vodjdani, J.Nagel: Appl. Phys. Lett., 68, pp.1320-1322 (1996)

[105] A.Fiore, V.Berger, E.Rosencher, P.Bravetti, J.Nagel: Nature, 391, pp.463-465 (1998)

[106] A.Fiore, V.Berger, E.Rosencher, P.Bravetti, N.Laurent, J.Nagel: Appl. Phys. Lett., 71, pp.2587-2589 (1997)

[107] A.Fiore, S.Janz, L.Delobel, P. van der Meer, P.Bravetti, V.Berger, E.Rosencher, J.Nagel: Appl. Phys. Lett., 72, pp.2942-2944 (1998)

[108] K.Moutzuouris, S.Venugopal Rao, M.Ebrahimzadeh, A.De Rossi, V.Berger, M.Calligaro, V.Ortiz: Opt. Lett., 26, pp.1785-1787 (2001)

[109] A.Carenco, J.Jerphagnon, A.Perigaud: J. Chern. Phys., 66, pp.3806-3813 (1977)

[110] K.Jain, G.H.Hewig, Y.Y.Cheng, J.I.Crowley: IEEE J. Quantum Electron., QE-17, pp.1593-1595 (1981)

[111] J.Zyss: J.Non-Crys. Solids, 47, pp.211-225 (1982)

[112] J.Zyss: J. Molecular Electron., 1, pp.25-45 (1985)

[113] D.S.Chernla, J.Zyss, ed.: Nonlinear Optical Properties of Organic Molecules and Crystals, vol.l, 2 (Academic Press, Orland 1987)

[114] G.H.Hewig: Opt. Commun., 47, pp.347-350 (1983)

[115] S.Tomaru, M.Kawachi, M.Kobayashi: Opt. Commun., 50, pp.154-156 (1984)

[116] K.Sasaki, T.Kinoshita, N.Karasawa: Appl. Phys. Lett., 45, pp.333-334 (1984)

[117] H.Ihoh, K.Htta, H.Takara, K.Sasaki: Opt. Commun., 59, pp.299-303 (1986)

[118] H.Ihoh, K.Hotta, H.Takara, K.Sasaki: Appl. Opt., 25, pp.1491-1494 (1986)

[119] O.Sugihara, T.Toda, T.Ogura T.Kinoshita, K.Sasaki: Opt. Lett., 16, pp.702-704 (1991)

[120] O.Sugihara, K.Sasaki: J. Opt. Soc. Amer., B, 9, pp.104-107 (1992)

[121] T.Kondo, RMorita, N.Ogasawara, S.Umegaki, R.Ito: Jpn. J. Appl. Phys., 28, pp.1622-1628 (1989)

[122] T.Suhara, K.Suetomo, N.H.Hwang, H.Nishihara: IEEE Photon. Tech. Lett., 3, pp.241-243 (1991)

[123] T.Suhara, H.Nishihara: in S.Miyata, Ed., Nonlinear Optics, Funadamentals, Mate-rials and Devices, pp.501-506 (Elsevier, New York 1992)

[124] J.L.Stevenson: J. Crystl. Growth, 37, p.l16 (1977)

[125] K.I.White, B.K.Nayer: J. Opt. Soc. Amer., B, 5, pp.317-324 (1988)

[126] K.Chikuma, S.Umegaki: J. Opt. Soc. Amer., B, 9, pp.l083-1092 (1992)

[127] T.Uemiya, N.Uenishi, Y.Shimizu, S.Okamoto, K.Chikuma, T.Thoma, S.Umegaki: Proc. SPIE, 1148, pp.207-212
      (1990)

[128] T.Uemiya, N.Uenishi, S.Okamoto, K.Chikuma, K.Kumata, T.Kondo, R.Iho, S.Umegaki: Appl. Opt., 31, pp.7581-
      7586 (1992)

[129] A.Harada, Y.Okazaki, K.Kamiyama, S.Umegaki: Appl. Phys. Lett., 59, pp.1535-1537 (1991)

[130] T.Suhara, T.Morimoto, H.Nishihara: IEEE Photon. Tech. Lett., 5, pp.934-937 (1993)

[131] Y.Shuto, H.Takara, M.Amano, T.Kaino, Jpn. J. Appl. Phys., 28, pp.2508-2512 (1989)

[132] O.Sugihara, T.Kinishita, M.Okabe, S.Kunioka, Y.Nonaka, S.Sasaki: Appl. Opt., 30, pp.2957-2960 (1991)

[133] O.Sugihara, T.Kinishita, M.Okabe, S.Kunioka, Y.Nonaka, S.Sasaki: Proc. SPIE, 1361, Pt 1, pp.599-605 (1991)

[134] O.Sugihara, S.Kunioka, Y. Nonaka, R. Aizawa, Y. Koike, T. Kinoshita, K. Sasaki: J. Appl. Phys., 70, pp.7249-7252
      (1991)

[135] T.Kinoshita, Y.Nonaka, E.Nihei, Y.Koike, K.Sasaki: in S.Miyata, ed., *Nonlinear Optics, Funadamentals, Materials
      and Devices,* pp.479-485 (Elsevier, New York 1992)

[136] Y.Azmai, I.Seo, H.Sato: IEEE J. Quantum Electron., 28, pp.231-238 (1992)

[137] G.Khanarian, R.A.Nordwood, D.Haas, B.Fauer, D.Karim: Appl. Phys. Lett., 57, pp.977-979 (1990)

[138] R.A.Nordwood, G.Khanarian: Electron. Lett., 26, pp.2105-2107 (1990)

[139] G.L.J.A.Rikken, C.J.E.Seppen, S.Nijhuis, E.W.Meijer: Appl. Phys. Lett., 58, pp.435-437 (1991)

[140] M.Jager, G.I.Stegeman, W.Brinker, S.Yilmaz, S.Bauer, W.H.G.Horsthuis, G.R. Mohlmann: Appl. Phys. Lett., 68,
      pp.1183-1185 (1996)

[141] R.H.Stolen, H.W.K.Tom: Opt. Lett., 12, pp.585-587 (1987)

[142] R.Kashyap: J.Opt. Soc. Amer. B, 6, pp.313-328 (1989)

[143] R.A.Myers, N.Mukherjee, S.R.J.Brueck: Opt. Lett., 16, pp.1732-1734 (1991)

[144] A.Okada, K.Ishii, K.Mito, K.Sasaku: Appl. Phys. Lett., 60, pp.2853-2855(1992)

[145] P.G.Kazansky, L.Dong, P.S.J.Russel: Electron. Lett., 30, pp.1345-1347 (1994)

[146] H.Takebe, P.G.Kazansky, P.S.J.Russel, K.Morinaga: Opt. Lett., 21, pp.468-470 (1996)

[147] T.Fujiwara, D.Wong, Y.Zhao, S.Fleming, S.Pool, M.Sceats: Electron. Lett., 31, pp.573-575 (1995)

[148] P.S.Weizman, J.J.Kester, U.Osterberg: Electron. Lett., 30, pp.697-698 (1994)

[149] R.Kashyap, G.J.Veldhuis, D.C.Rogers, P.F.McKee: Appl. Phys. Lett., 64, pp.1332-1434 (1994)

[150] P.G.Kazansky, V.Pruneri, P.S.J.Russe1: Opt. Lett., 20, pp.843-845 (1995)

[151] V.Pruneri, P.G.Kazansky: IEEE J. Photon. Tech. Lett., 9, pp.185-187 (1997)

[152] V.Pruneri, G.Bonfrate, P.G.Kazansky, C.Simonneau, P.Vidakovic, J.A.Levenson: Appl. Phys. Lett., 72, pp.1007-1009
      (1997)

[153] *Properties of Lithium Niobate,* EMIS Datareviews Series, No.5, (Inspec, lEE, London 1989)

[154] K.S.Abedin, H.Ito: J. Appl. Phys., 80, pp.6561-6563 (1996)

[155] I.Shoji, T.Kondo, A.Kitamoto, M.Shirane, R.Ito: J. Opt. Soc. Amer., B, 14, pp.2268-2294 (1997)

[156] S.K.Kurz: Nonlinear Optical Materials in F.T.Arecchi, E.O.Schulz-Debois ed., *Laser Handbook,* 1, p.939 (North-Holland Pub. Co., Amsterdam 1972)

[157] R.C.Miller, W.A.Norland: Phys. Rev., 2, pp.4896-4902 (1970)

[158] V.G.Dmitriev, G.G.Gurzadyan, D.N.Nikogosyan: *Handbook of Nonlinear Optical Crystals* (Springer, Berlin 1990)

[159] M.L.Bortz, S.J.Field, M.M.Fejer, D.W.Nam, R.G.Waarts, D.F.Welch: IEEE J. Quantum Electron., 30, pp.2953-2960 (1994)

[160] K.Mizuuchi, Y.Kitaoka, K.Yamamoto: Electron. Lett., 27, pp.727-728 (1995)

[161] T.Suhara, H.Nishihara: IEEE J. Quantum Electron., 26, pp.1265-1276 (1990)

[162] K.Mizuuchi, K.Yamamoto, M.Kato, H.Sato: IEEE J. Quantum Electron., 30, pp.1596-1604 (1994)

[163] K.Mizuuchi, K.Yamamoto: Opt. Lett., 23, pp.1880-1882 (1998)

[164] M.Nazarathy, D.W.Dolfi: Opt. Lett., 12, pp.823-825 (1987).

[165] M.L.Bortz, M.Fujimura, M.M.Fejer: Electron. Lett., 30, pp.34-35 (1994)

[166] S.Zhu, Y.Zhu, Y.Qin, H.Wang, C.Ge, N.Ming: Phys. Rev. Lett., 78, pp.2752-2755 (1997)

[167] B.Gu, B.Dong, Y.Zhang, G.Yang: Appl. Phys. Lett., 75, pp.2175-2177 (1999)

[168] K.Mizuuchi, H.Ohta, K.Yamamoto, M.Kato: Opt. Lett., 22, pp.1217-1219 (1997)

[169] K.Shinozaki, T.Fukunaga, K.Watanabe, T.Kamijoh: Appl. Phys. Lett., 59, pp.510-512 (1991)

[170] K.Shinozaki, T.Fukunaga, K.Watanabe, T.Kamijoh: J. Appl. Phys., 71, pp.22-27 (1992)

[171] K.Yamamoto, K.Mizuuchi, H.Hara, Y.Kitaoka, M.Kato: Opt. Rev., 1, pp.88-90 (1994)

[172] R.Regener, W.Sohler: J. Opt. Soc. Amer. B, 5, pp.267-277 (1988)

[173] K.Shinozaki, Y.Miyamoto, H.Okayama, T.Kamijoh, T.Nonaka: Appl. Phys. Lett., 58, pp.1934-1936 (1991)

[174] Z.Weissman, A.Hardy, M.Katz, M.Oron, D.Eger: Opt. Lett., 20, pp.674-676 (1995)

[175] C.Q.Xu, K.Shinozaki, H.Okayama, T.Kamijoh: Appl. Phys. Lett., 69, pp.2154-2156 (1996)

[176] M.Fujimura, M.Sudoh, K.Kintaka, T.Suhara, H.Nishihara: Electron. Lett., 32, pp.1283-1284 (1996)

[177] M.Fujimura, M.Sudoh, K.Kintaka, T.Suhara, H.Nishihara: IEEE 1. Selected Top. Quantum Electron., 2, pp.396-400 (1996)

[178] S.Helmflid, K.Tatsuno, K.Ito: 1. Opt. Soc. Amer., 10, pp.459-468 (1993)

[179] K.Ito, S.Helmflid, K.Tatsuno: Jpn. 1. Appl. Phys., 33, Pt.1, pp.3929-3933 (1994)

[180] Y.Chiu. V.Gopalan, M.J.Kawas, T.E.Schlesinger, D.D.Stancil, W.P.Risk: J. Light-wave Tech., 17, pp.462-465 (1999)

[181] K.Kintaka, M.Fujimura, T.Suhara, H.Nishihara: Electron. Lett., 33, pp.1459-1460 (1997)

[182] E.Lallier, D.Papillon, J.P.Pocholle, M.Papuchon, M.DeMicheli, D.B.Ostrowsky: Electron. Lett., 29, pp.175-176 (1993)

[183] C.Becker, T.Oesselke, J.Pandavenes, R.Ricken, K.Rochhausen, G.Schreiber, W.Sohler, H.Suche, R.Wessel, S.Balsamo, I.Montrosset, D.Sciancalepore: IEEE J. Selected Top. Quantum Electron., 6, pp.101-113 (2000)

[184] M.Fujimura, T.Kodama, T.Suhara, H.Nishihara: IEEE Photon. Tech. Lett., 12, pp.1513-1515 (2000)

[185] K.Misuuchi, K.Yamamoto, T.Taniuchi: Electron. Lett., 26, pp.l992-1993 (1990)

[186] K.Tatsuno, H.Yanagisawa, T.Andou, M.McLoughlin: Appl. Opt., 31, pp.305-310 (1992)

[187] K.Chikuma, S.Okamoto, T.Tohma, S.Umegaki: Appl. Opt. 33, pp.3198-3202 (1994)

[188] K.Chikuma, S.Umegaki: Opt. Eng., 33, pp.3461-3464 (1994)

[189] J.Ohya, G.Tohmon, K.Yamamoto, T.Taniuchi, M.Kume: Appl. Phys. Lett., 56, pp.2270-2272 (1990)

[190] G.Tohmon, J.Ohya, K.Yamamoto, T.Taniuchi: IEEE Photon. Tech. Lett., 2, pp.629-631 (1990)

[191] K.Yamamoto, H.Yamamoto, T.Taniuchi: Appl. Phys. Lett., 58, pp.l227-1229 (1991)

[192] F.Laurell, J.B.Brown, J.D.Bierlein: Appl. Phys. Lett., 60, pp.1064-1066 (1992)

[193] F.Laurell, J.B.Brown, J.D.Bierlein: Appl. Phys. Lett., 62, pp.l872-1874 (1993)

[194] M.L.Sundheimer, A.Villeneuve, G.I.Stegeman, J.D.Bierlein: Electron. Lett., 30, pp.975-976 (1994)

[195] T.Sugita, K.Mizuuchi, Y.Kitaoka, K.Yamamoto: Jpn. J. Appl. Phys., 40, Pt.1, pp. 1751-1753 (2001)

[196] K.Yamamoto, K.Mizuuchi,Y.Kitaoka, M.Kato: Appl. Phys. Lett., 62, pp.2599-2601 (1993)

[197] K.Yamamoto, K.Misuuchi, Y.Kitaoka, M.Kato: Opt. Lett., 20, pp.273-275 (1995)

[198] A.Azouz, N.Stelmakh, J.M.Lourtioz, D.Delacourt, D.Papillon, J.Lehoux: Appl. Phys. Lett., 67, pp.2263-2265 (1995)

[199] J.Webjörn, S. Sia1a, D.W. Nam, R.G.Waarts, R.J. Lang: IEEE J. Quantum Electron., 33, pp.1673-1686 (1997)

[200] Y.Kitaoka, K.Mizuuchi, K.Yamamoto, M.Kato: Opt. Rev. 2, pp.227-229 (1995)

[201] Y.Kitaoka, H.Wada, S.Nishino, K.Mizuuchi, K.Yamamoto, M.Kato: Opt. Rev., 3, pp.481-483 (1996)

[202] T.Hirata, M.Maeda, M.Suehiro, H.Hosomatsu: IEEE J. Quantum Electron., 27, pp.1609-1615 (1991)

[203] V.M.Gulgazov, H.Zhao, D.Nam, J.S.Major, T.L.Koch: Electron. Lett., 33, pp.58-59 (1997)

[204] Y.Kitaoka, T.Yokoyama, K.Mizuuchi, K.Yamamoto: Proc. SPIE, 3864, pp.240-242 (1999)

[205] Y.Kitaoka, T.Yokoyama, K.Mizuuchi, K.Yamamoto: Jpn. J. Appl. Phys., 39, Ptl, pp.3416-3418 (2000)

[206] T.Yokoyama, T.Sugita, Y.Kitaoka, K.Mizuuchi, K.Yamamoto, S.Iio, T.Hirata: Trans. IEEJ, Pt.C, 120-C, pp.938-944
        (2000)

[207] Y.Kitaoka, T.Sugita, K.Mizuuchi, K.Kasazumi, T.Yokoyama, K.Yamamoto, T.Takayama, K.Orita, AMochida, M.Yuri,
        and H.Shimizu: Int. Symp. Opt. Memory, Fr-M-04 (2001)

[208] Y.Kitaoka, T.Yokoyama, T.Sugita. K.Mizuuchi, K.Yamamoto: Int. Symp. Opt. Memory, TH-F-03 (2000)

[209] K.Yamamoto: Tech. Rep. 1st IEICE Integrated Photonic Devices Res. Meet., IPD98-2, pp.6-10 (1998)

[210] Y.Kitaoka K.Narumi, K.Mizuuchi, K.Yamamoto, T.Yokoyama, M.Kato: Rev. Laser Eng., 26, pp.256-260 (1998)

[211] Y.Kitaoka, K. Mizuuchi, T. Yokoyama, K.Yamamoto, K.Narumi, M.Kato: Bull. Mater. Sci., 22, pp.405-411 (1999)

[212] K.Mizuuchi, Y.Kitaoka, T.Sugita, T.Yokoyama, K.Yamamoto: Tech. Rep. 73rd Meet. Microoptics Res. Group, pp.49-
        56 (1999)

[213] Y.Kitaoka, T.Yokoyama, K.Mizuuchi, K.Yamamoto, M.Kato: Electron. Lett., 33, pp.1638-1639 (1997)

[214] S.Nakamura. S.Pearton, G.Fasol: *The Blue Laser Diode* (Springer, Berlin 2000)

[215] R.Nonnandin, G.I.Stegeman: Appl. Phys. Lett., 36, pp.253-255 (1980)

[216] D.Vakhshoori, S.Wang: Appl. Phys. Lett., 53, pp.347-349 (1988)

[217] A.Galvanauskas, J.Weböron, A.Krotkus, G.Arvidsson: Electron. Lett., 27, pp738-740 (1991)

[218] E.Giacobino: Squeezed States Using Parametric Processes in D.B.Ostrowsky, R.Raymond ed., *Guided Wave Nonlinear Optics,* pp.29-48 (Kluwer Academic Pub-lishers, Dordrecht 1992)

[219] D.K.Serkland, M.M.Fejer, R.L.Byer, Y.Yamamoto: Opt. Lett., 20, pp.1649-1651 (1995)

[220] D.K.Serkland, P.Kumar, M.A.Arbore, M.M.Fejer: Opt. Lett., 22, pp.1497-1499 (1997)

[221] G.S.Kanter, P.Kumar, R.V.Roussev, J.Kurz, K.R.Parameswaran, M.M.Fejer: Opt. Express, 10, 3 (2002)

[222] D.B.Ostrowsky, P.Baldi, M.DeMicheli, S.Tanzilli, H.DeRiedmatten, W.Tittel, H.Zbinden, N.Gisin: Proc. 10th Eur. Conf. Integrated Opt., pp.139-146 (2001)

[223] T.Suhara: Proc. 11th Eur. Conf. Integrated Opt., vol.2, pp.73-84 (2003)

第9章　差频产生器件

波导非线性光学器件的实际重要应用之一是 DFG 器件，其中两个不同频率的光波被混合产生对应于这两个频率差值的另一个频率的光波。它们提供了在无合适激光器的波长上的相干光辐射的手段，并把一个波长上的光学信号转换成另一个波长的信号。在原理上，可以产生的差频光波有极宽的波长范围（从近红外、中红外到太赫兹波），虽然产生波长在晶体的透射范围外的差频光波需要特定的器件设计。产生相干光的一些潜在应用包括用于环境和生物研究及工业进程控制的各种传感、测量和特定光谱范围中的成像。

一个特别重要的应用是用于光学通信的波长转换器[1, 2]，对 DWDM 光子网络中的全光波长转换器的需求正在不断提升。这些需求包括光纤传输线的高性能和兼容性、低成本、紧凑性及可使用半导体激光器作为泵浦源。正在广泛地研究和开发适合实际应用的波长转换器。半导体激光器和铒掺杂光纤放大器和激光器等用于光学通信的高性能激光器的开发也促进了波导非线性光学器件的研究和发展。

波导 DFG 器件的基本结构在本质上和波导 SHG 器件一样。但在许多情况下，其 QPM 周期和波导宽度是大于 SHG 器件的，且光折变损伤问题比产生短波长的 SHG 器件小。因此，波导 DFG 器件的原型很容易通过在波导 SHG 器件整个发展过程中研究、开发并生存下来的材料、设计和制作技术来实现。实际上，目前几乎所有报道的波导 DFG 器件都使用了 $LiNbO_3$ 中的 DI 光栅和 APE 通道波导的 QPM-DFG 器件。

本章介绍了波导 DFG 器件。首先，根据实验结果概述，讨论了 DFG 器件的基本设计和理论性能。接着，描述了 DFG 器件经改造实现更高的转换效率和偏振独立性，使用与信号波长在同一个波段的泵浦波长的技术。最后，综述和讨论了波导 DFG 器件的特定应用研究现状。

9.1　基本 QPM-DFG 器件

9.1.1　设计和理论性能

基本波导 QPM-DFG 器件结构和 QPM 条件的波矢图如图 9.1 所示。当角频率为 ω_s（波长 λ_s）的信号波和角频率为 ω_p 的泵浦（波长 λ_p）在 QPM-DFG 器件中混合时，产生一束频率为 $\omega_d = \omega_p - \omega_s\,[\lambda_d = (\lambda_p^{-1} - \lambda_s^{-1})^{-1}]$ 的差频波。在频率轴上，差频 ω_d 和信号频率 ω_s 关于半泵浦频率 $\omega_p/2$ 对称。DFG 器件可以看成一个从 λ_s 到 λ_d 的波长转换器。

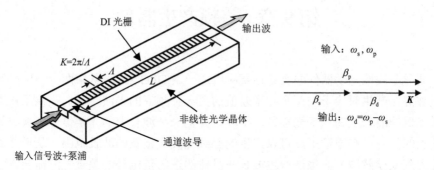

图 9.1　QPM-DFG 器件结构和 QPM 条件的波矢图

　　因为 QPM 具有一个优势是，当选择合适的光栅周期时可以实现晶体透明范围内的任意波长组合的相位匹配，并且仅用单个非线性光学晶体便可实现极广范围内的波长的器件。可以通过使用最大的非线性光学张量元和将光波限制在狭窄的波导通道中来实现高转换效率。

　　通过用块状晶体的 e 光折射率来近似 LiNbO$_3$ 波导的 e 光模式指数，计算得到的入射信号波波长、泵浦波长、差频信号波（输出信号）波长和 QPM 周期之间的关系显示在图 9.2 和图 9.3 中[2]。将 1.55 μm 波段（1.3 μm 波段）的信号波转换成相同波段内的另一个波长的 DF 波，需要一个波长在 0.78 μm 附近的泵浦和周期约为 18 μm（12 μm）的 QPM 结构。1.55 μm 和 1.3 μm 波段之间的转换需要一个波长在 0.71 μm 附近的泵浦和周期约为 15 μm 的 QPM 结构。

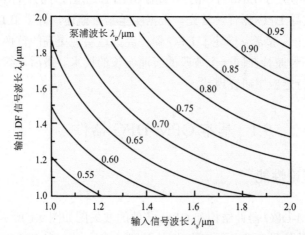

图 9.2　LiNbO$_3$ QPM-DFG 器件的输入信号和输出信号波长与泵浦波长之间的关系

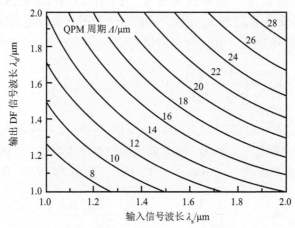

图 9.3　LiNbO₃ QPM-DFG 器件的输入和输出信号波长与 QPM 周期之间的关系

基于模式耦合理论的准连续工作的理论分析见 3.1.3 节[2]。对于波导 QPM-DFG，其中频率 ω_s 的信号波混合频率 ω_p 的强泵浦产生差频 $\omega_d = \omega_p - \omega_s$ 的光波，其输出功率在 NPDA 条件下描述为

$$P_d(L) = P_{s0}P_{p0}\kappa_{DFG}^2 L^2 \left| \frac{\sinh\left(\sqrt{(\omega_s/\omega_d)\kappa_{DFG}^2 P_{p0} - \Delta_{DFG}^2}\, L\right)}{\sqrt{(\omega_s/\omega_d)\kappa_{DFG}^2 P_{p0} - \Delta_{DFG}^2}\, L} \right|^2 \tag{9.1a}$$

$$2\Delta_{DFG} = \beta_p - (\beta_s + \beta_d + K), \quad K = 2\pi/\Lambda \tag{9.1b}$$

式中，P_{s0}、P_{p0} 分别为入射信号功率和泵浦功率；κ_{DFG} 为耦合系数；L 为器件长度；参量 Δ_{DFG} 为相位失配；β_p、β_s、β_d 分别为泵浦、信号和 DF 光波的传播常数；Λ 为 QPM 光栅的周期。需要注意的是，对于接近简并，即 $\omega_d \approx \omega_s$，有 $\omega_p \approx 2\omega_s$，DFG 耦合系数 κ_{DFG} 近似等于 $\omega_s \to 2\omega_s$ 时的 SHG 的系数 κ_{DFG}。

在精确 QPM（$\Delta_{DFG} = 0$）下，式（9.1a）简化为 $(\omega_s/\omega_d)P_{p0}\kappa_{DFG}^2 L^2 \ll 1$ 时的 $P_d(L) = P_{s0}P_{p0}\kappa_{DFG}^2 L^2$。于是转换效率为 $P_d(L)/P_{s0} = P_{p0}\kappa_{DFG}^2 L^2 (\%)$，正比于输入泵浦功率和器件长度的平方。一个小信号标准化转换效率被定义为 $P_d(L)/P_{s0}P_{p0} = \kappa_{DFG}^2 L^2 (\%/\text{W})$。另一个标准化效率被定义为 $P_d(L)/P_{s0}P_{p0}L^2 = \kappa_{DFG}^2 [\%/(\text{W} \cdot \text{cm}^2)]$。

另外，波长带宽由式（3.60）决定，即 $|\Delta_{DFG}| < 1.39/L$，反比于器件长度 L。对于恒定的信号波长，Δ_{DFG} 可以近似为

$$2\Delta_{DFG} = \left(\frac{1}{v_{gp}} - \frac{1}{v_{gd}}\right)\Delta\omega_p = -2\pi(N_{gp} - N_{gd})\frac{\Delta\lambda_p}{\lambda_p^2} \tag{9.2}$$

式中，$\Delta\omega$ 和 $\Delta\lambda$ 为对相位匹配的偏离；$v_g = (\partial\beta/\partial\omega)^{-1}$ 为群速度，$N_g = N +$

$\omega \partial N / \partial \omega$ 为有效群折射率。泵浦波长带宽（FWHM）近似为 $2\Delta\lambda_p = 0.88\lambda_p^2 /$ $(N_{gp} - N_{gd})L$，且其受限于 λ_p 和 λ_d 色散之间的较大差异（大群速失配）。对于恒定泵浦波长时的非简并 DFG，Δ_{DFG} 可以近似为

$$2\Delta_{DFG} = \left(\frac{1}{v_{gd}} - \frac{1}{v_{gs}} \right)\Delta\omega_s = -2\pi(N_{gd} - N_{gs})\frac{\Delta\lambda_s}{\lambda_s^2} \qquad (9.3)$$

信号波长带宽较宽，近似为 $2\Delta\lambda_s = 0.88\lambda_s^2 / \left| N_{gs} - N_{gd} \right| L$，因为 λ_s 的增加（减少）导致 λ_d 的减少（增加），信号和 DF 波之间的群速失配较小，因此色散几乎被抵消。对于近似简并情况（$\omega_d \approx \omega_s$），式（9.3）应由式（9.4）替代：

$$2\Delta_{DFG} = -\left[\frac{\partial}{\partial\omega}\frac{1}{v_g} \right]_s (\Delta\omega_s)^2 = 2\pi\frac{\partial N_{gs}}{\partial\lambda_s}\left(\frac{\Delta\lambda_s}{\lambda_s} \right)^2 \qquad (9.4)$$

于是，信号带宽近似为 $2\Delta\lambda_s = 1.33\lambda_s / [(\partial N_{gs} / \partial\lambda_s)L]^{1/2}$，由信号波长处的群速色散决定，且其可以更宽。

利用式（9.1）计算的典型的 LiNbO$_3$ 波导 QPM-DFG 器件的标准化转换效率和波长带宽（FWHM）对器件长度的依赖关系曲线（轻微非简并，1.55 μm 波段中的 ω_d 和 ω_s）见图 9.4。至于耦合系数 κ_{DFG} =0.65 W$^{-1/2}$·cm^{-1}，它是由假定信号/DF 光波和泵浦是共中心高斯分布场，其 FWHM 尺寸分别为 6.0 μm×7.0 μm 和 4.2 μm× 4.9 μm[式（3.34）中的 W_x^{ω} =10.2 μm、W_y^{ω} =11.9 μm、$W_x^{2\omega}$ =7.1 μm、$W_y^{2\omega}$ =8.3 μm、d_x =0，因此 S_{eff} =95 μm^2]，1∶1 占空比的均匀 QPM 光栅和 d_{33} =27.2 pm/V 得到的。κ_{DFG} 的值对于支持 1.55 μm 波段的单一导模的标准 APE 波导可能有一些高估，这将在下列的章节中讨论。需要注意的是，d_{33} 的值有一些不确定性[3]。

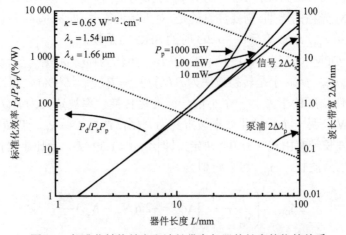

图 9.4　标准化转换效率和波长带宽与器件长度的依赖关系

图 9.4（实线）的结果指出，以 $L=50$ mm 为例，泵浦功率在 100 mW 左右时，可以得到超过 1000 %/W 的标准化效率，且可以实现 0 dB 效率的波长转换。耦合系数和转换效率将在 9.3 节中深入讨论。泵浦波长带宽 $2\Delta\lambda_p$ 对于恒定信号波长是很窄的，因为它受限于群速失配；图 9.4（虚线）的结果显示了 $L=20$ mm 下 $2\Delta\lambda_p \approx$ 0.3 nm。因为 $1/\lambda_d = 1/\lambda_p - 1/\lambda_s$，随着泵浦波长的调谐输出，DF 波长的变化范围为 $2\Delta\lambda_d = (\lambda_d/\lambda_p)^2 \times 2\Delta\lambda_p \approx 4 \times 2\Delta\lambda_p$。另外，恒定泵浦波长的信号波长带宽要宽得多；在厘米长度的器件中得到了几十纳米或更大的带宽 $2\Delta\lambda_s$，如图 9.4（虚线）所示。广信号带宽也确保了 Tbit/sec 级别高速信号波的波长转换。

理论结果显示，效率随着器件长度 L 的增加可在牺牲带宽的代价下任意地增大。但是应该注意到，更大的 L 需要沿着波导的光栅周期 Λ 和传播常数 β 的更高的均匀性。虽然足够均匀性的 Λ（$>15\,\mu m$）可由标准的光刻精度得到，但对于大 L，确保 β 中的良好均匀性更有难度。我们知道，波导宽度 w（$<10\,\mu m$）的亚微米偏差所引起的相位匹配，其泵浦波长偏差大于几厘米长度器件的带宽。对于恒定波长，由传导宽度的偏差 Δw 所造成的相位失配可表示为 $2\Delta_{DFG} = [\partial\beta_p/\partial w - \partial\beta_s/\partial w - \partial\beta_d/\partial w]\Delta w$。因为在 λ_p 下，由 APE 造成的折射率增加大于 λ_s 和 λ_d 时的情况，且泵浦模式的传导优于信号和 DF 模式，式中的[ ]因子对于小的和大的 w 分别是正和负的。这就意味着，存在一个能使相位匹配对 Δw 不敏感的宽度值 w_{nc}。w_{nc} 的典型值为 12 μm[4,5]，且这个不敏感的相位匹配波导宽度被用于实现对波导宽度均匀性要求较低的较长器件的高效率。大 L 的 QPM-DFG 器件有一个窄泵浦波长带宽（对于 $L=50$ mm，其为 0.1 nm 量级），这可能会因环境温度和泵浦的漂移而引起器件工作的不稳定。文献[6]中讨论了通过将泵浦调谐到偏离精确的相位匹配来提高稳定性和信号波长带宽，以及通过非均匀 QPM 结构对其来作进一步的提高。

上述的稳定状态结果也近似适用于准连续操作情况。但是对于超快脉冲，不同波长的相互作用脉冲之间会因群速失配（group velocity mismatch，GVM）而发生离散，导致转换效率的降低和脉冲形状的变形。如果输入脉冲的波长带宽大于 QPM 带宽，这样的退化将是严重的。这种退化也可以用限制相互作用和速度的 QPM 带宽来解释。时间依赖的模式耦合方程和适用于超短脉冲的波长转换的光束传播法分析都已在 3.4 节中用一些数值数据给出。设计原则是，为了在不降低效率或波形下实现高效率，在沿着整个器件长度 L 传播的各个脉冲之间的离散不能超过脉冲宽度下，使器件长度 L 最大化。

9.1.2　制作和实验结果

LiNbO$_3$ 波导 QPM-DFG 器件的制作和实验已经存在大量的报道。虽然一些早期的工作使用了 Ti-内扩散波导，但大多数器件是使用 APE 波导制作出来的。

　　Xu 等[7]提出使用 LiNbO₃ 波导 QPM-DFG 器件来做光通信信号的波长转换。他们制作了一个 DFG 器件，包含了一个由 Ti-内扩散形成的 18 μm 周期、5.6 mm 长的 DI 光栅和一个 APE 波导，且证明了 1.5 μm 波段中 30 nm 信号带宽的 40 %/(W · cm²) 标准化效率的波长转换[8]。他们也制作了一个 14.6 μm QPM 周期的相似器件，并证明了 1.3 μm 和 1.5 μm 波段之间的波长转换[9]。

　　Fujimura 等[10]使用了由电压施加方法形成的 DI 光栅的一个 LiNbO₃ 波导 QPM-DFG 器件。用于在制作后选择相位匹配通道的光栅扇出图形如图 8.14 所示[11]，选择周期为 19~23 μm。通道波导列阵的制作过程是利用苯甲酸在 200℃ 下质子交换 1.5 h 及在 350℃ 下退火 5 h。在 3 mm 相互作用长度的原型器件和一个 20 μm 周期的通道中，证明了 DFG 波长从 1.54 μm 到 1.67 μm 的转换。

　　图 9.5、图 9.6 和图 9.7 显示原型 LiNbO₃ 波导 QPM-DFG 器件的实验结果[12]。其相互作用长度为 L=30 mm。16.9 μm 周期的 DI 光栅使用电压施加方法在一个 0.5 mm 厚度 Z-切同成分 LiNbO₃ 晶体中形成。通道波导是通过一个通道开窗宽度为 5.0 μm 的 Al 掩模薄膜，在 200℃ 下的纯苯甲酸中进行 PE 1.5 h 然后再在 350℃ 下退火 4 h 制作得到的。最早的性能测试是一个初步的 SHG 实验，其中的一个 1.56 μm 波长的可调谐半导体激光器光波被耦合进器件中产生 0.78 μm 波长的 SH 波。图 9.5 显示的是信号波长（1.56 μm）和泵浦波长（0.78 μm）下的模式图样和强度分布。信号模式尺寸和泵浦模式尺寸（FWHM）分别测得为 5.9 μm×7.3 μm 和 2.8 μm×3.8 μm，信号模式和泵浦模式峰值之间的分离约为 1.0 μm。图 9.6 显示的是 SHG 转换效率和输入功率之间的依赖关系，获得了约为 320 %/W 的标准化效率（用 SHG 计算）。这个值与理论评估值（约 350 %/W）接近。对于 DFG 实验，一束从可调谐激光二极管出发的信号波与一束从 Ti:Al₂O₃ 激光器出发的泵浦通过使用一个二色镜相结合，并通过一个×20 物镜被耦合进器件中。图 9.7 显示了输出光波的光谱，得到 50 mW 泵浦功率下约为–17 dB 的 DFG 转换效率。

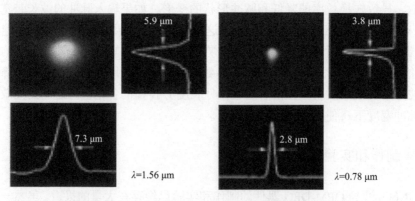

图 9.5　QPM-DFG 器件中的信号和泵浦模式的近场图样

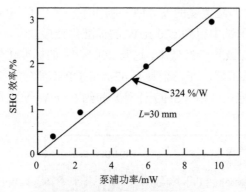

图 9.6 所测得的 SHG 转换效率与泵浦功率之间的依赖关系

理论上 DFG 标准化效率与 SHG 标准化效率相同

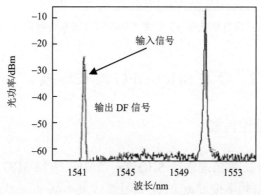

图 9.7 QPM-DFG 器件的输出光波的光谱

9.1.3 耦合结构的集成

原型 QPM-DFG 器件的一个难题是要求用于信号波的单模 APE 波导能够支持波长约为信号波长一半的泵浦的多个模式。由于模式色散和 QPM 需要，只有一个泵浦模式（常常是基模）可用于 DFG 波长转换。因为在简单的原型结构中，信号波和泵浦是通过一个共同的光纤或者耦合透镜耦合进波导中的，要把泵浦仅仅耦合成基模，同时又要使信号波的耦合最大化是很困难的。因为一部分被耦合成高阶模的入射泵浦功率，对转换没有贡献而损失了。因此希望信号和泵浦的耦合可以独立地被优化，以对两个基模都实现最大化耦合。

作为解决这个难题的一个方案，Chou 等[13]提出一种带有集成耦合结构的器件，如图 9.8 所示。用于泵浦的耦合器包含了一个作为模式滤波器的单模波导和用于模式尺寸转化的绝热楔形波导。一个用单一的蚀刻步骤和 APE 制作的周期性分段波导被用来实现合适的限制楔形[14]。另外，信号波通过另一个波导传输，并通过一个方向耦合器耦合进转换器中，它基本上没有耦合较小模式尺寸的泵浦。

在一个具有不敏感相位匹配宽度的波导中，制作了一个含有 30 mm QPM 部分的集成器件，并在 SHG 测试中得到 270 %/W 的标准化转换效率，在 67 mW 泵浦功率下得到−7 dB 的 DFG 波长转换效率，这与 260 %/W 的标准化效率一致，此外还证明了 72 nm 信号波长带宽。在一个具有 42 mm QPM 部分的器件中，也证明了高达约 500 %/W 的标准化效率（SHG 计算）和约 90 mW 泵浦功率时约为−4 dB 效率的 DFG 波长转换[15]。

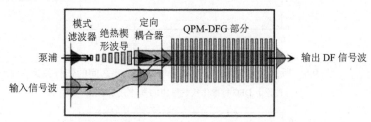

图 9.8　带有集成耦合元件的 QPM-DFG 波长转换器

9.2　级联 SHG-DFG 波长转换

9.2.1　工作原理和理论性能

考虑一个角频率为 ω_p 的泵浦进行 SHG $2\omega_p$ 谐波的 QPM-SHG 器件。当一束频率为 ω_p 的泵浦和一束频率接近 ω_p 的 ω_s 信号波（$\omega_s \approx \omega_p$，$\omega_s \neq \omega_p$）被耦合进该器件时，发生 SHG，且产生的谐波与信号波混合产生频率为 $\omega_d = 2\omega_p - \omega_s$（$\omega_d \approx \omega_s$，$\omega_d \neq \omega_s$）的 DF 波。DFG 的 QPM 条件近似被满足。Gallo 等[16]提出和分析了用这样的级联 SHG-DFG 实现光通信信号的波长转换。他们也提出了一个可提升效率的改进结构，其中的 SH 波产生于与信号波反向传播并被信号输入端处的波长选择镜全反射的泵浦。两个级联 SHG-DFG 结构均见图 9.9。Ishizuki 等[17]也从应用于超快信号处理的观点分析了级联 SHG-DFG。

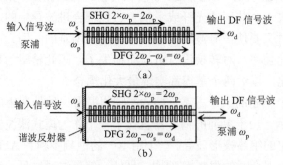

图 9.9　级联 SHG-DFG 相互作用的原理示意图
（a）同方向结构；（b）相对方向结构

SHG（$\beta_h = 2\beta_p + K$）的精确 QPM 下的同方向级联 SHG-DFG 相互作用
（图 9.9a）可由如下非线性模式耦合方程描述：

$$\frac{\mathrm{d}}{\mathrm{d}z}A_p(z) = -\mathrm{j}\kappa_{SHG}^* A_p^*(z)A_h(z) \tag{9.5a}$$

$$\frac{\mathrm{d}}{\mathrm{d}z}A_h(z) = -\mathrm{j}\kappa_{SHG}[A_p(z)]^2 - \mathrm{j}\frac{\omega_h}{\omega_d}\kappa_{DFG}^* A_s(z)A_d(z)\exp(\mathrm{j}2\Delta_{DFG}z) \tag{9.5b}$$

$$\frac{\mathrm{d}}{\mathrm{d}z}A_s(z) = -\mathrm{j}\frac{\omega_s}{\omega_d}\kappa_{DFG}A_h(z)A_d^*(z)\exp(-\mathrm{j}2\Delta_{DFG}z) \tag{9.5c}$$

$$\frac{\mathrm{d}}{\mathrm{d}z}A_d(z) = -\mathrm{j}\kappa_{DFG}A_h(z)A_s^*(z)\exp(-\mathrm{j}2\Delta_{DFG}z) \tag{9.5d}$$

$$2\Delta_{DFG} = \beta_h - (\beta_s + \beta_d + K) = 2\beta_p - (\beta_s + \beta_d), \quad K = 2\pi/\Lambda \tag{9.5e}$$

式中，$A_p(z)$、$A_h(z)$、$A_s(z)$、$A_d(z)$ 和 β_p、β_h、β_s、β_d 分别为泵浦、谐波、
信号波和差频波的振幅和传播常数；κ_{SHG} 和 κ_{DFG} 分别为 SHG 和 DFG 的耦合系数；
Δ_{DFG} 为对于 DFG 的精确 QPM 的偏差。假定泵浦大大地强过信号波，并且泵浦和
信号波的损耗是可忽略的（NPDA），我们可以轻松地获得解析解；式（9.5b）可
以被积分得到 $A_h(z) \approx -\mathrm{j}\kappa_{SHG}[A_p(0)]^2 z$，将它和 $A_s(z) \approx A_s(0)$ 代入式（9.5d），得
到的关于 $A_d(z)$ 的方程可容易地积分，其结果得到输出 DF 功率 P_d 的一个近似表
达式：

$$P_d = |A_d(L)|^2 = \frac{P_p^2 P_s \kappa_{SHG}^2 \kappa_{DFG}^2 L^4}{4}F(\Delta_{DFG}L) \tag{9.6a}$$

$$F(\Delta_{DFG}L) = \left[\frac{1 - \sin c(2\Delta_{DFG}L)}{\Delta_{DFG}L}\right]^2 + \sin c^4(\Delta_{DFG}L), \quad \sin cx = \frac{\sin x}{x} \tag{9.6b}$$

式中，$P_p = |A_p(0)|^2$ 和 $P_s = |A_s(0)|^2$ 为输入泵浦功率和信号功率；L 为器件长度。需
要注意的是，对于 $\omega_d \approx \omega_s$，有 $\kappa_{SHG} \approx \kappa_{DFG}$。函数 $F(\Delta_{DFG}L)$ 描述的是由 QPM 失配
造成效率的衰减，$F(0) = 1$，且 $\Delta_{DFG}L = \pm1.74$ 时，$F(\Delta_{DFG}L) = 1/2$。对 LiNbO₃ QPM
波导和 $\lambda_p = 1.55\ \mu m$ 计算的 F 和 λ_s 之间的依赖关系曲线见图9.10。λ_s 在 L 为 10 mm、
20 mm、30 mm、50 mm、80 mm 时，其 3 dB 带宽分别约为 150 nm、107 nm、86 nm、
67 nm、53 nm，且 $\lambda_d \approx \lambda_s$ 时衰减是可忽略的。

对于相反方向的级联 SHG-DFG，其中由反向传播的泵浦产生的谐波被全反射
（图 9.9b），将 $A_h(z) \approx -\mathrm{j}\kappa_{SHG}[A_p(0)]^2 L$ 和 $A_s(z) \approx A_s(0)$ 代入式（9.5d），我们得
到输出 DF 功率 P_d 的一个近似表达式：

$$P_{\mathrm{d}} = \left| A_{\mathrm{d}}(L) \right|^2 = P_{\mathrm{p}}^2 P_{\mathrm{s}} \kappa_{\mathrm{SHG}}^2 \kappa_{\mathrm{DFG}}^2 L^4 \mathrm{sinc}^2(\varDelta_{\mathrm{DFG}} L), \quad \mathrm{sinc}\, x = \frac{\sin x}{x} \qquad (9.7)$$

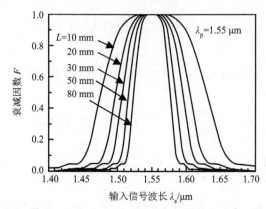

图 9.10　级联 SHG-DFG 波长转换器的效率衰减因数与输入信号波长的依赖关系

　　函数 $\mathrm{sinc}^2(\varDelta_{\mathrm{DFG}} L)$ 描述的是因 DFG-QPM 失配造成的效率衰减，$\mathrm{sinc}^2(0)=1$，且对于 $\varDelta_{\mathrm{DFG}} L = \pm 1.39$ 时，$\mathrm{sinc}^2(\varDelta_{\mathrm{DFG}} L) = 1/2$。式（9.6）和式（9.7）结果之间的比较显示，虽然共向 SHG-DFG 的带宽更宽一些，但是相反方向 SHG-DFG 的效率是共向 SHG-DFG 的四倍，即更加有效。相似的结果由 Gallo 等用数值分析获得，见文献[16]。

　　对于通信波段内的波长转换，级联 SHG-DFG 转换的一个优势是可以采用与输入信号和 DF 光波相同波段内的泵浦。这就允许使用光纤和半导体激光器而不是短波长激光器作为泵浦源，同时也减少了在普通 DFG 中对 DFG 不做贡献的高阶泵浦模式的激发导致的问题。但是，在相同的泵浦功率下，其转化效率低于普通 DFG 中的转换效率。虽然在低功率泵浦下难以获得高效率，但是掺 Er 光纤放大器（Er-doped fiber amplifier，EDFA）和/或脉冲泵浦可以被用来实现高效率。

9.2.2　器件制作和实验结果

　　级联 SHG-DFG 波长转换由 Treviño-Palacios 等[18]通过 10 mm 器件长度的 LiNbO₃ 波导 QPM 器件证明。用于一阶 QPM 的 20 μm 周期 DI 光栅由 Ti-扩散形成，通道波导在稀释源中进行 PE 和退火[19]，标准化 SHG 效率为 8 %/W。器件是由从锁模色心激光器发射的 1533 nm 波长的 7 ps 脉冲泵浦，观察到了从 Er-掺杂光纤激光器发射的 1535 nm 连续信号波到 1531 nm 的差频波的转换，虽然其转换效率非常低。Banfi 等[20]报道了块状 QPM 结构中的级联非线性造成的波长改变。

　　Chou 等[21]证明了共向级联 SHG-DFG 的−8 dB 内部转换效率，在一个采用了约

175 mW 的泵浦功率且包含了一个由电压施加方法形成的 DI 光栅和一个 APE 波导的 40 mm QPM 器件中的 76 nm 信号波长带宽。Brener 等[4]把一个包含了 Al_2O_3/Si 六层堆的双色镜淀积在一个 40 mm 长的相似波导 QPM 的一个端面上，制作了一个反向级联 SHG-DFG 器件。器件采用 EDFA 放大的半导体激光器光波来泵浦，并且用一个环行器将 DF 波从泵浦路径中分离出来，证明了 200 mW 泵浦功率下 −10 dB 的波长转换内部效率和 68 nm 的信号波长带宽。

9.2.3　平衡混合器结构

在一个 SHG-DFG 器件中，所有的输入信号波、泵浦和产生的 DF 波均被传送且在相同的输出端输出。因此，需要一个波长滤波器将 DF 波从其他波长中分离出来。输入信号波和输出 DF 信号波之间的非零波长移动是必须的，而这在信号波长范围上强加了限制。在接近简并的波长转化器（$\omega_d \approx \omega_s$）中，输入通道波长应该在信号波长带宽的一半以内，目的是可将另一半用于输出通道和切断泵浦。为了消除这些缺点，Kurz 等[22]提出了一个平衡混合器结构，如图 9.11 所示。两个 QPM SHG-DFG 部分被分别集成在由两个 3 dB 方向耦合器构建而成的波导 MZ 干涉仪的两臂。两个 QPM 光栅的布置使它们之间有 π/2 的相位差异，从而在两段 QPM 区域的 DF 波之间产生有 π 的相位差。输入泵浦和信号波分别通过两臂传输进入跨越端口。产生在两段 QPM 区域的两 DF 波在结合耦合器上干涉，并被传输进候波端口。因而输出 DF 信号在空间上从泵浦和输入信号波中分离开来。相似的平衡混合器可以用一个 Y 形波导 MZ 干涉仪构建，且在其中一臂中有一个 π 相位移动。关于 Y 形波导型器件的初步实验已经有了报道。

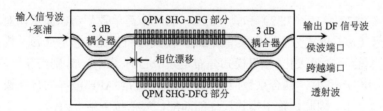

图 9.11　级联 SHG-DFG 波长转换器的平衡混合器结构

9.3　用于高效率转换器的波导结构

限制使用标准 $LiNbO_3$ 波导的 QPM-DFG 器件的波长转换效率的提高的主要问题是，信号波和泵浦的基模模式尺寸之间的较大差异和峰值位置在空间上是分离的，因此正比于它们之间的重叠的耦合系数不会太大。为了实现超越这个限制

的高效率，人们已经发展了一些新的波导结构。使用这样的波导还可以改善前几
节中所指出的输入耦合问题。

9.3.1　反转质子交换产生的掩埋 APE 波导

普通的 APE 波导是渐变折射率分布的，折射率的最大值在晶体表面上。因此
导模分布是非对称的，信号波基模分布的峰值位置远深于只有约半个波长的泵浦
相应位置。这种情况可以通过将波导掩埋进晶体中来改善。在掩埋波导中，模式
分布被改变成近似对称，且两个峰值位置彼此接近。这种改进可以使用式（3.27）
和式（3.32）～式（3.34）给出数值数据来说明。假定信号波/DF 波和泵浦的高斯
分布分别为 W_x^{ω} =10.2 μm、W_y^{ω} =11.9 μm、$W_x^{2\omega}$ =4.9 μm、$W_y^{2\omega}$ =6.6 μm（6.0 μm×
7.0 μm 和 2.9 μm×3.9 μm 的 FWHM 尺寸），峰值分离 d_x =2.0 μm，我们有 S_{eff} =160 μm²
和 κ_{DFG}=κ_{SHG}=0.49W$^{-1/2}$·cm^{-1}。如果峰值分离消失，即 d_x =0，则有 S_{eff} =105 μm² 和
κ_{DFG}=κ_{SHG}=0.62W$^{-1/2}$·cm^{-1}。这意味着标准效率提高(0.62/0.49)²=1.6 倍是可能的。

Parameswaran 等[23]提出了使用 APE 和 RPE 形成的掩埋 LiNbO₃ 波导[24]的
QPM 器件，并制作了一个包含在 7 um 宽的掩埋波导中的长 33 mm 的 QPM 区域
的器件，该波导是在 328℃下，混合 LiNbO₃:KNO₃:NaNO₃ 共熔物，并进行 10 h
的 RPE 得到的。在一个 SHG 实验中，得到了在垂直和水平方向都对称的模式分
布，实现了 150 %/(W·cm²)（约为 1600 %/W）的非常高的标准化效率，这是传统
器件的三倍。

9.3.2　高折射率包层的 APE 波导

式（3.27）、式（3.32）和式（3.34）的一个简单数学考虑显示，对于一个确
定的信号（ω）模式分布，当泵浦（2ω）模式分布正比于信号（ω）模式分布的
平方时，耦合系数最大化。如果模式分布是共中心的高斯分布，则当 $W_x^{2\omega}=W_x^{\omega}/\sqrt{2}$
和 $W_y^{2\omega}=W_y^{\omega}/\sqrt{2}$ 时，耦合系数最大化。典型的标准 APE 波导的泵浦模式尺寸小
于最优化尺寸。因此，希望模式尺寸能匹配，峰值位置能一致。

为了从这个观点来提高转换效率，Sato 等[25]考虑一个使用带有高折射率 As₂S₃
包层的 APE 波导的 QPM-DFG 器件，如图 9.12 所示。选择非晶硫化物 As₂S₃ 是因
为它的高折射[26]、波导薄膜的简单淀积和红外区域中的高透射率[27, 28]。阶跃型折
射率平面波导模型的理论分析显示，通过包层厚度的合适设计，可增强 TM₀₀ 信
号（和 DF）和 TM₁₀ 泵浦模式的耦合系数，且标准化效率可以提高到标准（无
包层）APE 波导中的 TM₀₀ 信号和 TM₀₀ 泵浦模普通器件的效率的 9 倍左右。这
样一个器件是在 30 mm 相互作用长度的原型 LiNbO₃ 波导 QPM-DFG 器件上蒸镀

一层 0.30 μm 厚度的 As2S3 制作出来的（该器件的规格与 9.1.2 节中介绍的器件相同）。图 9.13 显示的是模式图样和强度分布。在信号波/DF 波和泵浦下所测得的 FWHM 模式尺寸分别为 4.6 μm×6.5 μm 和 4.6 μm×3.8 μm。得到了高达 790 %/W 的标准化效率（SHG 实验评估），如图 9.14 所示。这个值接近无包层前（320 %/W）的 2.5 倍。评估值和测得的提升因子之间有差别的原因包括设计和评估时所用的阶跃折射率平面波导及传播损耗。

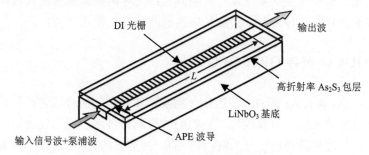

图 9.12　带有高折射率包层的 APE 波导的 QPM-DFG 器件

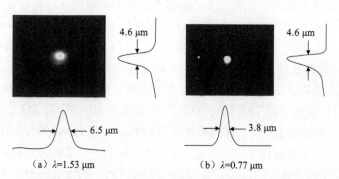

（a）λ=1.53 μm　　　　　　（b）λ=0.77 μm

图 9.13　带有高折射率包层的 QPM-DFG 器件中的信号和泵浦模式的近场图样

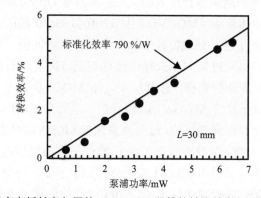

图 9.14　带有高折射率包层的 QPM-DFG 器件的转换效率与泵浦功率的依赖关系

9.4　偏振无关波长转换器

通过一段较长的标准（单模）光纤传输后，光波的偏振状态在时间域中是不确定和有涨落的。虽然有保偏光纤，但是通常它们并不在实际的光学传输系统中使用。因此，偏振无关的操作是对应用到光纤光学网络系统的波长转换器的一个重要的要求。开发这种偏振无关波长转换器的研究工作正在进行。

9.4.1　AlGaAs 波导 QPM-DFG 器件

类似 GaAs 和 AlAs 等的Ⅲ-Ⅴ族化合物半导体及它们的合成物在红外区域是透明的，并呈现较大的二阶非线性。它们的波导制作技术已经比较成熟。因此，它们是用于红外波长转换的波导 DFG 器件的一种重要的材料。另一个显著的特点是它们具备与半导体激光器整体集成的可能性。

这些半导体晶体属于立方晶系，没有对称中心。线性光学特性是各向同性的，且晶体不呈现双折射特性。二阶非线性光学张量的非零元素是 $d_{14}=d_{25}=d_{36}$。对于 GaAs，非线性在 1.53 μm 波长下高达 d_{14} =119 pm/V[3]。这些材料特性意味着 QPM 对于有效波长转换是基本的，且能够实现各向异性铁电晶体（如 LiNbO$_3$）不可能实现的偏振无关波长转换[1, 29]。在一个位于(001)面内垂直于[110]方向的波导通道中，TE 泵浦混合 TE 信号波产生 TM 偏振的 DF 波，而 TM 信号波混合 TE 泵浦产生 TE 偏振的 DF 波。这两种情况是对称的，且 QPM 条件和转换效率是完全一样的。对于任意偏振态的输入信号波，TE 和 TM 分量同时以相同效率转化为 TM 和 TE 的 DF 分量。因而可以实现偏振无关（PI）的波长转换效率，虽然该转换过程改变了偏振态。

Yoo 等[29]制作了基于晶圆键合技术的 AlGaAs 波导 QPM-DFG 器件。样板是通过两片金属有机气相体淀积（MOCVD）生长的(001)GaAs 晶圆键合而成，键合时它们的[110]方向相互平行，刻蚀掉其中的一个衬底和牺牲层，在另一个衬底上留下反转方向的薄层，再通过光刻和选择性湿蚀刻把该薄层成形为一个线条平行于[110]方向的约 3 μm 周期的光栅。在样板上，用 MOCVD 法生长一 2 μm 厚的 Al$_{0.6}$Ga$_{0.4}$As 包层和 1 μm 厚的 Al$_{0.5}$Ga$_{0.5}$As 波导层，从而形成 QPM 波导结构，波导层通过刻蚀形成一个脊形通道结构，最后该波导被 MOCVD 再生长形成的 2 μm 的 Al$_{0.6}$Ga$_{0.4}$As 包层所掩埋，波导长度是 3 mm，器件的横截面结构如图 9.15 所示。这种器件首次使用一个可调谐 NaCl:OH 激光器作为泵浦源，并通过初步 SHG 实验测试，获得了 15 %/W 的标准化效率。1.5 μm 波段的偏振无关波长转换通过一个 Ti:Al$_2$O$_3$ 激光器泵浦得到证明。且获得了 90 nm 的信号带宽，以及泵浦波长下

45 dB/cm 的传播损耗的 3 mm 长的波导中的–17 dB 的峰值转换效率。

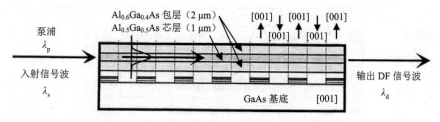

图 9.15　AlGaAs 波导 QPM-DFG 器件的横截面结构

Xu 等[30]也用晶圆键合制作了相似的器件，并用理论和实验研究了基于 1.55 μm 波带内两个波长的 SFG 的波长转换。用 0.5 mm 长且传播损耗超过 100 dB/cm 的波导获得了 810%/(W·cm²)标准化效率的 PI 波长转换。

Koh 等[31, 32]用子亚晶格反转外延法制作了 AlGaAs QPM 波导，并用初步的实验证明了 SHG。Pinguet 等[33]也用外延法制作了 AlGaAs QPM 波导，并用初步的实验证明了 SHG。

9.4.2　偏振无关 LiNbO₃ 波导 QPM-DFG 器件

铁电非线性光学晶体中的波长转换基本上是偏振相关的，因为实现高效率必须利用非线性光学张量的单个最大元素。但是，有效的偏振无关波长转换可以通过结合外在光学偏振元和/或器件结构的改进来实现。

Xu 等[34]提出了在一个在多环结构中构建的偏振无关波长转换器，如图 9.16a 所示。信号波被一个偏振分光器（polarization beam splitter，PBS）分成两个独立的偏振分量，每一个通过保偏光纤传播的分量被耦合进一个基本的 LiNbO₃（Z-切）波导 QPM-DFG 器件，分别作为相向传播的 TM 波。另外，泵浦也通过波长选择性耦合器（WDM 耦合器）耦合进波导中，作为反向传播的 TM 波。因而每一个偏振分量都在反向传播 DFG 相互作用中转换波长，得到的两个 DF 波通过 PBS 结合在一起，并通过一个光学环形器与输入信号波分开。这样就实现了偏振无关波长转换器。所提出的方法用基于 SFG 的波长转换实验得到证明。相似的结构也被 Chou 等[35]考虑和证明。

一个更加简单直观的方法是由 Brener 等[36]提出的，其原理示意图如图 9.16b 所示。信号波和泵浦相结合，并被一个 PBS 分成两个偏振无关分量，每一个通过保偏光纤传输的分量作为 TM 模耦合进一个 Z-切 LiNbO₃ QPM-DFG 器件中的一对平行波导通道中。输出的 DF 波通过保偏光纤传输，其中的一臂中插入了一段延迟线来补偿延迟时间的差异，并通过另一个 PBS 相结合。使用 55 mm 长的包含了楔形区域的 QPM 波导中的级联 SHG-DFG 相互作用，证明了 100 mW 泵浦功率时

−15 dB 外部效率的偏振无关波长转换。

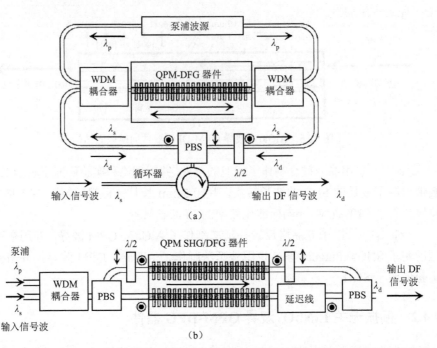

图 9.16　使用 QPM-DFG 器件和外置偏振元件的偏振无关波长转换器的实现的原理示意图
（a）双向型 DFG 结构；（b）双正向 SHG/DFG 结构

Suhara 等[2, 37]提出了一个集成式偏振无关 QPM-DFG 器件结构，如图 9.17 所示。在一个能支持 TE/TM 模的 Z-切晶体中的波导的基本 QPM-DFG 器件的中途位置，形成一个深槽，并插入一块光轴与波导平面成 45° 的薄膜薄波片。厚度仅为 15 μm 的聚酰亚胺薄膜波片已经发展到了商业化水平[38]。一个针对信号波长的 λ/2 薄膜波片用作信号波和 DF 波的 TE-TM 转换器。另外，对于泵浦来说这个波片基本不发生转换，因为其对于大概只有一半波长的泵浦来说是一个 λ 波片。因此，输入信号波的 TM 分量在第一部分被波长转换，然后作为一束 TE 波通过第二部分传输，而其 TE 分量被偏振转换成 TM，然后在第二部分被波长转换。集成的偏振无关 QPM-DFG 器件需要一个能同时支持 TE 模和 TM 模的通道波导。不能使用 APE 波导，因为它仅仅能支持 e 光，而 Ti-扩散波导又涉及了光损伤问题。作为抗损伤 TE/TM 波导的候选，Zn-扩散 LiNbO$_3$ 波导正在被研究。在低压（1～10 Torr）大气中，使用 ZnO 和金属 Zn 源的 Zn 扩散的制作技术已经得到了发展[39, 40]，且获得了 1 dB/cm 损耗的单模 TE/TM 波导。一个 10 mm 相互作用长度的 Zn:LiNbO$_3$ 波导 QPM-DFG 器件已被制作出来，并在初步实验中证明了可获约 15 %/W 效率的波长转换[41]。TE/TM 模转换器也可以通过切割机在一个涂覆了 SiO$_2$ 保护层的 Zn:LiNbO$_3$ 波导上切出一个槽，并插入一片聚酰亚胺薄膜 $\lambda/2$ 波片制作出来[42]。

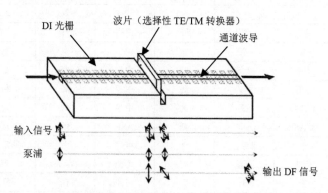

图 9.17　集成了波长选择性偏振模式转换器的偏振无关 QPM-DFG 波长转换器

9.5　在光子网络上的应用

DWDM 技术是一项非常有效的技术，它能使光学通信系统中的传输容量得到显著的提升。随着近年来先进器件的发展，如多波长和可调谐半导体激光器、光分波合波器、宽带光放大器等，DWDM 已经被投入实际使用中。以网络流量为代表的数据通信的加速需求，要求 DWDM 更进一步发展来适应。在这个领域中，研究工作朝着构筑基于全光学技术的大规模复杂的密集波分复用光子网络方向发展。其中的一个关键课题是全光波长转换器的发展。全光波长转换器在光学交叉连接节点中的使用带来了大系统的灵活性，通过避免通道阻塞来有效利用波长资源，还可实现波长路由与转换。关于 DWDM 网络的波长转换技术的完整综述见文献[1]。

9.5.1　各种波长转换器的比较

正在发展各种类型的全光波长转换器[1]，其中一类是使用 SOA 的转换器，它还可以细分成交叉增益调制（cross-gain modulation，CGM）和交叉相位调制（cross-phase modulation，CPM）两种类型。半导体电吸收调制器（semiconductor electroabsorption modulators，EAM）可以被当作一个波长转换器。基于 SOA 和光纤中的三阶非线性的四波混频（four-wave mixing，FWM）可以被用作波长转换。采用光纤环的 NOLM 也可以被用来当作波长转换器。另一类是铁电和半导体波导 QPM-DFG 转换器。这些技术和器件的比较总结在表 9.1 中。

表 9.1　各种用于光通信的全光波长转换技术的对比

	SOA CGM	SOA CPM	光纤 NLRM	SOA FWM	光纤 FWM	铁电 QPM-DFG	半导体 QPM-DFG
转换功能	$\omega_{out}=\omega_{probe}$	$\omega_{out}=\omega_{probe}$	$\omega_{out}=\omega_{probe}$	$\omega_{out}=2\omega_p-\omega_{in}$	$\omega_{out}=2\omega_p-\omega_{in}$	$\omega_{out}=2\omega_p-\omega_{in}$	$\omega_{out}=2\omega_p-\omega_{in}$
透射度	受限	受限	受限	严格	严格	严格	严格
波长范围	窄	窄	宽	窄	宽	宽	受限
信号带宽	中等	中等	宽	中等	宽	宽	宽
比特率	中等	中等	高	中等	高	高	高
效率	非常高	高	高	中等	低	高	低
噪声	大 ASE	ASE	低	ASE	低	非常低	非常低
动态范围	小	非常小	大	中等	大	非常大	非常大
偏振无关	可能	可能	容易	可能	容易	难	可能
多通道转换	无	无	无	可能	可能	好	好
相位共轭	无	无	无	可能	好	好	好
集成紧凑性	非常好	非常好	差	好	差	一般	好

在这些转换器中，波导 QPM-DFG 转换器相比其他方法具有许多优势，它们也提供了各种应用于光学通信的信号处理的可能性。为了实现带有半导体激光器泵浦源的高性能实用器件和发展应用技术，广泛的研究正在进行中[35, 43]。

虽然半导体器件的波长区域受限于由带间跃迁引起的光学吸收，但其最突出的优点是采用专门用于铁电晶体器件的单种材料便可覆盖极广宽的波长范围。DFG 器件的另一个优点是，作为相干转换器，对各种信号格式都是完全透明的；强度和相位信息在波长转换后均被保留下来。它也可以完成双向波长转换；例如，同一器件既可以用于 1.5 μm→1.3 μm 的转换，也可以用于 1.3 μm→1.5 μm 的转换。在前几节中已介绍了 DFG 器件可以用一般的泵浦功率提供宽广的信号波长带宽和高效率。其他的优点还包括比光纤器件更紧凑和具有集成兼容性。

SOA 转换器常遭受 ASE 噪声。对比 SOA 转换器，DFG 转换器基本上不涉及噪声问题。由泵浦源所带来的 ASE 噪声可以很容易地通过一个波长滤波器消除。DFG 的量子光学特性已在 5.7 节中讨论。虽然 DFG 过程使量子噪声增加到高于标准量子限制[见式（5.84）和图 5.14]，并且泵浦所产生的高于相位匹配带宽[见式（5.91）和图 5.15]的参量荧光引起了本底噪声，但 DFG 常常以 1 左右或更小的参量增益来进行操作，这些噪声小到可以忽略，因此 DFG 转换器大体上摆脱了额外噪声。一个相关的优点是具有较大的动态范围，只要保证 DF 功率和输入信号功率之间有近似的线性依赖关系。

9.5.2　同时多通道波长转换

在 9.1.1 节中的考虑表明了在单个器件中的 DFG 就可提供可以覆盖整个传统

通信波段的非常宽的信号波长带宽，也可确保 Tbit/sec 级高速信号波的波长转换。宽广信号波长带宽可以同时实现多波长通道的波长转换，如图 9.18 所示。一种 DFG 波长互换交叉连接结构的设想见 Antoniades 等[44]的文献。Yoo 等[1, 29]用 AlGaAs 波导 QPM-DFG 器件证明了多通道转换，Chou 等[21]用级联 SHG-DFG 相互作用也证明了多通道转换。

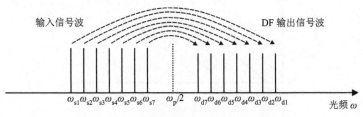

输入信号波　　　　　　　　　　　　　　　　DF 输出信号波

$\omega_{s1}\omega_{s2}\omega_{s3}\omega_{s4}\omega_{s5}\omega_{s6}\omega_{s7}$　$\omega_p/2$　$\omega_{d7}\omega_{d6}\omega_{d5}\omega_{d4}\omega_{d3}\omega_{d2}\omega_{d1}$　　光频 ω

图 9.18　DFG 器件的同时多通道波长转换

在 NPDA 下，式（9.1）表明输出 DF 功率近似线性正比于输入信号功率。这意味着，在 NPDA 下所有的多通道输入信号都独立地进行波长转换。但是，泵浦消耗引起信道串扰[2]。多通道 DFG 中的串扰水平可以使用 $\Delta_{\mathrm{DFG}} = 0$ 下的式（9.1）进行粗略估计。假定在信号带宽中的 n 束等功率 P_{s0} 的输入信号波被耦合进一个 DFG 器件，则一个通道在 z 处的 NPDA DF 功率近似为 $P_d(z) \approx P_{s0}P_{p0}\kappa^2 z^2$。从曼利-罗关系可知，消耗泵浦功率与 z 的依赖关系为 $P_p^{(n)}(z) \approx P_{p0}\{1 - n(\omega_p / \omega_d)$ $P_{s0}\kappa^2 z^2\} \approx P_{p0}(1 - 2nP_{s0}\kappa^2 z^2)$。把相应的 z-依赖泵浦振幅 $A_3(z) \approx P_{p0}(1 - 2nP_{s0}\kappa^2 z^2)^{1/2}$ 和信号振幅 $A_1(z) \approx \{P_{s0}\}^{1/2}$ 插入到 $\Delta_{\mathrm{DFG}} = 0$ 时的式（3.39b）的右侧，并对 z 积分，重新计算 DF 振幅，便得到通道中的输出 DF 功率的表达式：

$$P_d^{(n)} = P_d^{(n)}(L) \approx P_{s0}P_{p0}\kappa^2 L^2 \left[\frac{1}{2}\sqrt{1 - 2nP_{s0}\kappa^2 L^2} + \frac{\arcsin\sqrt{2nP_{s0}\kappa^2 L^2}}{2\sqrt{2nP_{s0}\kappa^2 L^2}} \right]^2 \quad (9.8)$$

对于 N 个输入信号的情况和单个信号输入信号的情况，分别计算它们输出 DF 功率的衰减，将它们的差值除以单个输入信号下的输出 DF 功率，便得到如下最大（最差）串扰水平：

$$\frac{P_d^{(1)} - P_d^{(N)}}{P_d^{(1)}} \approx 1 - \left[\frac{\sqrt{1 - 2NP_d / P_{p0}} + \arcsin\sqrt{2NP_d / P_{p0}} / \sqrt{2NP_d / P_{p0}}}{\sqrt{1 - 2P_d / P_{p0}} + \arcsin\sqrt{2P_d / P_{p0}} / \sqrt{2P_d / P_{p0}}} \right]^2 \quad (9.9)$$

式中，$P_d / P_{p0} = P_d^{(0)} / P_{p0} = P_{s0}\kappa^2 L^2$，为一个通道的 NPDA DF 输出功率对泵浦功率的比值。结果显示，最大串扰水平是通道数目 N 和相对输出信号水平的函数，其依赖曲线见图 9.19。结果显示，串扰可以通过限制依赖于通道数目的相对输出信号水平被抑制在可容忍的水平上。级联 SHG-DFG 转换中的信道串扰的理论和实验研究见 Harel 等[45]的文献。它显示了 55 个 6 dBm 功率的通道可以同时被转换，在 20 dBm 泵浦功率时，比特误差率<10⁻⁹。

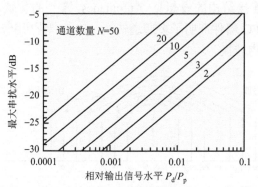

图 9.19　DFG 器件用于同时多通道波长转换时的最大串扰水平与相对于泵浦功率的输出信号水平之间的依赖关系

　　当一束单一的信号波在 DFG 器件中混合多种波长的泵浦，可以获得适用于波长传送的多种波长 DF 信号。但是实际上很难在实现这样的功能时还能具备高效率，因为普通 DFG 器件的泵浦波长带宽很窄。这个问题可以通过修改 QPM 结构来解决。因为相位匹配响应与 QPM 结构是通过傅里叶变换互相相关的，因而有可能通过在周期性 QPM 调制上叠加一个合适的相位反转系列（一个长周期的周期性函数）来产生多个相位匹配泵浦波长。Chou 等[46]提出和证明了采用这样设计的 QPM 结构进行的单通道和多通道波长转换。制作了 42 mm 长的器件，并且在约 90 mW 泵浦功率下，二、三和四通道的器件分别获得了−7 dB、−9 dB、−10 dB 的效率。

9.5.3　可变波长转换

　　用于光学交叉连接节点的一种波长转换器是可变波长转换器，其中的输入信号波长是固定的，而输出 DF 信号波长是通过调谐泵浦波长来变化的。但是普通 DFG 转换器的可变范围非常有限，因为泵浦波长带宽比较狭窄。Chen 等[47]提出通过同时改变器件温度和泵浦波长来提高可变的范围，并证明了在一个 4.5 cm 长的 MgO 掺杂 LiNbO₃ 的 QPM-DFG 器件中，当温度从 21℃改变到 45℃时，实现了 5.7 nm 的可变范围[48]。在级联 SHG-DFG 方案中，它可能使 SH 波产生于固定波长的信号波，且混合一束可变波长的连续控制光波，以产生可变波长的输出 DF 信号波。然后获得了一个较广的可变范围，因为控制波和 DF 波的波长接近简并，从而色散几乎被消除。Zhou 等[49]提出这样的一个方案，并证明了−20 dB 转换效率下 80 nm 的可变范围。

9.5.4　色散补偿和其他信号处理

重要的是，需要注意到输出 DF 波振幅接近正比输入信号波振幅的复合共轭。这意味着，DFG 转换器起着相位共轭器的作用，其中输入信号在频率轴上的谱在输出 DF 光波中被倒转了。正如 Yariv 等[50]最早提出的，这个功能可以被用来进行光纤色散补偿。系统和工作原理的示意图见图 9.20。通过一段长光纤传输线传送的高速光信号的波形由于群速延迟色散失真。如果传输的信号是相位共轭（谱反转）的，则接着通过相同长度的相同光纤传输线的传送，在第一段和第二段线中的群速延迟色散将互相抵消，最终恢复成原来的波形。

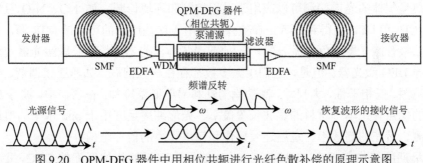

图 9.20　QPM-DFG 器件中用相位共轭进行光纤色散补偿的原理示意图

Brener 等[51]证明了一个 6.5 cm 长的 LiNbO$_3$ QPM 波导中的级联 SHG-DFG 的一个 160 Gbit/s 光学时分复用（optical time domain multiplexed，OTDM）信号的波长移动和相位共轭。OTDM 信号波结合了泵浦，然后耦合进 QPM 器件中。通过器件后，剩余的泵浦被一个光纤布拉格光栅阻挡，被转换的信号波被进一步过滤以获得波长移动了 10.8 μm 的共轭 DF 信号波，这个漂移是使用一个解复用器/接收器和一个比特差错率（bit error ratio，BER）计数器估算出来的。相同的器件也用于以 100 Gbit/s 通过一段 2×80 km 的光纤时的色散补偿。Chou 等[5]使用一个 5 cm 长的级联 SHG-DFG 来证明约 100 mW 泵浦功率下约 10 dB 转换效率的跨距中点谱反转，实现了 200 GHz 间隔的四个 10 Gbit/s WDM 通道光波通过一段 2×75 km 标准单模光纤的色散补偿。Kunimatsu 等[52]使用一个 LiNbO$_3$ QPM 波导的跨距中点光学相位共轭实现了 250 fs 超短脉冲通过 66km 的传输的四阶色散补偿。

目前，用于光学通信系统的 LiNbO$_3$ 波导 QPM-DFG 器件进行信号处理的报道包括：用二维 QPM 结构做同时波长交换的提议[53]，利用 LiNbO$_3$ 相位共轭器和拉曼放大器减少在长距离光纤传输中 Kerr 非线性所导致的信号退化[54]，光学码分多址接入的匹配过滤[55]，全光学解复用[56]和全光学帧头识别[57]。另一个应用是 Cardakli 等[58]报道的可调谐全光时隙交换和波长转换。两个级联 SHG-DFG 器件

和光纤布拉格光栅分别作为波长转换器和波长依赖光学时间缓冲器，且证明了
2.5 Gb/s 数据流的可重构时间/波长转换开关。

9.6　长波长波产生

9.6.1　中红外波的产生

　　大多数分子都有依赖于化学键合的振动谐振和对大于 2 μm 的红外（mid-infrared，MIR）区域的特定波长光的吸收等特性，这种特定波长作为分子指纹确定了分子的种类。例如，气体污染物有一些吸收线，可以使用可调谐 MIR 源来探测得到[59,60]。大气痕量气体的光谱探测可以应用于过程控制和环境诊断，如 NO、N_2O、CO、SO_2、CH_4 和 HF。已得到或者正在被开发的用于这些用途的可调谐 MIR 源，包括铅盐二极管激光器、色心激光器、InAsSb 半导体激光器、量子级联激光器及块状和波导 DFG 激光器。但是，它们中大多数都存在一些问题，如非连续调谐、受限调谐范围、低相干性、大尺寸、高功率消耗和需要低温冷却。在它们中，波导 DFG 器件的优点有：单一材料的宽波长覆盖率、光谱纯度足够用于 ppb 水平的痕量气体探测、潜在的高效率、室温连续操作和简单紧凑的器件结构等。

　　早期的工作包括在 Ti-扩散 $LiNbO_3$ 波导中双折射相位匹配的 DFG，报道见 Uesugi[61]、Sohler 等[62]和 Hermann 等[63]的文献。在他们的实验中，从 Nd:YAG 激光器或 He-Ne 激光器出射的一固定波长光波混合了由染料激光器出射的一个可调谐泵浦，产生波长超过 1 μm 的可调谐 DF 光波，但是效率较低。

　　Lim 等[64]证明了在 $LiNbO_3$ APE 波导中 QPM-DFG 产生的 2.1 μm 辐射。QPM 光栅（周期 2.1 μm）由 Ti-扩散形成，且其波导长度为 7 mm。使用一个 $Ti:Al_2O_3$ 激光器（波长约为 0.8 μm）和一个 Nd:YAG 激光器（1.32 μm）作为泵浦源，得到了 1.1 %/W 标准化效率和 1.8 mW 输出功率。

　　Petrov 等[65]在一个带有由电压施加法形成的 17.4～20.1 μm 周期的 QPM 光栅的 2 cm 长的 $LiNbO_3$ APE 波导 DFG 器件中，混合了接近 780 nm 和 1010 nm 的两个半导体激光器出射的光波，产生 4.43～3.73 μm 可调谐 MIR 辐射，并证明了 45 GHz 的电子控制频率扫描对甲烷高分辨光谱的探测。DFG 光谱分析仪的结构示意图见图 9.21。

　　Hofmann 等[66]证明了 $LiNbO_3$ 波导的 QPM-DFG 在 2.8 μm 波长附近产生 MIR 辐射的高效性。波导由 Ti-内扩散制作而成，并有 15～22.5 μm 宽度和 80 mm 长度。用研磨方法去除 Ti-扩散过程中形成的不需要的畴反转层后，进行均匀的畴反转，周期性电极通过电压施加方法形成了 30.6～31.6 μm 周期的 QPM 光栅。该器件由一个可调谐外腔半导体激光器（波长约为 1.55 μm）和一个 He-Ne 激光器（波长

3.391 μm）泵浦，获得了 105 %/W 的标准化转换效率和 230 nW 的 MIR 输出功率。

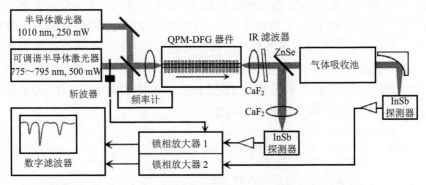

图 9.21　使用 QPM-DFG 器件的一个中红外分光仪的示意图

其他红外波长转换的证明使用了在 $LiNbO_3$ 中的块状 QPM 结构，包括中红外（波长 2.5～4.0 μm）多频带产生[67]和一个双重 QPM 光栅的光学频率除以 3 的操作[68]。它们的波导版本可能实现高效率。

广泛使用的非线性光学晶体，如 $LiNbO_3$ 和 $LiTaO_3$，在超过 4 μm 的 MIR 区域是不透明的。可供选择的其他材料是Ⅲ-Ⅴ族半导体。其中一种可能性是 AlGaAs 波导 QPM-DFG 器件，见 9.4.1 节。Fiore 等[69]提出基于在 GaAs 层和 AlO_x 层组成的多层波导结构中的人造双折射的相位匹配。该结构可以通过 GaAs/AlAs 多层的选择性的湿热氧化制作出来。GaAs 和 AlO_x 之间的较大折射率差可以实现适用于相位匹配的巨大人造双折射[70]。他们证明了可以产生 4 μm 的中红外光波[71]和适用于 NO 气体探测的 5.3 μm 附近的光波[72]。在后者实验中，Nd:YAG 和 $Ti:Al_2O_3$ 激光器被用作泵浦源，在 0.5 mW×14.5 mW 泵浦功率和 1.2 mm 波导长度下，获得了 124 nW 的输出功率。

9.6.2　太赫兹波的产生

太赫兹波的波长大约为 100 μm，在许多领域中提供了传感、测量和成像等方面的各种应用。产生相干太赫兹波的一项重要技术是 DFG，其中两个波长的近红外（near-infrared，NIR）光波与太赫兹区域的 DF 波混合[73-75]。利用 DFG，在大块 GaAs 波导中产生太赫兹波和远红外波已经得到了证明[76]。但是有一个主要的问题，即非线性光学晶体（如 $LiNbO_3$ 和 DAST）在太赫兹区域会表现出极大的吸收损耗[77, 78]。另一个问题是由于太赫兹波的波长远大于近红外波长，因此无法通过普通同轴式波导结构实现高转换效率。为了避免这些问题，Avetisyan 等[79]提出一种使用 NIR 波段的平面波导和用于相位匹配的 DI 光栅的表面发射 DFG。Suhara 等[80]提出了在通道波导中的侧向发射太赫兹 DFG 的实际器件结构，并提出了基于矢量格林函数方法的理论分析。

　　图 9.22 描述的是侧边发射太赫兹波 DFG 器件结构。在铁电非线性光学晶体中形成用于相位匹配的 DI 光栅结构，并从共同传播的 NIR 导波产生侧向发射太赫兹波。太赫兹波朝着垂直于波导与晶体轴线的方向发射。尽管顶端发射器件需要一个在 X-切晶体中的 DI 光栅，但侧边发射器件可用 Z（c）-切晶体来实施，其中的 DI 光栅可以通过标准电压施加方法来制作。在侧边发射器件中，为避免太赫兹波的吸收，在一段短距离内晶体被切割。

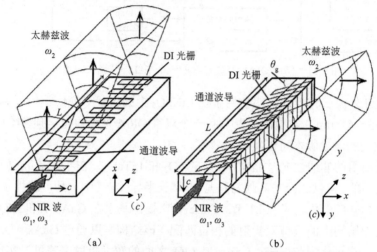

图 9.22　用于太赫兹波产生的侧边发射 DFG 器件的结构示意图
(a) 顶端发射器件；(b) 侧边发射器件

　　使 ω_3 和 ω_1 为入射 NIR 光波的角频率，ω_2 为太赫兹差频[$\omega_2 = \omega_3 - \omega_1(>0)$]，且 λ_3、λ_1、λ_2 为相应波长。假定是一个 1∶1 DI QPM 结构，非线性光学太赫兹极化可以写成

$$P_2^{\mathrm{NL}}(x, y, z) = (4\varepsilon_0 / \pi)d_{33}E_{3y}(x, y)E_{1y}^*(x, y)$$
$$\times \exp(jK_x x)\exp\{-j(\beta_3 - \beta_1 - K_z z)\}i_y \tag{9.10}$$

式中，$E_3(x, y)$、$E_1(x, y)$ 和 β_3、β_1 为 NIR 导波的模式分布和传播常数；d_{33} 为非线性光学常数；i_y 为沿 c 轴的单位矢量；$K_x = -K\sin\theta_g$、$K_z = -K\cos\theta_g(K = 2\pi / \Lambda)$ 为光栅矢量分量，其中 Λ 为光栅周期。我们暂定芯层周围的媒介是均匀的，且对于太赫兹波是透明的。从麦克斯韦方程我们得到太赫兹场的非均匀波动方程：

$$[\Delta + k_2^2 n_2^2(x, y)]E_2(x, y, z) = -(4k_2^2 d_{33} / \pi)E_{3y}(x, y)E_{1y}^*(x, y)$$
$$\times \exp(jK_x x)\exp(-j\beta z)i_y \tag{9.11}$$

式中，Δ 为矢量拉普拉斯算符；$k_2 = 2\pi / \lambda_2$；$\beta = \beta_3 - \beta_1 - K_z = n_2 k_2 \sin\theta(\approx 0)$，且

$\theta(\approx 0)$ 是相对于波导法线的太赫兹辐射角。垂直于波导轴（$\theta = 0$）发射的条件是 $K_z = \beta_3 - \beta_1$ 或 $\Lambda = 2\pi \cos\theta_{\mathrm{g}} / (\beta_3 - \beta_1) \cong \lambda_2 \cos\theta_{\mathrm{g}} / N_{\mathrm{g}}$，其中 N_{g} 是 NIR 导模的有效群折射率。在 x 方向上的相位匹配条件是 $K_x = -n_2 k_2 \cos\theta$。我们定义一个矢量格林函数 $G(x, y, z; \xi, \eta)$ 为

$$[\Delta + k_2^2 n_2^2] G(x, y, z; \xi, \eta) = \delta(x - \xi)\delta(y - \eta)\exp(-\mathrm{j}\beta z)i_y \qquad (9.12)$$

式中，δ 为狄拉克函数。因此式（9.11）的解为

$$E_2(x, y, z) = -(4k_2^2 d_{33} / \pi)\iint E_3(\zeta, \eta)E_1^*(\zeta, \eta)\exp(\mathrm{j}K_x\xi)G(x, y, z; \xi, \eta)\mathrm{d}\xi\mathrm{d}\eta \qquad (9.13)$$

利用极坐标（r, φ）、（$x = r\cos\varphi$，$y = r\sin\varphi$）和参量 $\gamma = n_2 k_2 \cos\theta$，可以获得 $(\xi, \eta) = (0, 0)$ 时的格林函数 $G(x, y, z)$ 的精确和解析的表达式[78]。对于 $\gamma r \gg 1$，精确表达式可以近似表示为

$$G(x, y, z) \cong \frac{\mathrm{j}}{4}i_\varphi H_0^{(2)}(\gamma r)\cos\varphi e^{-j\beta z} \cong i_\varphi \sqrt{\frac{1}{8\mathrm{j}\pi\gamma r}}\cos\varphi e^{-\mathrm{j}\gamma r}e^{-\mathrm{j}\beta z} \qquad (9.14)$$

这里使用了汉克尔函数 $H_o^{(2)}$ 的渐近表达式，且 i_φ 代表沿 φ 方向的单位矢量。对于 $(\xi, \eta) \neq (0, 0)$ 的格林函数 $G(x, y, z; \xi, \eta)$ 可通过平移坐标轴 (x, y) 得到。

发射的太赫兹波的场可用式（9.13）的积分计算得到。基本导模的 NIR 场可以由高斯函数近似表示为

$$E_{iy}(x, y) = \sqrt{\frac{4P_i}{\pi N_i w_x w_y}}\left(\frac{\mu_0}{\varepsilon_0}\right)^{1/4}\exp\left[-\left(\frac{x}{w_x}\right)^2\right]\exp\left[-\left(\frac{y}{w_y}\right)^2\right], \quad i = 1, 3 \quad (9.15)$$

式中，P_i 为传导波功率；w_x、w_y 为模场的 $1/e^2$ 半宽度；N_i 为模式指数。两束 NIR 波使用了相同的模式尺寸，因为 $\omega_2 \ll \omega_3$，ω_1 且 $\omega_3 \approx \omega_1$。这里我们使用极坐标（$r, \varphi$）代替观察点的（$x, y$），并假定 r 远大于太赫兹波的波长和 NIR 模式的尺寸（$\gamma r \gg 1$；$r \gg w_x, w_y$）。然后（x, z）相对于（ξ, η）的方位角可以近似为 φ，并且距离为 $\sqrt{(r\cos\varphi - \xi)^2 + (r\sin\varphi - \eta)^2} \cong r - \xi\cos\varphi - \eta\sin\varphi$。将式（9.14）和式（9.15）代入式（9.13），并作积分处理，我们得到

$$E_2(x, y, z) = i_\varphi \frac{-4k_2^2 d_{33}\sqrt{P_1 P_3}}{\pi\sqrt{2\pi\mathrm{j}N_1 N_2 n_3 k_2 r\cos\theta}}\sqrt{\frac{\mu_0}{\varepsilon_0}}F_x(\varphi)F_y(\varphi)e^{-\mathrm{j}(\gamma r + \beta z)}\cos\varphi \qquad (9.16\mathrm{a})$$

$$F_x(\varphi) = \exp\left\{-\frac{w_x^2}{8}(K_x + \gamma\cos\varphi)^2\right\}, \quad F_y(\varphi) = \exp\left\{-\frac{w_y^2}{8}\gamma^2\sin^2\varphi\right\} \qquad (9.16\mathrm{b})$$

式中，因子 $F_x(\varphi)$、$F_y(\varphi)$ 分别为 x 方向和 y 方向上相位失配导致的衰减和方向性

分布。式（9.16a）和式（9.16b）表明，当通道传导宽度远小于太赫兹波长（$\gamma w_x \ll 1$，$\gamma w_y \ll 1$）时，光栅没有倾斜（$K_x = 0$）时，也有 $F_x \cong 1$ 和 $F_y \cong 1$，且辐射呈现了近似 $\cos^2 \varphi$ 的方向性分布。随着 w_y 的增加，方向性转变为一个尖锐的类高斯分布。随着 w_x 的增加，$K_x = 0$ 时的光栅的辐射峰减小；这种减少可通过使光栅倾斜以达到 x 方向上的相位匹配（$K_x = -\gamma$）来避免，辐射可能呈现超高斯的方向性分布。

我们从式（9.16）得到辐射到波导的一侧的总功率表达式：

$$P_2 = L \int_{-\pi/2}^{\pi/2} \frac{n_2 |E_2|^2}{2\sqrt{\mu_0/\varepsilon_0}} \cos \theta \, r \mathrm{d}\varphi = AFLP_1P_3 \tag{9.17a}$$

$$A = \frac{16\pi d_{33}^2}{N_1 N_3 \lambda_2^3} \sqrt{\frac{\mu_0}{\varepsilon_0}}, \quad F = \frac{2}{\pi} \int_{-\pi/2}^{\pi/2} \left| F_x(\varphi) F_y(\varphi) \right|^2 \cos^2 \varphi \mathrm{d}\varphi \tag{9.17b}$$

式中，L 为波导长度；因子 F 为强度方向性函数 $\left| F_x(\varphi) F_y(\varphi) \right|^2 \cos^2 \varphi$ 的积分（可以证明这是平面波成分的功率谱），且 F 对于 $\gamma w_x \ll 1$ 和 $\gamma w_y \ll 1$ 的波导有最大值 1。

为了计算输出功率，必须考虑接近于波导通道的晶体-空气界面的反射损耗。下面，我们考虑辐射角为 $\theta = 0$（$\beta = 0$，$\gamma = n_2 k_2$）的情况，并考虑当辐射太赫兹波通过 $x = D(w_x < D)$ 的晶体表面出射进入空气的结构。接着，p-偏振平面波以角度 φ 入射在界面上，并且限定 φ 的范围在临界角度 φ_c 内，输出功率是将式（9.17b）的被积函数乘以功率传输透射率 $T_p(\varphi)$：

$$P_{2\text{out}} = AF_{\text{out}} LP_1P_3, \quad F_{\text{out}} = \frac{2}{\pi} \int_{-\varphi_c}^{\varphi_c} T_p(\varphi) \left| F_x(\varphi) F_y(\varphi) \right|^2 \cos^2 \varphi \mathrm{d}\varphi \tag{9.18a}$$

$$T_p(\varphi) = \frac{\sin 2\varphi \sin 2\varphi_{\text{out}}}{\sin^2(\varphi + \varphi_{\text{out}}) \cos^2(\varphi - \varphi_{\text{out}})}$$

$$\varphi_c = \arcsin(1/n_2) \tag{9.18b}$$

$$\varphi_{\text{out}} = \arcsin(n_2 \sin \varphi)$$

式中，φ_{out} 为空气中的传播角度。空气中的远场输出辐射的方向分布是将式（9.18a）中的被积函数 F_{out} 乘以 $\mathrm{d}\varphi/\mathrm{d}\varphi_{\text{out}}$ 得到的，即 $T_p(\varphi) \left| F_x(\varphi) F_y(\varphi) \right|^2 \cos \varphi \cos \varphi_{\text{out}}$，其中 $\varphi = \arcsin(\sin \varphi_{\text{out}}/n_2)$。在上述的讨论中，太赫兹波在晶体中的吸收损耗已经被省略。作为一个近似，损耗的效果可以通过乘以角度依赖损耗系数 $\exp(-\alpha_2 D/\cos \varphi)$ 的被积函数包括在式（9.18a）中，这里的 α_2 是损耗因子。在 $\alpha_2 D < 1$ 的情况下，式（9.18a）的右侧乘以 $\exp(-\alpha_2 D)$ 是一个非常好的近似。

考虑 $LiNbO_3$ 中的一个 DFG 器件，它用 $\lambda_3 = 1.543\ \mu m$ 和 $\lambda_1 = 1.559\ \mu m$ 的近红外光波产生 $\theta = 0$ 的 $\lambda_2 = 150\ \mu m$（2 THz）的太赫兹波。因为 $N_g \cong 2.19$，所以需要的光栅周期是 $\lambda_2/N_g \cong 68\ \mu m$。太赫兹波的折射率是 $n_2 = 5.2$，内临界角是 $\varphi_c = 11.1°$，吸收 $\alpha_2 = 74\ \text{cm}^{-1}$ [77]。利用 r_{33} [81]估算的 $d_{33} = 165\ \text{pm/V}$ [80]，且 $N_1 = 2.15$ 和

$N_3 = 2.15$ 可知，式（9.17）和式（9.18）中的因子 A 是 $3.3 \times 10^{-5}\,\text{W}^{-1} \cdot \text{m}^{-1}$。式（9.18）中的 DFG 转换效率因子 F_{out} 对模式宽度 w_x、w_y 的依赖关系曲线见图 9.23。在无倾斜光栅（$K_x = 0$）情形下，F_{out} 的衰减主要受控于 $w_x / \lambda_2 > 1$ 内对精确横向相位匹配的偏离，而在 $w_x / \lambda_2 \ll 1$、$w_y / \lambda_2 \ll 1$ 时，它主要受控于晶体表面上的全反射和部分反射。在 $w_x / \lambda_2 \ll 1$ 时，表面上的透射率 F_{out} / F 的范围从 0.16（对应于 $w_y / \lambda_2 \ll 1$ 时的内部 $\cos^2 \varphi$ 发散波）到 0.54（对应于 $w_y / \lambda_2 > 1$ 时的正入射光波的菲涅耳反射损耗）。图 9.23a 显示，虽然 F_{out} / F 随着 w_y 的增加增大，但因子 F_{out} 随着 NIR 波强度的减小而减小。如图 9.23b 所示，对于没有倾斜的光栅，F_{out} 随着 ω_x 的增加而减小，这种减小可以通过倾斜光栅来避免。F_{out} 的最大值约为 0.16，且对于无倾斜光栅下的 $w_y / \lambda_2 < 0.1$ 和 $w_x / \lambda_2 < 0.03$，以及倾斜光栅下的 $w_y / \lambda_2 < 0.25$，有 $F_{\text{out}} > 0.12$。

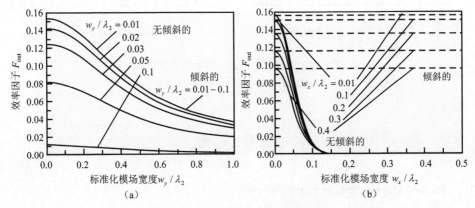

图 9.23　不同器件的效率因子 F_{out}

（a）顶部发射器件；（b）侧边发射器件

太赫兹辐射在空气中的方向性分布曲线见图 9.24。对于 $w_x / \lambda_2 < 0.1$，辐射瓣的宽度随着 w_y 的增加而减小。对于较大的 w_x / λ_2，无倾斜光栅的辐射呈现较宽的瓣或者甚至有两个瓣，这是 $\varphi = 0$ 时更大的相位失配所致，但是这样的增宽可以由倾斜光栅来避免。这些结果意味着，虽然辐射是发散的，窄通道波导的效率可以大于平面波导，因此需要一个高 NA 透镜来准直或聚焦。

对于使用了一个标准 APE 通道波导（$w_x = 5.3\ \mu\text{m}$，$w_y = 6.1\ \mu\text{m}$ 和 $L=30\ \text{mm}$）的一个顶端发射器件（图 9.22a），有 $F_{\text{out}} = 0.11$ 和 $P_{2\text{out}} / P_1 P_3 = 1.1 \times 10^{-7}\,\text{W}^{-1}$。因为 $\alpha_2 w_x \ll 1$，吸收损耗是可忽略的。因此，对于 1 ns 宽度、100 kHz 重复频率和 $P_1 = P_3 = 1\text{kW}$ 峰值（平均值为 100 mW）的 NIR 脉冲（可用半导体激光器和 Er 掺杂光纤放大器得到），可以获得 110 mW 峰值（平均值为 11 μW）的太赫兹输出功率。侧边发射器件（图 9.22b）的特性由于顶端表面的存在而更加复杂。但是，

其效率等同或甚至大于用当前模型计算值，因为射到顶端表面上的辐射被直接传送到空气中，或者在顶端表面反射之后穿过侧边表面。对于 w_x =6.1 μm、 w_y =5.3 μm、 L=30 mm 和 D=50 μm，我们有 F_{out} =0.10、 $\exp(-\alpha_2 D)$ =0.69 和 P_{2out}/P_1P_3 =6.8× 10^{-8} W^{-1}，该数据已包括了吸收损耗。

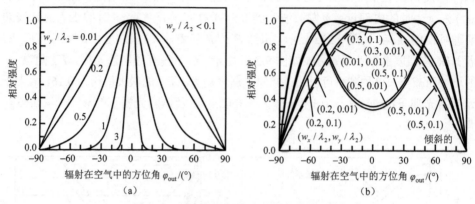

图 9.24　不同器件的输出辐射的方向分布

(a) 顶部发射器件；(b) 侧边发射器件

参 考 文 献

[1]　S.J.B.Yoo: J. Lightwave Tech., 14, pp.955-966 (1996)

[2]　T.Suhara: Trans. IEICE C J84-C, pp.909-917 (2001)

[3]　I.Shoji, T.Kondo, A.Kitamoto, M.shirane, R.Ito: J. Opt. Soc. Am. B, 14, pp.2268-2294 (1997)

[4]　Brener, M.H.Chou, D.Peale, M.M.Fejer: Electron. Lett., 35, pp.1155-1157 (1999)

[5]　M.H.Chou, I.Brener, G.Lenz, R.Scotti, E.E.Chaban, J.Shmulovich, D.Philen, S.Koshinski, K.R.Parameswaran, M.M.Fejer: IEEE Photon. Tech. Lett., 12, pp.82-84 (2000)

[6]　M.H.Chou, I.Brener, K.P.Parameswaran, M.M.Fejer: Electron. Lett., 35, pp.978-980 (1999)

[7]　C.Q.Xu, H.Okayama, K.Shinozaki, K.Watanabe, M.Kawahara: Appl. Phys. Lett., 63, pp.1170-1172 (1993)

[8]　C.Q.Xu, H.Okayama, M.Kawahara: Appl. Phys. Lett., 63, pp.3559-3561 (1993)

[9]　C.Q.Xu, H.Okayama, M.Kawahara: Electron. Lett., 30, pp.2168-2169 (1994)

[10]　M.Fujimura, A.Shiratsuki, T.Suhara, H.Nishihara: Jpn. J.Appl. Phys. 37, Pt.2, pp.L659-L662 (1998)

[11]　Y.Ishigame, T.Suhara, H.Nishihara: Opt. Lett., 16, pp.375-377 (1991)

[12]　D.Sato, T.Morita, K.Shio, M.Fujimura, T.Suhara: JSAP Ann. Spring Meet., 27p-ZS-4 (2002)

[13]　M.H.Chou, J.Hauden, M.A.Arbore, M.M.Fejer: Opt. Lett., 23, pp.1004-1006 (1998)

[14]　H.M.Chou, M.A.Arbore, M.M.Fejer: Opt. Lett., 21, pp.794-796 (1996)

[15]　H.M.Chou, K.R.Parameswaran, M.M.Fejer: Opt. Lett., 24, pp.1157-1159 (1999)

[16]　K.Gallo, G.Assanto, G.I.Stegeman: Appl. Phys. Lett., 71, pp.1020-1022 (1997)

[17]　H.Ishizuki, T.Suhara, M.Fujimura, H.Nishihara: Opt. Quantum Electron., 33, pp.953-961 (2001)

[18]　C.G.Trevino-Palacios, G.I.Stegeman, P.Baldi, M.P.DeMicheli; Electron. Lett., 34, pp.2157-2158 (1998)

[19]　P.Baldi, S.Nouh, M.deMicheli, D.B.Ostrowsky, D.Delacourt, X.Banti, M.Papuchon: Electron. Lett., 29, pp.1539-1540 (1993)

[20]　G.P.Banfi, P.K.Datta, V.Degiorgio, D.Fortusini: Appl. Phys. Lett., 73, pp.136-138 (1998)

[21]　M.H.Chou, I.Brener, M.M.Fejer, E.E.Chaban, S.B.Christman: IEEE Photon. Tech. Lett., 11, pp.653- 655 (1999)

[22]　J.R.Kurz, K.R.Parameswaran, R.V.Roussev, M.M.Fejer: Opt. Lett., 26, pp.1283-1285 (2001)

[23]　R.Parameswaran, R.K.Route, J.R.Kurz, R.V.Roussev, M.M.Fejer, M.Fujimura: Opt. Lett., 27, pp.179-181 (2002)

[24]　Y.N.Korkishko, V.A.Fedorov, T.M.Morozova, F.Caccavele, F.Gonella, F.Segato: J. Opt. Soc. Am. A, 15, pp.1838-1842 (1998)

[25]　D.Sato, T.Morita, T.Suhara, M.Fujimura: IEEE Photon. Tech. Lett., 15, pp.569-671 (2003)

[26]　W.S.Rodney, I.H.Malitson, T.A.King: J. Opt. Soc. Am., 48, pp.633-636 (1958)

[27]　T.Suhara, T.hiono, H.Nishihara, J.Koyama: J. Lightwave Tech., 1, pp.624-630 (1983)

[28]　J.Viens, C.Meneghini, A.Villeneuve, T.V.Galstian, E.J.Knystautas, M.A.Duguay, K.A.Richardson, T.Cardinal: J. Lightwave Tech., 17, pp.1184-1190 (1999)

[29]　S,J.B.Yoo, C.Caneau, R.Bhat, M.A.Koza, A.Rajhel N.Antoniades: Appl. Phys. Lett., 68, pp.2609-2611 (1996)

[30]　C.Xu, K.Tamemasa, K.Nakamura, H.Okayama. T.Kamijoh: Jpn. J.Appl. Phys., 37, Pt.1, pp.823-831 (1998)

[31]　S.Koh, T.Kondo, Y.Shiraki, R.Ito: J. Crystl. Growth, 227/228, pp.l83-192 (2001)

[32]　S.Koh, T.Kondo, Y.Shiraki, R.Ito: Nonlinear Opt., Mater. Fundam. Appl., ThB23 (2000)

[33]　T.J.Pinguet, L.Scaccabarozzi, O.Levi, T.Skauli, L.A.Eyres, M.M.Fejer, J.S.Harris: Annu.l Meet. IEEE Lasers Electro-Optics Soc., TuDD3, Tech. Dig. 1, pp.376-377 (2001)

[34]　C.Q.Xu, H.Okayarna, T.Kamijoh: Opt. Rev., 4, pp.546-449 (1997)

[35]　M.H.Chou, K.R.Parameswaran, I.Brener, M.M.Fejer: IEICE Trans. Electron., E83C, pp.869-874 (2000)

[36]　Brener, M.H.Chou, E.Chaban, K.R.Parameswaran, M.M.Fejer, S.Kosinski, D.L. Pruitt: Electron. Lett., 36, pp.66-67 (2000)

[37]　T.Suhara: Annu. Meet. IEEE Lasers Electro-Optics Soc., TuCC3, pp.364-365 (2001)

[38]　S.Ando, T.Sawada, Y.Inoue: Electron. Lett., 29, pp.2143-2145 (1993)

[39]　T.Suhara, T.Fujieda. M.Fujimura, H.Nishihara: Jpn. J. Appl. Phys., Pt.2, 39, pp.L864-L865 (2000)

[40]　Y.Shigematsu, M.Fujimura, T.Suhara: Jpn. J. Appl. Phys., Pt.2, 41, pp.4825-4827 (2000)

[41]　M.Fujimura, H.Ishizuki, T.Suhara, H.Nishihara: Pacific Rim Conf. Laser Elec-tro-Optics, MEl-5, I, pp.I96-I97 (2001)

[42]　Y.Hayashi, M.Fujimura, T.Suhara: JSAP Annu. Spring Meet., 30p-H-7 (2001)

[43]　C.Q.Xu, K.Fujita, A.R.Pratt, Y.Ogawa, T.Kamijoh: IEICE Trans. Electron., E83C, pp.884-891 (2000)

[44]　N.Antoniades, K.Bala, S.J.B.Yoo, G.Ellinas: IEEE Photon. Tech. Lett., 8, pp.1382-1384 (1996)

[45]　R.Harel, W.H.Burkett, G.Lenz, E.E.Chaban, K.R.Parameswaran, M.M.Fejer, I.Brener: J. Opt. Soc. Am. B, 19, pp.849-851 (2002)

[46]　M.H.Chou, K.R.Parameswaran, M.M.Fejer: Opt. Lett., 24, pp.1157-1159 (1999)

[47]　B.Chen, C.Q.Xu, B.Zhou, Y.Nihei, A.Harada: Jpn. J. Appl. Phys., 40, Pt.2, pp.L1370-L1372 (2001)

[48]　B.Zhou, C.Q.Xu, B.Chen, Y.Nihei, A.Harada, X.F.Yang, C.Lu: Jpn. J. Appl. Phys., 40, Pt.2, pp.L796 -L798 (2001)

[49]　B.Zhou, B.Chen, C.Q.Xu, Y.L.Larn, S.Arahira, Y.Ogawa, H.Ito: Pacific Rim Conf. Laser Electro-Optics, MFI-5, pp.I126-I127 (Makuhari 2001)

[50]　Yariv, D.Fekete, D.M.Pepper: Opt. Lett., 4, pp.52-54 (1979)

[51]　Brener, B.Mikkelsen, G.Raybon, R.Harel, K.Parameswaran, J.R.Kurz, M.M.Fejer: Electron. Lett., 36, pp.1788-1790 (2000)

[52]　D.Kunimatsu, C.Q.Xu, M.D.Pelusi, X.Wang, K.Kikuchi, H.Ito, A.Suzuki: Pacific Rim Coni.Laser Electro-Optics, TuF4-3, pp.I453-I453 (Makuhari 2001); IEEE Pho-ton. Tech. Lett., 12, pp.1621-1623 (2000)

[53]　Chowdhury, S.Hagness, L.McCaughan: Opt. Lett., 25, pp.832-834 (2000)

[54]　Brener, B.Mikkelsen, K.Rottwitt, W.Burkett, G.Raybon, J.B.Stark, K.Parameswaran, H.H.Chou, M.M.Fejer, E.E.Chaban, R.Harel, D.L.Philen, S.Kosinski: Opt. Fiber Comm. Conf. (OFC), PD33 (Baltimore 2000)

[55]　Z.Zheng, A.M.Weiner, K.R.Parameswaran, M.H.Chou, M.M.Fejer: Proc. Int. Conf. Ultrafast Phenomena XII, p.159 (Springer, Berlin 2000)

[56]　C.Q.Xu, B.Zhou, L.L.Yee, S.Arahira, Y.Ogawa, H.Ito: Jpn. J. Appl. Phys., 40, Pt.2, L881-883 (2001)

[57]　D.Gurkan, M.C.Hauer, A.B.Sahin, Z.Pan, S.Lee, A.E.Willner, K.R.Parameswaran, M.M.Fejer: Eur. Coni Opt. Comm. (ECOC), We.B.2.5 (2001)

[58]　M.C.Cardakli, D.Gurkan, S.A.Havstad, A.E.Willner, K.R.Parameswaran, M.M.Fejer, I.Brener: IEEE Photon. Tech. Lett., 14, pp.200-2002 (2002)

[59]　K.P.Petrov, R.F.Curl, F.K.Tittel: Appl. Phys. B, 66, pp.531-538 (1998)

[60]　D.G.Lancaster, D.Richter, R.F.Curl, F.K.Tittel, L.Goldberg, J.Koplow: Opt. Lett., 24, pp. 1744-1746 (1999)

[61]　N.Uesugi: Appl. Phys. Lett., 36, pp.178-180 (1980)

[62]　W.Sohler, H.Suche: Appl. Phys. Lett., 37, pp.255-257 (1980)

[63]　H.Herrmann, W.Sohler: J. Opt. Soc. Am. B, 5, pp.278-284 (1988)

[64]　E.J.Lim, H.M.Hertz, M.L.Bortz, M.M.Fejer: Appl. Phys. Lett., 59, pp.2207-2209 (1991)

[65]　KP.Petrov, A.T.Ryan, TIL.Patterson, L.Huang, S.J.Field, D.J.Bamford: Opt. Lett., 23, pp.1052-1054 (1998)

[66]　D.Hofmann, G.Schreiber, C.Haase, H.Herrmann, W.Grundkötter, R.Ricken, W.Sohler: Opt. Lett., 24, pp.896-897 (1999)

[67]　T.Chuang, R.Bumham: Opt. Lett., 23, pp.43-45 (1998)

[68]　P.T.Nee, N.C.Wong: Opt. Lett., 23, pp.46-48 (1998)

[69]　Fiore, V.Berger, E.Rosencher, N.Laurent, S.Thelmann, N.Vodjdani, J.Nagel: Appl. Phys. Lett., 68, pp.1320-1322

(1996)

[70]　Fiore, V.Berger, E.Rosencher, P.Bravetti, N.Laurent, J.Nagle: Appl. Phys. Lett., 71, pp.2587-2589 (1997)

[71]　Fiore, V.Berger, E.Rosencher, P.Bravetti, N.Laurent, J. Nagle: Appl. Phys. Lett., 71, pp.3622-3624 (1997)

[72]　P.Bravetti, A.Fiore, V.Berger, E.Rosencher, J.Nagel, O.Gouthier-Lafaye: Opt. Lett., 23, pp.331-333 (1998)

[73]　Y.R.Shen: *The Principles of Nonlinear Optics* (John Wiley & Sons, New York 1984)

[74]　K.Kawase, M.Mizno, S.Sohma, H.Takahashi, T.Taniuchi, Y.Urata, S.Wada, H. Tashiro, H.Ito: Opt. Lett., 24, pp.l065-1067 (1999)

[75]　K.Kawase, T.Hatanaka, H.Takahashi, K.Nakamura, T.Taniuchi, H.Ito: Opt. Lett., 25, pp.17l4-l7l6 (1999)

[76]　D.E.Thompson, P.D.Coleman: IEEE Trans. Microwave Theory Tech., MTT-22, pp.995-l000 (1974)

[77]　M.Schall, H.Helm, S.R .. Keiding: Int. J. Infrared and MM Waves, 20, p.595 (1999)

[78]　J.Shikata, M.Sato, T.Taniuchi, H.Ito: Opt. Lett., 24, pp.202-204 (1999)

[79]　Y.Avetisyan, Y.Sasaki, H.Ito: Appl. Phys. B73, 511 (2001)

[80]　T.Suhara, Y.Avetisyan, H.Ito: IEEE I. Quantum Electron., 39, pp.166-l71 (2003)

[81]　C.J.G.Kirkby: *Properties of Lithium Niobate,* EMIS Datareviews Series No.5, p.156 (INSPEC, lEE, London 1989)

第10章 光学参量放大器和振荡器

当一束信号波被耦合进一个带有一束较强泵浦的非线性光学器件，信号波可以通过 OPA 来进行放大。QPM-OPA 器件可以覆盖非线性光学晶体的整个透明范围内非常宽的信号波长范围。增益波长可以通过改变器件温度和/或泵浦波长来进行调谐。

OPA 增益和谐振反馈的结合可以提供 OPO。当一束较强的泵浦被耦合进 OPO 器件中，可获得在信号和/或闲波上的相干波发射。QPM-OPO 器件可提供较广的波长覆盖和波长可调谐性。

较广的波长覆盖和波长可调谐性使波导 OPA/OPO 器件可以应用于一些场合中。OPO 器件应用的一个重要例子是作为中红外波长范围内的一个紧凑型可调谐相干光源，目前在这个波长范围内还没有可购得的合适激光二极管。这样的光源对于过程监测和环境测量是很有用的。近来，人们对 OPA 和 OPO 器件应用于光通信领域的兴趣日益增大。放大的低噪声和无方向性是这个应用的优势。

目前，波导 OPA/OPO 器件大部分是在 LiNbO$_3$ 中被证明。Sohler 等首次证明了使用 Ti-扩散 LiNbO$_3$ 波导的波导 OPA 和 OPO[1, 2]。该器件被波长约 0.6 μm 的光泵浦，在约 1.15 μm 下放大，获得了 1.0～1.4 μm 的谐振振荡。使用了高器件温度下的晶体双折射，实现了借助非线性学张量元 d_{32} 的相位匹配。该器件的完整报道见文献[3]。Helmfrid 等证明了从单模分布式反馈（distributed-feedback，DFB）激光二极管发出的 1.54 μm 波长的辐射在一个 Ti-内扩散 LiNbO$_3$ 波导 OPA 器件中的放大[4]。近来的工作中，QPM 技术正被应用于波导 OPA 和 OPO 器件中。QPM 的优势在于借助最大非线性光学张量元 d_{33} 的 OPA/OPO 相互作用，以及增益波长的可任意选择。

OPA 和 OPO 的理论分析已经在 3.1.4 节和 4.2 节中分别给出。在本章中，将描述波导 QPM-OPA/OPO 器件，并说明器件的设计、理论性能和实验结果。

10.1 设计和理论性能

10.1.1 波导 QPM-OPA/OPO 器件的结构

波导 QPM-OPA 器件的结构见图 10.1a。一束较强的泵浦（角频率 ω_p，波长 λ_p）

和一束信号波（$\omega_s(<\omega_p),\lambda_s$）被耦合进 OPA 器件中。信号波由 QPM-OPA 相互作用被相干性地放大。在相互作用中产生差频光波[$\omega_i(=\omega_p-\omega_s),\lambda_i$]，这束波称为闲波。对于借助最大非线性光学张量元 d_{33} 的相互作用的 LiNbO₃ 波导 QPM-OPA 器件，三束光波都是 e（异常）偏振光。我们假定在两个波导端面上均无反射。

波导 QPM-OPO 器件的结构如图 10.1b 所示。OPO 器件是通过在 OPA 器件的前后端面上附加以腔镜制作出来的。λ_s 或 λ_i 为高反射率的腔镜被用来建构成一个 SRO。λ_s 和 λ_i 均为高反射率的腔镜则被用来建构成一个 DRO。在接下来的内容中，R_{fs} 和 R_{fi} 分别表示前端面镜对 λ_s 和 λ_i 的反射率，R_{bs} 和 R_{bi} 分别表示后端面镜对 λ_s 和 λ_i 的反射率。我们假定对 λ_p 不发生反射。当一束泵浦被耦合进器件中时，参量荧光将提供信号波和闲波的种子。如果泵浦足够强，信号波和闲波由于 QPM-OPA 而在波导中被放大，且在 SRO 中获得 λ_s 或 λ_i 的谐振振荡，或者在 DRO 中获得 λ_s 和 λ_i 的谐振振荡。

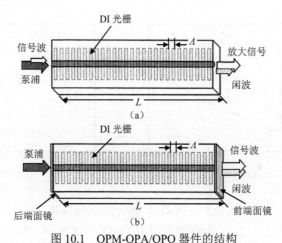

图 10.1　QPM-OPA/OPO 器件的结构

（a）波导 QPM-OPA 器件；（b）波导 QPM-OPO 器件的结构

10.1.2　QPM 条件

QPM-OPA 的相位失配由式（10.1）表示：

$$2\Delta_{\mathrm{OPA}} = \beta_p - (\beta_s + \beta_i + K), \quad K = 2\pi/\Lambda \tag{10.1}$$

式中，β_p、β_s、β_i 分别为泵浦、信号波和闲波的传播常数；K 和 Λ 分别为 QPM 光栅的光栅常数和周期。QPM 条件为 $2\Delta_{\mathrm{OPA}}=0$。下面考察 LiNbO₃ 波导 OPA 器件的 QPM 条件。波导的有效折射率用室温下的 LiNbO₃ 块状晶体的 e 光折射率来近似得到[5]。图 10.2a 中的曲线显示 QPM 条件下对多个 Λ 的 λ_s 和 λ_i 与 λ_p 的依赖关系。可以看到，λ_s 和 λ_i 覆盖了非常广的波长范围。这个范围固有地被晶体的透明范围所限制。虚线表示满足关系 $\lambda_s = \lambda_i = 2\lambda_p$ 的波长,这是简并 OPA 的一个条件。在简并点处曲线的正切线是垂直的。这意味着,对于接近简并的 OPA 和恒定的 λ_p,QPM 对 λ_s 和 λ_i 可接受的宽度是宽广的。同时也还可看到,稍稍改变泵浦波长,便可实现 λ_s 和 λ_i 的调谐。图 10.2b 显示多个 λ_p 的 λ_s 和 λ_i 与 Λ 的依赖关系。λ_s 和 λ_i 在一个给定的 λ_p 下依赖于 Λ。光栅设计的灵活性使得可以加工出各种与波长有关的 OPA 器件。举例来说,具有扇出形状光栅的器件(见 8.3.1 节)允许选择合适光栅周期的通道波导达到 λ_s 和 λ_i。折射率与温度有关。因此,λ_s 和 λ_i 的调谐可以通过改变器件温度来完成。$\lambda_p \sim 1.06\ \mu m$ 和 $\Lambda = 31.65\ \mu m$ 的信号波/闲波波长的温度调谐特性见图 10.3。温度的增加将导致 QPM 曲线朝着较短的泵浦波长方向移动。对于约 100℃ 的温度变化,可实现超过 100 nm 的波长调谐。注意,虽然晶体的热膨胀温度变动也导致了光栅周期的微小变动,但是在计算中它可以被忽略。

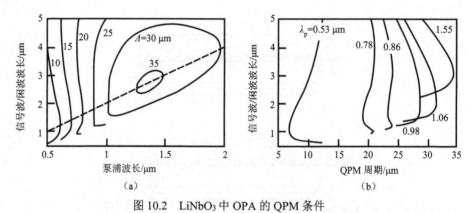

图 10.2　LiNbO₃ 中 OPA 的 QPM 条件

(a)各种光栅周期(Λ)下,信号波和闲波波长与泵浦波长的依赖关系,虚线表示简并 OPA;

(b)各种泵浦波长(λ_p)下,信号波和闲波波长与光栅周期的依赖关系

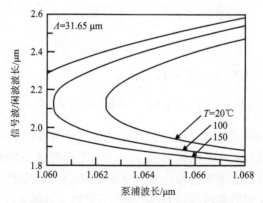

图 10.3　$\lambda_p \approx 1.06\ \mu m$ 和 $\Lambda = 31.65\ \mu m$ 的信号波/闲波波长的温度调谐特性

10.1.3　OPA 器件的增益和带宽

非简并 OPA 的功率增益可由 NPDA 下的式（3.63）给出。对于各种标准化相位失配 $|\varDelta_{OPA}|/\varGamma$，增益 G 对标准化器件长度 $\varGamma L = \kappa\sqrt{(\omega_s/\omega_i)P_p}L$（$\kappa$：耦合系数，$P_p$：输入泵浦功率，$L$：器件长度）的依赖关系如图 10.4 所示。$|\varDelta_{OPA}|/\varGamma \leqslant 1$ 时，G 随着 $\varGamma L$ 的增加单调递增。$|\varDelta_{OPA}|/\varGamma > 1$ 时，G 可用 $\varGamma L$ 的一个周期为 $\pi/\sqrt{\varDelta_{OPA}{}^2/\varGamma^2 - 1}$ 的周期函数表示。OPA 的耦合系数 κ 等于 DFG（从信号波和泵浦中产生闲波）的耦合系数。对于 $\kappa = 0.65\ \mathrm{W}^{-1/2}\cdot\mathrm{cm}^{-1}$（该值是 9.1.1 节中利用 $\mathrm{LiNbO_3}$ 波导 QPM-DFG 器件在 1.55 μm 波段下推导出来的）的接近简并（$\omega_s \sim \omega_i$）的情况，在 $P_p = 1\ \mathrm{W}$ 和 $L = 3\ \mathrm{cm}$ 的相位匹配下，有望获得高于 10 dB 的增益。

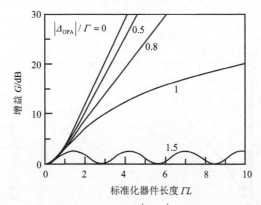

图 10.4　NPDA 下各种标准化相位失配 $|\varDelta_{OPA}|/\varGamma$ 值的 OPA 增益 G 与标准化器件长度 $\varGamma L$ 之间的依赖关系

对于小 $\varGamma L$，增益 G 近似为

$$G = 1 + \varGamma^2 L^2 \mathrm{sinc}^2(|\varDelta_{OPA}|L) \tag{10.2}$$

信号波波长若偏离相位匹配波长，将导致增益减小。增益带宽可被定义为 $|\varDelta_{OPA}|/\varGamma < 1.39$。图 10.5 中显示的是对于 1 cm 长的 $\mathrm{LiNbO_3}$ 波导 QPM-OPA 器件的增益带宽与信号波波长的依赖关系。带宽在简并点附近非常宽。对于接近简并的 OPA，其带宽反比于 $L^{-1/2}$；对于非简并的 OPA，其带宽反比于 L。

泵浦波长的偏离也导致了增益的减少。$L = 1\ \mathrm{cm}$ 的接近简并 OPA 器件计算的泵浦波长可接受宽度见图 10.6。泵浦波长的可接受宽度远窄于信号波波长的带宽。OPA 器件可以在实验中用一束脉冲光波来泵浦，以便利用泵浦功率的高峰值。脉冲泵浦的谱应该位在可接受宽度之内。对于一个变换受限的高斯光学脉冲，其可接受宽度的泵浦脉冲持续时间在图 10.6 中用虚线显示。OPA 实验应该通过使用一个长于其泵浦脉冲的持续时间来进行。

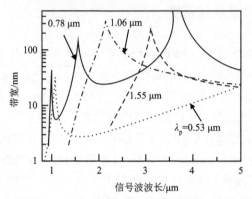

图 10.5　对于各种泵浦波长 $\lambda_{\rm p}$、L=1 cm 的 LiNbO₃ 波导 QPM-OPA 器件的增益带宽与信号波波长之间的依赖关系

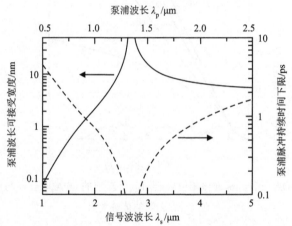

图 10.6　对于 L=1 cm 的接近简并 LiNbO₃ QPM-OPA 器件（实线）泵浦波长的可接受宽度与信号波和泵浦波长的依赖关系

虚线显示对于给出泵浦脉冲持续时间下限的变换受限高斯脉冲，对应于泵浦波长可接受宽度的泵浦脉冲持续时间

10.1.4　OPO 器件的阈值和调谐行为

SRO 和 DRO 的阈值泵浦功率 $P_{\rm th}$ 可以分别使用式（4.20a）和式（4.29a）来计算。这些公式显示，$P_{\rm th}\kappa_1\kappa_2$ 仅仅依赖于腔的各个线性性能，即传播损耗、镜子反射率和器件长度 L。SRO 的 $P_{\rm th}\kappa_1\kappa_2$ 与 L 的依赖关系见图 10.7。假定信号波在 SRO 中是谐振的，虽然在单闲波谐振 OPO 器件中也获得了相同的结果。图 10.7a 显示对于各种信号波损耗因子 α 在 $R_{\rm fs}R_{\rm bs}$=0.9 时的依赖关系。图 10.7b 显示各种 $R_{\rm fs}R_{\rm bs}$ 在 α=0.1 dB/cm 时的依赖关系。具有更低的 α 和更高的 $R_{\rm fs}R_{\rm bs}$ 的腔将给出更低的

$P_{th}\kappa_1\kappa_2$。考虑一个 $\lambda_s \sim \lambda_i \sim 1.55$ μm 下的接近简并的 LiNbO$_3$ 波导 QPM-SRO。该器件的耦合系数约为 $\kappa_1 = \kappa_2 = 0.65$ W$^{-1/2}$ · cm^{-1}。从图 10.7 我们可以看到小于 1 mW 的 P_{th} 在 LiNbO$_3$ 波导 QPM-SRO 中是可行的。DRO 的 $P_{th}\kappa_1\kappa_2$ 与 L 的依赖关系如图 10.8 所示。据测定，闲波的传播损耗系数（α_i）和信号波的传播损耗系数（α_s）是相等的，且 $R_{fi}R_{bi} = R_{fs}R_{bs}$。图 10.8a 显示的是 $R_{fs}R_{bs} = R_{fi}R_{bi} = 0.9$ 时的各种依赖关系，图 10.8b 显示的是 $\alpha_s = \alpha_i = 0.1$ dB/cm 时的各种镜面反射率，可以看出 DRO 的 $P_{th}\kappa_1\kappa_2$ 远小于 SRO 的 $P_{th}\kappa_1\kappa_2$。考虑一个接近简并 LiNbO$_3$ 波导 QPM-SRO 中，$\lambda_s \approx \lambda_i \approx 1.55$ μm，并取近似值 $\kappa_1 = \kappa_2 = 0.65$ W$^{-1/2}$ · cm^{-1}，从图 10.8 中可以看出，P_{th} 小于 1 mW 的 DRO 是可行的。另外，DRO 中的更大的损耗和更小的镜反射率造成的阈值增加比 SRO 中的更显著。

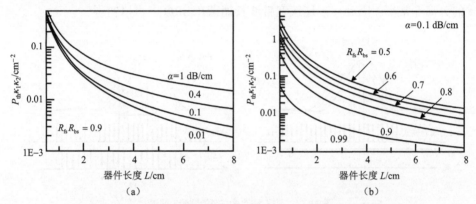

图 10.7　SRO 的阈值泵浦功率和 $\kappa_1\kappa_2$ 的乘积与器件长度 L 的依赖关系
（a）$R_{fs}R_{bs} = 0.9$ 时的各种传播损耗；（b）$\alpha = 0.1$ dB/cm 时的各种镜面反射率

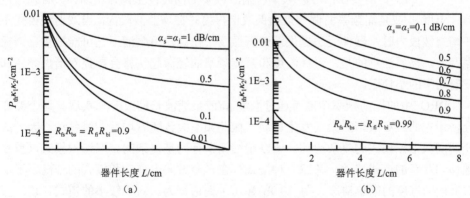

图 10.8　DRO 的阈值泵浦功率和 $\kappa_1\kappa_2$ 的乘积与器件长度 L 的依赖关系
（a）$R_{fs}R_{bs} = R_{fi}R_{bi} = 0.9$ 时的各种传播损耗；（b）$\alpha_s = \alpha_i = 0.1$ dB/cm 时的各种镜面反射率

　　虽然在 DRO 中可以实现更低的阈值，但是 SRO 看起来是一个更加实用的光源，因为它有更高的稳定性和更简单的调谐行为。SRO 和 DRO 的调谐行为分别如图 10.9a 和图 10.9b 所示。假定在调谐范围内镜子的反射率对于信号波和闲波均是常数。OPA 增益曲线的形状是由相位匹配控制的。ω_s 轴和 ω_i 轴取相反的方向以满足 $\omega_s + \omega_i = \omega_p$（常数）。这两轴线上的垂直线表示谐振轴向模式。

对于单信号谐振 OPO，仅有轴向模式允许信号波发射，而闲波发射却没有这样的限制。因此，信号波发射是在最接近于 OPA 增益峰值的轴向模式处得到的。一些相邻的轴向模式在高功率泵浦下也可能振荡。改变器件温度和/或泵浦频率即可调谐振荡频率。这些改变使增益曲线和轴向模式在频率轴上移动。轴向模式的移动比收益曲线快得多，为了图形的简明，模式移动没有在图中示出。对于连续的改变，振荡的信号频率随着 OPA 增益峰移动。虽然会发生模式跳跃到邻近的轴向模式的情况，但是对于大多数的应用调谐仍可以被看作是连续的，因为轴向模式的分离非常小。因此，准连续宽带波长调谐在 SRO 中可以实现。

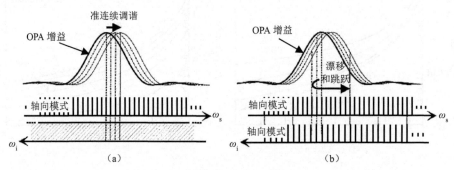

图 10.9　不同器件中的振荡频率调谐
(a) SRO；(b) DRO

对于 DRO，需要在信号波频率和闲波频率上同时发生谐振。因此，必须通过器件温度和/或泵浦频率的调节来确保双谐振模式在增益波段内。当双谐振模式不在增益波段内时，器件无法提供双谐振振荡（在高功率泵浦下它可能提供单谐振振荡）。需要注意的是，器件温度和泵浦频率的轻微起伏将会导致双谐振频率和发射功率的不稳定。

DRO 中的振荡频率调谐可通过温度和/或泵浦波长的改变来实现。这个改变会使增益曲线和双谐振模式发生移动。振荡频率大致随着增益曲线移动。因为改变期间双谐振模式的复杂运动，所以精细调谐行为是复杂的。双谐振模式以重复漂移和跳跃的方式移动。考虑一种模式只在一个方向上移动和模式的分离小于增益波段的宽度的简单情况。图 10.9b 显示了调谐行为。对于较小的模式移动，振荡频率随着模式的移动而移动。对于较大的模式移动，频率可能跳跃到更加靠近增益峰的临近谐振模式。因此，频率调谐导致连续频率移动和相对较大的频率跳跃（所谓的锯齿形特性）的重复。因为调谐是通过改变振荡频率与增益峰值之间的距离来实现的，所以它导致了发射功率相当大的不稳定。如果双谐振模式的分离大于增益波段的宽度，振荡可能在调谐期间停顿。

10.2 实验结果

波导 QPM-OPA 器件可以使用与其他行波型波导 QPM-非线性光学器件相同的制作技术制作出来。波导 OPO 器件制作需要建构一个波导谐振器。波导的两个端面由抛光制备得到，其垂直于波导通道以避免额外的腔损耗，且腔镜在它们上面形成。镜子可以是直接淀积在端面上的多层介电膜镜或是粘贴在端面上的介电膜镜。

目前，波导 QPM-OPA/OPO 器件仅在 APE LiNbO$_3$ 波导和 Ti-内扩散 LiNbO$_3$ 波导上被证明。本节将概述这些器件的实验结果。

10.2.1 APE LiNbO$_3$ 波导 OPO/OPA 器件

首次证明波导 QPM-OPA/OPO 器件的报道见文献[6]。器件是一个 $\lambda_p \approx$ 780 nm 泵浦的接近简并 OPA/OPO。一个周期 Λ=15.5 μm，相互作用长度 L=9 mm 的 DI 光栅是通过 Ti-内扩散法制作的，通道波导是由 APE 制作的。所制作器件的耦合系数估计为 κ=0.47 W$^{-1/2}$·cm^{-1}。在使用一个 Q-开关 Ti:Al$_2$O$_3$ 激光器作为一个泵浦源的 OPA 实验中，峰值泵浦功率为 6.4 mW 时可以获得 $\lambda_s \approx$1.55 μm 的参量增益 G=4.1 dB。对称双谐振腔通过在波导端面粘贴高反射率镜子（1.4～1.7 μm 时 90%）制作得到。参量振荡的阈值泵浦功率为 5.5 W，且在 7.7 W 的泵浦功率下获得信号波和闲波发射的总峰值功率超过 700 mW。

Arbore 等已经证明了 SRO[7]。电压施加方法被用来制作 DI 光栅。一个 L=2.7 cm 和 κ=0.66 W$^{-1/2}$·cm^{-1} 的器件，在 λ_p=765 nm、峰值功率约为 4 W 的泵浦下提供了 λ_s=1.32 μm 下的一个增益 G=20 dB 的单通 OPA。一个单谐振腔由粘贴的腔镜 [波长为 1100～1475 nm 时为高反射率，波长长于 1600 nm 时为低反射率（<5%）] 构成的。实现了阈值泵浦功率为 1.6 W，波长分别为 1180～1440 nm 和 1640～2080 nm 的信号波和闲波，以及 3.7 W 泵浦下的 220 mW 的最大峰值输出功率。

APE LiNbO$_3$ 波导 OPA 器件的进一步改进正在进行中。Galvanusakas 等证明了基于 TM$_{01}$ 泵浦模式和 TM$_{00}$ 信号/闲波模式间耦合的一个 OPA 器件[8]。对耦合优化了的器件，因为其模式重叠大于标准 TM$_{00}$-泵浦-TM$_{00}$-信号/闲波耦合的重叠而提供了更大的耦合系数，实现了在 1.2～1.7 μm 波段中的高增益 OPA。Asobe 等使用 Zn-掺杂 LiNbO$_3$ 晶体作为衬底来抑制光折变损伤，实现了高达 12 dB 的 OPA 增益[9]。

10.2.2　Ti-内扩散 LiNbO₃ 波导 OPA/OPO 器件

连续光波 OPO 系列已经在 Ti-内扩散 LiNbO₃ 波导中被证明[10-13]。波导的低损耗性能（例如，在 0.78 μm 下约为 0.1 dB/cm，在 3 μm 下约为 0.05 dB/cm）是实现波导 OPO 器件的优势。因为在 Ti-内扩散进程中产生的薄畴反转层阻止了用电压施加法进行 DI（讨论见 7.4.3 节），所以在制作那些器件时，需要在扩散处理后用抛光来移除该薄层。

Schreiber 等[10]证明了泵浦在 0.78 μm 波长的一个接近简并连续光 DRO。DI 光栅的周期和相互作用长度分别为 17 μm 和 80 mm。腔镜被直接淀积在波导端面上。在 Ti:Al₂O₃ 激光器泵浦下，该器件提供调谐为 1.4～1.8 μm 的谐振振荡。最近已经实现低达 4.2 mW 的阈值[11]。有报道称，在泵浦功率高达 70 mW 时，无光折变损伤。

Ti-内扩散波导适合在较长波长区域中使用，因为在该区域中具有较少的光折变损伤。Hofmann 等已经证明了用于中-红外光发射的连续光 SRO[12]和连续光 DRO[13]。光栅有 $\Lambda \approx 31$ μm 的周期和 $L=80$ mm 的长度。初步 DFG 实验表明了耦合系数 $\kappa=0.31$ $\mathrm{W}^{-1/2} \cdot \mathrm{cm}^{-1}$。利用一个带有高功率 Er 掺杂光纤放大器的外腔可调谐激光二极管作为 $\lambda_\mathrm{p} \approx 1.55$ μm 的泵浦。在 2.8～3.4 μm 波长内有高反射率的电介质反射镜被粘贴在波导端面上，得到阈值为 14 mW 的连续光 DRO。对信号波的调谐行为的精细观察揭示了 180 GHz 频率跳跃的锯形特性。对于 SRO 腔的构建，粘贴的电介质反射镜需要在 3.2～3.8 μm 波长内有高反射率（>95%）和在 2.7～3.0 μm 波长内有低反射率（<5%）。当泵浦功率为 1.25 W 时，获得阈值功率为 275 mW，总输出功率约为 300 mW。通过改变泵浦波长得到 600 nm 波长调谐的接近连续的波长调谐，实现 30%的斜率效率。

参 考 文 献

[1]　W.Sohler, H.Suche: Appl. Phys. Lett., 37, pp.255-257 (1980)

[2]　W.Sohler, H.Suche: Tech. Dig. lnt. Conf. Integrated Optics Opt. Fiber Commun. (IOOC'81), pp.88-90 (1981)

[3]　H.Suche, W.Sohler: Optoelectronics-Devices Technol., 4, pp.I-20 (1989)

[4]　S.Helmfrid, F.Laurell, G.Arvidsson: J. Lightwave Technol., 11, pp.1459-1469 (1993)

[5]　Properties of Lithium Niobate (lnspec, London, 1989)

[6]　M.L.Bortz, M.A.Arbore, M.M.Fejer: Opt. Lett., 20, pp.49-51 (1995)

[7]　M.A.Arbore, M.M.Fejer: Opt. Lett., 22, pp.151-153 (1997)

[8]　A. Ga1vanauskas, K.K.Wong, K.E1 Hadi, M.Hofer, M.E.Fennann, D.Harter, M.H.Chou, M.M.Fejer: Electron. Lett.,

35, pp.731-733 (1999)

[9]　M.Asobe, O.Tadanaga, H.Miyazawa, H.Suzuki: Electron. Lett., 37, pp.962-964 (2001)

[10]　G.Schreiber, R.Ricken, K.Rochhausen, W.Sohler: Dig. Conf. Lasers Electro-Optics (CLEO 2000), p.521 (2000)

[11]　G.Schreiber, D.Hofmann, W.Grundkötter, Y.L.Lee, H.Suche, V.Quiring, R.Ricken, W.Sohler: Proc. SPIE, 4277, pp.144-160 (2001)

[12]　D.Hofmann, H.Hernnann, G.Schreiber, W.Grundkötter, R.Ricken, W.Sohler: Dig. Eur. Conf. Integrated Opt. (ECIO'99), pp.21-24 (1999)

[13]　D.Hofmann, G.Schreiber, W.Grundkötter, R.Ricken, W.Sohler: Dig. Conf. Lasers Electro-Optics Eur. (CLEO/ER 2000), p.14 (2000)

第 11 章　超快信号处理器件

非线性光学的一个重要的应用是超快光信号处理，如超短光学脉冲的产生和变形、超快光学信号的测量和它们在时间畴上的控制。基于非线性光学相互作用的全光信号处理提供了不能用电子或光电子方法实现的多种高速信息处理的可能性。高容量光网络的发展对这种全光技术提出了更多的要求。波导非线性光学器件实际使用在这样的光网络已经是延伸研究工作的一个项目。

二阶和三阶非线性均可以被用来进行超快全光信号处理。在更早的工作中，研究了基于三阶非线性的光开关现象和器件，因为其中无相位匹配需求决定的简单性。后来的研究发展是在级联 $\chi^{(2)}$ 现象和 QPM 技术，促进了基于二阶非线性的器件的研究和发展。一些波导非线性光学器件已经得到发展，且其中一些是未来实际应用的潜力技术。

本章提出了波导非线性光学器件用于超快信号处理。在第一部分，简要复述了基于三阶非线性的器件研究。在接下来的章节中，基于二阶非线性的器件用一些作者的工作例子的方式详细地描述。

11.1　使用了三阶非线性的信号处理

11.1.1　基本全光开关器件

强度依赖折射率改变与三阶非线性相关联提供了器件实施用于自和正交相位调制、光孤子传播和一些全光开关包括光学双稳态的可能性[1-4]。器件的实现不需要用于相位匹配的结构，因为非线性折射率并不涉及差频光波的相互作用。一些波导器件已经被提出和理论分析。它们包括了非线性法布里-珀罗谐振腔[5]、非线性DFB 器件[6]、非线性定向耦合器[7]和非线性 MZ 干涉仪[8]。更早的工作提出了用于准连续操作的特征的理论分析。在接下来，概述器件结构和准连续特征。

一个波导非线性法布里-珀罗谐振腔是由一个非线性波导和其两端的平面镜建构而成，如图 11.1a 所示。传送特征可以很容易地通过普通法布里-珀罗谐振腔用相同的步骤计算出来，且波导中的非线性折射率改变也被计算在内。输入功率和输出功率之间的关系为

$$P_{\text{in}} = P_{\text{out}} \frac{\left|1 - r^2 \exp[-2\mathrm{j}(\delta_0 + \delta_2 P_{\text{out}})]\right|^2}{|t|^4}$$

$$\delta_0 = \frac{2\pi N}{\lambda} L, \quad \delta_2 = \frac{2\pi N_2}{\lambda S_{\text{eff}}} \frac{1 + |r|^2}{1 - |r|^2} L \tag{11.1}$$

式中，L 为波导长度；N 为模式指数；N_2 为有效非线性指数；S_{eff} 为有效波导横截面；r 和 t 分别为平面的镜子的振幅反射系数和透射系数，其典型的关系如图 11.1b 所示。结果显示，谐振腔展示了非线性透射特征和光学双稳态，即一个输入值的两个输出功率值取决于其历史记录，因此可以用来作为有记忆功能的自开关器件。

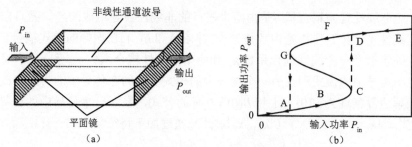

图 11.1　波导非线性法布里-珀罗谐振腔

(a) 器件结构；(b) 输入输出特征

一个非线性 DFB 器件[6]是由一个周期为 Λ 的线性光栅（折射率的周期调制）和长度为 L 的非线性波导建构而成的，如图 11.2a 所示。弱波导 DFB 的布拉格条件为 $2\beta = K$（$\beta = 2\pi N / \lambda$，$K = 2\pi / \Lambda$），这里的 N 是模式指数。非线性光学相互作用是由正向和反向传播传导模式 $A(z)$ 和 $B(z)$ 的模式耦合公式来描述的，包含了非线性耦合系数 κ_{L} 和 κ_{NL}。通过求解边界条件为 $A(0) = A_0$ 和 $B(L) = 0$ 的公式，布拉格条件下的输入功率和输出功率之间的关系为

$$I = J \frac{1 + \mathrm{nd}(\varsigma; \gamma)}{2}, \quad \varsigma = 2\sqrt{(\kappa_{\text{L}} L)^2 + J^2}, \quad \gamma = \frac{1}{1 + (J / \kappa_{\text{L}} L)^2} \tag{11.2}$$

这里的 $I = |A(0) / C|^2 = |A_0 / C|^2$ 和 $J = |A(L) / C|^2$ 分别是特征功率为 $|C|^2 = 4 / 3\kappa_{\text{NL}} L$ 的标准化输入和输出功率；$\mathrm{nd}(\zeta; \gamma)$ 是雅可比椭圆函数，定义为

$$\mathrm{nd}(\varsigma; \gamma) = \frac{1}{\sqrt{1 - \gamma^2 \xi^2}}, \quad \varsigma = \int_0^\xi \frac{\mathrm{d}\xi}{\sqrt{(1 - \xi^2)(1 - \gamma^2 \xi^2)}} \tag{11.3}$$

且 $\mathrm{nd}(\zeta; 1) = \cosh\zeta$。这个关系显示在图 11.2b 中，并包括了布拉格条件（$\Delta = \beta - K / 2 \neq 0$）的轻微解调的情况。这个结果表明，依赖于解调获得了光学双稳态和非线性传送特征。

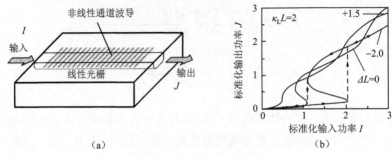

(a)　　　　　　　　　　　　　　　　(b)

图 11.2　波导非线性 DFB 器件

(a) 器件结构；(b) 输入输出特征

　　一个非线性定向耦合器[7]是由两个平行的非线性波导组成的，如图 11.3a 所示。非线性光学相互作用是由各传导模式[$A(z)$ 和 $B(z)$]在振幅的模式耦合公式描述的，并包括了一个线性耦合系数 κ_L 和两个非线性耦合系数 κ_{NL} 和 κ'_{NL}（分别代表由一个传导中的模式和在另一个传导中的模式决定的在传导中的折射率改变）。通过求解边界条件为 $A(0) = A_0$ 和 $B(0) = 0$ 时的公式，显示一个传导中的传导模式功率 $|C|^2 = 4\kappa_L / (\kappa_{NL} - \kappa'_{NL})$（$|\kappa_{NL}| \gg |\kappa'_{NL}|$）通过如下特征功率归一化：

$$I(z) = \left|\frac{A(z)}{C}\right|^2 = I_0 \frac{1 + \mathrm{cn}(2\kappa_L z; I_0)}{2} \tag{11.4}$$

式中，$I_0 = I(0)$，为标准化输入功率；$\mathrm{cn}(\zeta; \gamma)$ 是雅可比椭圆函数，定义为

$$\mathrm{cn}(\zeta; \gamma) = \sqrt{1 - \xi^2}, \quad \varsigma = \int_0^\xi \frac{\mathrm{d}\xi}{\sqrt{(1 - \xi^2)(1 - \gamma^2 \xi^2)}} \tag{11.5}$$

且 $\mathrm{cn}(\zeta; 0) = \cos\zeta$。图 11.3b 以标准化输入功率 I_0 作为一个参量，描述传播轴上的标准化功率的变化。结果显示，通过器件长度 L 和输入功率水平的合适选择，可以得到非线性传送特征和自主切换开关功能。

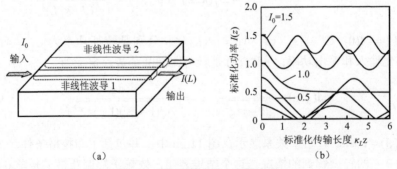

(a)　　　　　　　　　　　　　　　　(b)

图 11.3　非线性波导定向耦合器

(a) 器件结构；(b) 模式功率变化与输入功率的依赖关系

　　一个非线性波导 MZ 干涉仪[8]如图 11.4 所示。输入信号波被分为两束光波传播进两臂，并且它们被结合进输出端。如果无控制脉冲注入，两个光波建设性地相互干涉，信号波出现在输出端。当控制脉冲被注入进一臂，非线性折射率改变，引起了一臂中的信号波的相位漂移，因此输出信号功率减少。因此，多种光学门开关功能通过控制脉冲的逻辑进入两臂来实现。基于波导几何学、电光效应或热光效应的相位漂移器可能在干涉仪的一臂中被合并，使相位偏离，并调制开关操作。

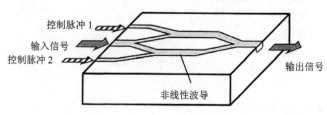

控制脉冲 1

输入信号

控制脉冲 2

非线性波导

输出信号

图 11.4　非线性波导 MZ 干涉仪

　　一些使用了多种波导材料的器件的实验研究已有报道[1-4]。但是，除了慢响应热非线性，已知介电和铁电材料的无谐振三阶非线性非常小，因此难以实现用于毫米到厘米长度的波导中谐振功率密度的器件操作所需的足够的相位漂移。例如，LiNbO$_3$ 的非线性折射率是 $N_2 \cong 3 \times 10^{-19}$ m^2/W [8]。

11.1.2　光纤波导器件

　　在这里，需要提及的是光纤波导可以被用来实现三阶非线性光学器件。虽然硅的非线性折射率很小，为 $N_2 \cong 3.2 \times 10^{-20}$ m^2/W，但是光纤的非常小的传播损耗和无需要相位匹配的性质，使在数十到数百米长的光纤环中实现小光功率的合适的相位漂移。NOLM 是一种光纤光学器件，最早是由 Doran 等[9]提出的，现已经被发展并广泛使用在一些实验中。在光纤中的非线性光学、光纤非线性光学器件和它们的应用的相关综述是由 Agrawal[10]和 Guo 等[11]提出的。

　　一个基本的 NOLM 结构如图 11.5 所示。NOLM 是通过在一个 Sagnac 干涉仪中插入一个光纤光学耦合器构建的，该干涉仪由一个光纤环和一个光纤光学 3 dB 定向耦合器组成。一个输入信号脉冲被 3 dB 耦合器分离成两个相对传播的脉冲，它们在耦合器上同时返回并重新结合。如果无控制脉冲注入，干涉的结果是信号脉冲出现在输入端，而不是在输出端。当一个控制脉冲被注入在环中的一个方向，信号脉冲与控制脉冲共同传播并经历了非线性相位漂移，其结果是信号脉冲出现在输出端。因此，NOLM 作为一个正逻辑光学门开关工作。

　　NOLM 是一个非常通用的器件，和多种光学信号处理一样，它可以展示超快全光开关，如波长转换器、光取样和脉冲成形。但是，它需要较长长度的光纤和昂贵的光纤光学元件。选择性集成光学器件的实现是一个重要的课题。

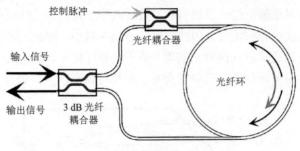

图 11.5　光纤 NOLM

11.1.3　半导体波导器件

　　在平坦衬底上的短波导中的超快光开关的实验证明几乎被限制在半导体波导中，可以使用这里的一系列的非线性，包括谐振型（载体诱导）和非谐振型非线性等。虽然半导体材料中的光学非线性可能被解释来作为非线性光学吸收，但是非线性吸收通过 Kramers-Kronig 关系与非线性折射率相关联。Wa 等[12]证明了在一个 GaAs/AlGaAs 多层量子井（multiple quantum well，MQW）波导法布里–珀罗谐振腔中的全光开关。他们也证明了在一个 GaAs/AlGaAs MQW 波导中的皮秒偏振开关[13]。Jin 等证明了在波长接近使用 GaAs/AlGaAs 波导的非线性定向耦合器（NL directional coupler，NLDC）中的吸收边缘的皮秒光开关[14]和调制[15]。

　　Aitchison 等[16]、Villeneauve 等[17]和 Al-hemyari 等[18]证明了在低于半能带隙能量（接近双光子吸收边缘）的波长的非谐振非线性折射率的一个 AlGaAs NLDC 中的皮秒光开关。这些器件的标准转换峰值功率是几十瓦数量级。应用了 NLDC[19]和在两个级联 NLDC[20]的全光多路实验已有报道。Nakatsuhara 等[21,22]证明了在 InGaAsP NL DFB 波导中的光学双稳态和转换。

　　虽然谐振型载体诱导非线性（能带填满效应）的驰豫是由载体寿命控制的，但它很迟钝，是纳秒数量级，不受限于寿命的超快转换，可以通过器件结构的合适设计来实现。

　　类似的一个转换方法是在各自臂中包含一个非线性波导的一个对称的 MZ 干涉仪，由 Tajima[23]提出并证明。每个非线性波导给出了具有超短时间延迟的双重控制脉冲以获得用于与延迟一致的时间窗门开关时的不同正交相位调制器。开关结构、控制脉冲的时间依赖、在非线性波导中的载体密度（一致的折射率变化被诱导）和用于连续光信号输入的输出信号被描述在图 11.6 中。Nakamura 等[24,25]证明了在一个由光纤耦合器构成的 MZ 干涉仪中使用 GaAs/AlGaAs 波导来进行皮秒开关操作。Nakamura 等[26]也证明了一个使用一个 InGaAsP 波导的偏振识别的对称 MZ 开关进行超快（200 fs）操作。

　　半导体波导非线性光学器件的另一个种类是 SOA，其中的电流被注入以获得激光收益。在 SOA 中的光波之间的正交相位调制使全光开关器件得以实现，收益可以被用来补偿插入损耗，且工作条件可以通过注入水平的合适设定来进行最优化。Eiselt 等提出通过插入一个半导体激光器放大器在一个光纤环形光学镜（semiconductor laser amplifier in a fiber loop optical mirror，SLALOM）[27]中建构成一个 Sagnac 干涉仪的器件，并证明了全光多路信号分离[28]。Sokoloff 等[29,30]提出了一个叫作太赫兹光学非对称多路信号分离器（teraherz optical asymmetric demultiplexer，TOAD）的器件结构，由非对称性放置的一个较短光纤环形干涉仪的非线性光学元件组成，并证明了使用一个 SOA 作为非线性光学元件的皮秒开关。Jahn 等[31]制作了一个单片集成波导非对称 MZ 干涉仪，包含了两个 SOA，如图 11.7 所示，并用单控制脉冲证明了光学 OTDM 信号的全光多路信号分离器。两个 SOA 不对称地放置来给出用不同操作方法到达 SOA 的控制脉冲之间的时间延迟。控制脉冲的宽度是 1.8 ps，峰值功率是 1 W 数量级。Tajima 等[32]也制作了一个对称 MZ-型全光开关，其结构与图 11.6 相似，它是用 SOA 和硅波导的混合集成的，并证明了多种超快全光信号处理[33]。

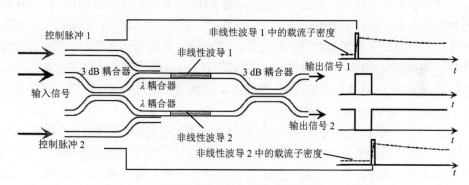

图 11.6　用于超快光开关的非线性波导对称 MZ 干涉仪

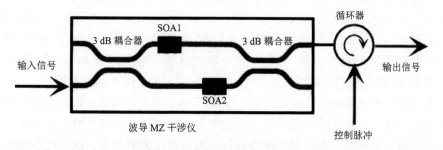

图 11.7　用于超快光开关的带有半导体光学放大器的单片集成波导 MZ 干涉仪

11.2　自相位调制和脉冲压缩

超短脉冲压缩的标准技术结合了由硅光纤中的三阶非线性决定的自相位调制（self phase modulation，SPM）和类似光栅对的色散元中的群速延迟色散[10, 34]。Yamashita 等[35]对一个从对撞脉冲锁模染料激光器出射的 39 fs 脉冲至 29 fs 脉冲进行压缩，它是通过一个具有较大三阶非线性和随后压缩的光栅对的 DAN-芯层光纤波导中的 SPM 进行光谱展宽来实现的。

铁电波导中的SPM实验被用来进行实验测试级联 $\chi^{(2)}$ 效应引起的非线性相位漂移。Sundheimer 等[36, 37]测量了由 SPM 决定的光谱展宽，其中 SPM 通过在离子交换制作的分立和 DI（QPM）KTP 波导中的级联 $\chi^{(2)}$ 相位漂移来实现，用于波长在 0.85 μm 和 1.55 μm 下的超短脉冲。测量的光谱和那些由理论模拟得到光谱的对比显示，有效非线性折射率 N_2^{eff} 的最大值几乎大于 KTP 的自然三阶非线性的有效折射率 $N_2 = 2.4 \times 10^{-19} \mathrm{~m^2/W}$ 的两个数量级的放大倍数。像这类较大的有效非线性的潜在应用有 SPM 的脉冲压缩。

通过二阶非线性相互作用，在块状非线性光学材料上进行直接脉冲压缩已经有了理论和实验的研究。需要指出的是，在 KDP 的 II 型相位匹配 SHG 中，SH 波的群速是介于 o 光和 e 光的群速之间的，即 $v_o^{\omega} < v^{2\omega} < v_e^{\omega}$。因此，如果给予 e 光泵浦脉冲一个关于 o 光泵浦脉冲的预延迟，谐波脉冲宽度小于所产生的泵浦脉冲宽度[38]。相似的脉冲压缩也可能适用于 SFG[39]。Wang 等[40]证明了这种脉冲压缩，他们通过 KDP 中的 II 型相位匹配，给予 1.4 ps 的预延迟进入 250 fs 谐波脉冲来压缩 1.2 ps 的 Nd:YLF 激光脉冲。

QPM 的一个独特的优势是相位匹配波长可以通过 QPM 光栅周期（啁啾 QPM 光栅）的空间调制来进行空间上的调制。在 SHG 中，通过这类的 QPM 结构中的一个啁啾泵浦脉冲，在相应的 QPM 点及其附近产生泵浦脉冲的每个频率元的谐波，谐波元通过一个群速度传播，其小于泵浦脉冲的（群速度失配）群速度。因此，可能产生谐波包络脉冲，并且它是由泵浦脉冲所调制出来的。Arbor 等提出[41]和证明[42]在块状 LiNbO₃ 中使用一个啁啾 QPM 光栅进行相关输入脉冲压缩的 SH 波脉冲的产生。其压缩的原理图如图 11.8 所示。周期为 18.2～19.8 μm 且带有 QPM 光栅啁啾的长为 5 cm 的晶体，泵浦一束在放大的 Er 掺杂光纤激光输出的 SPM 所产生的 17 ps 宽度的啁啾脉冲后，产生 0.78 μm 波长的 110 fs 谐波脉冲。

作为这个方法的阐述，Imeshev 等[43]描述了基于傅里叶合成 QPM 光栅的 SHG 的脉冲成形技术，并证明了①使用一个长均匀光栅产生方波包络的皮秒 SH 波脉冲，②使用一系列的分离均匀光栅段进行飞秒脉冲序列的产生，③使用啁啾光栅的级联分段进行压缩飞秒脉冲序列的产生，所有的飞秒脉冲都是产生于一个 Er-掺杂光纤激光器和一个光栅压缩器。相似的 QPM-DFG 的脉冲成形也被研究[44]。

这些 LiNbO$_3$ 中的块状 QPM 结构脉冲压缩和成形技术已经被证明，波导器件也可以用来降低器件尺寸和工作功率。

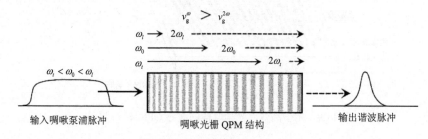

图 11.8　使用啁啾 QPM 光栅进行压缩脉冲宽度的 SHG

11.3　光学取样器件

非线性光学的一个重要的应用是超快光学信号的测量。使用块状非线性光学晶体的自相关器被广泛用于脉冲宽度的测量。Galvanauskas 等[45]证明了用 LiNbO$_3$ 通道波导中的 QPM-SHG 进行皮秒激光二极管脉冲的自相关测量。

使用超短光学脉冲的高速光学取样[46]是光学波形测量和时间畴多路复用（time-domain multiplexed，TDM）光学信号[47]的一项重要技术。基于块状 KTP 和有机晶体中的 II 型相位匹配 SFG 的超快取样已有证明[48, 49]。但是 SFG 效率是在 10^{-2} %/W 数量级或者更少，且实验需要用于信号取样脉冲的光学放大器。波导 QPM-SFG 器件可以为信号和采样波长提供更高的效率和更大的灵活性。Suhara 等[50]展示了一种用于高效皮秒光采样的 LiNbO$_3$ 波导 QPM-SFG 器件。Kawanishi 等[51]也报道了使用波导 QPM-SHG/DFG 的光学取样。

11.3.1　器件描述和设计缘由

图 11.9 描述的是用于光学取样的一个 LiNbO$_3$ 波导 QPM-SFG 器件[50]。器件包含了一个通道波导列阵和一个扇出图样的铁电 DI 光栅[52]。一束频率为 ω_1（波长为 λ_1）的信号波和 ω_2（$\neq \omega_1$）（波长为 λ_2）的取样脉冲被结合聚集并耦合进一个波导通道。在 1.5 μm 波段的信号波和取样脉冲的光学取样所需的 QPM 光栅周期约为 17 μm。图 11.10 描述的是光学取样的工作原理。在或接近 QPM 条件时，产生和频（$\omega_3 = \omega_1 + \omega_2$）光波（波长为 λ_3）的功率 P_3 近似正比于信号波和采样波功率 P_1 和 P_2 的乘积，因此器件可以作为一个用于采样的光学倍增器。SF 光波可

以简单地通过近红外探测器，用合适的时间常数来给定一个采样频率进行探测。

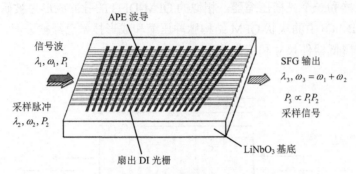

图 11.9　用于高效率光学取样的波导 QPM-SFG 器件

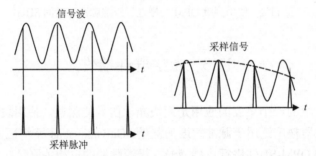

图 11.10　在光学采样中用于波形测量的信号波、采样脉冲和采样信号的原理示意图

对于准-连续输入光波，P_3 近似为

$$P_3 = \kappa^2 P_1 P_2 L^2 \{\sin(\Delta L) / \Delta L\}^2, \quad 2\Delta = 2\pi(N_3 / \lambda_3 - N_1 / \lambda_1 - N_2 / \lambda_2 - 1 / \Lambda) \quad (11.6)$$

式中，L 为器件长度；Λ 为光栅周期；κ 为 SFG 的耦合系数；$N_{1,2,3}$ 为 $\lambda_{1,2,3}$ 的有效折射率；Δ 表示与精确 QPM 的偏离。根据光栅周期 Λ，SFG 的 QPM 带宽在长度 L 对应 1 mm 和 5 mm 时分别为 0.32 μm、0.064 μm。在 QPM-SFG 条件（$\Delta = 0$）时，发生 λ_1 和 λ_2 光波的弱（相位失配）SHG，且 SH 波影响了采样性能，可当作噪声。$\lambda_1 / 2$ 和 $\lambda_2 / 2$ 的 SH 功率 P_{11} 和 P_{12}，可以用式（11.6）相似的公式表示，且 SHG 的耦合系数为 κ_{SHG}（$\lambda_1 \approx \lambda_2$ 时，$\kappa = 2\kappa_{SHG}$）。消光比可能被定义为残留 SHG 最大化（包络）功率与 SFG 的功率的比 $(P_{11env} + P_{22env}) / P_3$。一个较大的消光可以通过选择一个合适的波长分离 $\Delta\lambda = \lambda_1 - \lambda_2$ 来得到，且依赖于 L。

对于短脉冲 SFG，脉冲的波长带宽、在色散波导中的脉冲展宽、输入脉冲和 SF 脉冲之间的离散都必须考虑。假设限制了皮秒脉冲的傅里叶变化的简单计算显示，在 $L < 10$ mm 的 LiNbO$_3$ 波导中，展宽和离散均足够小，因此它们的影响均可以忽略。但是，对于有效 SFG，波长带宽必须在 QPM 宽度中，且 QPM 的宽度随着 L 的增加而减小。因此 QPM 宽度控制了对于采样脉冲宽度更低的限制。在精

确 QPM 时的标准化 SFG 效率、$P_3 / P_1 P_2 = \kappa^2 L^2$ 和最小脉冲宽度与 L 的依赖关系是通过假定 LiNbO$_3$ 波导的有效横截面为 192 μm^2，且由 1：1 占空比的光栅计算得到。结果显示，可以获得效率高于 100 %/W（1 W 采样脉冲时约为 0 dB）的皮秒采样。例如，在 L=5 mm、$\Delta\lambda$ =20 nm 和 P_1 / P_2 = 0.1 时，期望得到 63 %/W 的 SFG 效率、1 ps 最小脉冲宽度和 18 dB 的消光。基于光束传播法的 SFG 数值分析在 3.4 节中被提及。

11.3.2　制作和实验结果

制作由一个 Λ=16.0～18.7 μm 的扇出形光栅和 L=55 mm 的 80 通道的波导通道组成的一个 SFG 器件。最初，在 0.15 mm 厚的 Z-切 LiNbO$_3$ 晶体中，DI 光栅通过在 $+Z$ 表面上的皱状电极和 $-Z$ 表面上的均匀电极之间施加电压脉冲的方法制作出来。脉冲持续时间采用一个预定反转电荷自动控制。光栅的占空比约为 1：1，且其持续了整个晶体厚度。波导列阵是在氧气中退火之后，使用一个 Al 掩膜板在苯甲酸中的 PE 制作出来的。波导输入端/输出端被抛光用来作为端射耦合。

首先通过连续光操作来测量 SFG 特征。在此，一个外腔可调谐 LD 和一个 DFB LD 被用来当作 λ_1 和 λ_2 波长的光源。这两个光波用一个 3 dB 光纤耦合器结合，并耦合进波导中来激发基本 TM 模。一个通道被选择用来实现 QPM，且对于 λ_1 = 1573 nm、λ_2 =1542 nm，可以在一个 16.47 μm 光栅周期的通道中获得 λ_3 = 779 nm 的较强 SFG。λ_1、λ_2 测得的模式尺寸（FWHM）为 7.2 μm×6.3 μm，λ_3 为 2.4 μm×1.8 μm（S_{eff} =192 μm^2）。在波导输出端可以测得 P_3 和 P_1、P_2 的依赖关系，且获得 43 %/W 的标准化 SFG 效率。这个值与理论估计值 63 %/W 相当。λ_1 的 SFG 带宽是 4 nm，与理论值 4.2 nm 非常吻合。

光学采样用这个系统的证明见图 11.11。DFB LD 是由有较小 DC 的一个约为 1 GHz 正弦波驱动，来达到收益开关的固有速率采样脉冲。脉冲由一个 Er-掺杂 EDFA 放大。耦合采样脉冲的平均功率约为 10 mW。脉冲宽度用一个 SHG 自相关器测量为 25 ps。波长和带宽分别为 λ_2 =1543 nm 和 0.6 nm。外腔 LD 由一个 1 GHz 的正弦波直接调制来制造一束 λ_1 =1577 nm 和 5 mW 平均功率的信号波。SFG 输出是由一个 Si PIN 光二极管（在 1.5 μm 波段不敏感）检测的，且显示在 1 MΩ 输入阻抗的示波器上。当信号波和采样脉冲的重复频率分别被设定在 1 GHz 和 1 GHz～1 kHz 时，得到 1 kHz 重复率的采样信号，它是一个信号波形的时间转换复制品，如图 11.12 所示。波形通过一个高速 InGaAs PIN 管观察，且使用一个 50 Ω 输入阻抗的示波器显示作为对比。需要注意的是，光学采样标准高于直接探测几个数量级。一些不同形式的波形观察显示时间分辨率和采样脉冲宽度一致，均为 25 ps。残余 SHG 标准小于 5%的 SFG 采样信号标准。

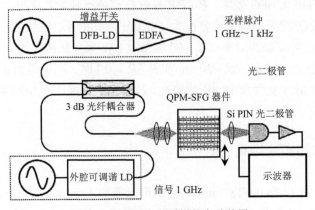

图 11.11　　用于光学采样的实验装置

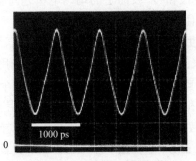

图 11.12　　获得的采样信号

上述实验获得的效率比块状晶体采样时大三个数量级[44, 45]。虽然证明了时间分辨率是皮秒数量级，但是飞秒分辨率也可以通过减小器件的长度以损耗效率来实现。

11.4　光学门开关

全光开关器件是未来光子网络系统中的重要需求。其中的一个候选是使用二阶非线性光学相互作用在铁电波导中的 QPM 器件，它的优势有超快响应、潜在的低开关功率、较广的波长覆盖率、低噪声和集成紧凑性。本节综述了关于此类光开关的研究工作。

11.4.1　级联 $\chi^{(2)}$ 相位漂移开关

使用与级联二阶非线性[$\chi^{(2)}$]相互作用相关的相位漂移的开关已经被研究。Ironside 等[53]理论分析了在相位失配 SHG 中的相位漂移，并且讨论了在 GaAs 和

LiNbO$_3$ 中使用一个波导 MZ 干涉仪来实现光开关的可能性。Hutchings 等[54]扩充了关于非简并态的分析，它出现在由一强光诱导产生的另一频率的光波非线性相位漂移中，并且提出了用于光开关的 MZ 波导器件。级联 $\chi^{(2)}$ 现象和它们的应用相关综述见 Stegeman 等的文献[55]。

　　Ti-内扩散 LiNbO$_3$ 波导中的非线性相位漂移的直接干涉测量见 Schiek 等的报道[56]。Baek 等[57]制作了波导非对称 MZ 干涉仪，如图 11.13 所示，它是由在 Y-切 LiNbO$_3$ 中的 Ti-扩散而成的。在这使用了操作波长在 1.32 μm 下的 90 ps 脉冲宽度的 Q-开关和锁模 Nd:YAG 激光器，并且用于 SHG 的 I 型双折射相位匹配和与它的轻微偏差可以通过温度控制的仔细调节来实现。因为两干涉臂的宽度差异，在每个臂中会发生不同数量的非线性相位漂移。经证明，得到的自开关的开关功率为千瓦数量级，且有透射比与输入功率之间存在依赖关系的特点，如图 11.13 所示。Schiek 等[58]制作了一个非线性光学定向耦合器，其是由 Y-切 LiNbO$_3$ 中的 Ti-内扩散波导组成的，并且证明了用相似的实验所进行的光开关。依赖输入功率在千瓦数量级，输出部分在交叉和条分支之间转换，且有一个转换率达到 1:5。

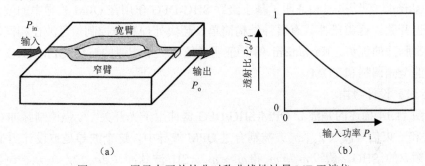

（a）　　　　　　　　　　　　　　　　　　　　（b）

图 11.13　用于自开关的非对称非线性波导 MZ 干涉仪

　　大非线性相位漂移可以由 QPM 结构获得，且允许使用最大的非线性光学张量元。Vidakovic 等[59]在一使用了锁模 Nd:YAG 激光器的实验中获得有效非线性折射率，它可以是正和负的，且块状 LiNbO$_3$ QPM 结果中的非线性相位漂移的最大值高达 $N_2^{\text{eff}} \cong \pm 2.4 \times 10^{-17} \, \text{m}^2/\text{W}$。Schiek 等[60]制作了一个非线性光学定向耦合器，它使用了 QPM APE 波导，在 Z-切 LiNbO$_3$ 中有一特别的设计失配分布，且证明了在 50 W 开关功率时 65%的开关比率和 8 ps 脉冲的光开关。

11.4.2　级联 SFG-DFG 开关

　　如 3.1.2 节所述，在由信号波和较强泵浦随着泵浦功率的增加而产生的 SFG 中，由于 DFG 开始作用，输出信号功率先耗尽后增加。在精确（准）相位匹配下，当标准化泵浦放大（标准化相互作用长度）超过 π/2 时，输出信号波的相位被反转，而当它变为 π 时，绝对振幅恢复到原来的大小。这与 π 相位匹配相关，这种 π 相位漂移所需的功率小于在 SHG 级联 $\chi^{(2)}$ 效应中获得 π 相位匹配所需的功率。Asobe 等[61]和 Yokohama 等[62]提出基于级联 SFG-DFG 结合 Kerr 快门结构的此类相位匹配光开关，并证明了使用一个块状 LiNbO₃ QPM 结构的可能性。

　　Kambara 等[63]使用了一个 Ti-内扩散 LiNbO₃ QPM 波导，证明了一个相似的开关实验。输入信号波（LD 光由 EDFA 放大）是关于 c-轴 45° 偏振的，并且泵浦（控制）脉冲（6 ps 脉冲，由一个锁模 YAG 激光器发射）沿着 c-轴偏振。利用一个外波片对输出信号进行偏振线性化。在信号波的 e 光部分中，级联 SFG-DFG 相位反转引起了在偏振中的转换开关，且利用一个外置偏振器将偏振切换开关转换为强度切换开关。在 20 W 峰值功率的控制脉冲下，大约有 12% 的信号功率被转换。

11.4.3　级联 SHG-DFG 开关

　　Ishizuki 等[64]提出和证明了基于级联 SHG-DFG 作用在 QPM 波导中的波长转换型光开关。这类器件具有器件结构简单、超快处理和与控制信号波在相同波段下控制脉冲的优势。Kawanishi 等[65]证明了使用一个相似的波导 QPM-SHG/DFG 器件的全光调制和 TDM。

　　（1）设计缘由

　　图 11.14 描述的是波导 QPM-SHG/DFG 器件用于光开关[64]。强控制脉冲（λ_c，ω_c）和一束信号波（λ_s，ω_s）被耦合进 QPM 波导中，这个波导是被设计用于 ω_c 基本频率的 SHG。假设 $\omega_c \neq \omega_s$ 和 $\omega_c \approx \omega_s$。SH 波脉冲（$2\omega_c, 2\lambda_c$）从控制脉冲中产生。同时伴随着 SH 脉冲的生长，产生的 SH 脉冲和信号波被混合进相同的波导中产生 DF 光波（$\omega_d = 2\omega_c - \omega_s$）。如果控制脉冲和信号脉冲均在 1.5 μm 波段，那么 DF 光波同样也在相同的波段。因此，输出 DF 信号通过控制脉冲进行切换，器件可当作一个全光开关。

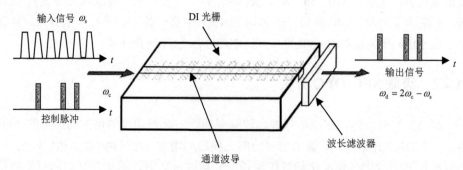

图 11.14　用 QPM 级联 SHG-DFG 的波长转换型光学门开关

级联 SHG-DFG 相互作用可以通过与式（3.150）相似且用于控制波、信号波、SH 波、DF 光波的时间依赖线性模式耦合方程描述[64]。对于准连续操作，我们使 $\partial/\partial t=0$，然后在假定 SHG 是精确相位匹配下容易得到一个解析解，且控制波和信号波的消耗被忽略。因此输出 DF 功率接近为

$$P_{\mathrm{d}}=\frac{P_{\mathrm{c}}^2 P_{\mathrm{s}}\kappa_{\mathrm{SHG}}^2\kappa_{\mathrm{DFG}}^2 L^4}{4}F(\Delta L)$$

$$F(\Delta L)=\left[\frac{1-\mathrm{sinc}(2\Delta L)}{\Delta L}\right]^2+\mathrm{sinc}^4(\Delta L),\quad \mathrm{sinc}\,x=\frac{\sin x}{x}$$

(11.7)

式中，P_{c} 和 P_{s} 为控制和信号功率；κ_{SHG} 和 κ_{DFG}（$\omega_{\mathrm{c}}\approx\omega_{\mathrm{s}}$ 时，$\kappa_{\mathrm{SHG}}\approx\kappa_{\mathrm{DFG}}$）为耦合系数；$L$ 为相互作用长度，且 DFG 的相位失配为 $2\Delta=2\beta_{\mathrm{c}}-\beta_{\mathrm{s}}-\beta_{\mathrm{d}}$。$F(\Delta L)$ 描述的是 QPM 失配导致的效率减小量，且 $F(0)=1$，对于 $\Delta L=\pm1.74$ 时，有 $F(\Delta L)=1/2$。计算 LiNbO$_3$ QPM 波导；$\lambda_{\mathrm{c}}=1.54\,\mu\mathrm{m}$ 时，F 和 λ_{s} 的依赖关系如图 11.15 所描述。λ_{s} 为 280 nm、220 nm、150 nm 时的 3 dB 带宽 L 分别为 3 mm、5 mm、10 mm，当 $\lambda_{\mathrm{c}}\approx\lambda_{\mathrm{s}}$ 时，减小量可以忽略。对于一个 $L=10$ mm、$\kappa_{\mathrm{SHG}}=\kappa_{\mathrm{DFG}}=0.63$ W$^{-1/2}\cdot$cm^{-1}、$P_{\mathrm{c}}=2$ W 的器件，用式（11.7）计算（设 $F=1$），得到开关效率 $P_{\mathrm{d}}/P_{\mathrm{s}}=16\%$。对于超短脉冲操作，因为脉冲之间的离散，其效率可能比准连续效率小。对于 10 ps 的控制脉冲、100 ps 信号脉冲和 $P_{\mathrm{c}}=2$ W 时，效率通过光束传播法模拟，所计算的效率是 −9 dB（13%），这个接近准连续值（16%）。光束传播法模拟也显示出 $L=3.3$mm 和 $P_{\mathrm{c}}=10$ W 时，可能得到 3.1%效率的 1 ps 切换开关。

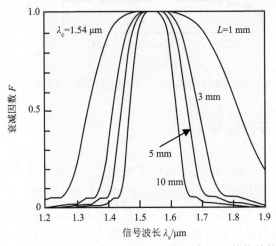

图 11.15 效率衰减因子 F 与信号波长 λ_{s} 的依赖关系

（2）实验结果

在此，制作在 Z-切 LiNbO$_3$ 中的 APE 波导的一器件，QPM 周期为 17 μm，器

件长度为 10 mm。在最初的实验中，测得连续光 SHG 的特征值，且在 λ_c =1.542 μm 和 λ_c/2=0.771 μm 下获得 40 %/W 的标准化 SHG 效率。对于开关实验，λ_c =1.542 μm 的控制脉冲通过 DFB-LD 的收益开关产生，而 DFB-LD 则由 1 GHz 正弦波驱动。脉冲通过色散补偿光纤压缩，通过一个 EDFA 放大，滤波则通过一个带通滤波器来切除放大自发辐射。控制脉冲所测的 FWHM 宽度为 10 ps，和时间带宽的乘积是 0.44（变换限定值为 0.315）。一个波长为 λ_s =1.562 μm 的连续光操作外置腔可调谐 LD 被当作信号源。控制脉冲和信号脉冲通过一个 3 dB 光纤耦合器结合，并耦合进波导中。

输出光波的光谱如图 11.16 所示。控制脉冲的平均功率在波导的输出端测得为 20 mW（P_c ≈2W）。获得 λ_d =1.523 μm 的一束 DF 光波。所获得的开关效率（P_d/P_s）在 1.557 μm< λ_s <1.572 μm 上约为 22 dB。与理论预测相比，降低的可能原因是残余 SHG 相位失配、控制脉冲的啁啾和 P_c 的过高估计。这种降低可以通过提高工作条件来改善。

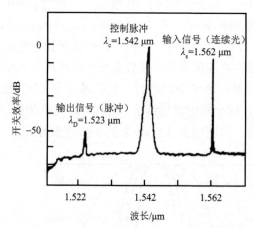

图 11.16　级联 QPM-SHG/DFG 开关器件的输出光波的光谱

11.4.4　集成 SFG 干涉仪开关

信号波和强泵浦（控制）光波的 SFG 中的信号功率消耗可以被用于光学门开关。在精确（准）相位匹配下，当标准化泵浦放大变为 $\pi/2$，信号完全消耗。Parameswaran 等[66]证明了 96%的信号功率消耗和在 60.5 mm 长的 LiNbO₃ QPM 波导中 185 mW 功率的毫秒控制脉冲产生的负逻辑光开关。但是，这种开关操作的缺点是，需要用于实现不允许超快操作的适度功率的完全消耗的较长的器件长度，负逻辑控制也限制了其应用。

Suhara 等[67]提出和证明了一个用于超快光开关集成的 QPM-SFG 干涉器件。

该器件被完全集成，并实现适度开关功率的皮秒正逻辑门开关。

（1）器件描述和理论性能

图 11.17 显示的是开关结构[67]。该器件由一个 QPM-SFG 部分和一个集成在 LiNbO$_3$ 波导 MZ 干涉仪每一臂中的 π 相位漂移器（phase shifter，PS）组成。一束频率 ω_1（λ_1）的信号波和一束 ω_2（$\neq \omega_1$）（λ_2）的控制脉冲被耦合进输入端。SFG 部分有一个铁电 DI 光栅，且周期 Λ 被设计用于 QPM-SFG（$\omega_3 = \omega_1 + \omega_2$，$\lambda_3$）。在没有控制脉冲时，两信号波通过各自臂传送并破坏了干涉，且信号波在输出端完全消耗。当控制脉冲开启，SFG 引起了 SFG 臂中信号波的消耗，这种完全消逝被破坏，使信号可以传送。因此器件可当作一个正逻辑门开关。

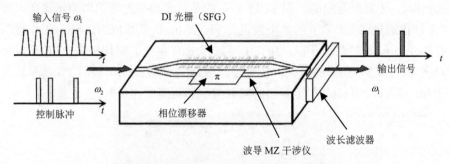

图 11.17　用于光开关的集成 QPM-SFG 干涉仪器件的原理示意图

SFG 部分中的准-连续光非线性光学相互作用由模式耦合方程（3.46）描述，假设控制功率足够强，则消耗可以被忽略，其解为式（3.47）。在精确 QPM 下，SFG 部分的尾端的信号放大为

$$A_1(L) = A_1(0)\cos\sqrt{\frac{\omega_1}{\omega_3}\kappa^2 L^2 A_2^* A_2} \qquad (11.8)$$

式中，κ 为耦合系数；L 为 SFG 部分的长度。式（11.8）描述的是由 SFG 导致的信号波消耗。带有 SFG 部分和一个 π PS 的干涉仪的标准化输出信号功率为

$$\frac{P_{1\text{out}}}{P_{1\text{in}}} = \frac{1}{4}\left|\cos\sqrt{\frac{\omega_1}{\omega_3}\kappa^2 L^2 \frac{P_{2\text{in}}}{2}} - 1\right|^2 = \sin^4\left\{\frac{\pi}{4}\sqrt{\frac{P_{2\text{in}}}{P_{\text{c}}}}\right\} \qquad (11.9)$$

式中，$P_{2\text{in}}$ 为输入控制功率；SFG 臂中的完全信号波消耗的输入控制功率为 $P_{\text{c}} = (\pi^2/2)(\omega_3/\omega_1)/(\kappa^2 L^2)$。控制功率的 3 dB 分歧损耗包含在式（11.9）中。标准化 SFG 效率为 $\kappa^2 L^2$。随着 $P_{2\text{in}}$ 增加至 P_{c}，透射比 $P_{1\text{out}}/P_{1\text{in}}$ 增加至 0.25。随着 $P_{2\text{in}}$ 更进一步的增加，发生 DFG 来产生相位反转信号波，且透射比在 $P_{2\text{in}} = 4P_{\text{c}}$ 时增至 1。

当控制脉冲的谱宽大于 QPM 带宽时，消耗和透射比降低。其降低可以根据

控制脉冲和 SF 脉冲之间的离散来理解。为了避免这样的降低，L 应当很小，同时较小的 L 导致较大的 P_c。因此必须权衡开关速度和功率。近似计算显示，在没有实在的效率降低下，一个 $L=5$ mm 的 SFG 器件可以被用于 1.5 μm 波段中的 1 ps 脉冲。对于 $\kappa^2 L^2 \approx 63$ %/W、$L=5$ mm 时的理论估计值，计算的完全消耗功率 P_c 约为 16 W。

（2）制作和实验结论

制作一个具有一段 $L=5$ mm 的 SFG 部分和一个热光 PS 的光开关。起初，在 0.5 mm 厚的 Z-切 LiNbO₃ 中通过施加一个 11 kV 的电压脉冲在+Z 表面上的液体电极之间，制作 5 mm×0.1 mm 面积和 15.0～18.8 μm 周期的 DI 光栅，且+Z 表面有抵抗光栅，–Z 表面是空的。图 11.18 显示的是一个典型光栅的微型示意图。波导 MZ 干涉仪通过在 200℃下的苯甲酸进行 PE 1.5 h，并使用 PCVD-SiO₂ 工作掩膜板（板是 3.3 μm 宽的通道开窗，由 EB 写入和 RIE 制作）制作出来。PE 后紧接着在 O₂ 中进行 4 h 350℃的退火。接着输入端/输出端被抛光，最后 PS 薄膜加热器通过 EB 写入、200 nm 厚 Ti-薄膜的溅射沉积和剥离制作出来。

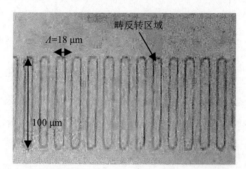

图 11.18　DI 光栅（通过刻蚀可视化）的微型图像

干涉仪的性能通过使用一个可调谐 LD（$\lambda_1 \approx 1.55$μm，10 mW 光纤输出功率）来测试。用于 TM 模激励的器件（无 PS 驱动）和 PM 光纤到输入端棱镜耦合的生产率为 10%。与参考波导（用 MZ 干涉仪相同的条件制作的相同的宽度和长度的直线通道波导）获得的 20%的生产率相比，其分支（结合）部分的额外损耗约为 3 dB。参考波导的传播损耗约为 1 dB/cm。通过 PS（600 Ω 加热器电阻）驱动电压、输出端到光纤棱镜耦合校准和电压的仔细调节，在约 10 V 下获得高达 29 dB 的消光比。

图 11.19 显示的是开关实验的装备图。一个 DFB LD 是由 1 GHz 正弦波驱动的，产生由收益开关控制的控制脉冲。脉冲通过一个色散补偿光纤压缩，且通过一个 EDFA 放大。一个可调谐滤波器被用来切除 ASE 本底。脉冲宽度测得为 10 ps。波长和带宽分别为 $\lambda_2 = 1.543$ μm 和 0.6 nm。控制脉冲和从可调谐 LD 出发的信号波（连续光）通过一个 3 dB 光纤耦合器结合，并耦合进器件中。

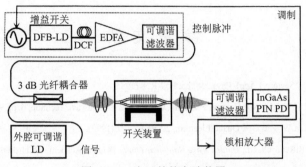

图 11.19　光开关的实验装置

在一个带有 Λ=17.0 μm 的光栅的开关中，当信号被调谐在 λ_1=1.553 μm（在一个 πPS 驱动）下，可以观察到最强的 QPM-SFG。信号波长的 QPM 带宽约为 5 nm，与理论值一致。输出光波通过一个光纤和一个可调谐滤波器，传送到一个 InGaAs PIN 光二极管。为了探测由一个小占空比（1/100）的皮秒控制脉冲切换的输出信号，采用相位敏感型探测器方法。DFB LD 驱动被削减至 1 kHz，且输出信号通过锁相放大器测量。滤波器首先被调谐到 λ_2，以探测控制脉冲串和校正锁定相位，接着在 λ_1 上调谐。在没有 PS 驱动下，信号被证明以负锁相振幅的形式消耗。当 PS 被驱动，用于 π 相位漂移，则获得正锁相振幅形式。当信号波或控制脉冲被关闭或者信号被解调到 QPM 带宽的外面时，无输出信号。

图 11.20 显示的是标准化输出信号功率和控制功率之间依赖关系。在无 PS 驱动的输出端处检测控制脉冲的平均功率，补偿 4 dB 传播损耗和额外损耗，并除以 1/100 得到耦合峰值功率。为了给出标准化输出信号峰值功率，所测的锁相振幅除以与无 PS 驱动下的功率传送的相关值和假定为（$10/\sqrt{2}$）ps 宽度时用式（11.9）所预计得到的 $1/100\sqrt{2}$。在相同的图中，将 $\kappa^2 L^2$ 作为一个参数，作出计算的依赖关系图。实验结果与 $\kappa^2 L^2$=40 %/W 时的曲线对比非常吻合。信号峰值透射比为 0.024，远高于消光水平−29 dB=0.0013（在 6.3 W 耦合控制峰值功率下获得）。这些结果显示，虽然测量值不是时间分辨的，但是仍然可以获得正逻辑门开关。

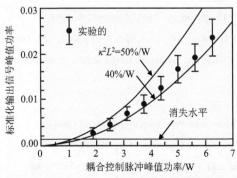

图 11.20　标准化输出信号峰值功率与耦合控制脉冲峰值功率之间的依赖关系

参 考 文 献

[1]   G.I.Stegeman, C.T.Seaton: J.Appl. Phys., 58, pp. R57-R78 (1985)

[2]   G.I.Stegeman, E.M.Wright, N.Finlayson, R.Zanoni, C.T.Seaton: J. Lightwave Technol., 6, pp.953-970 (1988)

[3]   G.I.Stegeman, E.M.Wright: Opt. Quant. Electron., 22, pp.95-122 (1990)

[4]   D.B.Ostrowsky, R.Reinisch, ed.: *Guided Wave Nonlinear Optics* (Kluwer Academic Publishers, Dordrecht 1991)

[5]   H.M.Gibbs, S.M.McCall, T.N.C.Venkatesan: Phys. Rev. Lett., 36,1135 (1976)

[6]   H.G.Winful, J.H.Marburger, E.Garmire: Appl. Phys. Lett., 35, pp.379-381 (1979)

[7]   S.M.Jensen: IEEE J. Quantum Electron., QE-18, pp.1580-1583 (1982)

[8]   A. Lattes, H.A.Haus, F.J.Leonberger, E.P.Ippen: IEEE J. Quantum Electron., QE-19, pp.1718-1723 (1983)

[9]   N.L.Doran, D.Wood: Opt. Lett., 13, pp.56-58 (1988)

[10] G.P.Agrawa1: *Nonlinear Fiber Optics* (Academic Press, New York 1989)

[11] Y.Guo, C.K.Kao, E.H.Li, K.S.Chiang: *Nonlinear Photonics* (Springer, Berlin 2002)

[12] P.Li Kam Wa, R.N.Robson, J.P.David, G.Hill, P.Mistry, M.A.Pate, J.S.Roberts: Electron. Lett., 22, pp.1129-1130 (1986)

[13] P.Li Kam Wa, A.Miller, J.S.Roberts, R.N.Robson: Appl Phys. Lett., 58, pp.2055-2057 (1991)

[14] R.Jin, C.L.Chuang, H.M.Gibbs, S.W.Koch, J.N.Polky, G.A.Pubanz: Appl. Phys. Lett., 53, pp.1791-1793 (1988)

[15] R.Jin, J.P.Sokoloff, P.A.Harten, L.C.Chuang, C.G.Lee, M.Warren, H.M.Gibbs, N.Peyghambarian, J.N.Polky, G.A.Pubanz: Appl. Phys. Lett., 56, pp.1791-1793 (1990)

[16] J.S.Aitchison, A.H.Kean, C.N.Ironside, A.Villeneauve, G.I.Stegeman: Electron. Lett., 27, pp.1709-1710 (1991)

[17] A.Villeneauve, C.C.Yang, P.G.Wigley, G.I.Stegeman, J.S.Aitchison, C.N.Ironside: Appl. Phys. Lett., 61, pp.l47-149 (1992)

[18] K.Al-hemyari, A.Villeneauve, J.U.Kang, J.S.Aitchison, C.N.Ironside, G.I.Stege-man: Appl. Phys. Lett., 63, pp.3562-3564 (1993)

[19] J.U.Kang, G.I.Stegeman, J.S.Aitchison: Electron. Lett., 31, pp.118-119 (1995)

[20] J.S.Aitchison, A.Villeneauve, G.I.Stegeman: Opt. Lett., 20, pp.698-700 (1995)

[21] K.Nakatsuhara, T.Mizumoto, R.Munakata, Y.Kigure, Y.Naito: IEEE Photon. Tech. Lett., 10, pp.78-80 (1998)

[22] K.Nakatsuhara, T.Mizumoto, E.Takahashi, S.Hossain, Y.Saka, B.J.Ma, Y.Nakano: Appl. Opt., 38, pp.3911-3916 (1999)

[23] K.Tajima: Jpn. J. Appl. Phys., 32, pp.L1746-L1749 (1993)

[24] S.Nakamura, K.Tajima, Y.Sugimoto: Appl. Phys. Lett., 65, pp.283-285 (1994)

[25] S.Nakamura, K.Tajima, Y.Sugimoto: Appl. Phys. Lett., 66, pp.2457-2459 (1995)

[26] S.Nakamura, Y.Ueno, K.Tajima: IEEE Photon. Tech. Lett., 10, pp.1575-1577 (1998)

[27]　M.Eiselt: Electron. Lett., 28, pp.l505-1507 (1992)

[28]　M.Eiselt, W.Pieper, H.G.Weber: Electron. Lett., 29, pp.1167-1168 (1993)

[29]　J.P.Sokoloff, R.R.Prucnal, I.Glesk, M.Kane: IEEE Photon. Tech. Lett., 5, pp.787-790 (1993)

[30]　J.P.Sokoloff, I.Glesk, R.R.Prucna1: IEEE Photon. Tech. Lett., 6, pp.98-100 (1994)

[31]　E.Jahn, N.Agrawal, M.Arbert,H.J.Eherke, D.Franke, R.Rudwig, W.Pieper, H.G.Weber,C.M.Weinert: Electron. Lett.,
　　　31, pp.1857-1858 (1995)

[32]　K.Tajima, S.Nakamura, Y.Ueno, J.Sasaki, T.Sugimoto, T.Kato, T.Shimoda, M.Itoh, H.Hatakeyama, T.Tamanuki,
　　　T.Sasaki: Electron. Lett., 35, pp.2030-2031 (1999)

[33]　K.Tajima, S.Nakamura, Y.Ueno: Electron. Comm. Japn., 85, Pt.2, pp.1-17 (2002)

[34]　B.E.ASaleh, M.C.Teich: *Fundamentals of Photonics* (John Wiley & Sons, New York 1991)

[35]　M.Yamashita, K.Torizuka, T.Uemiya, J.Shimada: Appl. Phys. Lett., 58, pp.2727-2728 (1991)

[36]　M.Sundheimer, Ch.Bosshard, E.Van Stryland, G.Stegeman, J.Bieriein: Opt. Lett., 18, pp.1397-1399 (1993)

[37]　M.Sundheimer, A.Villeneuve, G.Stegeman, J.Bieriein: Electron. Lett., 30, pp.1400-1401 (1994)

[38]　Y.Wang, R.Draglia: Phys. Rev., A, 41, pp.5645-5649 (1990)

[39]　A.Stabinis, G.Valiulis, E.A.Ibragimov: Opt. Comm., 86, pp.301-306 (1991)

[40]　Y.Wang, B.Luther-Davies: Opt. Lett., 20 pp.l459-1461 (1992)

[41]　M.A.Arbore, O.Marco, M.M.Fejer: Opt. Lett., 22, pp.865-867 (1997)

[42]　M.A.Arbore, A.Galvanauskas, D.Harter, M.H.Chou, M.M.Fejer: Opt. Lett., 22, pp.1341-1343 (1997)

[43]　G.Imeshev, A.Galvanauskas, D.Harter, M.A.Arbore, M.Proctor, M.M.Fejer: Opt. Lett., 23, pp.864-866 (1998)

[44]　G.Imeshev, M.M.Fejer, A.Galvanauskas, D.Harter: J. Opt. Soc. Arner. B, 18, pp.534-539 (2001)

[45]　A.Galvanauskas, J.Webjörn, A.Krotkus, G.Arvidsson: Electron. Lett., 27, pp.738-740 (1991)

[46]　T.Kanada, D.Franzen: Opt. Lett., 11, pp.4-6 (1986)

[47]　S.Kawanishi: IEEE J. Quantum Electron., 34, pp.2064-2079 (1997)

[48]　H.Takara, S.Kawanishi, T.Morioka, K.Mori, M.Saruwatari: Electron. Lett., 30, pp.1152-1153 (1994)

[49]　H. Takara, S.Kawanishi, A.Yokoo, S. Tomaru, T.Kitoh, M.Saruwatari: Electron. Lett., 32, pp.2256-2258 (1996)

[50]　T.Suhara, H.Ishizuki, M.Fujimura, H.Nishihara: IEEE Photon. Technol. Lett., 11, pp.1027-1029 (1999)

[51]　S.Kawanishi, T.Yamamoto, M.Nakazawa, M.M.Fejer: Electron. Lett., 37, pp.842-844 (2001)

[52]　Y.Ishigame, T.Suhara, H.Nishihara: Opt. Lett., 16, pp.375-377 (1991)

[53]　C.N.Ironside, J.S.Aitchison, J.M.Arnold: IEEE J. Quantum Electron., 29, pp.2650-2654 (1993)

[54]　D.C.Hutchings, J.S.Aitchison, C.N.Ironside: Opt. Lett., 18, pp.793-795 (1993)

[55]　G.I.Stegeman, D.J.Hagan, L.Torner: Opt. Quantum Electron., 28, pp.1691-1740 (1996)

[56]　R.Schiek, M.L.Sundheimer, D.Y.Kim, Y.Baek, G.I.Stegeman, H.Seibert, W.Sohler: Opt. Lett., 19, pp.1949-1951(1994)

[57]　Y.Baek, R.Schiek, G.I.Stegeman, G.Krijnen, I.Baumann, W.Sohler: Appl. Phys. Lett., 68, pp.2055-2057 (1996)

[58]　R.Schiek, Y.Baek, G.Krijnen, G.I.Stegeman, T.Baumann, W.Sohler: Opt. Lett., 21, pp.940-942 (1996)

[59]　P.Vidakovic, D.J.Lovering, J.A.Levenson, J.Webjörn, P.S.Russell: Opt. Lett., 22, pp.277-279 (1997)

[60]　R.Schiek, L.Friedrich, H.Fang, G.I.Stegeman, K.R.Parameswaran, M.H.Chou, M.M.Fejer: Opt. Lett., 24, pp.1617-1619 (1999)

[61]　M.Asobe, I.Yokohama, H.Itoh, T.Kaino: Opt. Lett., 22, pp.274-276 (1997)

[62]　I.Yokohama, M.Asobe, A.Yokoo, H.Itoh, T.Kaino: J. Opt. Soc. Am. B, 14, pp.3368-3377 (1997)

[63]　H.Kanbara, H.Itoh, M.Asobe, K.Noguchi, H.Miyazawa, T.Yanagawa, I.Yokohama: IEEE Photon. Technol. Lett., 11, pp.328-330 (1999)

[64]　H.Ishizuki, T.Suhara, M.Fujimra, H.Nishihara: Opt. Quantum Electron., 33, pp.953-961 (2001)

[65]　S.Kawanishi, M.H.Chou, K.Fujiura, M.M.Fejer, T.Morioka: Electron. Lett., 36, pp.1568-1569 (2000)

[66]　K.R.Parameswaran, M.Fujimura, M.H.Chou, M.M.Fejer: IEEE Photon. Tech. Lett., 12, pp.654-656 (2000)

[67]　T.Suhara, H.Ishizuki: IEEE Photon. Tech. Lett., 13, pp.1203-1205(2001)

附　录

用于波导非线性光学器件的相关晶体参数见附表 1。

附表 1　用于波导非线性光学器件的相关晶体参数

	同成分铌酸锂	掺镁(5%)铌酸锂	同成分钽酸锂	磷酸钛氧钾	铌酸钾
晶系	三方	三方	三方	正交	正交
点群	3m	3m	3m	mm2	mm2
自发极化强度 /(μC/cm^2)	71[1]	80[2]	50[1]	20[3]	41[4]
矫顽电场 /(kV/mm)	21[5]	2.5~6[2,6,7]	20[8]	2[3]	0.35[9]
居里温度/℃	1150[10]	1205[10]	610[11]	936[12]	420[13]
透光范围/μm	0.4~5.5 [14]	约 0.4~5 [14]	约 0.28~5.5 [15]	0.35~4.5 [14]	0.4~4.5[14]
折射率 @λ=0.633 μm	n_o=2.2868 n_e=2.2028[14]	n_o=2.2792 n_e=2.1916[16]	n_o=2.1766* n_e=2.1807*	n_X=1.7626 n_Y=1.7719 n_Z=1.8655[14]	n_X=2.1685 n_Y=2.2803 n_Z=2.3299[14]
非线性光学系数** /(pm/V) @λ=1.064 μm	d_{31} = 4.6 d_{33} = 25.2[17] d_{31} = 4.53 d_{22} = 2.10 d_{33} = 27.2[14] d_{31} = 4.64 d_{22} = 2.46 d_{33} = 31.4[11]	d_{31} = 4.4 d_{33} = 25.0[17] d_{31} = 4.7[18]	d_{31} = 0.85 d_{33} = 13.8[17] d_{31} = 1.01 d_{22} = 1.68 d_{33} = 15.6[11]	d_{31} = 3.7 d_{32} = 2.2 d_{33} = 14.6 d_{24} = 1.9 d_{15} = 3.7 [17] d_{31} = 1.4 d_{22} = 2.65 d_{33} = 10.7[14]	d_{31} = 10.8 d_{33} = 19.6 d_{15} = 12.5[17] d_{31} = 11.9 d_{22} = 13.7 d_{33} = 20.6[14]
电光系数 /(pm/V)	r_{33} = 30.8 r_{13} = 8.6 r_{22} = 3.4 r_{51} = 28[19] r_{33} = 36.7 r_{13} = 11.0[20]	r_{33} = 36.0 r_{13} = 11.2[19]	r_{33} = 8.8 r_{13} = 7 r_{22} = 1 r_{51} = 20[19]	r_{13} = 8.8 r_{23} = 13.8 r_{33} = 35 r_{51} = 6.9 r_{42} = 8.8[21]	r_{13} = 20.1 r_{23} = 7.1 r_{33} = 34.4 r_{51} = 27.8[22]
热光系数 /($\times 10^{-5}$ K^{-1}) @λ=1.064 μm	$\partial n_o / \partial T$ = 0.5 $\partial n_e / \partial T$ = 3.8 [23]	$\partial n_o / \partial T$ = 0.44 $\partial n_e / \partial T$ = 5.4 [16]	$\partial n_o / \partial T$ = 0.16 $\partial n_e / \partial T$ = 1.9 @λ=0.51μm [23]	$\partial n_X / \partial T$ = 1.65 $\partial n_Y / \partial T$ = 2.50 $\partial n_Z / \partial T$ = 3.40 [14]	$\partial n_X / \partial T$ = 6.0 $\partial n_Y / \partial T$ = 2.2 $\partial n_Z / \partial T$ = -3.5 [24]

* 通过折射率的泽尔迈尔方程进行计算，详见下页；

** 非线性光学张量

LiNbO$_3$,LiTaO$_3$

$$\begin{bmatrix} 0 & 0 & 0 & 0 & d_{15} & -d_{22} \\ -d_{22} & d_{22} & 0 & d_{15} & 0 & 0 \\ d_{31} & d_{31} & d_{33} & 0 & 0 & 0 \end{bmatrix}$$

KTiOPO$_4$,KNbO$_3$

$$\begin{bmatrix} 0 & 0 & 0 & 0 & d_{15} & 0 \\ 0 & 0 & 0 & d_{24} & 0 & 0 \\ d_{31} & d_{32} & d_{33} & 0 & 0 & 0 \end{bmatrix}$$

折射率的泽尔迈尔方程

在下列公式中，λ 和 T 分别代表真空环境下的波长（微米单位）和晶体温度（摄氏度单位）。

同成分铌酸锂晶体（LiNbO₃）

$$n_o{}^2 = 4.9048 + \frac{0.1178 + 2.346 \times 10^{-8} F}{\lambda^2 - \left(0.21802 - 2.9671 \times 10^{-8} F\right)^2} - 0.027153\lambda^2 + 2.1429 \times 10^{-8} F,$$

$$n_e{}^2 = 4.5820 + \frac{0.09921 + 5.2716 \times 10^{-8} F}{\lambda^2 - \left(0.21090 - 4.9143 \times 10^{-8} F\right)^2} - 0.021940\lambda^2 + 2.2971 \times 10^{-8} F。$$

F 可以定义为 $F = (T - To)(T + To + 546)$，此处的 $To = 24.5℃$[25]。

掺镁(摩尔分数为 5%的 MgO)铌酸锂晶体（LiNbO₃）

$$n_o{}^2 = 4.9017 + \frac{0.112280}{\lambda^2 - 0.049656} - 0.039636\lambda^2,$$

$$n_e{}^2 = 4.5583 + \frac{0.091806}{\lambda^2 - 0.048086} - 0.032068\lambda^2。$$

晶体温度是 $21℃$[14]。

近化学计量比铌酸锂晶体（LiNbO₃）

$$n_o{}^2 = 4.9130 + \frac{0.1173 + 1.65 \times 10^{-8}(T + 273)^2}{\lambda^2 - \left\{0.212 - 2.7 \times 10^{-5}(T + 273)^2\right\}^2} - 0.0278\lambda^2,$$

$$n_e{}^2 = 4.5567 + \frac{0.0970 + 2.70 \times 10^{-8}(T + 273)^2}{\lambda^2 - \left\{0.201 - 5.4 \times 10^{-8}(T + 273)^2\right\}^2} - 0.0224\lambda^2 + 2.605$$

$$\times 10^{-7}(T + 273)^2 \quad [25]。$$

同成分钽酸锂晶体（LiTaO₃）

$$n_o{}^2 = 4.51224 + \frac{0.0847522 - 9.6649 \times 10^{-9} F}{\lambda^2 - \left(0.19876 + 8.815 \times 10^{-8} F\right)^2} - 0.0239046\lambda^2 + 4.25637 \times 10^{-8} F,$$

$$n_{\mathrm{e}}^2 = 4.52999 + \frac{0.0844313 + 1.72995 \times 10^{-7} F}{\lambda^2 - \left(0.20344 - 4.7733 \times 10^{-7} F\right)^2} - 0.0237909\lambda^2 - 8.31467 \times 10^{-8} F\,\text{。}$$

F 可以定义为 $F = (T - To)(T + To + 546)$，此处的 $To = 25^{\circ}\mathrm{C}$ [26]。

近化学计量比钽酸锂晶体（LiTaO$_3$）

$$n_{\mathrm{o}}^2 = 4.5281 + \frac{0.079841}{\lambda^2 - 0.047857} - 0.032690\lambda^2,$$

$$n_{\mathrm{e}}^2 = 4.5096 + \frac{0.082712}{\lambda^2 - 0.041306} - 0.031587\lambda^2 \text{ [27]}\,\text{。}$$

掺镁磷酸钛氧钾（KTiOPO$_4$）

$$n_X^2 = 3.0065 + \frac{0.03901}{\lambda^2 - 0.04251} - 0.01327\lambda^2,$$

$$n_Y^2 = 3.0333 + \frac{0.04157}{\lambda^2 - 0.04547} - 0.01408\lambda^2,$$

$$n_Z^2 = 3.3134 + \frac{0.05694}{\lambda^2 - 0.05658} - 0.01682\lambda^2 \text{ [14]}\,\text{。}$$

铌酸钾（KNbO$_3$）

$$n_X^2 = 1 + \frac{(2.5389409 + 3.8636303 \times 10^{-6} F)\lambda^2}{\lambda^2 - (0.137139 + 1.767 \times 10^{-7} F)^2}$$
$$+ \frac{(1.445182 - 3.909336 \times 10^{-6} F - 1.2256136 \times 10^{-4} G)\lambda^2}{\lambda^2 - (0.2725429 + 2.38 \times 10^{-7} F - 6.78 \times 10^{-5} G)^2}$$
$$- (2.837 \times 10^{-2} - 1.22 \times 10^{-2} F)\lambda^2 - 3.3 \times 10^{-10} F\lambda^4,$$

$$n_Y^2 = 1 + \frac{(2.6386669 + 1.6708469 \times 10^{-6} F)\lambda^2}{\lambda^2 - (0.1361248 + 0.796 \times 10^{-7} F)^2}$$
$$+ \frac{(1.1948477 - 1.3872635 \times 10^{-6} F - 0.90742707 \times 10^{-4} G)\lambda^2}{\lambda^2 - (0.2621917 + 1.231 \times 10^{-7} F - 1.82 \times 10^{-5} G)^2}$$
$$- (2.513 \times 10^{-2} - 0.558 \times 10^{-8} F)\lambda^2 - 4.4 \times 10^{-10} F\lambda^4,$$

$$n_Z^2 = 1 + \frac{(2.370517 + 2.8373545 \times 10^{-6} F)\lambda^2}{\lambda^2 - (0.1194071 + 1.75 \times 10^{-7} F)^2}$$
$$+ \frac{(1.048952 - 2.1303781 \times 10^{-6} F - 1.8258521 \times 10^{-4} G)\lambda^2}{\lambda^2 - (0.2553605 + 1.89 \times 10^{-7} F - 2.48 \times 10^{-5} G)^2}$$
$$- (1.939 \times 10^{-2} - 0.27 \times 10^{-2} F)\lambda^2 - 5.7 \times 10^{-10} F\lambda^4,$$

此处 $F = (T + 273.15)^2 - 295.15^2$，$G = T - 20$ [14]。

铌酸锂晶体（LiNbO₃）和钽酸锂晶体（LiTaO₃）的折射率曲线

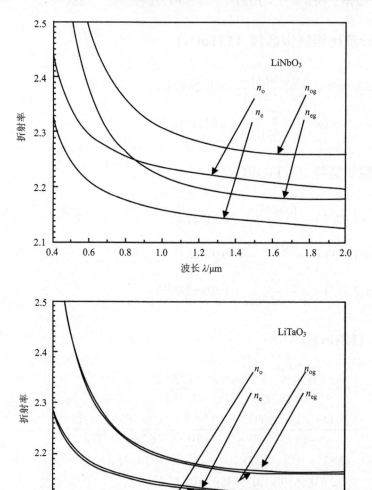

n_o 和 n_e 分别为寻常光折射率和非寻常光折射率，同时 n_{og} 和 n_{eg} 为群折射率。

参 考 文 献

[1]　I.Camlibel: J. Appl. Phys., 40, pp.1690-1693 (1969)

[2]　A.Kuroda, S.Kurimura, Y.Uesu: Appl. Phys. Lett., 69, pp.1565-1567 (1996)

[3]　G.Rosenman, ASkliar, M.Oron, M.Katz: J. Phys. D Appl. Phys., 30, pp.277-282 (1997)

[4]　P.Günter: J. Appl. Phys., 48, pp.3475-3477 (1977)

[5]　V.Gopalan, M.C.Gupta: Ferroelectrics, 198, pp.49-59 (1997)

[6]　A.Harada, Y.Nihei: Appl. Phys. Lett., 69, pp.2629-2631 (1996)

[7]　KMizuuchi, KYamamoto, M.Kato: Electron. Lett., 32, pp.2091-2092 (1996)

[8]　V.Gopalan, M.C.Gupta: Appl. Phys. Lett., 68, pp.888-890 (1996)

[9]　S.Wada, A.Seike, T.Tsurumi, Jpn. J. Appl. Phys. Pt.l, 40, pp.5690-5697 (2001)

[10]　B.C.Grabmaier, F.Otto: J. Crystal Growth, 79, p.682 (1986)

[11]　R.C.Miller, ASavage: Appl Phys. Lett., 9, pp.169-171 (1966); The values are rescaled with d_{36}(KDP)=0.39pm/V[14]

[12]　V.K.Yanovskii, V.I.Voronkova, A.P.Leonov, S.Y.Stefanovich: SOv. Phys. Solid State, 27, pp.1508 (1985)

[13]　S.Triebwasser: Phys. Rev., 101, pp.993-997 (1956)

[14]　V.G.Dmitriev, G.G.Gurzadyan, D.N.Nikogosyan: *Handbook of Nonlinear Optical Cyrstals 2nd Edition* (Springer-Verlag, Berlin Heidelberg 1997)

[15]　S.Kase, K.Ohi: Ferroelectrics, 8, p.419 (1974)

[16]　H.Y.Shen, H.Xu, Z.D.Zeng, W.X.Lin, R.F.Wu, G.F.Xu: Appl. Opt., 31, pp.6695-6697 (1992)

[17]　I.Shoji, T.Kondo, A.Kitamoto, M.Shirane, RIto: J. Opt. Soc. Am. B, 14, pp.2268-2294 (1997)

[18]　R.C.Eckardt, H.Masuda, Y.X.Fan, R.L.Byer, IEEE J. Quantum Electron., 26, pp.922-933 (1990)

[19]　I.P.Kaminow: *An Introduction to Electrooptic Devices* (Academic Press, New York 1974)

[20]　R.J.Holmes, Y.S.Kim, C.D.Brandle, D.M.Smyth, Ferroelectrics, 51, pp.41-45 (1983)

[21]　J.D. Bierlein, H.Vanherzeele: J. Opt Soc. Am. B, 6, pp.622-633 (1989)

[22]　M.Zgonik, R.Schlesser, I.Biaggio, E.voit, J.Tscherry, P. Günter: J. Appl. Phys., 74, pp.1287-1297 (1993)

[23]　H.Iwasaki, T.Yamada, N.Niizeki, H.Toyoda: Jpn. J. Appl. Phys., 7, pp.185-186 (1968)

[24]　P.F.Bordui, M.M.Fejer: Annu. Rev. Mater. Sci., 23, pp.321-379 (1993)

[25]　*Properties of Lithium Niobate* (Inspec, London 1997)

[26]　K.S.Abedin, H.Ito: J. Appl. Phys., 80, pp.6561-6563 (1996)

[27]　M.Nakamura, S.Higuchi, S.Takekawa, K.Terabe, Y.Furukawa, K.Kitamura: Jpn. J. Appl. Phys. Pt.2, 41, pp.L465-L46 7 (2002)